国家重点研发计划项目(2016YFC0600708)资助
煤炭开采水资源保护与利用国家重点实验室资助

深部煤炭安全绿色开采理论与技术研究

顾大钊　张建民　李全生 等　著

科学出版社
北　京

内 容 简 介

本书针对我国典型煤矿深部开采条件，以中西部典型井田为样区，以系统论为指导，秉承煤炭安全绿色开采理念，初步探究了深部绿色开采相关理论问题（如深部界定、安全绿色、绿色开采评价）和深部开采强扰动作用下煤岩体多尺度多因素协同作用机理与过程，揭示了地下水系统结构与失水模式、瓦斯对煤岩体的"蚀损"作用、巷道非对称破坏、采场动力响应等煤炭开采环境损伤与灾害诱发机制，提出了深部高强度开采时低渗透性煤层增渗、巷道围岩非对称破坏控制、采场围岩稳定性控制、"仿生"开采等关键技术，初步构建了深部安全绿色开采的"高保低损"模式和技术体系，基于中部焦作矿区和西部宁东矿区建立了两个示范点，初步形成具有深部特色的煤炭安全绿色开采理论与方法，为我国深部煤炭安全和低生态损害开采提供了理论依据与技术支撑。

本书具有较强的理论性和实用性，可作为矿业学科、水利学科、环境学科的科研人员，高校教师和相关专业的高年级本科生和研究生，以及从事煤炭深部开采、矿区水资源保护、生态修复等工作的工程技术人员的参考书，对研究我国深部煤炭安全绿色开采理论与技术具有重要的参考价值。

图书在版编目（CIP）数据

深部煤炭安全绿色开采理论与技术研究／顾大钊等著. —北京：科学出版社，2021.6
ISBN 978-7-03-069062-3

Ⅰ.①深… Ⅱ.①顾… Ⅲ.①煤矿开采–深部采矿法–研究 Ⅳ.①TD7

中国版本图书馆 CIP 数据核字（2021）第 105232 号

责任编辑：王 运 陈姣姣／责任校对：张小霞
责任印制：吴兆东／封面设计：图阅盛世

科学出版社 出版
北京东黄城根北街 16 号
邮政编码：100717
http://www.sciencep.com

北京捷迅佳彩印刷有限公司 印刷
科学出版社发行 各地新华书店经销

*

2021 年 6 月第 一 版 开本：787×1092 1/16
2021 年 6 月第一次印刷 印张：27 1/2
字数：650 000

定价：368.00 元
（如有印装质量问题，我社负责调换）

Supported by the National Key Research and Development Project (2016YFC0600708)
Supported by the State Key Laboratory of Water Resource Protection and Utilization in Coal Mining

Theory and Technology of Safe and Green Mining in Deep Coal Mines

Gu Dazhao   Zhang Jianmin   Li Quansheng et al.

Abstract

The book preliminarily explores the theoretical issues and mining technologies for deep coal mining, based on mining conditions and analysis of sample coal area in Central and West China. Guided by the system theory and "safe & green mining" idea, special issues are discussed, such as "deep" definition, evaluation method of "green mining", the multi-factor collaborative action mechanism and process of coal-rock mass in multi-scale view of deep mining disturbance. It reveals the mechanism of environment damage and the induced disaster, mainly on the structure of groundwater system and its "water-loss" mode, the "gas erosion" effect to coal-body, asymmetric failure of roadway and dynamic response of stope, etc. The key technologies for deep mining are studied and proposed, including the permeability improvement for low-permeability coal seam, the asymmetric damage control of surrounding rock along roadway, the stability control of surrounding rock on stope and "bionic mining" for protecting the underground water system. Particularly for deep "safe & green mining", the "High-Preserve & Low-Damage" mode (or "HP-LD") and technical frame are established. Following case studies, respectively Jiaozuo mining area in Central China and Ningdong mining area in West China, preliminarily put forward the theory and method characteristics with deep coal safety and green mining, providing theoretical basis and technical support for deep mining with "high-preserve & low-damage" mode in China.

As a reference book with strong theoretical property and practicality, this book could serve people such as researchers, college teachers, senior undergraduates and graduate students, and for engineers engaged in underground water protection and ecological restoration. It will be of instructive significance in theory study and practice, with regard to the safe and green deep mining in China.

本书主要作者名单

顾大钊　张建民　李全生　赵毅鑫

王　凯　张　勇　马念杰　范志忠

文志杰　赵志强　聂百胜　曹志国

徐　超　王　皓　张文忠　滕　腾

张　勇　杨英明

Authors List

Gu Dazhao, Zhang Jianmin, Li Quansheng, Zhao Yixin

Wang Kai, Zhang Yong, Ma Nianjie, Fan Zhizhong

Wen Zhijie, Zhao Zhiqiang, Nie Baisheng, Cao Zhiguo

Xu Chao, Wang Hao, Zhang Wenzhong, Teng Teng

Zhang Yong, Yang Yingming

前　言

我国是世界最大的煤炭生产国和消费国，煤炭资源量占国内化石能源总量的95%，埋藏深度超过1000m的煤炭资源量约占51.34%（据第三次全国资源普查资料）。近几十年煤炭大规模开采使中东部浅部煤炭资源逐步枯竭，促使煤炭开采逐渐向西部扩展和向深部延伸，众多中东部煤矿区开采深度已超过800m，有的甚至超过1000m。据统计，中东部8个省份现有及即将进入深部开采的矿井有139个，西部未来5～10年也将有一批矿井面临深部开采问题。与浅部开采相比，深部开采时岩石处于"三高一扰动"的复杂力学环境，矿压急剧增大、巷道围岩大变形和流变趋势明显，冲击地压、瓦斯爆炸、矿井突水等深部工程灾害显著增多，不仅会对深部资源安全高效开采造成巨大威胁，同时可能引发地下水环境和地表生态系统的损伤。

我国面向深部矿产资源开采理论与技术领域的国家重点研发计划项目（深部岩体力学与开采理论，2016YFC0600700），针对"深部资源低生态损害协同高效开采理论"重大科学问题和深部煤炭开采实践难题，聚焦深部煤炭安全绿色开采理论与技术开展攻关，通过系统研究深部煤炭安全绿色开采技术难点问题（三场耦合机制、动力灾害控制、生态安全等），揭示深部开采煤岩体多尺度协同作用和失稳机制，提出适合深部煤炭的安全绿色开采关键技术、模式和方法，为解决我国深部煤炭资源低生态损害协同高效开采探索有效的途径。

三年来，研究团队针对我国典型煤矿深部开采条件，以中西部典型井田（焦作、宁东）为样区，围绕深部煤炭安全绿色开采核心科学问题，在基础理论和关键技术方面进行了系统攻关。首次提出了深部开采统一界定方法和绿色开采定量评价方法，完善了深部安全绿色开采科学内涵，揭示了深部开采煤岩失稳破坏机理及演化规律；进一步揭示了深部开采地下水系统结构与失水模式、瓦斯对煤体"蚀损"作用、巷道非对称破坏、开采环境损伤与灾害诱发机制；首次提出深部"仿生"开采技术思路，基于采矿生态系统，创建了集"高保低损"开采理念和关键技术为一体的"高保低损"型深部煤炭安全绿色开采模式。取得的一系列重要成果丰富和发展了深部煤炭安全绿色开采理论与技术。

本书以深部煤炭开采系统高安全和低生态损伤为目标，秉承安全绿色开采理念，积极探索深部煤炭高效开采与低生态损害的有效协同途径，系统提升了深部煤炭现代开采理论与技术水平。全书共九章，其中，第1章系统分析了我国煤炭资源纵向分布特点及深部开采面临的主要问题，梳理了深部煤炭现代开采理论研究进展，提出了深部煤炭现代开采面临的科学与技术问题及探索解决的途径；第2章针对我国深部开采界定问题实践，提出我国深部煤炭开采界定的统一准则和方法、基于"采矿生态系统"和以煤炭开采生态损伤模型和"绿度"模型为核心的绿色开采定量分析新方法，建立了安全绿色开采的"高保低损"模式和技术体系；第3章针对深部采动煤岩体多尺度关系及破坏机理，研究了煤岩体复杂裂隙网络表征与力学特性多尺度效应，建立了开采扰动下煤岩破裂、失稳的能量机制与判别准则，构建了煤岩体失稳破坏多因素协同作用力学模型；第 4 章针对深部大变形巷道围岩变形破坏控制难点，研究了采动区域应力场矢量特征及演化规律，揭示了采动巷道应力非对称破坏形态及机制，提出基于塑性区形态的巷道围岩应力调控方法和大变形巷道分段柔性支护技术；第 5 章针对深部采场动力失稳控制问题，研究了采场能量耗散与煤壁损伤和开采参数的关系，提出基于支架位态识别、水压致裂和深孔爆破技术基础的采场动力失稳调控方法；第 6 章针对深部煤层瓦斯难采问题，研究了瓦斯对煤体裂隙扩展的力学与非力学作用，揭示了深部开采状态下瓦斯对煤体的"蚀损"作用机理，提出了深部低透气性煤层增渗关键技术；第 7 章基于中西部矿区深部开采水文地质结构特征，提出了煤炭开采地下水系统结构的三种失水模式，系统研究提出了深部煤炭仿生开采原理与工艺，初步构建了仿生开采技术体系；第 8 章以我国中东部焦作矿区赵固井田为研究样本，突出深部开采巷道与采场安全控制，研究了巷道围岩特性及灾害特征，提出针对性的"高保低损"开采模式及巷道柔性支护技术；第 9 章以我国西部宁东矿区麦垛山煤矿为样本，侧重于开采安全和地下水资源保护，研究了深部地下水系统及内在关系，通过深部仿生开采情景模拟试验，比较分析了深部仿生开采地下水系统保护效果。

　　本书研究过程中得到了谢和平、武强、康红普、王国法等中国工程院院士及刘峰、朱德仁、王家臣、姜耀东等业内专家的悉心指导和周宏伟、乔兰、高峰、李夕兵、杨晓聪、江权、鞠杨、高明忠、张茹等教授的有益帮助。国家能源投资集团有限责任公司杜彬、吴宝杨、郭俊廷、石精华、刘新杰、郭强、蒋斌斌、李庭、张国军，中国矿业大学（北京）李春元、孟筠青、周爱桃、张村、徐祝贺、杨东辉、杨志良、周金龙、刘斌、任浩洋、王科迪、李臣、王泓博、郭晓菲、魏文胜，天地科技股份有限公司毛德兵、张学亮、黄志增、徐刚、任艳芳、刘前进、王东攀、何团、袁伟茗，山东科技大学蒋宇静、孟凡宝、张广超、李杨杨，中煤科工集团西安研究院有限公司靳德武、赵春虎、薛建坤、周振方、曹海东等参与了本项研究工作，在此对他们所做的积极贡献一并表示衷心感谢。

作　者

2019 年 10 月

目　　录

Contents

第1章　深部煤炭开采理论与技术研究进展

煤炭在我国能源生产和消费结构中长期占到70%左右，以煤炭为主体的能源结构在未来较长时间内不会发生根本性改变。随着我国浅部煤炭资源的逐步枯竭，深部煤炭资源开发已经是必然趋势。目前，我国煤矿矿井正以 8～12m/a 的平均速度向深部延伸，已有深部煤矿的省份（山东、河南、安徽、河北等中东部省份）的国有重点煤矿平均采深超过600m，按照目前 10～25m/a 的延伸速度，在未来 10 年内普遍进入深部开采。我国西部矿区尽管尚处于浅部开采状态，但近年来也陆续出现了一些深部开采中的灾害现象。深部煤炭开采与浅部煤炭开采相比，深部采区地质构造、应力场、煤岩体性质、地下水系统等均与浅部开采不同，系统梳理深部煤炭开采中面临的主要问题、理论难点和技术关键、科学实践的思路与方法，对建立适于我国深部开采情景的煤炭安全绿色开采理论与技术体系是十分必要的。

1.1　我国深部煤炭开采及开采面临的主要问题

我国是世界上目前最大的煤炭生产国和消费国，煤炭资源量占化石能源总量的95%，深部煤炭开采规模（矿井数量和产能）居世界首位。目前，我国位于 1000～2000m 深度的煤炭资源总量约为 2.86 万亿 t，我国能源需求量增加和开采强度不断加大，浅部资源日益减少，许多矿山都相继进入深部资源开采状态。与浅部开采相比，深部开采的煤岩体处于"三高一扰动"的特殊环境，开采深度不断增加，矿井冲击地压、瓦斯爆炸、矿压显现加剧、巷道围岩大变形、流变、地温升高等工程灾害日趋增多，对深部资源的安全高效开采造成了巨大威胁。

1.1.1　我国深部煤炭开采特点

1. 深部煤炭资源分布特点

从我国煤炭资源地理分布看，在昆仑山—秦岭—大别山一线以北保有煤炭资源储量占90%，且集中分布在山西、陕西、内蒙古 3 省区。目前 1000m 以浅的煤炭资源量中仅有可靠级储量 9169 亿 t，且主要分布于新疆、内蒙古、山西、贵州和陕西 5 省区。而经济社会发展水平高，能源需求量大的东部地区（含东北）煤炭资源仅为全国保有资源储量的6%。

然而，我国煤炭资源分布与区域经济发展水平、消费需求极不适应。在经济发达且煤炭需求量大的东部地区，煤炭资源严重匮乏，浙江、福建、江西、湖北、湖南、广东、广西、海南 8 省区的保有煤炭资源总量仅占全国总量的0.7%。而资源丰富地区多是经济相对不发达的边远地区，如新疆、内蒙古、陕西和山西 4 省区，占全国保有资源总量的

79.5%。由于我国煤炭资源赋存丰度与地区经济发达程度总体上呈逆向分布，煤炭基地远离消费市场和煤炭资源中心远离煤炭消费中心，加剧了远距离输配煤炭压力，且从保有尚未利用资源量来看上述趋势更为凸显。

目前，中东部地区的浅部煤炭资源已近枯竭，但深部煤炭资源还相对丰富，华东地区的煤炭资源储量的 87% 集中在安徽和山东，中南地区煤炭资源储量的 72% 集中在河南，而位于华北聚煤区东缘的深部资源潜力巨大，仅河北、山东、江苏、安徽的深部资源量就为浅部的 2~4 倍，且其晚石炭世—早二叠世煤系以中变质程度的气煤、肥煤、焦煤和瘦煤为主，具有相当的经济价值。

2. 深部矿井分布特点

随着煤炭开采逐渐向深部延伸，国内许多大型矿区的开采或开拓延伸的深度目前均已超过 800m，有的甚至超过 1000m。据 2015 年统计，我国采深超过 800m 的深部煤矿集中分布在华东、华北和东北地区的江苏、河南、山东、黑龙江、吉林、辽宁、安徽、河北 8 个省。现有深部矿井 111 个，预计 2020 年还有 28 个矿井进入深部开采（图 1.1）。其中，以山东、河南和河北 3 省占多数，3 省深部矿井数量达到 81 个，占全国深部矿井数量的 58.27%（图 1.2）。

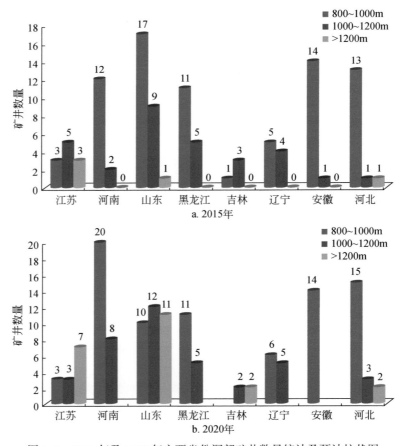

图 1.1   2015 年及 2020 年主要省份深部矿井数量统计及预计柱状图

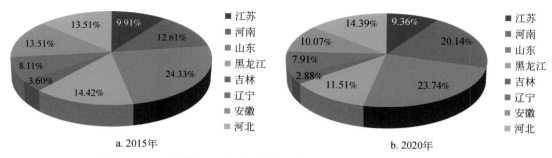

a. 2015年　　　　　　　　　　　　　b. 2020年

图 1.2　2015 年及 2020 年主要省份深部矿井数量统计及预计饼状图

3. 深部煤炭产能区位特点

从 2002 ~ 2018 年中国煤炭产业发展经历快速增长期（2002 ~ 2013 年）和调整期（2014 ~ 2018 年）后，2016 ~ 2018 年原煤累计产量在 35 亿 t 上下浮动。东部地区煤炭资源枯竭，开采条件复杂，生产成本高。例如，鲁西、冀中、河南、两淮基地的资源储量有限，地质条件复杂、煤矿开采深度大，部分矿井开采深度超过千米，安全压力大；中部和东北地区现有开发强度大，接续资源多在深部，投资效益降低；而西部地区具备资源丰富、开采条件好等优点，如陕北、神东基地、新疆基地等煤炭资源丰富，煤层埋藏浅，开采条件好。2018 年，内蒙古、山西和陕西 3 省区原煤产量占全国的 69.6%，西部 5 省区（山西、陕西、内蒙古、甘肃、新疆）的生产和在建产能一共占全国产能的 46%，具有深部矿井现象的一批矿井正在建设和运行。中东部地区的 8 个省份现有深部矿井总产能 2.41 亿 t，预计 2020 年深部矿井总产量将达到 3.00 亿 t，占全国总产能的 7.5%。全国深部矿井产能集中分布在安徽、山东、河南和河北 4 省，4 省深部矿井产能超过 2.3 亿 t，占全国深部矿井产能的 77.53%（图 1.3）。其中，安徽、山东占 18.26%，河北占 14.73%，河南占 12.47%。预计 2020 年，安徽、山东、河南占比将超过 60%（图 1.4）。

总体上，我国煤炭开采显示出三个特点：一是煤炭资源富集区与经济发展水平呈逆向分布；二是大型煤炭基地生产能力与生态脆弱程度呈正向分布；三是深部矿井生产能力与

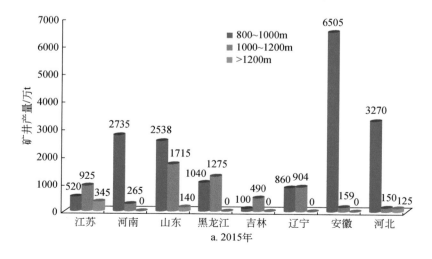

a. 2015年

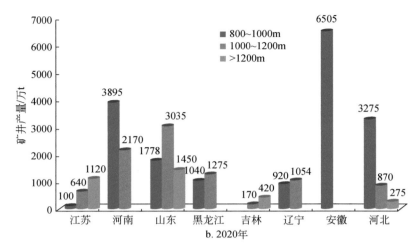

图 1.3　2015 年及 2020 年主要省份深部矿井产能统计及预计柱状图

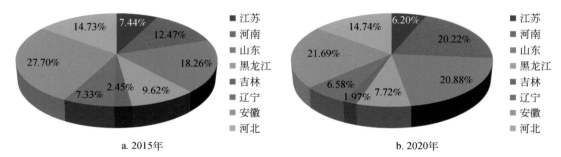

图 1.4　2015 年及 2020 年主要省份深部矿井产能统计及预计饼状图

区域发展需求不相适应。从我国能源发展战略、煤炭资源赋存特点、矿井开采深度和开采延伸速度以及促进区域经济发展和维护社会稳定等方面看，加强深部煤炭资源开发是保障我国能源安全的必然战略选择。一方面在位于中东部的鲁西、两淮、河南、冀中等大型亿吨级煤炭基地积极挖掘中东部老矿井的深部资源潜力，缓解我国煤炭资源分布不均；另一方面加强西部深部开采的产区和产能科学布局，积极解决西部深部资源开发中有待解决的水资源和生态环境破坏问题，实现深部安全绿色开采。

1.1.2　深部煤炭开采面临的主要问题

1. 深部矿井冲击地压频繁

冲击地压是一种深部煤炭开采中常出现的动压现象，其本质是煤岩体聚积的弹性应变能以突然、急剧、猛烈的形式释放的过程，同时应变扰动以应力波的形式向周边煤岩体传播，引起煤岩体震动、声响等现象，造成煤岩体破碎、巷道变形、支架设备损坏、人员伤亡等，对煤炭正常生产系统造成严重干扰。按冲击地压发生位置可分为煤层型冲击地压、顶板型冲击地压和底板型冲击地压；按冲击压力来源可分为重力型、构造型和重力-构造型；按冲击能量大小可分为微冲击、弱冲击、中等冲击、强冲击和灾难性冲击类型等。Rice 从煤岩材料受载类型和破坏形式将冲击地压分为受静载引起的应力型冲击地压和受动载引起的震动型冲击地压；佩图霍夫根据冲击地压与工作面的位置关系将冲击地压分为发生在工作面的由采掘活动直接引起的冲击地压，和远离工作面由矿区或井田内大区域范围的应力重分布引起的冲击地压。

近年来，随着我国煤矿开采深度的不断增加，开采强度不断加大，发生冲击地压矿井的分布范围越来越广，至今已有北京、枣庄、抚顺、阜新、辽源、大同、天池、开滦、新汶、徐州、义马、鹤壁、双鸭山、鸡西、淮南、大屯、韩城、兖州、华亭、古城、贵州等近 100 个矿区（井）发生过冲击地压。我国已成为世界上冲击地压较严重的国家之一。随着我国煤矿开采深度的进一步增加和开采强度的加大，冲击地压的危害将日趋严重。

2. 深部瓦斯抽采难度增加

在我国一次能源生产和消费中，煤炭至今仍占据着举足轻重的地位，是我国社会经济中长期发展的主要能源之一。煤矿瓦斯是与煤岩层共生共存的一种洁净高热值气藏能源，在矿井生产过程中，它以多种形式从煤岩中涌出、喷出或突出。

瓦斯抽采率的提高除了与抽采技术手段的先进程度有关，还受制于煤储层的瓦斯赋存规律。

随着采深的增加和科技的发展进步，煤矿开采表现出新的特点。一是综合机械化开采成为主要的回采方式，这种高强度开采方法增加了采场空间的不稳定性，增加了瓦斯通过增透技术抽出的难度，也给采掘空间带来一定的瓦斯危险；二是埋深的增加使得地应力和瓦斯含量增大，综合各种因素的复杂事故（如冲击诱导型煤与瓦斯突出事故）越来越多。上述因素对瓦斯抽采造成很大的困难。因此，需要针对深部开采条件下的煤层瓦斯赋存特点，提出有针对性的瓦斯抽采技术办法，以增加深部煤层的透气性。

3. 地下水保护难度增大

煤矿水害是矿山建设与生产过程中的主要安全灾害之一，常常带来巨大的人员伤亡和经济损失。在我国煤矿重特大事故中，水害事故的死亡人数仅次于瓦斯事故，居第二位；发生次数紧随瓦斯事故和顶板事故之后，居第三位；其造成的经济损失居第一位。目前，我国煤矿开采深度正以 8~12m/a 的速度增加，随着开采水平不断向深部拓展，开采煤层距离奥灰、寒灰等底板强含水层的距离越来越近，其承受的水压越来越高，底板突水的风险越来越大，而底板突水事故往往都是特大型突水事故。由于深降强排的经济成本高且对地下水资源的破坏大，因此带压开采成为受底板高承压水威胁煤层的主要开采方式，这也导致底板突水风险相应增加。

1.2　深部煤炭开采理论与技术研究进展

深部岩体是长期赋存于高地应力环境中的地质体，它的历史必将一直影响岩体现在及未来的行为。深部岩体非线性力学行为尽管已受到了国内外学者的广泛关注，但目前尚没有得出令人满意的计算模型。模型建立的困难不仅在于如何确定深部岩体固有的非均匀、非连续构造表征，同时还在于很大的动力变形与破坏情况。

1.2.1 深部开采煤岩基础理论研究

1. 深部岩石力学基础理论

深部煤岩体是长期赋存于高地应力环境中的地质体，原岩特性及高应力环境决定了煤岩体现在及未来的行为。深部岩体非线性力学行为一致受到国内外学者的广泛关注。目前描述岩石非线性力学行为的本构模型大致可以分为弹（黏）塑性模型、断裂损伤模型和物理细观模型等。弹（黏）塑性模型通常用 Drucker-Prager 塑性流动理论来描述介质的变形，应力的瞬时值与塑性增加的应变率相关。断裂损伤模型是基于断裂损伤理论提出的各种损伤本构模型，损伤被认为是物体内缺陷形成和发展的过程，而且这个过程的强度和持续时间是由构成损伤物体的应力-应变变化历史所决定的，损伤连续介质力学模型中以下两个因素尤为重要：一是对作为损伤变量的具体物理力学量值的选取，以及给出适合的动力演化方程来描述物体变形破坏时尺度定量变化；二是给出与所选度量相适应的方程来描述损伤连续介质的变形过程。物理细观模型则是基于物理细观力学理论提出的本构模型，从这方面看，通常认为岩体的变形是一个多阶段、多水平的松弛过程，剪切稳定性的丧失是在微观、细观和宏观三个水平上依次丧失局部剪切稳定性的过程。

陈宗基提出的蠕变扩容本构模型（陈宗基等，1989；陈宗基和康文法，1991）和简化的脆性破坏本构模型（陈宗基，1987），前者是基于大量的现场和室内试验提出的经验本构方程，以模拟峰前岩石的行为。该模型假定屈服面和破坏面是两个同轴的圆锥面，夹在两个圆锥面之间的区域是扩容、微裂隙活动以及声发射区，用于宏观表征岩石破坏前裂纹传播和连通的过程，尤其声发射的计数随着应力偏量的增大而增加，裂纹周围势能转化为裂缝扩展能量的过程。后者假定破坏面和残余破坏面是两个共轴的曲面，忽略所有破坏前的前兆特征，假定材料直至峰值前都是弹性的，应力强度达到破坏面以后突然下降到残余破坏面上。该模型可用来模拟峰后岩石的行为，但由于不考虑破裂块体尺寸与破裂孕育时间的影响，因此其剪应力-剪应变关系接近于锯齿型的脆性剪切破坏模型。陈宗基模型概念清晰、物理力学意义明确，但两个模型没有统一，且过于简单，不能描述深部岩体变形破坏动态演化的全过程。

如何确定深部岩体固有的非均匀、非连续构造表征，同时如何在很大的动力变形与破坏情况下阐述岩体的性质，目前尚没有得出令人满意的计算模型。模型建立的困难在于在宏观上所有这些性状表现为内聚力、内摩擦角、扩容和能量释放（弹性、塑性、黏性、惯性）等特性。

该方面的进展工作主要集中在如何研究强扰动与强时效条件下深部采动岩体裂隙分布及演化特征，建立采场裂隙演化与多物理场的耦合作用模型，揭示高应力、高地温与高渗透压耦合作用下采动煤岩体裂隙场时空演化规律。以深部强烈开采扰动和强时效为出发点，提出深部多场耦合条件下采动裂隙网络定量描述的参数指标体系，建立多场耦合条件下采动裂隙场随工作面推进度的演化模型。

2. 深部采动多相耦合场效应

深部采矿是一个高应力场、高温度场、高渗压场等多场耦合作用下固、液、气多相并存，多场耦合作用的物理力学过程。研究 2000m 以浅岩体在高地应力、地下水、气体、温度等作用下稳定与非稳定变形、破坏状态及转化机理、条件和规律，以及矿产资源作为固、液、气三相介质多物理场耦合机制是煤炭深部开采理论的前沿课题，主要涉及以下三个方面的研究内容。

1）深部开采多场耦合下煤岩体损伤力学理论研究

该研究主要集中在考虑深部煤岩体的赋存环境，研究深部多场耦合对采动煤岩体物理力学特性的影响规律，建立深部煤岩体在高地应力、高地温和高孔隙压力多场耦合的损伤力学模型，定量表征多场耦合作用下采动煤岩体的变形、损伤、破坏全过程。最早研究流体固体变形耦合现象的是太沙基（Terzaghi，1943），他以可变形、饱和多孔介质为研究对象，首先提出了流体在多孔介质中流动的流动变形耦合现象，给出了固流耦合的基本理论有效应力概念，并建立了太沙基一维固结理论，随后此理论广泛应用到土力学等学科中；Boit（1941）进一步研究了三向变形材料与孔隙压力的相互作用，奠定了固流耦合的理论基础，并在提出假设的基础上建立了完善的三维固结理论；Virrujit（1969）在众多学者对固流耦合理论的研究和改进基础上，进一步建立了多相饱和渗流与孔隙介质耦合作用的理论模型，并被应用到石油开采、地热开采等各种工程实际中；近年来，国外学者对流固耦合理论的研究主要在美国、英国、德国和日本，并多数都投入到对流–固耦合的研究，实现了流固问题用商业软件计算。而国内学者也将其应用到煤与瓦斯突出的机理研究中，提出了关于煤与瓦斯突出固流耦合失稳的众多理论和假设，也利用有限元软件和多场耦合软件对其进行模拟和计算，取得了一定的成果。随着研究岩石和水相互耦合作用的岩石水力学学科的发展，人们开始将其逐步应用到煤层瓦斯流动理论、石油流动理论、天然气流动理论等研究，考虑煤层内瓦斯流动和煤层骨架变形的相互耦合作用，并提出了煤体瓦斯固气耦合理论（李宏艳，2008）。如赵阳升和秦惠增（1994）首先提出了煤体瓦斯耦合作用的数学模型与数值解法，并证明了解的存在性；梁冰和章梦涛（1995）、梁冰和王泳嘉（1996）在此基础上提出了煤与瓦斯突出的固流耦合失稳理论及煤和瓦斯耦合作用的数学模型，并利用有限元法求其数值解。刘建军等将渗透力学与弹塑性力学相结合，考虑煤层瓦斯和煤体骨架之间的相互作用，建立了煤层瓦斯运移的数学模型（汪有刚等，2001；王锦山等，2004；狄军贞等，2007），为煤层气流固耦合分析提供了理论基础；赵国景等利用连续统力学建立了煤与瓦斯突出的两项介质相互耦合作用的失稳理论和数学模型，给出了固气两相介质耦合突出失稳的非线性大变形有限元方程（丁继辉等，1999）；Zhang 等（2008）根据瓦斯的吸附解析规律，建立了非等温吸附变形条件下瓦斯运移多场耦合模型；孙培德（2002a，2002b）提出了煤层瓦斯突出的耦合作用模型，并利用算法 SIP 解给出了煤层气越流固气耦合的数学模型。徐涛等（2005a）和杨天鸿等（2005）根据瓦斯渗流与煤岩体变形的基本理论，引入煤岩体变形过程中细观单元损伤与透气性演化的耦合作用方程，建立了应力损伤渗流耦合的多场耦合模型；杨天鸿等（2010）研究了煤层瓦斯卸压抽放动态过程的气固耦合模型；胡国忠等（2011）为了解低渗透煤体的瓦斯渗流机理，引入孔隙率的变化动态模型进行了耦合模型的数值模拟研究；Zhao 等（2004）将包含固体应力场、渗流场、温度场和浓度场的耦合作用运用到固液耦合、固气耦合作用下孔隙与单一裂隙的渗流本构方程的研究中。不少学者在不同应力和温度条件下，对煤岩体的损伤进行了研究。Thirumalain 和 Demon（1970）研究了岩石在压力作用下的热膨胀特性，及其热膨胀与热破坏特性的相关性；Morrow 等（1981）对石英二长岩的热膨胀系数和渗透率进行了研究，得出热膨胀系数随着温度升高而增加，随着围压增加而减小的规律；桑祖南等（2001）对高温高压作用下的辉长岩变形进行了研究，得出岩石由脆性向塑性转化及其影响这一转化的有关因素；许锡昌和刘泉声（2000）通过实验研究在温度（20 ~ 600℃）和压力（单轴压缩）下花岗岩的主要力学参数（强度等）随温度的变化规律；左建平等（2008）利用扫描电镜测试了温度-压力耦合作用下的砂岩变形及其破坏的特性；徐小丽（2008）利用可升高温的液压伺服机对花岗岩进行实时升温和升压的实验，结合电镜扫描、压汞分析、X 射线衍射分析及声发射等技术手段分析了温度对岩石的基本力学性质和变形行为的影响，探讨了其高温下脆性向塑性转换的原因；陈剑文等（2005）从微观统计的角度出发，以岩石细观力学为基础，在分析前人研究成果后进行修正，建立了温度-应力耦合下的盐岩损伤方程；谢卫红等（2010）利用高温疲劳实验系统（带有扫描电镜）实时观测在不同加温和加压顺序下的石灰岩变形及其破坏过程；冯子军等（2010）得出岩石热损伤受损伤历史的影响，在不同的加载顺序下的热损伤表现不同，即岩石的热损伤是不可逆的；唐世斌等（2009）建立了脆性材料热-力耦合的数学模型并利用 RFPA 模拟软件进行数值模拟，研究了材料不同非均匀性下的热传导规律、应力分布以及热破坏模式的情况；于庆磊等（2012）在 RFPA 所建立的模型基础上，构建了热-力耦合模型，对花岗岩石在不同温度的弹性模量等强度特征及其热损伤进行了模拟。

徐涛等（2005b）考虑煤岩介质材料力学性质的非均匀特点以及煤岩介质变形破裂过程中透气性的非线性变化特性，建立了含瓦斯煤岩突出过程中固气耦合作用的耦合模型。王路军等（2008）根据煤与瓦斯突出的固流耦合基本理论，建立了煤岩破裂过程气固耦合作用的瓦斯流动模型，研究了在瓦斯浓度变化、煤岩骨架变形、地应力共同作用下煤岩内部裂隙扩展导致突出发生的过程。韩光等（2005）提出用内蕴时间塑性理论建立煤和瓦斯耦合作用的本构关系，并定量化地研究了瓦斯突出的机理。随着流固耦合理论的不断深入和完善，其涉及范围已由地下水、石油、天然气在土体中的流动，植物体内水分的流动，到人体中的流动等，成为力学中的一个重要研究方向（郑哲敏等，1996）。流固耦合的重要特征是两相介质之间的相互作用，变形固体在流体载荷作用下产生变形或位移，改变的固体又反过来影响流体场，从而改变流体载荷的分布和大小，在不同的条件下这种相互作用形成了形形色色的流固耦合现象。

2）深部开采多场耦合下煤岩体损伤力学理论研究

深部煤岩体受到采动破坏时，内部的承载力将被改变，但是在一定范围内不会发生大面积的变形和崩塌，而其内部由于承载力的关系进而会产生一系列的裂隙，从围岩内壁延伸到岩体内部。在覆岩裂隙分布规律及形态方面，Palchik（2002）、Hasenfus 等（1988）、Ghosh 和 Daemen（1993）等认为长壁开采覆岩存在三个不同的移动带。为探寻采动作用下覆岩裂隙演化规律，国内外学者进行大量的研究，研究主要采用理论研究、数值模拟、相似材料模拟、地球物理探测技术、钻探、现场实测等方法，这些研究目的是探寻采动对裂隙形成、扩展、形态和岩体裂隙场分布规律的影响。刘天泉（1995）基于相似模拟和现场实践提出"横三区""竖三带"的认识，描述采场上覆围岩走向上覆岩经历支撑影响区、离层区和重新压实区。纵向上由采空区向上分别为垮落带、裂隙带和弯曲下沉带，归纳得出了计算导水裂隙带高度的经验公式，很好地指导了工程实践。钱鸣高和许家林（1998）应用模型实验、图像分析、离散元模拟等方法，对上覆岩层采动裂隙分布特征进行了研究，揭示了长壁工作面覆岩采动裂隙的两阶段发展规律与"O"形圈分布特征。指出岩层的硬度、厚度、断裂长度及层序是影响上覆岩层离层裂隙分布的主要因素，覆岩关键层下的离层裂隙比较发育，随着工作面的推进，覆岩离层裂隙的分布呈现两阶段规律：前一阶段离层裂隙在采空区中部最为发育，其最大离层率是后一阶段的数倍；后一阶段采空区中部离层裂隙趋于压实，而采空区四周存在一个离层裂隙发育的"O"形圈。黄庆享（2010）通过对陕北浅埋煤层保水开采的模拟研究与采动损害实测，揭示采动覆岩裂隙主要由上行裂隙和下行裂隙构成，采动裂隙带的导通性决定着覆岩隔水层的隔水性。黄炳香等（2009）进行了覆岩采动导水裂隙分布特征的相似模拟实验和力学分析，提出了破断裂隙贯通度的概念和计算公式，并对采场中小断层对导水裂隙带高度的影响进行了研究，得出了采场小断层对导水裂隙高度的影响规律。

在岩体材料中，裂隙网络的分布是非常复杂的，目前真正应用在实际工程中的裂隙网络模型只有两种：一种是 Long 提出的圆盘裂隙网络模型，该模型假定岩体中的裂隙发育是呈圆盘状的；另一种是 Dershowitz 提出的多边形裂隙网络模型，该模型以裂隙在岩体中互相切割成大量的多边形岩块为基础。国内学者也相继对此进行了研究，提出了基于三维裂隙网络的多边形单元渗流网络模型及随机裂隙网络非稳定渗流模型，由于上述网络渗流模型本身的局限性，存在难以描述的缺点，许多学者又对裂隙网络模拟技术进行了大量的研究。王恩志（1993a，1993b）以 Wittke 提出的线素模型构建渗流场的基本方程为基础，结合图论法对二维裂隙网络模型进行描述。仵彦卿和张倬元（1995）以裂隙交叉点处流体质量守恒为理论基础，在裂隙网络系统中建立二维渗流数学模型以及二维非稳定渗流数学模型，对裂隙网络渗流进行模拟研究。

Rutqvist 等（2005）指出，在多场耦合中正应力引起的裂隙开闭是耦合的主要机制；黄涛（2002）通过对裂隙岩体渗流-应力-温度耦合的研究认为，正是裂隙的存在使得 THM 耦合得以实现，即当裂隙中渗流产生的热量转移及裂隙面变形，在适当的地质环境下就会产生耦合作用；张玉军（2006）建立了用于分析存在不连续面热-水-应力耦合弹塑性问题的有限元模型，并通过算例表明，不连续面对岩体中的位移场、应力场和渗流场产生很大的影响；唐春安等（2007）认为，在热-水-力耦合作用下的岩石（岩体）破裂过程演化将直接影响高放射性废料地质处置库周围围岩的热力学特性、渗流特性和力学稳定性；井兰如和冯夏庭（2006）提出多场耦合研究的独特性主要表现为岩石构造面和构造面系统对几乎所有岩石力学问题的控制性影响；Oda 等（2002）通过研究发现，在 THM 耦合作用下，当拉应力和剪应力较高时，裂隙会在尖端产生开裂，同时裂隙附近的岩块会有新裂隙的萌生，这些变化均会对应力分布、渗流过程产生显著影响；Latham 等（2013）通过建立地质力学与渗流模型，采用有限元-离散元联合方法（the combined finite-discrete element method，FEMDEM），模拟了岩体中裂隙在应力作用下的渗透演化规律，发现应力作用下裂隙发生的剪胀、翼裂隙萌生及新裂隙之间的相互连通均有效地增加了岩体裂隙渗透性。朱万成等（2009）在多场耦合分析方程中引入损伤变量，提出岩体损伤过程中的 THM 耦合模型；李连崇等（2008）从岩石的细观非均匀特点出发，探讨了 THM 耦合作用下岩石材料的细观结构损伤及其诱发的材料力学性能演化机制；Li 等（2013）建立了 THM 耦合损伤模型，通过损伤变量对耦合参数的影响来描述 THM 耦合过程中裂隙演化的影响。

　　煤层开采后，导致上覆岩层的应力与裂隙重新分布。通过对采动覆岩演化规律的研究（石必明等，2004；石必明和俞启香，2005），发现随着工作面的推进，裂隙分布特征是一个动态演化的过程，并非传统意义上的三带特征。张金才和刘天泉（1990）通过现场和物理相似模拟，分析了工作面底板在回采前后的变形规律和永久煤柱下的底板变形规律。姜岩（1997）以矿山沉陷问题为出发点，分析了上覆岩层出现离层裂隙的原因和离层裂隙的分布规律，并提出了一种计算离层空间体积的方法。邓喀中等（1998）通过物理相似模拟实验，分析了离层裂隙的演化规律，及裂隙相关参数的计算方法。赵德深等（2002，2005）通过物理相似模拟，分析了离层裂隙演化的时空规律，分析离层裂隙发育高度与推进距的关系及其离层裂隙位置的计算方法。焦振华等（2017）采用物理相似模拟实验和现场实测等手段，得到下保护层开采覆岩运移及其裂隙动态演化规律。肖鹏等（2014）运用自主设计的“固-气”耦合相似模拟实验系统，通过模拟实验分析得到采动裂隙随着工作面的推进经历了产生、发展和闭合过程，其分布曲线呈马鞍状。苏南丁等（2016）结合现场，采用理论分析和数值模拟研究了采动裂隙沿不同方向的分布特征，确定了梯形台裂隙空间范围。孙鑫等（2008）通过实验研究分析了上覆岩层裂隙演化的形态特征，采动裂隙带形态为三维“瓜皮”形态理论。赵保太等（2007）通过实验研究和理论分析，得到破断裂隙在采空区两端呈梯形分布。

3）深部开采多场耦合作用下多相渗流理论研究

　　该方面进展主要为如何针对深部岩体赋存环境下煤岩体的低渗属性，建立多相介质非达西渗流模型，研究强扰动和强时效下达西模型到非达西模型的适用转换条件，进一步探讨深部强扰动和强时效下采动裂隙中多组分气体、液体压力分布与演化规律，建立采动裂隙中气液耦合流动模型。综合考虑深部开采卸荷或应力集中等采动应力重分布因素，研究不同尺度下气液耦合流动过程。探讨深部开采煤岩体强蠕变过程固相、液相、气相共存的多相介质非达西渗流规律，建立相应的达西渗流和非达西渗流转换条件，揭示深部强扰动和强时效下煤岩体多相渗流规律。

　　在经典渗流理论中，以连续介质作为研究对象，把自然界中离散存在的多孔介质视为由表征单元体组成的连续介质进行渗流计算。著名的 1959 年法国 Malpasset 拱坝溃坝和 1963 年意大利 Vajiont 拱坝库区大型滑坡等灾害的发生就是对这两种渗流理论存在认识上的欠缺所导致的。在此之后，研究人员对此提高重视，对裂隙岩体渗流的实验及理论研究开展了大量的研究工作。美国国家科学研究委员会于 1996 年对裂隙岩体渗流模型进行了划分（National Research Council，1996），我国著名学者仵彦卿和张倬元（1995）根据近20 年针对裂隙岩体渗流的研究基础，将裂隙岩体渗流模型划分为三种主要模型：等效连续介质渗流模型、裂隙网络非连续介质渗流模型、两相介质渗流模型。裂隙网络渗流模型首先由 Wittke 和 Louis（1966）提出，后经过 Witherspoon 和 Wilson（1974）、柴军瑞（2001）、王恩志（1993a，1993b）、于青春等（2006）等国内外学者对其进行进一步的发展。近年来针对裂隙网络渗流的研究认为，水流在裂隙网络中的流动并不是在整个裂隙面内流动，而是在裂隙中可视为在一系列平行的管道中做一维流动。

　　工程岩体通常处于复杂的地质环境之中，岩体的安全性受到各种因素的影响。其中热（thermal）、水（hydrological）、力（mechanical）是地质环境中的三个主要因素，且三者之间相互影响、相互作用、相互制约，形成了岩体温度场、渗流场和应力场的三场（THM）耦合效应。对于损伤程度更大的煤岩体应力-渗透率模型研究则相对较少且大多属于特定条件下的定性分析，Hoek 和 Bray（1981）研究发现发生剪切破坏时，其水平与垂直方向上的渗透率将增加 100mD（$1mD = 0.986923 \times 10^{-3} \mu m^2$），而当发生拉破坏时，水平方向上的渗透率将增加 50mD，垂直方向上渗透率不变；Whittaker 等（1979）则通过直接测定垮落带岩体渗透率得出垮落带渗透率要扩大约 40 倍。采空区压实过程是不同损伤程度煤岩体在卸载后二次压实的过程，属于重复加卸载，应力路径复杂多样。对于复杂路径重复加卸载的实验室研究，王登科等（2012）通过含瓦斯煤渗透特性试验研究，系统分析复杂应力路径下含瓦斯煤渗透性的变化规律，建立含瓦斯煤渗透率与轴向压力、围压、瓦斯压力、围压升降、全应力应变过程等之间的定性与定量关系，深入探讨各种不同应力路径下含瓦斯煤渗透性的控制机制和变化规律；魏建平等（2014a）利用自行研制的“受载含瓦斯煤温控三轴加载渗流实验装置”，以河南方山煤矿煤样为研究对象，进行了不同含水率条件下二次加卸载围压的三轴渗流实验，系统研究了水分和加卸载围压对含瓦斯煤渗透特性的影响规律；许江等通过不同温度条件下的循环荷载试验，探讨了煤的变形及渗透特性规律。许江等（2011）研究了不同有效应力和不同瓦斯压力条件下，煤样渗透率与温度的关系。贺玉龙和杨立中（2005）进行了不同温度水平下岩石的渗透率实验。陈益峰等（2013）提出了可反映损伤演化过程中微裂纹连通性等细观结构特征的岩石有效渗透特性上限估计模型。张玉军（2009）、张玉军和张维庆（2010，2011）提出了一种双重孔隙-裂隙介质热-水-应力耦合模型，并探讨了裂隙的贯通率对于耦合的温度场、渗流场和应力场的作用。赵延林等（2007）提出了一种双重介质岩体温度场-渗流场-应力场耦合的数学模型。于永江等（2013）通过试验研究了围压、轴压及温度对成型煤样的渗透率影响，并推导了应力温度耦合方程。

3. 深部煤层瓦斯渗流规律

　　对含瓦斯煤层的渗透率的关注始于原对煤层瓦斯涌出的研究，其渗透特性决定了抽采的难易程度。煤体渗透特性与裂隙大小、间距、连通性、宽度等煤体裂隙特征密切相关。除此之外，地应力、孔隙压力和煤基质收缩/膨胀等因素也对其渗透特性起着至关重要的作用。因此，除了围绕煤体渗透特性研究以外，还需要对含瓦斯煤体的力学性质及其瓦斯吸附解析特性进行研究。这就需要通过设置不同的加卸载条件模拟深部煤体受力情况，对比分析不同应力路径下煤的力学特征，从而揭示深部开采工作面前方煤体力学特性演化的一般规律。除此之外，还需要针对深部开采条件特点，自主搭建煤岩瓦斯渗透率测试系统，测定不同方向煤样渗透率随围压的变化情况；并且利用受载含瓦斯煤体渗流特性实验平台，开展常规三轴加载和复合加卸载应力路径下含瓦斯煤渗流特性实验，重点研究孔隙压力、卸载起始围压、卸载起始轴压以及应力路径对含瓦斯煤体渗透率的影响规律，为深部开采提高瓦斯抽采率奠定了一定基础。

1）含瓦斯煤力学及渗透特性研究

（1）含瓦斯煤的力学特性

含瓦斯煤体既存在游离瓦斯产生的力学作用，又存在吸附瓦斯产生的非力学作用，国内学者在含瓦斯煤的力学破坏特性方面获得了丰富的研究成果，对瓦斯对煤的力学性质的影响认识仍然存在差异。寇绍全等（1993）认为含瓦斯煤所产生的力学效应完全是由游离瓦斯产生有效应力实现的，吸附瓦斯的非力学作用可以忽略不计；许江等（2010）认为随有效围压的增加，含瓦斯煤的弹性模量增加，泊松比降低，峰值强度增加，煤的峰值强度受吸附作用的影响较小；姚宇平和周世宁（1988）认为煤吸附瓦斯后内摩擦角不变，内聚力降低，煤的强度降低，吸附性越强的气体对煤强度造成的影响越大，但是与围压无关，这主要是因为游离的瓦斯降低了煤体剪切面两侧的有效正应力，而吸附的瓦斯则主要是降低煤粒之间的作用力；靳钟铭等（1991）实验获得瓦斯的存在可以降低煤的抗压强度，增强塑性软化特征，降低煤的弹性模量，使煤更容易破坏。梁冰等（1995）认为含瓦斯煤中的游离瓦斯和吸附瓦斯均对煤的变形破坏产生影响，只是游离瓦斯作为体积力的力学作用，而吸附瓦斯是产生体积响应对本构关系产生影响。尹光志等（2009）认为游离瓦斯改变了煤体全部变形阶段的力学响应特征，随着瓦斯压力的增加，吸附瓦斯非力学作用会逐渐起主导作用；李小双等（2010）认为煤内瓦斯对含瓦斯煤的力学起弱化的作用，随着瓦斯压力的增加，煤的抗压强度、弹性模量呈单减趋势，峰值应变呈单增趋势。赵洪宝等（2009）认为与不含瓦斯煤相比，含瓦斯煤三轴强度降低弹性模量增加。

（2）含煤瓦斯的吸附解吸规律研究

煤作为多孔材料，其多孔特性是在复杂的地质条件下形成的，含有大量的孔隙，煤体内的孔隙结构十分复杂，其大小尺寸跨度大，纵横交错，从纳米级开始呈复杂的孔隙网络，其中存在以甲烷为主的气体，并以吸附态和游离态存在。煤的孔隙-裂隙系统为煤层气提供了足够的吸附空间和渗流通道。煤体吸附瓦斯及其他气体的过程是物理吸附过程，煤体表面与瓦斯气体分子间的范德瓦耳斯力，导致吸附过程是一个可逆的、可发生解吸过程。近年来，在煤体瓦斯吸附机理和影响因素方面的研究都取得了很大的进展。

众多学者对煤吸附瓦斯的特性做了大量的理论及实验研究，结果表明，煤对瓦斯的吸附是物理吸附，其过程是可逆的。国际纯粹与应用化学联合会（IUPAC）将物理吸附等温线划分为6种类型。目前，研究描述等温吸附线和煤体对瓦斯气体吸附量的表达式已经有很多，其都是基于等温的前提，如计算煤体对瓦斯吸附量常用的朗缪尔（Langmuir）等温吸附方程和弗罗因德利希（Freundlich）方程，用于周围温度较高情况下 Langmuir-Freundlich 吸附模型，微孔填充理论通常情况下 DA、DR 方程，Weishauptováa 等（2004）、Buss（1995）、Talu（1998）等后续进行了相关研究工作，描述煤体对甲烷气体的吸附过程也有了进展；Polomyi 吸附势理论则描述吸附平衡蒸汽过程；Brunauer、Emmett 和 Teller 基于单分子层吸附理论提出了多分子层吸附模型和 BET 方程，认为吸附剂对气体的吸附通常不是单层的，在外边还有第二层至很多层的气体吸附。该理论有几个假设，分别是每层分子都符合朗缪尔方程，外层吸附热等于液态凝聚热，最外层分子先开始凝结，内层分子状态为液态。

当煤体受到采动干扰后，煤体内部的吸附态和游离态之间平衡受到破坏，大量吸附态瓦斯变为游离态瓦斯，导致煤体内部瓦斯压力迅速增加并形成压力差，在压力差作用下游离态的瓦斯向自由空间扩散，形成瓦斯解吸过程。通常解吸过程被分为电磁场诱导解吸、置换解吸、降压解吸、升温解吸等。治理煤矿瓦斯灾害和抽采利用过程中，很多学者研究过瓦斯的解吸规律，主要研究对象为空气的颗粒煤，提出了很多公式，用来描述瓦斯解析量的计算，主要有 v-t 法、乌斯季诺夫式、文特式、艾黎经验公式、博特式、王佑安式、孙重旭式、指数函数法等。瓦斯气体在煤体内的扩散有多重模式，具体的扩散模式是由分子自身的性质以及煤体孔隙的结构参数决定。煤是典型的多孔介质，通常描述煤体内的孔隙采用的是毛细管道模型。有学者通过研究将煤体内的扩散模式分为四种，分别是 Fick 型扩散、过渡型扩散、Knudsen 型扩散和表面扩散。

2）煤层瓦斯渗流理论

煤层中瓦斯运移是极其复杂的过程，基于煤双重孔隙结构的几何简化模型，将瓦斯在煤中的运移简化为解吸-扩散-渗流三个阶段，但是学者往往认为瓦斯的解吸是瞬间完成的而忽略瓦斯解吸。在煤的基质内部存在大量孔隙，因此在基质内部瓦斯为以浓度梯度为主导的扩散；而在煤的基质间则存在着大量裂隙，因此在基质之间瓦斯为以压力梯度为主导的渗流。

渗流理论是指导煤层瓦斯防治的基础理论。达西 1856 年首次提出了线性渗流的概念，并在后续研究与应用中进一步修正和完善了达西定律，逐渐形成线性瓦斯渗流理论、非线性瓦斯渗流理论和地球物理场效应的瓦斯渗流理论等；周世宁和何学秋（1990）将煤体假设成均匀的连续介质，首次在国内提出瓦斯在煤层中的流动基本符合达西定律的结论；余楚新等（1989）利用真实气体状态方程代替理想气体状态方程，并认为真正参与渗流的是煤层中可解吸的瓦斯，在之后的煤层瓦斯渗流模型构建时分别考虑了煤层的非均质性、瓦斯的非线性流动、地应力场、地电场和地温场等，进一步完善了已有渗流模型；尽管人们已意识到达西定律并不能完全描述实际煤层中瓦斯渗流规律，但其形式简洁且能基本满足对煤层瓦斯抽采研究需要，因此仍被人们用于描述瓦斯在煤基质间裂隙的渗流行为。

煤的渗透率是影响矿井瓦斯抽采与煤层气产出量的重要参数，它主要受自身结构控制。煤中裂隙渗透率要远大于基质渗透率，也是煤中裂隙的复杂函数，不仅受尺度效应、层理方向等自身因素的影响，而且还会受到应力、瓦斯和温度等外在因素的影响。国内外瓦斯学者加强了煤的渗透率测定实验，获得了丰硕的研究成果，主要体现在以下几个方面。

一是应力因素对煤渗透率因素的影响，它主要体现在应力状态、应力路径和应力加载时间等。唐书恒等（2011）、傅雪海等（2002）统计分析认为，煤的渗透率与地应力呈幂函数关系；林柏泉和李树刚（2014）在实验室模拟地应力环境下煤的渗透率与应力之间的关系，认为加载时煤的渗透率与应力之间呈指数关系，在卸载时呈幂函数关系；唐巨鹏等（2014）实验研究了渗透率与瓦斯解吸、有效应力之间的关系，认为在加载阶段渗透率与有效应力呈负指数关系，在卸载过程中，渗透率与有效应力呈抛物线关系；李树刚等

（2001）实验获得了煤样的全应力应变过程中渗透率的变化规律，并认为此过程中渗透率与体应变之间存在二次多项式关系；陈海栋（2013）依据保护层开采过程煤层卸荷的应力路径开展了煤样的 CT 实验和渗透率测定实验，分析了煤体损伤与渗透率之间的对应关系；许江（2010，2012a，2012b）、尹光志等（2011a）开展了大量含瓦斯煤体在不同应力路径下的渗透率测定实验，分析有效应力、应力路径、卸载速度、循环卸载和长时间加载产生的蠕变等因素对渗透的影响；孙维吉（2011）开展了含瓦斯煤体在长时间载荷作用下煤体渗透率的变化规律研究。

　　二是瓦斯因素对煤渗透率的影响，主要体现在瓦斯压力、吸附变形和气体引发的克林伯格效应等。在瓦斯压力变化过程中，对非吸附性气体，瓦斯压力引发的有效应力变化和克林伯格效应是存在的，对吸附性气体则三者均存在。孙培德（1987）基于三轴应力状态下煤样渗透率实验结果，发现在有效应力恒定时渗透率随瓦斯压力呈现指数与抛物线的复合函数关系，并且瓦斯压力与体应力比值越小，克林伯格效应越明显；尹光志等（2010）开展突出型煤在不同瓦斯压力下渗透率实验，发现煤样渗透速度与瓦斯压力呈幂函数关系。由于国内煤层的原始渗透率较低，而国外煤层原始渗透率较高，约为中国煤层原始渗透率的 10 倍，因此，国外学者在开展渗透率设定的实验设计时多是基于煤层气现场应力环境的情况，重点研究的是煤层处在原始应力环境下的瓦斯预抽，实验设计时也多是在与煤层气开采相类似的条件下，分析由于瓦斯压力降低引发有效应力与吸附变形变化对渗透率的影响，而国内学者更侧重于研究煤层经过改造以后卸压瓦斯抽采，实验设计时多是考虑应力解除以后的卸荷或者实施其他增透技术以后煤体的渗透率变化。

　　三是构建含瓦斯煤的渗透率模型建立影响因素与变形之间的关系，然后再建立变形与孔隙率之间的关系，再结合孔隙率与渗透率之间的关系，综合获得各影响因素与渗透率之间的关系。煤的渗透率模型构建中，国外学者重点研究煤体在弹性段时的渗透率模型，在该阶段主要是煤中原有裂隙开度的变化所导致的煤的渗透率的变化；国内学者既要构建煤体在弹性阶段的渗透率模型，又要构建煤体在塑性破坏以后的模型，既要分析煤中原有裂隙开度变化，也要进一步分析煤中原有裂隙扩展和新裂隙生产的变化规律。过去几十年里，人们建立了很多渗透率理论模型，基于模型建立的边界条件差异大致有三类：等体积条件、单应变条件和三轴应力条件。等体积条件和单应变条件只是针对煤层气开采现场的一种假设条件，而三轴应力条件是煤所承受的实际边界，因此三轴应力条件的渗透率模型所适用的范围更广。三轴应力模型在代入特定的边界条件时可以进一步转化成等体积、单应变条件或其他形式的模型；还有考虑煤基质与裂隙内部交互作用的渗透率模型、煤的各向异性渗透率模型。煤是一种非均质多孔介质，煤基质与裂隙间通过桥键相连，因此构建渗透率模型时还要进一步考虑介质与裂隙内部交互作用。由于煤中裂隙在各方向上分布的不均匀性，煤原始的渗透率具有各向异性，而由于煤体的力学与吸附变形等参数也存在各向异性，在叠加不同方向上的边界条件也不一样，这又导致了变化以后的渗透率模型仍然不一样；此外，国外重点针对煤层气开采时煤体所处应力状态变化建立的渗透率模型是基于瓦斯压力变化引发的有效应力和吸附变形对渗透率的影响构建的，针对现场实际情况比较有代表性的主要有 PM 模型、SD 模型和 CB 模型。国内提出的分为两类，一类是针对煤层瓦斯预抽或煤层气抽采的弹性段渗透率模型。李祥春等（2011）基于煤基质吸附瓦斯后会产生吸附变形进而改变煤孔隙率的现象，考虑了煤基质的吸附变形构建了煤的渗透率模型；张先敏和同登科（2008）基于煤的物理表面化学特性，建立综合考虑力学应变与基质吸附瓦斯应变同时作用时煤的孔隙率与渗透率模型；周军平等（2011）基于孔弹性理论构建了考虑有效应力和基质收缩的渗透率模型。另一类是针对煤层经过改造以后卸压瓦斯抽采的塑性段渗透率模型，该类模型主要与中国煤层原始渗透率低需要增透以后才可抽采有关。谢和平等（2013）运用损伤裂隙体力学，在现有的达西定律、平板流体理论、多孔介质流体理论和毛细管流体理论的基础上，建立了考虑支承应力、瓦斯压力和吸附变形综合作用的 4 种煤体增透率的计算公式；孟磊（2013）基于含瓦斯煤岩损伤变形规律和介质损伤方程，建立了煤的统计损伤渗透率模型。

　　四是将固体力学与渗流力学相结合，研究在特定煤层的瓦斯流动条件下，因瓦斯气体压力变化和煤层膨胀变形共同引起煤储层骨架所承受的应力变化形成的煤层变形场和引发煤层孔渗特性变化和煤层渗流场改变，气固耦合理论提出了多种含瓦斯煤层的气–固耦合模型。Choi 和 Wold 建立了在巷道掘进过程中煤与瓦斯突出与发展的耦合模型；Gu 和 Chalaturnyk 认为在煤层气开发中，流体压力和煤层中的空间位置均会影响地应力的大小，在此基础上构建了煤层气产出预测的耦合模型，研究煤的应力场、变形场和煤层气产出情况；Zhang 等建立考虑有效应力和吸附变形作用的渗透率耦合模型，再以孔隙率为桥梁将煤的变形场和瓦斯流场耦合在一起；Concell 等建立了考虑瓦斯流动和地质应力的耦合模型，利用 SIMED 软件计算煤层气与水在煤中形成的渗流场，再用 FLAC 计算有效应力的变化，然后再计算煤层渗透率的变化；Liu 等在煤与瓦斯气固耦合方面，在考虑各向异性、基质渗透率、吸附时间、煤的非均质性等因素基础上，建立了一系列的渗透率耦合模型，并用于对实验室和现场现象的解释；赵阳升等建立了煤矿井下瓦斯与煤的气固耦合数学模型，并应用于巷道瓦斯涌出规律的分析；梁冰、刘建军、孙可明等建立了一系列的应力场作用下煤层瓦斯流动的气固耦合模型，并将这些模型应用于煤与瓦斯突出、采空区瓦斯流动和煤层气开采等实际问题的研究中；王宏图等建立了应力场、温度场和地电场作用下的煤层瓦斯气固耦合模型；杨天鸿、徐涛等根据应力场作用下煤体变形过程中损伤与渗透的关系，建立了含瓦斯煤体破坏过程中耦合模型，并开发了 RFPA2D-Flow 软件用于分析煤层瓦斯流动；吴世跃、李祥春建立了考虑吸附膨胀应力的含瓦斯煤体的本构方程，最后建立了煤的气固耦合的数学模型；白冰分析煤层 CO_2 封存过程中的流固耦合问题，并建立 ECBM 过程中气固耦合分析的数学模型；周来在煤的单孔介质基础上，建立了考虑气体竞争吸附、竞争扩散、气体渗流与煤体变形的多场耦合模型；吴宇基于煤的双重孔隙结构，在煤的裂隙渗透率方程、基质与裂隙之间的气体交换方程的基础上建立煤流动控制方程，在有效应力原理基础上考虑煤的吸附作用建立了煤的变形方程并引入湿度效应，建立了双重孔隙介质多场耦合模型；周军平建立了多组分气体在多场耦合作用下运移方程，探讨不同因素对 CO_2-ECBM 过程的影响；安丰华基于煤的双重孔隙结构，建立突出孕育时期瓦斯与煤体变形的多场耦合模型，并用于分析煤与瓦斯突出的失稳孕育过程；唐春安等在分析岩石破裂过程中渗透率演化时，基于统计损伤力学建立了裂隙损伤同渗透率演化的耦合模型；杨天鸿等建立了热–流–固耦合模型，基于自定义损伤模拟了裂隙对煤体损伤性质的影响，从而间接地建立了损伤同瓦斯渗流之间的耦合关系；赵阳升等基于断裂力学和细观损伤力学，并采用 Oda 渗透率张量公式，建立了含水裂隙岩体裂隙扩展、贯通过程中渗透率演化模型；胡少斌构建了真三轴煤与瓦斯耦合损伤渗流实验系统，研究了三维应力作用下裂隙场和渗流场时空演化的耦合关系，建立了基质孔隙和裂隙系统渗流-应力损伤耦合方程；孟磊建立了包含煤体变形控制方程、瓦斯渗流控制方程、煤体损伤方程以及交叉耦合方程在内的气-固损伤耦合模型；Shi 和 Durucan 建立了孔隙介质渗透率与有效应力关系式，并认为吸附膨胀变形对煤体渗透率影响非常明显；Palmer 和 Mansoori 考虑了瓦斯吸附膨胀变形导致裂隙闭合而引起的渗透率变化，提出了著名的 P-M 模型来描述含瓦斯煤体渗透率变化。

3）瓦斯突出机理研究

瓦斯突出是在一定外在条件下触发含瓦斯煤体形成的下触发含瓦斯煤体形释放，目前学术界对于突出机理的研究仍停留在假说阶段，归纳起来可以分为三类：瓦斯作用说、地应力作用说以及综合作用假说。其中，瓦斯作用说认为煤体内储存的高压瓦斯是突出中起主要作用的因素。瓦斯作用说占有较重要地位是瓦斯包假说：它认为煤层中存在着瓦斯压力与瓦斯含量比邻近区域高得多的煤窝或瓦斯包，煤的质地松软且孔隙与裂隙发育，具有较大储存瓦斯能力，被透气性差煤岩包围。当被揭穿时高压瓦斯将松软煤窝破碎并抛出。还有一种学说认为煤中甲烷以不稳定化合物形式存在，瓦斯突出是它们急剧分解的过程。地应力作用说认为瓦斯突出主要是高地应力作用的结果，包括岩石变形潜能说、应力集中说、应力叠加说、放炮突出说和顶板位移不均匀说等多种假说。该假说提出工作面前方存在保护带脱气带、高压瓦斯带活动带、支承压力带，认为突出是活动带中煤体在挤压作用下的破坏。综合作用假说认为突出是由瓦斯、地应力及煤的物理力学性质三者综合作用的结果。该类假说最早于 20 世纪 50 年代由 Я. Э. 聂克拉索斯基提出，认为煤与瓦斯突出是由地压和瓦斯共同引起的。50 年代中期，А. А. 斯科钦斯基提出，突出是地压、瓦斯、煤的物理-力学性质、煤的重力等因素综合作用结果。70 年代中后期，В. В. 霍多特以煤的吸附、渗透及力学性质和瓦斯突出模拟实验研究为基础，提出了"能量假说"，对煤的弹性潜能、瓦斯潜能、瓦斯膨胀能和煤的破碎功进行了工程计算，并给出突出发生条件的公式，对后续瓦斯突出机理研究、突出预测和防治实践起到重要指导作用；Hanes 等则认为应力和瓦斯都在突出中发挥重要作用，但有时是某个因素处于支配地位。

我国学者也提出和发展了多个学说。如何学秋研究含瓦斯煤样在三维受力状态下力学性质，认为含瓦斯煤的流变特性是突出过程实质；蒋承林与俞启香提出的球壳失稳假说，认为煤与瓦斯突出过程实质是受地应力破坏煤体释放瓦斯，致使煤体裂隙扩张并使形成的煤壳失稳破坏，通过实验室突出模拟验证，对突出的一些现象和规律进行了解释。同时基于突出过程中能量耗散规律研究，认为地应力引起的弹性潜能最先消耗在煤体破碎上，为煤体内瓦斯能释放创造了条件，在突出过程中起决定作用的是煤体本身释放的初始释放瓦斯膨胀能；李萍丰提出了二相流体假说，认为瓦斯突出是因破碎煤体与瓦斯形成二相流体相互作用形成；Guan Ping 等认为瓦斯突出与火山岩浆喷发类似，煤中大量气体冲出破碎煤体、释放能量。

4. 冲击矿压理论

深部开采中冲击地压现象出现后，由于冲击地压的复杂性、影响因素和现象多样性、产生突发性、过程短暂性、对孕育条件的破坏性，冲击地压机理探索和研究持续至今，仍未形成统一而普遍认可的理论和观点。

1）经典理论研究

早期经典冲击矿压理论是对冲击矿压的直观认识或在试验研究基础上总结得到，主要包括强度理论、能量理论、刚度理论、冲击倾向性理论、失稳理论等。

"强度理论"是基于煤岩强度提出的最为朴素而直观的理论，它是对冲击矿压的直观认识，产生较早，虽然它从现象上对冲击矿压做出了解释，但煤矿开采过程中采掘空间周围煤岩体所处应力状态往往超过了其强度，且煤岩体已破坏并处于残余强度阶段，但冲击矿压并未发生。因此，应力超过煤岩体强度只是冲击矿压的必要条件而非充分条件。20世纪50年代，强度理论逐渐着眼于围岩力学系统的极限平衡条件分析研究。当煤岩体受到的应力不断升高且煤岩系统结构存在一定变化强度时，应力状态和强度均处于变化之中。当应力状态小于结构系统强度时，煤岩系统逐渐积累弹性变形能，当应力增加到超过该强度并突然低于应力状态时发生冲击矿压。

"能量理论"首先由 Cook（1965）提出，他首次采用刚性试验机研究了岩石峰后强度性质及稳定性，奠定了能量理论、刚度理论的基础。经对南非 15 年来冲击矿压现象分析后提出：当矿体及围岩体系在应力超过矿体围岩系统极限平衡状态时发生破坏，释放的能量大于消耗的能量时，多余的能量将诱发冲击矿压灾害。后来，Petukhov 和 Linkov（1983a）发展了能量理论，认为冲击能量由冲击煤岩积蓄的能量和围岩积蓄的弹性变形能组成，即煤体本身的能量和从围岩释放的能量共同导致冲击矿压发生。能量理论从能量角度说明冲击矿压的另一必要条件是煤岩体破坏时必须有剩余的能量支持煤岩体形成冲击动能而具备危害性。

"刚度理论"是基于矿井开采过程中煤体与围岩的关系和试样与试验机的关系相类似的认识，通过研究试验机刚度小于煤岩试样峰后变形破坏刚度和煤岩样失稳破坏现象，发现矿体结构刚度大于围岩系统刚度是发生冲击矿压的必要条件。Wawersik 和 Fairhurst（1970）、Hudson 等（1972）等进一步发展刚度理论，较好地解释了煤柱型冲击矿压现象。然而，由于能量理论未说明煤岩体破坏和围岩释放能量条件，而刚度理论又难以解释巷道或采场等其他区域的冲击现象，在冲击矿压防治中应用缺少必要的科学依据。

冲击矿压危险分类是基于煤岩对矿压发生的响应差异。首先，Petukhov 和 Linkov（1983b）对冲击矿压危险进行了分类，Bieniawski（1967）通过试验研究和现场调研发现，相似地质及开采技术条件下煤层发生冲击矿压可能性具有较大差异，其原因是煤岩固有力学性质存在较大差异。将煤岩这种固有性质称为冲击倾向性，并提出两个冲击倾向性指标（弹性能指数和冲击能指数），并建立了"冲击倾向性理论"。目前冲击倾向性常采用煤样单轴抗压强度、弹性能指数、冲击能指数、动态破坏时间等指标。但国内外学者仍然从不同的角度对冲击倾向性进行着研究，力求更为科学合理地进行煤岩冲击倾向性判断。

"失稳理论"是将冲击矿压作为煤岩体失稳现象的直观认识，这种思想早期出现在有关冲击矿压的经典著作中。章梦涛等（1991）、齐庆新等（1997）、李新元（2000）等从不同的角度对失稳理论进行了新的研究和发展。失稳理论实际上是从不同的冲击矿压现象进行的描述性解释，并没有从本质上揭示冲击矿压发生的原因，无法建立统一实用的冲击矿压判据和有效指导冲击矿压防治。

2）基于新理论的探索研究

近年来，随着新兴力学及数学学科的兴起并应用到冲击矿压的研究中，冲击矿压理论研究形成了许多新的探索，如基于突变理论、分形理论、煤岩损伤及断裂力学理论等所做的深入研究，进一步丰富了冲击矿压理论的新认识和新方法。

基于"突变理论"的研究是从煤岩复杂系统稳定性角度认识冲击矿压。"突变理论"由法国数学家托姆提出，他从数学角度阐明了复杂系统在若干控制因素作用下，非线性地从一个稳定态跃迁到另一个稳定态的规律，并提出了不多于四个控制因子的七种突变数学模型，采用平衡曲面方程的空间形状形象直观表达了状态突变的物理含义。尹光志等（1994）、张玉祥和陆士良（1997）、潘一山和章梦涛（1992）、费鸿禄和徐小荷（1998）、徐曾和和徐小荷（1995）等应用突变理论，针对不同形式的煤岩结构和控制因素，分别利用突变理论分析了特殊情形煤岩动力失稳现象。应用研究中发现不同条件导致煤岩冲击显现主控因素和煤岩体势函数各不相同，且多数情况下难以得到符合突变理论的标准形势函数。

基于"分形理论"的研究是从冲击矿压孕育过程与煤岩体破裂之间的关系认识冲击矿压。分形理论是美籍数学家 B. B. Mandelbort 提出，谢和平和 Pariseau（1993）把分形理论应用于岩爆的分析研究，分析了美国两个岩爆矿井几次岩爆发生前微震事件的分形维数变化规律，认为岩爆等效于岩体破裂的分形集聚，伴随分维数减小，岩爆主破裂前微破裂的分形维数减小是一种潜在的岩爆预测信息。随后，李廷芥等（2000）、李玉等（1994）进一步采用分形理论分析了若干冲击矿压发生前微震分形特征，证实了冲击矿压孕育过程煤岩体破裂的分形现象。

基于"煤岩损伤及断裂力学理论"的研究是从煤岩体微观特征上认识冲击矿压。煤岩损伤及断裂力学理论研究了煤岩体裂纹的扩展、贯通、成核导致能量耗散及煤岩体损伤的角度，窦林名和何学秋（2004）建立了冲击矿压弹塑脆性体模型，描述了煤岩冲击破坏过程，Vardoulakis（1984）、Dyskin（1993）、张晓春等（1997）分析了煤体表面裂纹扩展和巷道表面层裂结构受力破坏过程，探讨了煤矿巷道围岩层裂结构的失稳机理，建立了煤体变形屈曲失稳的层裂板结构模型。黄庆享和高召宁（2001）分析了煤壁中预存裂纹受力尖端产生翼型张裂纹而形成的层裂结构和结构失稳引发的冲击矿压现象。

冲击矿压具有显著的时空特性。A. M. Linkqv 认为冲击矿压是煤岩体软化、流变导致的稳定性问题并具有极强时间效应。煤矿冲击矿压与采掘工作面推进导致煤岩边界、几何结构、应力状态等均随时间变化，因此冲击矿压孕育过程也是边界、几何结构、应力状态的时变过程，冲击矿压时空特点与这些参数的时间累积效应密切相关。王斌等（2010）基于时变结构力学理论研究了岩爆、冲击矿压问题，从时间域分析了岩爆和冲击矿压变化过程，提出了"自稳时变结构"概念，分析了围岩自稳时变结构的动力学响应。

5. 矿井突水机理研究

煤层底板突水是指在采动条件的影响下，底板承压水突破底板隔水层进入矿井的一种动力行为。底板突水受到多因素综合影响，且具有非常复杂的机理和演变过程。长期以来，国内外学者在此方面开展了大量的研究并不断深入，取得了一系列重要的进展和研究成果，从本质上阐明了煤层底板岩体在采动过程中移动变形的基本规律，揭示了煤层底板突水的内因条件。

总体来说，国外矿井底板突水机理研究起步较早，匈牙利学者韦格·弗伦斯在 20 世纪 40 年代首次提出底板相对隔水层厚度的概念，他认为煤层底板突水与底板隔水层厚度和水压有关，并定义相对隔水层厚度与水压之比。他指出，在相对隔水层厚度大于 1.5m/atm（1atm＝1.01325×10^{5}Pa）时，煤层开采过程中基本不发生突水，80%~88% 的突水都是相对隔水层厚度小于此值。许多国家将相对隔水层厚度大于 2m/atm 作为承压水上采煤不会引起煤层底板突水的临界值；斯列萨列夫（1983）最早将煤层底板概化为两端固定的承受均布载荷作用的梁，按照静定梁理论推导出底板抗静水压力的理论最小安全厚度；20世纪 50 年代起，许多学者通过用现场和实验室相结合的方法，深入研究岩体结构-阻水能力的关系和岩体强度-抗破坏能力的关系，部分学者基于地质条件考虑了岩层厚度与强度对底板突水的影响，提出了等效隔水层的概念，提出导水裂隙和采厚呈平方根关系。20世纪 80 年代以后，随着地球物理学勘探技术的发展，国外学者对底板岩溶发育特点、分布规律、底板结构与构造、富水性、底板破坏深度等方面有了更为深入的认识，在此基础上提出了矿井底板水害的防治方法。同时，部分学者采用岩体力学的理论与方法进行了动水压力作用和水压致裂机理的研究。鲍莱茨基等在 1985 年研究了煤矿开采时的底板变形与破坏，提出底板开裂、底鼓、底板断裂和大块底板突起等概念。多尔恰尼诺夫等在 1984年研究认为，在高应力作用（如深部开采）下，裂隙渐渐扩展并发生沿裂隙的剥离和掉块，导致岩体或支承压力区出现渐进的脆性破坏，从而为底板高承压水突出创造条件。

我国矿井底板突水机理研究相较国外而言起步较晚，但由于我国矿井水文地质条件复杂、底板突水事故频发且造成重大的人员伤亡和经济损失，矿井底板突水机理研究显得极为重要。20 世纪 60 年代，国内学者提出了"突水系数"的概念并作为评价底板突水与否的指标，1986 年作为底板突水评价指标写入《煤矿防治水工作条例（试行）》，2009 年在《煤矿防治水规定》中又对安全隔水层厚度和突水系数计算进行了详细规定。20 世纪 80年代以后，随着煤矿开采强度和深度大幅度增加，煤矿底板突水问题日趋严重，底板突水机理研究涌现出许多具有代表性的理论和学说。如李白英等（1988）、李白英（1999）通过试验和现场测试研究矿压引起的底板破坏规律，发现采动煤层底板也存在类似采动覆岩破坏移动现象，提出"下三带"理论；刘天泉和张金才在 1990 年从力学分析角度提出了"薄板结构"理论，首次运用板结构研究底板突水机理，将底板隔水层带概化为四周固支受均布载荷作用下的弹性薄板，采用弹塑性理论推导了以底板岩层抗拉及抗剪强度为基准的预测底板极限承载水头的公式；许学汉和王杰（1991）运用工程地质力学理论提出"强渗通道"说，认为底板是否发生突水的关键在于是否具备突水通道，阐述了"原生通道突水"和"再生或次生通道突水"的过程及发生条件；钱鸣高等（1996）、黎良杰和殷有泉（1998）等提出了"关键层"理论，分析了采动条件影响下关键层破断后岩块的平衡条件，建立了无断层条件下采场底板的突水准则和断层突水的突水准则；缪协兴等（2008）提出了"隔水关键层"理论，认为煤层底板隔水能力不仅取决于承载能力最高的关键层，也取决于关键层上下的软岩层；王作宇和刘鸿泉（1993）提出了"零位破坏与原位张裂"理论，进一步引用塑性滑移线场理论分析了底板采动破坏的最大深度；王经明（1999a，1999b）提出"递进导升"学说，该学说认为底板承压水在采动矿压和水压的共同作用下，沿底板隔水层裂隙扩展、入侵、递进发展，当裂隙发展到与上部的底板破坏带相连接时即发生突水；王成绪和王红梅（2004）提出"岩-水-应力关系"学说，把复杂的底板突水问题简单地归纳为岩（底板隔水层岩体）、水（底板承压水）、应力（采动应力和构造应力）之间的关系；倪宏革和罗国煜（2000）提出"优势面"学说，认为地质构造是突水控制的关键，在开采平面上存在着最容易发生底板突水的危险断面；此外，黎良杰等在 1997 年利用相似材料模拟了采场底板突水机理；刘志军和胡耀青（2004）、胡耀青等（2007）等通过三维数值模拟、三维固流耦合相似材料模拟等方法，探讨了带压开采底板破坏规律；徐智敏（2011）利用自制高压三维矿井突水模拟试验平台开展了高承压底板突水模拟试验，研究了深部高承压水体上开采底板隔水层破坏及突水特征；冯启言等（2006）利用 F-RFPA2D 软件，建立了薄煤层底板采动破坏的数值模型，探讨了底板突水机理。

6. 煤炭开采损伤机理研究

矿井热害及热环境研究，主要有三个方面：一是分析矿山井下热害成因及影响热环境的主要因素，成因及主要影响因素当中以地温最为重要，所以在地温研究的基础上进行巷道围岩温度的观测分析，找出其对风流的影响规律；二是巷道围岩与风流间的传热传质研究；三是矿井热环境参数的预测研究。

1）地下水系统损伤

煤矿开采活动对地下水系统影响研究始于 20 世纪 80 年代，由于其研究范围广、涉及领域多，人们从不同角度出发，得到了不同研究成果。在煤矿开采引起的水文地质效应方面，J. D. Stoner、G. C. Lines、C. J. Booth、L. J. Britton、韩宝平等许多学者进行过研究。比如，韩宝平等在 1984 年以南桐矿区为例，研究揭示出水文地质效应系统性、连锁性的特点，即在水文地质效应促使下形成的矿井地下水系统，既具有原生矿区地下水系统的某些特点，又在一定采矿方式、强度和规模的控制下不断演化。煤炭开采使地下水受到污染，水质发生变化，不少学者也对此做过研究；李定龙（1995）从地下水化学特征方面进行研究，探讨了矿井开采前后主要含水层水化学特征变化规律及其形成作用，认为煤炭开采后含水层水化学类型总体趋向复杂，导致该变化的主要作用是溶滤溶解、脱碳酸、掺杂混合及交替吸附等作用；钟佐燊和汤鸣皋（1999）以淄博煤矿为例，通过现场土柱模拟试验得出污灌区地下水污染的主要原因是污水灌溉；武强等（2002）通过对煤矿开采诱发的水环境问题研究，发现地下水在动态的交换过程中被带上了"有毒"或者"有害"的离子成分；王洪亮等（2002）从煤矿区水文地质条件变化探讨研究，认为地下水资源破坏是由于含水层结构破坏及地下水环境演化产生的结果，并且煤矿排水改变了地下水径流方向和排泄方式；邵改群（2001）提出了煤矿开采对地下水影响程度分类原则，并把山西省煤矿开采对地下水影响分为无影响区、影响轻微区、影响明显区和影响严重区四类；武强等（2005）研究了神府东胜矿区水土环境问题及调控技术，讨论了由开采顶板岩层变形破坏引发的矿井突水溃砂、地表裂缝塌陷、水源地破坏、植被死亡并造成沙漠化加剧和水质污染等严重的水土环境问题，提出了建立水源地分级保护体系，以拦蓄排泄带方式开采地下水等保护水环境的应对措施。

2）地表生态损伤

煤炭资源开发与生态环境保护是世界能源经济发展的两难选择。如何提高资源开发利用效率、减轻资源开发过程对生态与环境的压力一直是国内外学者的研究热点。目前普遍认为，煤炭开采主要是通过开采沉陷引起地表土壤结构变化和土壤持水性及土壤水下降，改变了地表及土壤的生境初始条件，破坏了区域内营养元素循环与更新，从而对地表植被和土壤微生物造成严重影响，使得地表生态质量退化。

国外在 15 ~ 16 世纪，人们就认识到煤炭开采损害对人类生产和生活的影响，比利时曾经发布过一条法令，严厉处罚因地下开采破坏水源含水层的责任者。19 世纪煤炭开采所造成的地面铁路、房屋破坏及井下透水事故等促使人们进一步开展研究。开采是地表生态损伤的前导条件和直接诱因，研究矿区地质灾害及其诱发生态环境损害的机理有助于解决生态环境损害问题。国外针对开采对地表生态影响研究较早，有代表性的如 Swanson 等（1999）对采矿塌陷区土壤水分预测研究及分级；Buczko 和 Gerke（2005）对采煤塌陷区水力参数空间分布研究等。

国内也较早地针对采煤塌陷区地表土地损伤和生态环境变化特征进行了研究。张发旺等（2003）研究发现，采煤引起土体下沉，增加了土壤密实度，从而使土壤体的孔隙性产生变化，土壤结构性发生变异，导致土壤物理性质恶化，农作物减产。也有研究发现，采煤造成土体一定程度的松动，使土壤容重有一定程度的降低，从而对土壤的透气性、透水性、持水性、溶质迁移能力以及土壤的抗侵蚀能力都有较大的影响。此外，煤炭开采导致土壤剖面耕作层厚度减小，土壤各土层产生垮落、错动，甚至上下反转，改变土壤剖面，使土壤原有质量受到影响。魏江生等（2006）研究表明，塌陷形成的裂缝增大了土壤蒸发的表面积，进一步降低了土壤水分，导致塌陷区土壤含水量一般小于非塌陷区；何金军等（2007）研究发现，采煤塌陷对黄土丘陵区土壤含水量影响最大；明显改变了土壤肥力赋存状态，呈现出从表层向深层渗漏、从沉陷边缘向沉陷中心汇集的流失特征，导致表层土壤退化，影响作物生长及土地的生产力。黄铭洪和骆永明（2003）研究发现，矿区有机质、N、P 等含量只有正常植被覆盖土壤平均值的 20%~30%，严重影响了农作物的生长；赵同谦等（2007）研究认为，肥力指标空间异质性显著；与非沉陷区耕地相比较，沉陷区耕地上层土壤（0~20cm）有机质、氨氮、硝氮、全钾、速效磷含量相对较低；有研究表明，开矿导致沙漠化速率是自然发展速率的 1.56 倍，严重的水土流失造成土壤中大量的 N、P、K 及其他有机质大量流失，土壤肥力大大降低。据测算，陕北黄土丘陵沟壑区每年的土壤养分流失量折合化肥为 2250kg/hm²，陕北地区每年流失的 N、P、K 约合 217 万 t 化肥；全占军等（2006）的生态影响评价研究发现，煤炭开采造成的地表沉陷使矿区土壤养分流失，地表植被景观破碎及隔离程度严重，原有的稳定态景观格局被打破；杨选民和丁长印（2000）研究发现，塌陷区沙蒿死亡率比非塌陷区高出 16%；Spurgeon 和 Hopkin（1999）、宋玉芳等（2002）都研究发现，土壤中重金属污染对蚯蚓的生态、生长和繁殖产生种种不利影响；程建龙和陆兆华（2005）研究发现，土壤动物的减少是矿区土壤生态系统遭到破坏的重要标志之一。矿区土壤线虫数量随着梯田平台年限的增加而增加，土壤动物不仅数量少，而且种类不多；聂振龙等（1998）以大柳塔矿区为研究区，通过野外试验得出采煤塌陷作用破坏了包气带岩土结构，减弱了包气带表土的持水能力，包气带表部水资源量减少，植物根系吸水率减小，同时，降低了地表起沙临界风速，增强了风蚀作用，沙化灾害加重，地表生态环境更加脆弱；纪万斌（1999）分析了采煤塌陷在干旱山区和平原区所引起的生态环境变化特征；李惠娣等（2002）以大柳塔塌陷区土壤水分调查数据为基础，分析出采矿塌陷引起的土壤水分和养分的变化特征及生态环境变化，得出梁峁阴坡植被稍好，刺槐林的生长良好，而阳坡不宜大面积栽植的结论。

针对矿区资源开发与环境保护的矛盾，世界各国开展了广泛的研究，并形成了两大研究方向：一是源头控制，二是采后治理。由于采矿对环境的扰动是不可避免的，加上历史造成的矿区环境破坏欠账较多，因此源头控制与采后治理都是需要的。一个大型矿区的开发，往往是一个地区工业化和城市化的开端，随着以矿产资源开发为主的各行业的兴起，当地经济结构发生迅速的变化，但是如果不能处理好矿业发展和当地经济结构功能变化引起的一系列社会环境问题，矿区社会经济发展的前景是不容乐观的。对于生态环境脆弱的西部矿区，更需要在开采过程中与开采后加强资源保护与环境重建工作。

开采损害评价的内容主要涉及矿区采区建筑物、道路、管线以及塌陷区土地的评价。经过国内外学者几十年的努力，已经逐步建立了开采损害等级的划分方法和相应的评价预测方法和模型。如利用模糊综合评判法对建筑物的损害进行评判，利用可拓工程方法进行建筑物、土地、农田的开采损害等级识别，利用物元分析方法和物元模型进行塌陷土地资源优化配置等。

1.2.2 深部煤炭开采技术研究

1. 深部开采巷道安全控制技术

19 世纪末至 20 世纪初发展的古典压力理论认为，巷道围岩变形破坏是由上覆岩层的重量引起，随着开挖深度的增加，太沙基和普氏冒落拱理论被提出用以解释巷道顶板围岩跨冒特征，前者认为塌落拱的形状类似矩形，后者则认为该形状是拱形。随着刚性试验机的问世，分析岩石变形破坏全过程的弹塑性理论得以发展完善。采用相应的屈服准则如最大拉应力准则、M-C 准则、H-B 准则、D-P 准则可以计算得到不同区域的围岩应力、位移及塑性破坏范围，具有代表性的有芬纳公式、卡斯特奈公式，获得了巷道围岩变形破坏的分区特性，塑性区、弹性区、原岩应力区。

1）深部回采巷道围岩变形破坏机理研究

自 20 世纪 80 年代进入深部开采以后，德国、苏联等对深部回采巷道围岩变形破坏进行了大量研究。鲁尔矿区先后对 260 个工作面回采巷道的矿压观测数据统计处理分析得到顶底板收敛量与开采深度、开采厚度、巷旁充填指数、底板岩性指数的多元回归公式，该回归公式的标准方差为 0.3%，实测巷道收敛量与平均值的偏差约为 9%；同时就巷道底鼓量与这四种因素影响之间的关系进行了定性定量分析；苏联对顿巴斯矿区大量深部巷道矿压实测资料分析得出了巷道掘进期间顶板、两帮位移量的经验公式，与此同时苏联的普洛托谢尼雅等还采用理论分析计算深井巷道的变形量。目前，除德国和俄罗斯外，国外其他主要采煤大国的开采深度远没达到我国中东部地区，随着我国深部开采工程量的逐年增加，深部开采回采巷道围岩变形破坏机理研究成果渐多，总体可归为两大类：一类是开掘初期的深部巷道时则应考虑（黏）弹塑性、损伤、扩容等对深部回采巷道围岩稳定性的影响。孙钧等（1981）、陈宗基（1983）等从（黏）弹塑性角度分析围岩的变形、失稳问题，贺永年等（2006）、蒋斌松等（2007）采用非关联法则对巷道受力变形进行弹塑性分析，获得了应力和变形的完整解；袁文伯和陈进（1986）分析了软化对巷道围岩稳定性的影响；潘阳等（2011）分析了基于准则的不同侧压系数对圆形巷道的变形影响；张小波等（2013）基于准则分析了峰后应变软化与扩容对圆形巷道围岩弹塑性影响；李铀等（2014）通过塑性力学求解新体系确定深部开采圆形巷道的塑性区，卢兴利（2010）、卢兴利等（2013）采用高应力卸荷手段对深部岩体进行峰前卸围压试验，获得峰前损伤扩容、峰后碎胀扩容的特性及其参数；董方庭等（1994）提出巷道围岩松动圈失稳破坏规律，并针对深井巷道围岩松动圈开展预分类研究，于学馥（1960）认为巷道围岩破坏的原因是应力超过岩体弹性极限，轴比因塌落改变，从而导致应力的重新分布。另一类是回采期间支承压力对回采巷道围岩结构稳定性的影响分析。工作面回采期间，常布置于煤层巷道中的回采巷道因顶板、巷帮、底板的岩性、结构及工程条件的差异影响，其围岩变形破坏的机理更加复杂。樊克恭和蒋金泉在 2007 年认为弱结构是影响回采巷道围岩失稳破坏的关键，郜进海（2005）基于回采巷道顶板层状赋存特性分析了巷道顶板围岩"拱-梁"结构变形破坏特征，陆士良等（1999）针对采动巷道围岩变形规律提出"深表比"（巷道深部径向位移与巷道周边位移比值）概念，并得出原岩应力下巷道深表比呈负指数衰减、受采动影响后衰减缓慢。张农等（2013）基于挤压"梁"模型分析了回采巷道围岩顶板"零位移点"的存在及零位移点以上向上运动、零位移点以下向下运动，并实测研究证实了其客观存在。

2）深部回采巷道围岩变形控制技术研究

继巷道围岩变形破坏机理研究，相应的围岩控制理论及技术研究应运而生。塌落拱理论使人们认识到巷道围岩具有自承载能力。20 世纪 60 年代，奥地利学者 L. V. Rabcewicz 提出了一种隧道设计施工的新方法，其核心思想是构建围岩与支护结构共同的支承环，后被称为"新奥法"（韩瑞庚，1987），日本学者山地宏和樱井春辅提出了围岩支护的应变控制理论，认为隧道围岩的应变随支护结构的增加而减小，而允许应变则正好相反。因此，通过增加支护结构，能较容易地将围岩的应变限制在合理的应变范围内。20 世纪 70 年代，M. D. Salamon 提出能量支护理论，认为巷道开挖后围岩释放一部分能量，支护结构吸收一部分能量，两者相当。随着地应力测试技术的完善，深部应力环境具有明显的方向性，澳大利亚学者 Gale 提出最大水平应力理论，认为巷道走向与最大水平主应力方向平行布置最为有利。我国学者董方庭等（1994）提出"围岩松动圈理论"，认为裂隙产生于扩张的碎胀力是支护的主要对象。方祖烈（1999）提出"主次承载圈理论"，认为巷道周边是拉应力区域，这部分是次承载圈、深部围岩赋存于压应力区，这部分属于主承载圈。钱鸣高等（1996）指出，深部高应力来自两个方面：①原岩应力绝对升高；②开采应力与原岩应力叠加，更易集中，称其为采动应力集中。他们提出必须深入研究采动岩体中的关键层运动对深部资源开采的影响。

随着深部工程的增多，在前人研究的基础上，越来越多的深部回采巷道围岩控制理论得以发展和完善。除锚杆、索的悬吊理论、组合梁理论、组合拱理论、减跨理论等传统支护理论外,何满潮和钱七虎(1996)针对深部回采巷道的高应力软岩非线性大变形特性提出耦合支护理论,强调支护体与围岩在强度上、刚度上耦合,并提出关键部位耦合支护技术,张农等(2013)基于"零位移点"以上岩层向上运动的挤压位移模型理论研究及实测分析,设计了深表位移测量仪,用于量化围岩位移,确定零位移点位置,达到了修正锚杆支护设计参数的目的。勾攀峰等(2012)构建了顶板冒落拱下的"梁"力学分析模型对深井巷道顶板锚固体破坏特征进行了深入研究。李桂臣(2008)开展了软弱夹层层位对巷道围岩稳定性影响研究,康红普和王金华(2007)系统研究了煤巷锚杆的成套技术,刘正和(2012)开展了顶板大深度切缝减小护巷煤柱宽度的研究,严红等(2012)针对深井回采巷道预留变形大断面的特点,设计了大断面锚索桁架支护系统。以上多为巷道顶板的控制理论及支护技术研究,对深部回采巷道帮部的控制研究有:张华磊等(2012)选用层裂结构分析回采巷道煤壁片帮,并提出注浆锚索首次应用于巷道帮部围岩的片帮治理;王卫军和冯涛(2005)研究了加固两帮控制深部回采巷道底鼓机理;王卫军和侯朝炯(2003)针对深部煤巷底鼓问题开展了支承压力、煤柱与回采巷道底鼓的关系研究。

2. 深部采场冲击地压防治与监测技术

1)深部采场冲击地压防治技术

冲击地压防治包括提前预防和被动解危两方面,提前预防是指在进行煤矿采区开采设计时就将冲击地压因素考虑进去,采用合理的开采设计来防治冲击地压的发生。它包括合理的巷道开拓布置、合理的工作面接替顺序、合理的开采速度、合理留设煤柱和开采保护层等,同时,采用柔性可缩型支护方式支护巷道、选用大流量液压支架支护工作面等最大限度地提前消除形成冲击地压所需的条件。

被动解危包括钻孔卸压、煤层注水、爆破卸压、定向裂缝法等。钻孔卸压可以释放煤体中聚积的弹性能,消除应力升高区;煤层注水主要通过钻孔向煤体中均匀注入高压水,破碎煤体,降低煤层的冲击倾向性,增加煤体的塑性能,以达到降低冲击危险的目的,同时还可以改善工作面的工作环境;爆破卸压是在回采工作面及上下两巷,通过卸载爆破能最大限度地释放聚积在煤体中的弹性能,在工作面附近及巷道两帮形成卸压破碎区,使得压力升高区向煤体深部转移;定向裂隙法是人为在煤层或岩层中,预先制造一个裂缝,在较短的时间内,采用高压水,使煤岩体中预先制造的裂隙破裂,降低煤岩体的物理力学性质,以达到降低冲击危险的目的。

2)冲击地压监测方法

目前常用的监测方法包括以采动应力监测和钻屑法监测为主的岩石力学方法和以声发射、电磁辐射、微震监测为主的采矿地球物理方法等。

(1)微震监测系统

井下煤岩体是一种应力介质,当其受力变形破坏时,将伴随着能量的释放过程,微震是这种释放过程的物理效应之一,即煤岩体在受力破坏过程中以较低频率($f<100\,\text{Hz}$)震动波的形式释放变形能所产生的震动效应。微震的强度和频度在一定程度上反映了煤岩体的应力状态和释放变形能的速率。一方面,冲击地压是煤岩体在达到极限应力平衡状态后的一种突然破坏现象,而参与冲击的煤岩体通常是在某些部位首先达到极限平衡状态,产

生局部破裂，与之相应出现一定强度和一定数量的微震活动；另一方面，冲击地压的孕育和发生是煤岩体大量积蓄和急剧释放变形能的过程，大量能量的释放以大量积蓄能量为前提，与煤岩体积蓄能量相应，微震活动出现异常平静或剧烈运动现象。

因此，微震活动的时空变化动态包含冲击地压的前兆信息。通过连续监测微震活动的水平及变化，确定发生震源的位置，还可以给出微震活动性的强弱和频率，判断推理煤岩体应力状态及破坏情况，并通过微震监测获得的微震活动的变化、震源方位和活动趋势，判断潜在的矿山动力灾害活动规律，通过识别矿山动力灾害活动规律实现预警。

（2）电磁辐射监测系统

掘进或回采空间形成后，工作面煤体失去应力平衡，处于不稳定状态，煤壁中的煤体必然要发生变形或破裂，以向新的应力平衡状态过渡，这种过程会引起电磁辐射。由松弛区域到应力集中区，应力越来越大，因此电磁辐射信号越来越强。在应力集中区，应力达到最大值，因此煤体的变形破裂过程也较强烈，电磁辐射信号最强。进入原始应力区，电磁辐射强度将有所下降，且趋于平衡。采用非接触方式接收的信号主要是松弛区和应力集中区中产生的电磁辐射信号的总体反映（叠加场）。电磁辐射信息综合反映了冲击地压等煤岩动力灾害现象的主要因素，可反映煤岩体破坏的程度和快慢，主要记录电磁辐射信号强度幅值和脉冲次数，故可用电磁辐射法进行冲击地压预测预报。该技术采用非接触监测方式，使用简单方便，但其监测范围有限，且如何去除现场干扰因素和环境影响条件是急需解决的关键问题。

（3）采动应力监测

煤岩体在采掘过程中从原岩应力平衡状态到受采动影响形成破坏，使岩体自重应力、构造应力以及人类采掘动载荷等重新分布，从而形成一种新的应力状态，引起煤岩体内应力场发生变化。如果在具有冲击危险性的煤岩体中发生的这种变化表现为瞬间的、剧烈的、显著的，就有可能导致冲击地压的发生。煤矿冲击地压的发生，其应力条件是最基本的条件。因此，通过埋设在煤体内的应力计监测采动应力的变化，分析煤岩体内应力场尤其是采动应力场的发展趋势，是辨别冲击危险的主要依据。

（4）钻屑法监测

钻屑法是基于煤粉量与煤体应力状态的定量关系，通过在煤层中打直径 42～50mm 的钻孔，根据排出的煤粉量及其变化规律和有关动力效应，鉴别冲击危险的一种方法。钻屑法设备简单，检测结果直观，便于现场操作和判别，但施工消耗人力多，施工时间长，且易受施工环境和条件制约，监测范围小。

3. 深部低透气性煤层增渗与瓦斯抽采技术

随着我国对煤炭的需求逐年增多，而低透气性煤层约占煤层总数的70%，极大地影响着我国煤炭企业的安全健康发展。近年来浅部煤炭资源逐渐减少，煤矿开采向深部发展，出现了高地应力、高瓦斯、高非均质性、低渗透性和低强度煤体，更加重了煤矿事故发生的频率。在进入深部开采以后，随着采深的增加，地应力增大、瓦斯压力迅速增加、煤层透气性差，如何提高深部开采条件下煤体的透气性成为瓦斯治理与抽采的首要问题。因此，本书提出了深部开采低透气性煤层增渗的关键控制参数，结合实际提出了适用于低透气性深部煤层的三种增渗技术方案，并在现场进行工程应用，取得了良好的抽采效果。

1）瓦斯防突

我国自 1950 年辽源矿务局富国西二矿首次发生突出以来，先后试验应用了松动爆破、超前排放钻孔、深孔控制卸压爆破、水力化等多项防突措施，有效降低了突出强度和突出次数，取得了明显的防突效果，选择合理有效的防突技术是突出矿井实现高产高效生产的关键。其中，可以将目前的防突措施分为两大类：区域防治措施和局部防治措施。区域防治措施包括危险煤层的瓦斯抽放和开采保护层；局部防治措施包括煤层水力松动、超前钻孔、煤层的水力爆破处理。

近年来，"四位一体"综合防突技术得到了工业界的认可。"四位一体"综合防突技术充分考虑了复杂性和不确定性，本着以人身安全为主、防止突出事故发生、避免防突工作的盲目性、减少人力和财力的浪费、提高突出矿井生产效率的目的，把防突工作分为 4 个环节，即突出预测、防突措施、措施效果检验和安全防护措施。近几十年来，我国积极开展区域煤与瓦斯突出危险性预测研究，形成了基于地球物理、瓦斯地质和动力区划方法与瓦斯突出区域预测方法及指标，实现区域预测结果的可视化；形成了保护层结合瓦斯抽采综合防治突出成套技术，包括多重上保护层结合底板穿层钻孔抽瓦斯、远距离下保护层和地面钻孔抽瓦斯、特厚煤层首采分层结合底板穿层钻孔或高抽巷抽瓦斯。

2）低透气性煤层增渗技术

低透气性煤层增渗技术包括开采保护层卸压增透和预抽煤层强化抽采增透。前者属于卸压瓦斯抽采技术，多用于煤层群开采条件；后者则常用于单一突出煤层或无保护层开采的突出煤层等。

（1）低透气性煤层卸压增透技术

在煤层群开采条件下，应首先选择保护层开采及被保护层卸压瓦斯抽采技术，区域性消除煤层的突出危险性。保护层是煤层群中的首采煤层，应首选瓦斯含量低或突出危险性相对较小的煤层，通过保护层开采的卸压作用抽采上、下邻近煤层的卸压瓦斯，区域性消除邻近煤层的突出危险性。其理论基础是通过顶底板卸压提高煤层透气性，加强煤层瓦斯解吸流动能力，辅之以地面钻井或井下穿层钻孔等措施及时抽采被保护层的卸压瓦斯，有效降低煤层瓦斯压力和含量，彻底消除煤层的突出危险性，将高瓦斯突出煤层转变为低瓦斯无突出危险煤层，实现突出煤层的安全高效开采。具体来说，在保护层采动导致采场周围煤岩体发生移动、变形，使得煤岩体的应力场、裂隙场发生重新分布，采空区顶底板内一定范围内地应力降低，即为顶底板卸压过程。顶板卸压引起上覆煤层膨胀变形，而底板则由上至下形成底鼓裂隙带和底鼓变形带，从而使煤层透气性呈数百倍增加，煤层瓦斯解吸流动加强，由此被保护层即获得了卸压增透效果。目前，开采保护层最远层间距达到 125m，阳泉矿业集团开采 15 煤层作为下保护层，保护突出煤层 3 煤层的安全开采，获得了良好的卸压增透效果。由于开采下保护层不能破坏上被保护层的开采条件，要求上被保护层一般位于垮落带之上的断裂带和弯曲带内，上保护层与下被保护层的层间距没有明确要求，只要能够保证保护层的安全开采即可，目前上保护层开采的最小层间距为 8 ~ 10m。在近距离上保护层开采过程中必须解决被保护层的大量卸压瓦斯涌入保护层工作面造成工作面瓦斯超限的问题。

（2）强化抽采增透技术

我国大部分高瓦斯和突出矿井煤层透气性较差，只能采取特定工艺破坏煤体原始结构以产生裂缝（隙）达到卸压增透的目的，从而提高瓦斯抽采率。从 20 世纪 60 年代起，有关单位相继试验研究出多种瓦斯强化抽采增透方法，如水力增透（包括水力压裂、水力割缝等）、深孔爆破增透（包括深孔松动爆破增透、深孔聚能爆破增透、深孔控制预裂爆破增透）、高压磨料射流割缝增透、复合射孔增透等技术，在应用中均取得良好抽采效果。其中，水力增透方法，是以水作为介质，高压水泵产生高压水作用于煤体，使煤体内部原生裂隙张开、延伸并产生新的裂缝，在一定空间内形成相互交织的多裂隙连通网络，从而改善煤层内部瓦斯流动状况，提高瓦斯抽采效果。水力增透方法，根据水力作用形式不同分为水力压裂、水力割缝和高压旋转水射流割缝等方法。1965 年煤炭科学研究院抚顺研究所首次将水力压裂增透技术应用于煤层瓦斯抽采，后为便于井下应用，进一步简化了压裂设备，尽管可产生较长裂缝并形成局部的裂缝网络和改善煤层内瓦斯流动能力，但由于高应力集中且压裂未起到释放应力作用，高应力下煤层渗透性仍然较低；水力割缝增透方法又称为高压水射流割缝增透方法，该方法在水力压裂增透方法的基础上，利用高压水射流对钻孔两侧煤层进行切割，在煤层中形成具有一定深度、宽度的扁平缝槽，使煤体内部原生裂隙得到扩展延伸，同时形成新裂缝（隙），使得煤层内部应力得到释放，较大提高了煤体渗透性；高压旋转水射流割缝增透方法是将钻机钻进与射流割缝技术相结合，通过在煤层预定位置的螺旋切割煤体，形成近似圆柱状卸压空间，更大范围地释放地应力和瓦斯潜能。深孔爆破增透方法，是以炸药爆破产生的爆炸应力波和爆生气体为介质，并与瓦斯压力共同作用于煤体，在爆破孔的周围形成包括压缩粉碎圈、径向裂隙和环向裂隙交错的裂隙圈，以及次生裂隙圈在内的较大连通裂隙网，增加煤层孔隙率和有效提高瓦斯抽采效果。其中，深孔松动爆破增透方法是从 20 世纪 60 年代中期开始在我国煤矿试验，最初用于局部防突措施中，近年来逐步应用于煤层瓦斯抽采。深孔松动爆破就是在工作面前方的煤体中，借助于煤体爆破形成的爆压作用，沿径向由内向外形成破碎圈、松动圈和裂隙圈，煤体松动作用使掘进工作面前方应力增高带和高瓦斯带移向煤体深部和煤层透气性系数增加，从而有利于提高瓦斯的抽采率；深孔聚能爆破增透方法是将聚能定向断裂爆破理论引入煤层深孔爆破形成的一种新方法，它可以进一步减小粉碎圈半径和扩大煤体断裂带范围；深孔控制预裂爆破增透方法的钻孔装药量大，影响范围也较大，且由于控制孔的导向补偿作用，形成的裂隙连通网络范围更广。高压磨料射流割缝增透方法，是采用一定的技术手段，将具有一定粒度的磨料粒子加入高压水管路系统中，使磨料粒子与高压水进行充分混合后再经喷嘴喷出，从而形成具有极高速度的磨料射流作用于煤体。该方法在 20 世纪 90 年代引入中国，目前主要应用在防突措施中。不同于水力增透方法，其向煤层注水过程中加入磨料粒子本身有一定的质量和硬度，磨料水射流具有更好的磨削、穿透、冲蚀的能力，有助于提高煤层透气性，但目前现场应用不多，有待观察。复合射孔增透方法，是一项集射孔和高能气体压裂于一体的射孔方法，在射孔同时对地层进行气体压裂，形成多条裂缝，增加煤层孔隙率，改善煤层瓦斯导流能力。该方法最初用于油气田的开采勘探，现已成为油气田增产的主要技术手段。其原理是利用高温气流产生的高压气体膨胀挤压作用，对射孔孔道进行冲刷、压裂，产生径向和轴向的裂缝，并向多方扩展延伸，在煤层孔道形成多向网状裂缝，延伸射孔深度，增大煤层孔隙率，提高煤层透气性，从而提高瓦斯抽采效果。

4. 矿井水害防地下水保护

魏秉亮（1996）研究了神府矿区地质灾害，认为解决浅埋煤层矿区突水溃沙灾害，目前最为有效的措施是采前疏排基岩顶部直接充水含水层中的潜水，使沙失去水载体而无法进入矿井。他对浅埋近水平煤层采动覆岩移动与塌陷机理进行研究，建立覆岩移动的有限元地质模型，探讨浅埋近水平煤层采动条件下的覆岩移动和塌陷的岩体应力位移变化。研究认为影响浅埋煤层覆岩移动与塌陷的主要因素是岩性特征、地层倾角、开采深度、采矿方法、地形地貌、水文地质条件等。浅埋煤层的地表裂缝、断裂和塌陷坑形成、分布规律明显。为合理设计开采方案、减少地表损害、保护生态环境提供科学依据。魏秉亮和范立民（2000）对影响榆神矿区大保当井田保水采煤的地质因素及区划进行研究，分析了影响保水采煤的地质因素，对保水采煤安全煤柱的设计尺寸，以及大保当井田保水采煤分区提出了建议。武强等（2003）对榆神府矿区大柳塔井田煤层群开采地面沉陷进行了可视化数值模拟，结果表明煤层开采引起的地面沉陷不仅与厚度有关，而且与采面大小、覆岩岩性、煤层倾角开采方法等因素有关。

1.3　深部煤炭现代开采面临的科学与技术问题及解决途径

1.3.1　深部煤炭开采面临的科学与技术难题

针对浅部矿产资源的逐渐枯竭和日益增长的需求与我国矿产资源的勘探开采深度和能力仍落后于世界矿业先进国家的矛盾，国家提出了向地球深部进军的科技战略，并在"十三五"国家重点研发计划"深地矿产资源勘探开发"专项中相继启动多个项目，以解决深部开采过程的基础科学问题及关键技术难题。研究分析表明，我国中东部煤炭资源已转入深部开采，中东部的深部开采和西部的绿色开采是煤炭开采的必然趋势。深部采区岩体的"三高"状态下的深部煤炭开采，其采区地质构造、应力场、煤岩体性质、地下水系统等均与浅部开采不同，诸如深部开采煤岩体多尺度多因素相互作用关系、含瓦斯煤岩体力学-渗流响应、围岩破坏形态与控制、地下水保护等涉及深部煤炭安全绿色开采相关基础理论问题尚缺乏系统研究和认识。

1. 深部开采基础理论研究亟待突破

与浅部开采相比，深部煤岩体处于高地应力、高温、高渗透压以及较强的时间效应恶劣环境中，从而使深部煤岩体的组织结构、力学性态和工程响应均发生根本性变化。深部采区的地质构造、应力场特征、含瓦斯煤岩体的破碎性质与动力响应特征、岩层移动以及能量聚积释放规律、地下水系统演化规律均不同于浅部，导致深部煤炭开采动力灾害频发，地下水资源浪费严重，生态环境问题严峻。实际上，深部煤炭开采工程实践活动已超前于相关基础理论的系统探索，工程实践一定程度上存在盲目性、低效性和不确定性。深部煤岩体是深部资源开采直接作用的载体，进入深部以后，煤岩体材料的非线性行为更加凸显，煤岩体原位应力状态与地应力环境作用更加凸显，不同工程活动方式诱发的高应力和高量级的灾害更加凸显。现有岩石力学理论都建立在基于静态研究视角的材料力学的基础上，已滞后于人类岩土工程实践活动，急需进一步开展深部煤炭开采基础理论与关键技术研究。

1) 冲击地压理论

冲击地压机理属于世界级难题，机理认识不清导致不能取得满意的防治效果。目前，各种理论百花齐放，但都有其自身的特点和局限性。例如，强度理论突出了煤岩体的极限强度指标，但很多情况下，在所受应力超过煤岩体的极限强度后，结构若缓慢破坏，也不会发生冲击；刚度理论中，如何确定矿山结构刚度是否达到峰值强度后的刚度是一难题，它无法由实验测定；能量理论说明矿体–围岩系统在力学平衡状态时，释放的能量大于消耗的能量，冲击地压就可能发生，但没有说明平衡状态的性质及其破坏条件，特别是围岩释放能量的条件，导致理论判据尚缺乏必要条件；冲击倾向性理论虽考虑了煤体本身冲击性能，但未能兼顾实际开采地质条件，基于实验室测定的煤岩特性往往不能完全代表实际状态下的情景；失稳理论考虑了采动影响和煤岩体在集中应力作用下局部应变软化与应变硬化和弹性介质构成的平衡系统突然失稳，较好地吻合了采矿活动的特点，但仍不能系统地解释冲击地压产生机制。

2) 我国西部矿区深部安全绿色开采研究

目前国内外采矿与岩土工程界专家学者大多基于深部开采引起的一系列岩石力学问题（矿井冲击地压、瓦斯爆炸、矿压显现比较剧烈、巷道围岩大变形、流变、地温升高等），分别从地应力场特征、开采绝对深度、开采煤岩体地应力环境、开采引发的灾害程度和方式、巷道支护及维护成本和岩体力学状态等角度提出了“深部”概念和深部开采界定方法。但是，针对我国东、中、西部的煤炭资源区域禀赋的较大差异，西部矿区不断出现的深部开采工程现象，如何统一界定我国深部煤炭开采方法和条件，同时给予深部安全绿色开采的合理内涵和范围，是我国深部开采和西部深部安全绿色开采的必然要求。

3) 深部开采扰动多场耦合机理

深部开采与浅部开采相比，煤岩体环境和工程响应发生了根本性变化，煤岩体材料和动力灾害非线性响应凸显，现有岩石力学理论都不完全适用，深部煤炭开采基础理论与技术研究又滞后于工程实践。在前人研究的基础上，基础理论与方法重点解决了我国深部开采的统一界定、面向深部开采的安全绿色内涵，深部开采安全绿色水平的科学评价方法，深部开采煤岩失稳破坏多尺度多因素协同作用机理及演化规律等内容，旨在进一步丰富完善我国深部煤炭开采基础理论内容。

4) 深部含瓦斯煤层的增渗原理与方法

现阶段煤层开采已进入地层更深部，深部是地应力高、煤层温度高以及深部采矿扰动极为复杂的开采环境，这些异于浅部开采的深部开采条件，因深部煤层及岩层力学特性以及其工程实际与浅部有着显著的不同，使得煤层透气性较浅部相比更加复杂，增透、抽采工作更加困难。这就需要掌握深部开采条件下，含瓦斯煤层煤体的渗透特性，掌握其瓦斯扩散规律。根据其特性及规律，从理论出发，研究适用于深部的增渗原理，并根据原理，结合现有浅部增渗技术及方法，切实可行地研究出适用于深部煤层开采条件下的增透方法。

5）深部采场与巷道致灾机制和演化规律

深部大变形巷道围岩变形破坏是围岩塑性区形成、发展及边界蠕变扩张的结果，塑性区形态、范围决定了巷道破坏的模式和程度，进一步研究深部采动区域应力场的矢量特征及演化规律，探索深部采动巷道应力型非对称破坏形态及机制，有助于研发基于巷道塑性区变化的安全控制方法和技术。

深部采场动力失稳机制也是深部开采研究的难点，包括：如何基于能量理论建立采场能量耗散与煤壁损伤的对应关系，研究采场能量释放梯度与采高的变化规律和覆岩运移的关键层变形特性及运移规律等，建立基于能量聚集和耗散过程中深部开采工艺参数、损伤强度等与能量释放和失稳的关系。

6）深部开采地下水系统变化规律

我国东部矿区与中部矿区的水文地质结构相似，主采煤层为石炭–二叠系煤层，采动耦合主要含水层为第四系松散含水层、二叠系砂岩含水层、太原组灰岩含水层、奥陶系灰岩含水层。而西部（如鄂尔多斯煤田）按煤层埋深及与含水层空间位置，开采水文地质结构分为浅埋深薄基岩裂隙–厚松散孔隙含水层结构特征（如神东、神府、榆神矿区等）、中埋深厚基岩裂隙–松散孔隙含水层结构特征（如宁东的鸳鸯湖矿区、马家滩矿区等）和大埋深松散孔隙–巨厚复合基岩裂隙含水层结构特征（如呼吉尔特矿区、新街矿区、塔然高勒矿区等）等，其中第三类煤层埋深普遍较大，上覆松散孔隙、白垩系及侏罗系基岩裂隙含水层，其中松散孔隙含水层较薄，基岩裂隙含水层巨厚，多位于 $400 \sim 700\mathrm{m}$，大的近千米。深部开采时，地下水系统的补–径–排关系变化及系统失水规律是地下水资源保护工艺与技术设计的关键。

2. 深部开采关键技术亟待创新发展

随着煤炭开采逐步加深，深部煤炭开采不可避免地面临着煤与瓦斯突出、冲击地压、巷道围岩控制、水害、生态损害等诸多重大科学问题和技术难题。近年来随着科技不断进步，深部开采煤岩体多尺度多因素相互作用关系、含瓦斯煤岩体力学–渗流响应、围岩破坏形态与控制、地下水保护等涉及深部煤炭安全绿色开采的相关基础理论问题和关键技术不断攻克，但仍无法完全避免上述动力灾害的发生，急需研发针对深部煤炭开采难点问题的安全绿色开采关键技术。深部开采中瓦斯煤层增渗、巷道空间和采场区域安全、地下水系统保护是深部安全绿色开采关键技术的重点。通过针对深部煤矿安全绿色开采要求的创新发展，系统解决深部煤矿安全、地下水保护利用、煤层气（瓦斯）利用等问题，实现煤炭开采与环境保护的有机统一和煤炭资源可持续开发。

1）瓦斯煤层增渗技术

深部开采与浅部开采相比，煤岩体环境和工程响应发生了根本性变化，在进入深部开采以后，随着采深的增加，地应力增大、瓦斯压力迅速增加、煤层透气性差，如何提高深部开采条件下煤体的透气性成为瓦斯治理与抽采的首要问题。除此之外，适用于浅部的增透技术手段，是否能够满足深部开采的需求，是否能够与深部开采的基础条件相耦合，如何针对现有增透技术手段，提出适用于深部增透的技术参数等问题都需要进一步探索和研究。

2）深部高强度开采巷道围岩控制技术

由于深部开采中煤柱尺寸、采高等因素都会对巷道围岩应力场产生重要影响，如何优化调整煤柱尺寸和形态提高围岩稳定性，是实现深部开采巷道安全控制的重点问题。此外，改变煤柱尺寸和形态后，塑性区形态如何分布，深部巷道围岩应力场形态如何发展，深部大变形巷道安全支护方法如何调整，顶板塑性破坏岩层的稳定性如何变化等问题也需要进一步研究。

3）深部高强度开采采场围岩控制技术

深井采场围岩失稳预测和采场区域应力调控是围岩安全控制的关键。由于采场综采支架外载处在一个动态变化过程中，支架位态的变化蕴含着灾变前荷载特征，基于支架位态识别采场顶板安全是预警采场围岩失稳的重要途径；同时，根据采场区域应力分布特征，基于深井采场能量聚集、转移和耗散机理，按照近场控顶和远场卸压的应力调控思路，优选适用的采场应力调控方法。

4）地下水系统保护技术

该技术是针对影响地下水系统和地表生态变化的关键因素——"三水"（土壤水、松散层孔隙水和基岩裂隙水），研究如何建立基于采矿生态系统的开采工艺与方法，基本保持原态"生态水位"和地下水补、径、排关系，降低地下水→矿井水转化过程的污染风险和地表生态的开采损伤作用，提高地下水和地表生态的显著保护与控制作用，实现煤炭开采与生态生产的内在协调和系统可持续性。

3. 深部开采工程方法有待在实践中进一步提升

煤炭资源进入深部开采后，深部工作面快速推进和集约化开采将对围岩产生强烈开采扰动，传统开采方式与技术不仅易导致强动力灾害，并产生生态环境损害。走安全绿色开采之路是深部煤炭开采的必然趋势。安全绿色开采本质上代表了采矿学家将采矿规律与自然规律相结合，高度概括总结煤炭开发领域中现代煤炭开采行为的思想或观念，代表了现代开采的最新理念，也是在 21 世纪以来高产高效开采→安全高效开采→绿色开采理念演化的基础上，由面向能源保障的传统煤炭开采视角逐步转向社会可持续发展（煤炭开采+资源保护+环境协调+能源保障）系统视角的进一步提升。但是现有煤炭开采工程方法仍着眼于传统视角与方式，无法实现安全开采和生态绿色的协调可持续目标，因此亟待针对深部开采环境与生态影响特点设计安全绿色开采解决方案，通过控制开采过程，建立具有集理念、技术体系与关键技术于一体的深部煤炭安全绿色开采新模式，实现安全开采和生态绿色的协调可持续的系统目标。

1.3.2　解决问题的思路与方法

针对"深部资源低生态损害协同高效开采理论与技术"重大科学问题的重点，通过系统分析强扰动作用下煤岩体多尺度多因素协同作用机理与过程，研究深部开采的含瓦斯煤体力学–渗流响应规律、巷道围岩破坏形态与扩展效应、采场围岩失稳尺度效应机理，提出低透煤层增渗、围岩控制与支护、地下水保护等技术方法，初步形成深部煤炭安全绿色开采理论与方法。研究方案如图 1.5 所示，具体设置五项主要任务。

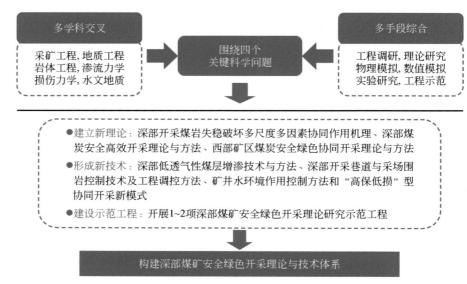

图 1.5　深部煤炭安全绿色开采理论与技术体系

1. 深部开采煤岩失稳破坏多尺度多因素协同作用机理及演化规律

研究的主要方法是，针对深部开采煤岩失稳破坏多尺度多因素协同作用机理及演化规律的难点，通过构建深部多尺度多物理场耦合条件下高应力煤岩在加卸载过程中力学效应与损伤演化的关系模型，研究外部应力和内部渗流场叠加作用下煤岩局部变形和裂隙扩展特征，最终形成深部多尺度多物理场耦合条件下煤岩失稳破坏的新理论和新方法。重点包括构建深部开采多尺度煤岩体复杂裂隙网络模型，研究深部开采扰动下煤岩破裂、失稳的能量机制与判别准则；分析煤岩体失稳破坏多因素协同作用和不同加卸载应力路径煤岩损伤驱动机制，建立跨应变率、多尺度条件下煤岩失稳破坏多因素协同作用的力学模型，提出煤岩失稳的响应机制和触发条件。

2. 深部采动含瓦斯煤体力学–渗流响应规律

针对深部采动含瓦斯煤体力学响应规律及变形破裂过程的渗流演化机制难点，重点研究深部含瓦斯煤体力学特性和建立深部采动含瓦斯煤体的力学本构关系，探讨瓦斯气体对深部煤体的蚀损及强度弱化机制，不同加卸载路径下煤体损伤与瓦斯渗流规律，揭示深部采动含瓦斯煤变形破裂过程的渗流演化机制，提出深部低透气性煤层增渗技术原理和方法。

研究的主要方法是，采用基于表面物理化学、岩石力学、非线性理论等，不同加卸载路径下含瓦斯煤体力学特性实验，构建含瓦斯煤体的力学本构关系；实验和数值模拟瓦斯气体与煤大分子之间的相互作用能，分析深部煤体孔隙结构对瓦斯储运的影响规律和分析瓦斯气体对煤体的蚀损及强度弱化规律；不同加卸载路径下煤体损伤与瓦斯渗流规律实验研究，分析采动含瓦斯煤变形破裂过程的渗流演化机制。

3. 深部采动巷道围岩非均匀破坏机理与工程调控方法

针对深部采动应力与巷道围岩破坏演化规律及围岩稳定性控制难题，通过研究典型矿井深部开采中非均匀应力场的演化规律，分析采动空间内巷道破坏形态与扩展效应，揭示采矿活动空间围岩破坏形态的关键影响因素及其作用下人工干预体系的工程响应特征，提出深部开采巷道围岩控制原理与工程调控方法。

研究的主要方法是，针对深部巷道围岩破坏形态及围岩稳定性控制难点，应用钻孔巡航摄录、阻力监测等方法测试深部巷道围岩的破坏特征，并结合数值模拟分析深部非均匀应力场条件下的巷道围岩塑性区形态分布特征，分析深部岩体赋存条件、主应力方向等关键因素对塑性区分布状态的影响；以典型深部矿井为依托，采用实验室模拟分析和现场试验等研究手段，研究巷道围岩塑性区控制的支护作用机制，分析深部开采巷道围岩控制工程效果。

4. 深井采场围岩失稳尺度效应机理与控制技术

通过研究煤壁损伤和最大水平主应力卸荷以及采动应力场与围岩体动态损伤劣化互馈效应，获得围岩失稳的特征和规模，揭示深部高强度开采条件下围岩失稳的尺度效应机理。基于深部高强度大扰动开采支架围岩关系建立深部煤层覆岩结构理论分析模型，提出适用于深部采场围岩支护理论与技术。

研究的主要方法是，针对深部采场围岩失稳尺度效应机理与控制难点，在采场各高应力或地质异常体区域布置应力和位移监测传感器，获得由于长度、倾角、采高、埋深、煤岩物理力学性质等因素变化所产生的各种微尺度效应，结合实验室霍普金森杆以及采动应力、PAC 物理声发射监测等试验系统，研究煤体失稳的动力学机制，并得出煤体动态损伤劣化与采动应力场互馈效应的理论模型，进一步提出基于煤体损伤劣化动力学特征科学描述采动应力场时空演化机理的评价体系。

5. 西部矿区深部安全绿色开采理论

针对西部煤矿深部煤–水协调开发与生态环境保护难点，重点研究西部深井开采强扰动下煤岩体多场流固耦合机制与含水层及地表生态响应过程、地下水运移机制和地下水系统变化控制参数，揭示地下水转化运移机制、循环模式及评价方法、地下水资源扰动控制方法，综合现代开采工艺技术和水资源保护目标，构建地下水资源保护和降低生态损伤的"高保低损"型协同开采新模式，如图 1.6 所示。

研究的主要方法是，着眼于西部矿区安全绿色开采理论难点问题，从科学界定西部矿区深部范围入手，运用深部岩体力学和多相多场耦合理论与方法，采用室内测试分析、现场观测、物理和数值模拟实验等手段，分析采动煤岩体多相多场耦合机制与含水层及地表生态响应过程，选择典型研究样区，通过物理相似模拟试验和数值仿真实验，研究矿井水转化运移机制、地下水循环模式和地下水环境作用控制方法，探索适应于深部安全绿色开采的"高保低损"型协同开采新模式。

最终，形成以深部开采煤岩失稳破坏多尺度多因素协同作用机理，深部煤炭安全高效开采理论与方法，西部矿区深部煤炭安全绿色协同开采理论与方法等基础理论，深部低透气性煤层增渗技术与方法、深部开采巷道与采场围岩控制技术及工程调控方法和矿井水环境作用控制方法和"高保低损"型协同开采新模式等新方法为核心，通过在中东部和西部典型矿井建成 1～2 项研究示范工程，将深部煤矿安全绿色开采基础研究与关键技术开发有机融合，初步形成深部煤炭安全绿色开采的理论与方法。

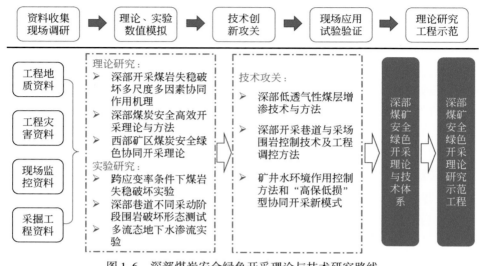

图 1.6　深部煤炭安全绿色开采理论与技术研究路线

第 2 章 深部煤炭开采界定
与安全绿色开采模式研究

深部煤炭开采是应对浅部矿产资源逐渐枯竭现状的必然选择。然而，随着开采深度增大，资源赋存地质条件复杂和开采过程中"三高"现象凸显，导致资源开采难度加大、作业环境恶化、开采经济成本和生态环境成本急剧增加等一系列问题。如何针对深部开采环境变化特点，突破浅部开采理论与技术的局限性，系统探索深部煤炭开采的新原理、新理论和新技术，构建适合我国深部煤炭赋存条件和环境约束的技术体系，应对深部开采中安全开采和绿色开采的严峻挑战，系统提升我国深部煤炭资源获取能力，是我国科学工作者亟待解决的问题。本章在总结分析前人深部开采和先进开采理念的基础上，以系统论为指导，通过研究不同空间尺度应力场和开采地质条件差异，建立简洁明确的深部界定的准则和方法，深度融合煤炭开采中安全本质与绿色约束，确定安全绿色开采理念与内涵，探索安全绿色开采评价新方法，构建适用于深部开采环境的安全绿色开采模式和技术体系，初步构架深部"高保低损"绿色开采模式及技术体系，为解决"深部资源低生态损害协同高效开采理论与技术"重大科学问题和深部煤炭安全绿色开采理论发展提供支撑。

2.1 深部煤炭开采界定及影响因素分析

深部煤炭开采是深部地下岩土工程中的煤炭开采工程，或者是在一定深度空间范围和煤岩介质条件下实施的采矿行为。深部采矿过程中出现的一系列与浅部开采不同的现象，促使人们进一步研究深部岩体环境特征及深部岩体力学行为与深部开采灾害的安全可控性，为深部煤炭安全绿色实践提供全面解决方案。深部界定是深部煤炭开采中的一个基本理论问题，目前采矿界大多是基于深部开采现象研究确定深部开采范围及属性。深部开采的统一界定，不仅是采矿工程设计和安全管理需要，也是我国西部煤炭安全绿色开采中亟待解决的理论问题。

2.1.1 前人对深部开采的界定

深部开采研究是随着煤炭开采深度逐步增加，用传统理论与方法解释开采伴生的现象出现困难时出现的，传统深部开采界定指的是基于各种煤岩力学现象、采矿工程问题、采矿空间特征等获得的深部认知，目前国内外采矿与岩土工程界专家学者主要是在对深部开采引起的一系列岩石力学问题（矿井冲击地压、瓦斯爆炸、矿压显现比较剧烈、巷道围岩大变形、流变、地温升高等）研究的过程中，提出了"深部"的概念并从以下几个方面对深部开采进行界定。

1. 基于深度的界定

深部开采研究通常认为，深部开采是矿床埋藏较深，而使生产过程出现一些在浅部矿床开采时很少遇到的技术难题的矿山开采。世界上有着深井开采历史的国家一般认为，当矿山开采深度为 600m 即为深部开采，但对于南非、加拿大等采矿业发达的国家，矿井深度达到 800～1000m 才称为深部开采；德国将埋深为 800～1000m 的矿井称为深井，将埋深超过 1200m 的矿井称为超深部开采；日本把深井的"临界深度"界定为 600m，而英国和波兰则将其界定为 750m（邹喜正，1993）。根据深部开采中的煤矿与金属矿开采中存在明显的差异，以及目前和未来的发展趋势，并结合当前矿山开采的客观实际，我国大多数专家将金属矿山深部资源开采深度界定为 1000～2000m，而根据我国中东部煤矿开采将深部资源开采深度界定为 800～1500m。

我国学者胡社荣教授在全面研究前人的深部矿井分类后认为，仅从瓦斯突出、冲击地压、底板突水、地温、巷道变形等方面来界定不同区域的深部矿井比较困难。然而，深部矿井的高地应力、高瓦斯涌出潜在危险增大、高地热、高潜在涌水风险、高冲击地压发生概率和高巷道（采掘工作面顶、底板）变形等导致矿井灾害风险增大，是深部开采必然面临的主要问题。根据我国煤炭开采与勘探的实际情况，将深部矿井的深度上限区间确定为 600～800m，800～1200m 的为深矿井，大于 1200m 的为超深矿井，深部研究重点应该是 800～1200m，深部开采煤矿主要分布在华北、东北与内蒙古西部，开采深度大于 1200m 的矿井，面临地热、变形等问题，华北地区则面临奥陶纪灰岩突水问题。

深度是深部开采的重要空间参数，是与深部既相近又不同的概念，前者只是一个空间度量，而后者还代表着一种开采状态。基于深度的深部开采界定，综合了瓦斯突出、冲击地压、底板突水、地温、巷道变形等特点，采用开采煤层自然埋深界定深部范围，突破了基于灾害界定深度的局限性，从开采的空间位置"深度"给予了深部开采的合理解释，便于直观理解。

2. 基于深部岩石力学特性的界定

岩石是深部开采的主要介质，岩石对采动行为的响应也是矿井灾害的致因，因此国内外专家与学者从岩石物理力学特性角度开展了实验室研究、理论分析、现场实践工作，取得了很多岩石力学重要发现，并基于岩石力学特性的变化特征，从不同方面界定岩石"深部"。

岩石的脆性-延性转化是岩石在高温和高压条件下所表现出的一种特殊的变形性质，即浅部低围压下岩石破坏时仅伴有少量变形甚至不会出现塑性永久变形，而在深部高围压条件下岩石的破坏时往往会出现较大塑性变形。目前的研究大多集中在脆-延转化的判断标准上，大多数专家学者认为，随着深度的增加当岩层中压力和温度达到一定条件时，岩石即发生脆性-延性转化，所以存在转化深度的概念，因此可以将其看做岩石由浅部向深部转化的一个条件。但对于脆性-延性转化的机理研究却较少，以及应用其判断围岩由浅部向深部转化的理论模型都没有具体建立。如国外学者 Karman（1911）与 Paterson（1958）分别对大理石力学性质的影响进行了大量实验研究，在室温下对大理岩进行不同围岩实验时，随着围压增大岩石变形行为由脆性向延性转变的特性，显示出岩石在不同围压下表现出不同的峰后特性，较低围压下表现为脆性的岩石，而在高围压下转化延性特征，岩石的脆-延转化特征通常与岩石强度有关。但有些现场观测资料表明，对于诸如花岗岩和大理岩这类岩石，在室温下即使围压达到1000MPa甚至以上时仍表现为脆性。像花岗闪长岩这种极坚硬的岩石，在长期地质力作用下也会发生很大的延性变形，岩石破坏时在不同的围压水平上表现出不同的应变值。当岩石发生脆性破坏时，通常不伴有或仅伴有少量的永久变形或塑性变形，当岩石呈延性破坏时，其永久应变通常较大。

　　深部采动煤岩体的采动力学响应是煤岩在采动应力作用下所表现出的一种特殊破坏现象。对不同深度煤岩体进行采动力学实验，分析不同采深煤样采动应力应变曲线与煤样破坏特征，发现浅部（埋深小于500m）煤体破坏时基本处于单轴压缩状态，煤样破碎时出现很多纵向断裂面，显现为明显的脆性特征，表明采动过程中煤体直至破坏一直处于弹脆性变形阶段；随着深度增加（埋深750m时），煤样开始进入屈服阶段，煤样出现脆塑性转换，产生塑性滑移；当埋深增加到1000m时，煤样出现若干破碎面，有明显主剪断裂面，显现为明显的塑性变形；继续增加埋深到1500m时，在采动压力作用下煤样破碎程度高，主剪面比较明显，显现大范围的塑性屈服和大规模塑性滑移现象。实验过程表明，随埋深增加，煤样逐渐从弹脆性向弹塑性转变，破坏时由无明显塑性变形向出现大规模塑性滑移转变，据此将其围岩发生弹脆性向弹塑性转变作为浅部向深部转化的标志。但对煤样的实验研究是否对其他岩性或材料具有普遍性，其他岩石发生弹脆性向弹塑性转变机理尚未研究，仍需进一步的实验与理论研究工作证实。

　　深部高应力环境中岩石显现的流变或蠕变也是岩石的重要力学特性，显示了岩石的强时间效应。一般认为，优质硬岩不会产生较大的流变，对于软岩巷道，Muirwood（1972）提出了一个简单的判断准则——岩石的承载因子（即岩体强度和地应力的比值）来衡量巷道围岩的流变性。通过对大量日本的软岩巷道调查后发现，发生明显流变的巷道围岩承载因子都小于2；在实验室研究方面，Goetze（1972）在实验室模拟了地壳下边界（相当于距地表35km）的温度与压力作用条件下，地壳中主要造岩矿物橄榄岩的流变机制，提出了估计围岩流变速率的经验公式。其中，在研究南非金矿深部硬岩的流变性时，发现高应力导致围岩流变性十分明显，巷道支护极其困难，巷道最大收缩率曾达到了500mm/月的水平。该区域一条运输巷道两帮移近量的观测结果表明，当观测站的围岩单轴抗压强度高达177MPa时，180d内巷道两帮移近量达65mm。岩石在高应力和其他不利因素的共同作用下，其蠕变更为显著，这种情况深部岩体工程中十分普遍。例如，质地非常坚硬的花岗岩，在长时微破裂效应和地下水力诱致应力腐蚀的双重不利因素作用下，会对储存工程近场区域的岩石强度产生很大的削弱作用，岩石蠕变的发生还与岩体中微破裂导致的岩石剥离有关。研究表明，岩石进入高应力环境后具有很强的流变特征，尽管可将其作为一个岩石力学的深部判断特征，但岩石由浅部向深部转化表现出来的流变性机理及如何确定岩石进入深部流变准则，目前研究相对较少。

　　岩石扩容特征也是岩石在单轴压缩状态下破裂前出现的现象，Kwasniewski（1989）通过实验证实，岩石在低围压下，往往会在低于其峰值强度时，由于内部微裂纹张开而产生扩容现象，但随着围压的增大，高围压下这种扩容现象不明显甚至完全消失。虽然岩石在高围压下出现，但如何根据岩石扩容现象给出一个定量表达式表征岩石由浅部向深部转化扩容特征的研究尚不够深入。

上述研究成果表明，岩石由浅部向深部转变时其物理力学性质变化主要反映为岩石由脆性至延性、弹脆性至弹塑性、出现大规模流变、岩石扩容特征降低或消失等，是岩石由浅部向深部转变时的重要特征。但对上述岩石物理力学性质变化机理，以及根据其岩性转化特征给出定量表达式的研究较少。

3. 基于围岩破坏程度的界定

围岩是采动应力直接作用区，围岩破坏程度与其空间位置、围岩岩性及物理性等密切相关。前人在对深部工程实践中总结出了围岩"分区破裂"的规律，即在深部采动岩体的围岩中初始垂直地应力大于岩体单轴压缩强度极限情况下，围岩中出现分区破裂化现象，其中的破裂区数量取决于初始垂直地应力与岩体单轴压缩强度比值，比值越大破裂区越多，反之则越少。而按照传统的连续介质岩石力学理论，地下硐室和巷道围岩依次出现处于不同应力应变状态的破裂区、塑性区和弹性区。基于分区破裂化现象和规律，可将围岩巷道开挖后出现该现象作为岩石进入深部的特征；在理论模型方面应用弹性力学与损伤力学建立非欧几何模型，获得了深部圆形硐室损伤围岩的应力场分布状态，采用莫尔-库仑准则，获得了静水压力和非静水压力情况下深部损伤围岩的破裂区分布规律；应用能量耗散理论建立了深部围岩弹性模量损伤判别式，利用 FLAC3D 模拟验证了深部围岩分区破裂区现象，不同采深下巷道的变形规律模拟研究发现，巷道极限变形量随采深增加出现非线性突变特征。随埋深增加，巷道两帮移近量和顶底板移近量逐渐增大，但巷道收敛量和埋深呈非线性分布，巷道收敛量增加有明显的转折现象。当埋深小于 1400m 时，巷道收敛量随着埋深增加而增加的幅度较小，基本呈线性增大的关系，埋深达到 1400~1500m 时巷道收敛量急剧增大且与埋深之间呈非线性变化关系。若从围岩-支护安全角度考虑，基于实际支护方式失效条件时深度作为深部极限开采阈值范围，可将深部深度定义在 1500m 左右；随着开采深度增加，工程岩体逐步出现软岩类岩组的非线性大变形现象和硬岩类岩组的冲击地压、岩爆等非线性动力学现象，将出现非线性大变形和非线性动力学现象的深度及以下深度区间的围岩确定为深部围岩，进入深部开采时动力灾害的频度与强度和开采损害程度显著增加，如岩爆、顶板大面积来压与冒落、底板突水、煤瓦斯突出、冲击地压等，均与开采深度有密切关系。人们试图通过研究开采引起的灾害特征与围岩属性之间的定性、定量关系来表征围岩进入深部时的独有特性。目前基于围岩破坏程度定义深部，更多只是停留在围岩破坏形态变化的非线性动力学现象（非线性大变形，冲击地压、岩爆、顶板大面积来压与冒落、底板突水、煤瓦斯突出）判断是否进入深部，有待进一步探索和运用非线性动力学定量判断准则科学准确判断进入深部时围岩的特征。

4. 基于岩体力学状态的界定

岩体力学状态是描述岩体力学特性随时间和空间、应力水平和煤岩体性质变化的综合参数。随着煤炭开采深度增加和地应力水平不断增长，岩体力学状态逐步由构造应力主导逐渐向两向等压应力状态和三向等压应力状态转变，这也是岩体力学状态的浅部态→过渡态→深部态变化基本特征。研究分析表明，随着采深逐步增加，煤岩体力学状态相继出现动力变形、动力灾害、动力失稳三种临界特征现象。首先是强度和刚度较低的煤体，当采动破坏达到其破坏强度和塑性极限时发生脆性-塑性转变,受采动影响煤体易发生片帮、冲击和塑性大变形;当围岩达到弹性极限和破坏强度时,围岩中高应力和应变能将诱发动力灾害,致使灾害防治和巷道维护变得非常困难;当开采进入超深部时,三轴等压应力状态将使深部围岩发生大范围塑性流动,高强度应力水平将诱发大规模的动力失稳。谢和平院士等综合考虑应力状态、应力水平和煤岩体性质三方面因素,提出深部开采的亚临界深度 H_{scr}、临界深度 H_{cr1} 和超深部临界深度 H_{cr2} 三个概念(表 2.1)。该研究第一次将"深部"作为一种由地应力水平、采动应力状态和围岩属性共同决定的特殊力学状态研究,并通过力学分析给出了由浅部到深部变化过程中的定量化表征。

表 2.1 深部临界深度界定一览表

深度	动力特征	临界深度判定式	计算深度案例
深部亚临界深度	动力变形(从脆性失稳向塑形破坏转换状态)	$H_{scr} = h \mid \sigma_{eq} = \sigma_s$,$\sigma_2 = \sigma_3 = \sigma_1/5a$ 注:a 为资源开采或开挖方式参数(解放层开采 $a = 2.0$;放顶煤开采 $a = 2.5$;无煤柱开采 $a = 3.0$)	H_{sczr} 为 357 ~ 1670m 条件:γ 为 1400 ~ 1800,极限强度为 5 ~ 30MPa
深部临界深度	动力灾害(塑性大变形和高烈度的动力破坏,如煤瓦斯突出、冲击地压等)	$H_{cr1} = \max\{h_1, h_2\} = \begin{cases} h_1 \mid \sigma_{hmax} = \sigma_v \text{ 或 } K_1 = 1 \\ h_2 \mid \sigma_v = \sigma_t^e \text{ 或 } u = u_t^e \end{cases}$ 满足条件:①岩体处于准静水应力状态或二向等压的地应力状态($\sigma_{hmax} = \sigma_v$ 或 $K_1 = 1$);②自重应力 σ_v 已达到围岩的弹性极限 σ_t^e 或能量密度 u 达到弹性能极限 u_t^e	h 为 400 ~ 2900m, 极坚硬砂岩取 2870m(取 $\gamma = 2790kg/m^3$,$P>80MPa$); 极软弱泥岩取 408m(取 $\gamma = 2450kg/m^3$,$P = 10MPa$)
超深部临界深度	动力失稳(全塑性屈服状态,深部岩体将出现大范围塑性流变)	$H_{cr2} = \max\{h_1, h_2\} = \begin{cases} h_1 \mid \sigma_1 = \sigma_2 = \sigma_3 \text{ 或 } K_1 = K_2 = 1 \\ h_2 \mid \alpha I_1 + \sqrt{J_2} - k = 0 \end{cases}$ 满足条件:①岩体处于静水应力状态($K_1 = K_2 = 1$);②岩体已处于全塑性状态,应力状态满足岩体屈服强度准则	h 为 900 ~ 4600m, 极软弱砂泥岩取 921m(取 $C = 4MPa$,$\varphi_0 = 28°$,$\gamma = 2450kg/m^3$); 极坚硬细砂岩取 4607m(取 $C = 30MPa$,$\varphi_0 = 35°$,$\gamma = 2790kg/m^3$)

注:P 为岩体强度,MPa;γ 为岩石密度,kg/m^3;C 为内聚力,MPa;φ_0 为内摩擦角,(°);K_1 为最大水平应力与垂直应力的比值;K_2 为最小水平应力与垂直应力的比值;σ_{hmax} 为最大水平应力;σ_{eq} 为等效应力;σ_s 为屈服强度;I_1 为应力张量第 1 不变量;J_2 为偏应力张量第 2 不变量;α 和 k 为材料常数。

目前,传统深部开采的界定方式大多从岩石力学和采矿学出发,分别从地应力场特征深度、开采绝对深度、开采煤岩体地应力环境、开采引发的灾害程度和方式、巷道支护及维护成本和岩体力学状态等角度,由表及里地诠释了深部开采的特点,提出了深部开采理论与实践的针对性解决方案,为解决深部开采中遇到的实践难题开辟了有益的途径。然而,我国东、中、西部的煤炭资源区域禀赋特点具有较大的差异性,基于我国前人深部开采研究成果和现代煤炭开采方式,系统分析和梳理深部煤炭开采过程中岩石状态、开采环境、开采工艺、开采现象之间的基本关系,探讨适用于我国煤炭现代开采一般实践的深部界定方法,有助于进一步丰富和完善深部开采理论与方法。

2.1.2　深部开采定义及内涵

煤炭开采是指采用现代采掘装备和开采工艺持续采取（或采动）煤炭的采掘活动。归纳前人研究成果，深部煤炭开采特点可简化为，在原岩初始状态和地应力环境下，煤炭采动过程中出现了岩石变形剧烈→动力灾害增加→采矿工程增大的一系列的"深部现象"，而原岩初始状态和开采方式的采动耦合作用决定了采动围岩状态变化规律及出现的深部现象的区域和形式。可见，深部煤炭开采的界定包含了采动介质、采动环境和采动方式，而动力变形（脆塑性状态和片帮等现象）、动力灾害（塑性大变形状态和煤瓦斯突出、冲击地压等现象）、动力失稳（全塑性状态和大范围塑性流变现象）等非线性动力现象只是采动空间中三者的耦合作用程度与方式的外在显现，开采扰动区域原岩应力场、水力场、裂隙场等物理场的变化给出了采动围岩状态的时空变化规律。其中，采动耦合作用形成的采动应力持续变化是其他状态变化的物理基础，决定了采动岩体力学状态和深部开采非线性响应特征，也是与浅部开采相区别的关键。

深部岩体力学状态显现是煤炭开采由浅部进入深部的基本条件，深部岩体的高地应力环境和采动非线性力学响应是深部力学状态的基本特征。因此，与浅部煤炭开采比较，深部煤炭开采则指在高地应力环境且具有采动非线性力学响应的煤岩体空间的采矿活动。其内涵主要包括如下方面：

（1）深部开采是原岩处于深部高地应力状态下的采矿活动。高地应力状态是深部应力状态的基本特征。目前东部主要矿井平均开采深度已达到 800～1000m，而西部矿区也由 100～300m 逐步进入 400～700m。相对浅部开采，不同区域开采向较大深度转移时逐步进入高地应力环境。此时，原岩应力状态由构造应力为主逐步转向以垂直应力为主，当进入二向等压的三轴压缩应力状态时（或准静水应力状态）进入深部应力状态，此时仅重力引起的垂直原岩应力通常就超过工程岩体的抗压强度，而由工程开挖所引起的应力集中水平则更是远大于工程岩体的强度。据南非近况开采中地应力测定，在 3500～5000m 深度时地应力水平为 95～135MPa。

同时，随着开采深度增加，高地温和高岩溶水压也伴生出现。根据地温梯度变化量测，地温梯度一般为 30～50℃/km，常规情况下为 30℃/km，表明开采深度越大则地温越高，而超常规温度环境下可使岩体产生热胀冷缩破碎，当岩体内温度变化 1℃ 即可产生 0.4～0.5MPa 的地应力变化，这种岩体温度升高产生的地应力变化对工程岩体的力学特性会产生显著的影响，此时岩体显现的力学特征和变形性质与常规环境温度条件下有很大的差别；随着地应力及地温升高，岩溶水压也升高，如在采深大于 1000m 时，其岩溶水压高达 7MPa 或更高，致使矿井突水灾害更为严重。可见，深部开采也是在一定深度范围内，岩石处于"三高"状态下进行的采矿活动，特别是高地应力状态下开采面临着严峻挑战。

（2）深部开采是采动煤岩出现显著非线性力学响应特征的采矿活动。采动煤岩非线性响应是深部与浅部力学状态的动态特征差异。深部状态下煤岩力学响应由完全弹性形变过渡到脆塑性形变-塑性流动状态，开采中出现塑性大变形、动力灾害、围岩大规模动力失稳等非线性力学现象。深部开采时，采动围岩表现出非线性力学响应的特有力学特征现象突出，也是一种比较复杂环境条件下的采矿活动。

①采动围岩应力场非线性响应复杂：深部巷道围岩产生区域破裂现象（据 E. I. Shemyakin），围绕巷道空间上形成膨胀带和压缩带的空间分区破坏的非线性变化现象（或为破裂区和未破坏区交替出现的情形），且其宽度按等比数列递增，现场实测研究也证明了深部巷道围岩变形力学的拉压域复合特征的非线性现象。而浅部巷道围岩状态通常可分为松动区、塑性区和弹性区三个线性变化区域。

②采动围岩的非线性变形显著。深部采动围岩的脆性–延性转化、大变形和强流变性特性是显著的岩体非线性变形。试验研究表明，在高围压作用下岩石的峰后强度特性可能由浅部的脆性力学响应转化为延性响应，破坏时其永久变形量通常较大，发生了塑性变形；随着开采深度继续增加，根据岩体性质和应力环境，岩体变形具有两种完全不同的形式，持续的强流变状态、特性和破裂状态，前者变形量大且具有明显的"时间效应"，后者没有发生明显变形，但岩体十分破碎，按传统的岩体破坏、失稳的概念，这种岩体已不再具有承载特性，但事实上，仍然具有承载和再次稳定的能力。

③动力灾害非线性时间响应突出。深部岩体的动力响应过程多为突发的且无前兆的突变过程，具有强烈的冲击破坏特性，宏观表现为巷道顶板或周边围岩的大范围突然失稳和坍塌。而浅部岩体破坏通常表现为一个渐进过程，具有明显的变形加剧破坏前兆；深部开采时随采深加大，承压水位高和水头压力大，加上采掘扰动激发断层或裂隙"活化"，形成相对集中渗流通道和范围窄的矿井涌水通道，致使奥陶系岩溶水顶底板突水灾害多发生在采后一段时间内，与浅部裂隙网络渗流通道进入采场和巷道的特点相比，深部开采突水灾害具有瞬时突发性。

（3）深部开采过程也是采动耦合作用与煤岩力学状态时–空演化过程。采动煤岩初始状态反映了采动煤岩静态属性和力学状态，采动耦合状态反映了煤岩的动态属性和力学状态，采动煤岩力学状态变化与深度、原岩岩性组合和开采工艺参数都相关。与浅部开采相比，不仅采动煤岩初始状态时处于准静水压力环境为深部开采，而且在开采过程中出现深部力学状态的空间也视为深部区域，此时显现的动态高应力区和煤岩非线性力学响应，也需用深部开采理论与方法解释。

第一，不同的开采方式会影响深部开采的扰动类型。传统的煤炭开采具有多种方式，如放顶煤开采、无煤柱开采、保护层开采等。在不同开采或开挖方式下，工作面前方煤岩体经历了不同的应力环境和应力路径，在各种特有的采动应力路径下岩体会产生不同的力学响应。深部岩体中，在不同的开采方式下，工作面附近岩体中的应力由于卸荷增压效应会有不同程度上升，然后再伴随岩体回弹而下降甚至出现拉应力，从而在巷道周围形成松动圈。由于深部岩体原岩应力较高，破岩卸荷所引起的局部高应力区有可能超过岩石的极限载荷（蠕变极限或强度极限），从而导致岩体发生较大流变变形甚至发生损伤破坏。因此深部岩体开采中的应力变化路径将更加复杂，不仅体现在应力变化范围增大，而且对于大多数岩体会涉及塑性、流变、损伤累积乃至破裂等过程，这远较浅部的弹性加卸荷变化复杂得多。在深部岩体的高应力状态下，开采过程中会受到爆破崩矿、机械凿岩、落矿扒渣或水力压裂等各种频繁的动力扰动，因此国内学者提出了不同的开采新模式。

①深部煤炭流态化开采方式。谢和平院士提出深地煤炭资源流态化开采的颠覆性科学

构想及流态化开采定义、目标与内涵，建立深地流态化开采的应力−温度−渗流−化学−微生物等多种作用机制的多场耦合模型与可视化理论，揭示煤炭流态转换的物理、化学与生物机制，建立深地煤炭资源的采、选、充、电、热、气一体化的物理流态化开采、化学转化流态化开采、生物降解流态化开采、物理破碎流态化开采等颠覆性理论和技术。

②深部煤炭智能化开采技术。为解决深部煤炭开采面临的突出问题，找到深部煤炭开采未来发展方向和急需突破的关键核心技术。王国法院士指出利用科技进步实现安全高效绿色开采和清洁高效利用是煤炭的发展方向，建设智慧煤矿发展智能化开采是煤炭工业发展的必然选择，同时提出了智能化开采的八大核心技术短板和亟待攻破的关键技术，提出了技术层面从数据获取利用、智能决策和装备研发三个主要方向进行突破，管理层面从科学产能布局、专业化运行服务和建立新规范规程体系等促进发展的措施，指出了智慧煤矿和智能化开采技术发展的目标和实现路径。

③深部煤炭化学开采技术。为探索地下煤炭开采技术革命的新方法，有关学者提出地下煤炭化学开采的基本概念，并将其归纳为三种化学开采方法，即地下气化、地下热解和生物溶解。首次提出了煤炭化学开采技术架构、工艺系统和需要突破的关键技术。

第二，深部岩体采动煤岩力学状态受原岩性质影响显著。与浅部相比，由于深部地应力环境以及岩体力学性质的变化，其能量聚集和高强度突然释放过程呈现截然不同的特征。传统的以能量耗散为基础的应力或应变破坏准则已不能适用于深部高应力、高强度灾变性的破坏行为，深部重大工程灾变，特别是深部高强度灾变，是以能量突然释放作为原始驱动力的，而这些是与原岩性质（硬岩、中硬岩及软岩）密切相关的。

①硬岩。在深部开采中，较高的地应力水平使得应力波动发生在较高的水平。深部岩体在高地应力的作用下相当于在岩石内部施加了部分预应力，使深部硬岩成为储能体。在一定条件下，岩体内蓄积的变形能会释放出来，转变为动能，形成微震，甚至引起岩爆。现场监测表明，微震现象与开采深度和岩石强度有关，而且受到工作面采动的显著影响。深部矿体开采过程中，岩爆加剧并频发是一个重大工程灾害问题，利用动静组合加载理论可以对此做出较好的解释。

②软岩。对于深部软岩条件下的采动而言，在自重应力、构造应力以及采动应力的多重影响下，强度较低的岩层、膨胀性泥岩、软弱夹层、泥化夹层、断层破碎带、充填黏质土的裂隙体岩层等都会随着时间的推移而产生蠕变变形，巷道围岩的变形破坏都表现出更加明显的时间效应，岩石蠕变与岩石长期稳定密切相关。

第三，深部煤岩体在开采过程中存在明显的时效特性。深部岩体开采过程中，在巷道成巷以后，随着服务年限的增长，巷道围岩变形以蠕变变形为主，尤以处于复杂地质条件下的深部地下硐室或巷道较为明显，在高地应力、高渗透压和高温度及工程扰动的共同影响下，岩性较为破碎，节理裂隙发育，通常表现出剧烈的流变特性，岩石的流变特性主要表现在蠕变、应力松弛、黏滞特性、弹性后效及时效强度等方面。

①蠕变：当荷载恒定不变时，变形随时间增加而增长的现象；

②应力松弛：保持应变不变的情况下，应力随时间增加而逐渐衰减的现象；

③黏滞特性：岩体的应变速率随着应力的增加而逐渐增长的现象；

④弹性后效：加载和卸载时，弹性应变滞后于应力的现象；

⑤时效强度：岩体的强度随受荷时间的增长而改变的性能。

国内外深部资源开采发展的现状表明，随着地球浅部矿物资源逐渐枯竭，深部矿产资源开采已然趋于常态。然而，深部岩体典型的"三高"赋存环境的本真属性及资源开采"强扰动"和"强时效"的附加属性，导致深部高能级、大体量的工程灾害频发，机理不清，难以预测和有效控制，传统岩石力学和开采理论在深部适用性方面存在争议。其根本原因在于，现有岩石力学理论都建立在基于静态研究视角的材料力学的基础上，已滞后于人类岩土工程实践活动，与深度不相关、与工程活动不相关、与深部原位环境不相关，急需发展考虑深部原位状态和开采扰动的深部岩体力学新理论、新方法，破解深部资源开采的理论与技术难题，以期为未来中国深部矿产资源开发提供理论基础与技术支撑。

2.1.3　深部界定方法与判断准则

煤炭开采是一项系统工程，也是在一定的时空范围和介质条件下的煤炭"采取"工程。"深部"的确定是界定深部煤炭开采的关键，与"浅部"状态的本质区别是确定"深部"的理论基础。因此，研究适于煤炭开采实践且具有通用性的深部判断方法也是深部界定的重要问题。

1. 煤炭开采系统

从系统工程学视角，煤炭开采是一项涉及采动煤岩体、采动环境（应力场和水力场）、采动工具（开采、掘进、支护等）等的系统工程行为。如果从采动作用空间关系划分，可以将煤炭开采视为由采动源、采动区和矿区区域三部分组成的系统。其中，采动源包括动力源（如综采装备）和动力作用区（综采工作面）要素及作用状态（如采动速度）；采动区是采动源作用直接影响区，主要包括岩性组合、含水层等要素及采动状态（如采动应力场、采动水力场）；矿区区域是采动影响区外部区域，主要包括区域岩性组合和含水层等要素及原岩状态（如区域应力场和区域水力场）。采动源与采动区的"采动源–煤岩"之间的持续耦合作用（或采动耦合）实现了煤炭采取，也引发了采动覆岩破坏和地下水与原岩的"水–岩"动态耦合响应，导致采动区应力场及水力场状态发生变化，形成采动状态 S_1（$0<t<t_1$）；当趋于稳定状态时又形成采动覆岩和地下水的静态耦合关系，形成静态耦合状态 S_2（$t>t_1$）；矿区区域控制着采动区变化状态的边界，代表了采动区采动前（$t=0$）初始状态 S_0（图2.1）。

为简洁描述煤岩体的力学状态，采用 V_m 表达任意系统中原岩力学状态空间，F 为原岩参数（包括岩石组分和岩层组合、岩层含水率等），σ 为任意点（x，y，z）的原岩状态参数［如以主应力表达的 $\sigma(\sigma_1$，σ_2，$\sigma_3)$，或以应力投影方向表达的 $\sigma(\sigma_H$，σ_h，$\sigma_v)$］，C 为开采工艺参数，t 为系统要素间相互作用时间，则岩石在深部力学状态空间 V_m 的状态函数 S_m 可表征为

$$\begin{cases} S_m^0 = f_0(x,\ y,\ z,\ \sigma,\ F) \Big|_{V_m \subset V_m^s}^{t=0} \\ S_m^t = f_t(x,\ y,\ z,\ \sigma,\ F,\ C) \Big|_{V_m \subset V_m^s}^{t>0} \end{cases} \tag{2.1}$$

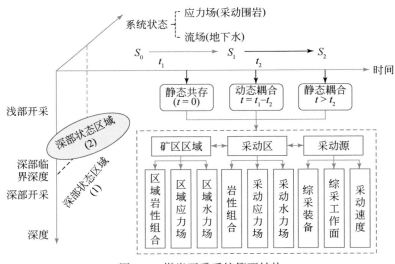

图 2.1　煤炭开采系统简要结构

式（2.1）提出的 S_m 函数可表征深部力学状态与原岩物理性质、开采工艺参数、空间位置等参数之间的关系。根据采动耦合作用时间，将深部力学状态分为静态深部力学状态（$t=0$）与动态深部力学状态（$t>0$）。前者代表了原岩无采动作用时初始力学状态，主要与原岩参数 F 有关，高地应力环境是深部力学状态的静态显现特征；后者则是原岩受持续采动作用时动态力学状态，其采动影响区力学状态不仅与 F 有关，还与开采工艺参数 C 有关，原岩受采动作用时非线性力学响应是深部力学状态的动态显现特征，也是深部岩体工程显现的强流变性和强动力灾害的致因。

2. 深部判断准则

深部力学状态是判定开采进入深部的主要标志，基于实验测定或深部岩石原位测试方法确定深部特征深度是深部开采理论研究的重要突破。深部状态也是与区域应力环境条件、开采地质环境和采动力学行为等密切相关，深部力学状态研究中矿区地应力采样随机性和样本离散性、测试样本的代表性都使矿区范围的深部状态界定具有局限性。因此，深部力学状态研究中应综合考虑我国区域应力场和煤矿区应力场的深部变化趋势，并基于深部力学状态判断的基本原则，选择适于我国煤炭开采的深部范围，对具体煤矿区深部的界定具有指导意义和指示作用。

1）我国地壳浅部区域地应力场变化趋势

地壳应力状态是地壳最重要的性质之一，地壳表面和内部发生的各种地质构造现象（包活浅源地震的发生）及其伴生的各种物理现象与化学现象都与地壳应力的作用密切相关，而地壳浅部应力分布控制了煤矿矿区区域应力分布。地壳浅部区域应力场研究采用了我国目前收录数据种类最全、数据量最为丰富的地应力数据库——"中国大陆地壳应力环境基础数据库"，为确保数据分析一致性仅选择水压致裂和应力解除原地应力测量数据，共 403 个钻孔的 1780 个测试段的数据，测试深度范围 498～3712m。在总结前人地壳浅部应力场变化趋势基础上，通过统计分析建立了应力参数随深度变化的统计模型：

$$\begin{cases} K_{H} = \dfrac{\sigma_{H}}{\sigma_{v}} = \dfrac{0.25}{z} + 0.92 \\[2mm] K_{av} = \dfrac{\sigma_{H} + \sigma_{h}}{2\sigma_{v}} = \dfrac{0.20}{z} + 0.74 \\[2mm] K_{h} = \dfrac{\sigma_{h}}{\sigma_{v}} = \dfrac{0.16}{z} + 0.56 \end{cases} \qquad (2.2)$$

式中，z 为深度，km；K_{H}、K_{av} 和 K_{h} 为原岩侧压系数，分别为最大水平主应力、最小水平主应力和水平平均主应力与垂直主应力之比；σ_{H} 为最大水平主应力；σ_{h} 为最小水平主应力；σ_{v} 为垂直主应力。

我国地壳浅部区域应力场研究主要是基于沉积岩、岩浆岩和变质岩三大类岩性的地应力测试数据。其原岩侧压系数 K_{H}、K_{av} 和 K_{h} 与深度间统计分布规律表明（图 2.2），浅部 K_{h} 和 K_{H} 变化范围较大，意味着局部以构造应力为主。随深度增加，实测值相对收敛。当 $K_{h}=1$ 时，$K_{H} \approx 1.61$，$K_{av} \approx 1.29$，深度为 363m，随后逐步减少且趋于 0.6 左右；当 $K_{H}=1$ 时，$K_{h} \approx 0.61$，$K_{av} \approx 0.80$，深度达到 3125m，此后逐步趋于稳定值；当 $K_{av}=1$ 时，$K_{H} \approx 1.25$，$K_{h} \approx 0.77$，深度为 768m。当深度为 1100m 时，K_{H}、K_{h} 和 K_{av} 的相对变化率已小于 1%。

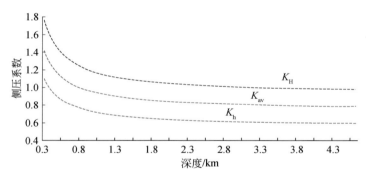

图 2.2　我国地壳浅部区域地应力场变化趋势

2）我国煤矿矿区地应力场变化趋势

煤矿矿区地应力是客观存在于地层中的天然应力，也是引起采矿工程等地下工程围岩和支护结构变形与破坏的根本作用力，特别是处于高应力环境下深部地下工程，巷道变形、冒顶、冲击矿压、煤与瓦斯突出及突水等灾害极易发生，工程稳定性与其所处应力环境密切相关。以往单一矿井或矿区的地应力场分布规律研究对了解工程区地应力状态和工程岩体属性及围岩稳定性分析有重要作用，也为深入研究我国煤矿矿区地应力场变化趋势提供了重要的样本。我国煤矿矿区地应力场变化趋势研究与我国地壳浅部区域应力场研究数据不同，主要是基于煤矿矿区沉积岩地层为主的地应力测试数据。研究收集了涵盖我国东、中、西区域的几十个煤矿（如淮南矿区、晋城矿区、华亭矿区、平煤矿区、宁东矿区等）的实测地应力数据，几乎覆盖了我国大陆主要煤矿分布区域。选择较高质量的有效数据 219 组作为分析统计样本，其中水压致裂法数据 78 组，埋深 138~1283m，应力解除法数据 141 组，埋深 149~11763m。

我国煤矿矿区地应力变化趋势统计分析规律为

$$\begin{cases} K_{\mathrm{H}} = \dfrac{115.41}{z} + 1.31 \\[2mm] K_{\mathrm{av}} = \dfrac{91.61}{z} + 1.03 \\[2mm] K_{\mathrm{h}} = \dfrac{67.81}{z} + 0.74 \end{cases} \tag{2.3}$$

计算表明，在 5000m 深度范围内，总体上 K_{H}、K_{av} 和 K_{h} 随着深度的增加都趋于稳定值（图 2.3）。在浅部 K_{h} 和 K_{H} 变化范围较大，意味着局部以构造应力为主，而随深度增加，实测值相对收敛。计算表明，K_{H} 始终大于 1.0 并渐趋于 1.31，K_{h} 始终小于 1.0 并渐趋于 0.74，而 K_{av} 由始终大于 1.0 到渐趋于 1.03，在深度 850~900m 时 K_{av} 的相对变化已小于 $10^{-4}\mathrm{m}^{-1}$。

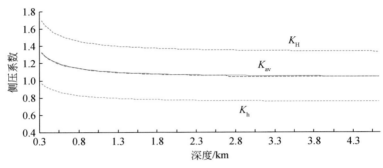

图 2.3　我国煤矿矿区围压系数变化趋势

3）深部判定准则

地壳浅部区域应力场水平与煤矿矿区的应力场水平相比较，前者的 K_{H} 和 K_{h} 在浅部较大，显示水平构造应力较强，总体上反映了地壳浅部沉积岩、岩浆岩和变质岩三大岩类的平均应力场变化特征。煤矿矿区应力场水平普遍大于地壳浅部应力场水平，总体上属于高地应力区，且 K_{H} 和 K_{h} 随深度的增加逐步趋于相对稳定值，K_{av} 逐步趋近于 1.0，总体上代表了我国煤矿矿区煤系地层的平均地应力水平。

由于 K_{av} 综合了原岩三轴应力参数，反映了平均水平应力与垂直应力的关系，$K_{\mathrm{av}} \approx 1$ 时近似体现了三轴应力关系处于准静水压力状态。因此，在目前可测和可采深度范围内，基于深部准静水压力状态和 K_{av} 参数作为判断开采是否进入深部的准则是合理和适用的，即在开采空间域 V 中满足：

$$K_{\mathrm{av}} \approx 1.0 ~\sim~ 1.03 \,|_{V}$$

具体矿区界定深部中，参照我国煤矿矿区平均地应力水平和研究矿区煤系地层的局部地应力水平差异性，区别界定深部的具体范围是必要的。

3. 深部分类确定方法

煤岩力学状态是界定深部的关键，准静水压力状态是进入深部的力学状态标志。煤炭开采也是在原岩初始状态和地应力环境下采用现代采掘装备和开采工艺持续扰动原岩而采取煤炭的采掘活动。因此，基于煤炭开采"时-空"关系划分，在空间上只有达到准静水压力的空间（$K_{av} \approx 1$）才是深部的范围。而在时间上可分为静态深部力学状态与动态深部力学状态，前者是深部岩石原始状态下基本物理特性的综合显现，后者则是深部岩石与开采扰动行为的动态耦合显现。

1）静态（无开采扰动）深部确定

静态深部是指开采系统为静态时（$t=0$）具有深部力学状态显现的区域 V_m^0，H_m 为深部的临界深度，该区域原岩称为深部原岩。其深部力学状态函数为

$$K_{av}^0 = f_s(x, y, z, \sigma, F) \big|_{z > H_m} \tag{2.4}$$

在深部区域 V_m 外原岩应力场以水平构造应力为主，显现为浅部状态；在深部区域 V_m 内的原岩应力场显现为深部准静水应力状态。

静态深部区域界定时，原岩参数 F 是主要影响因素，即原岩成分及物理性质、岩性组合和岩层含水性对界定深部状态有重要影响。依据我国煤矿矿区应力场统计规律，结合东部煤炭开采实践，我国煤矿矿区选择在 $K_{av} \approx v$ 附近且随深度相对变化约小于 $10^{-4}\,\mathrm{m}^{-1}$ 的深度 $850 \sim 900\mathrm{m}$ 为参考深部临界深度 H_m。而在具体开采区域符合深部状态的实际深部临界深度 H_s（或视深部临界深度）与采动区原岩和区域岩石组合及物性差异有关。

2）动态（开采扰动时）深部确定

动态深部是指开采系统为动态时（$t > 0$），原岩在开采扰动耦合作用时深部力学状态显现（K_{av} 趋近于 1.0）的空间区域 V_m，深部力学状态函数可表达为

$$K_{av}^t = f_s(x, y, z, \sigma, F, C) \Big|_{\substack{k_{av} \approx 1 \\ z > H_m}} \tag{2.5}$$

深部区 V_m 包括静态深部区 V_m^0 和动态深部区 V_d，在 V_m 外 $k_{av} > 1$ 时，原岩与采动耦合的应力状态显现为浅部状态，应力场以水平构造应力为主；在 V_m 内，原岩物性参数 F 和开采工艺参数 C 共同决定了应力场状态及深部范围 V_d。

若设 K_{av}^R 为受区域（指煤矿矿区）应力场控制的原岩应力状态，ΔK_{av}^c 为采动耦合作用产生的采动增量，则有

$$K_{av}^s = K_{av}^R + \Delta K_{av}^c \tag{2.6}$$

此时，$\Delta K_{av}^c > 0$ 的区域显示浅部力学状态，采动耦合作用区构造应力增强或垂直应力相对下降，以构造应力为主；在 $\Delta K_{av}^c < 0$ 且 $H_s > H_m$ 区域（$K_{av}^s(x, y, z) < K_{av}^R(x, y, H_m)$），采动耦合作用出现水平构造应力降低或垂直应力增大现象，局部也可出现符合深部力学状态的区域。

2.1.4　影响"深部"主要参数分析

我国煤田的含煤沉积地层通常是由一套成因上有共生关系的陆源碎屑岩沉积层组成，多为砂岩、粉砂岩、页岩和黏土岩性，具有显著的互层状结构。如淮南煤田二叠纪含煤岩系中砂岩、粉砂岩和泥岩各占 34%、9% 和 50%。前人研究表明，采动岩体强度对岩石力学状态和深部深度的判定具有十分重要的影响，如从极软弱泥岩体到极坚硬砂岩体，深部临界深度分别为 408m 和 2870m，表明我国煤矿矿区之间的含煤系地层岩性组成和岩性性质的差异性导致采动工程岩体硬度的差异。通常，在水平均匀岩石介质条件下的任意深度

处垂直应力可以表达为

$$\sigma_v^s = \gamma H$$

式中，γ 为岩石的等效容重；H 为深度。

显然，随着深度的增加，垂直应力成正比增加。然而在非均匀层状介质条件下，组成岩体的各层岩石容重又是不同的，且与岩石组成成分、结构构造和含水性密切相关。而采动耦合作用出现水平构造应力降低或垂直应力增大现象，影响着 K_{av}^c 的空间变化，也可出现符合深部力学状态的区域。影响深部变化的静态参数主要是采动覆岩的岩性组合和含水性，而影响深部变化的动态参数则是开采工艺参数。

1. 采动覆岩岩性组合

如设煤田区域应力场确定的区域等效容重和深部临界深度分别为 γ_m 和 H_m，此时垂直应力为 σ_v (H_m)。当开采区域原岩为水平层状均匀时，γ_i 和 ΔH_i（$i=1, \cdots, n$）为各岩层的容重和厚度，σ_{sv} 和 H_s 分别为达到深部应力状态的垂直应力和实际深部临界深度。此时，H_s 处原岩垂直应力可表达为

$$\sigma_v^s = \sum_{i=1}^{n} \gamma_i \Delta H_i \qquad\qquad (2.7)$$

如按岩石工程性质将开采区域岩层简化为软岩、中硬岩和硬岩三层组合，α_i 为各类岩层厚度占比数，同时设开采区域最大水平应力 σ_H 和最小水平应力 σ_h 与区域场相同，当 σ_v $(H_m) = \sigma_{sv}$ 时，应用式（2.3）时 H_s 与 H_m 有如下关系：

$$\frac{H_s}{H_m} = \gamma_m \times \left(\sum_{i=1}^{3} \gamma_i \alpha_i \right)^{-1} \qquad\qquad (2.8)$$

式（2.8）表明，实际临界深度 H_s 与 H_m 相比，受开采区域岩性组合与其物性参数控制。

模拟分析选择典型岩层物性参数，构建了 H_s 深度以上软岩层、中硬岩层和硬岩层的厚度占原岩厚度比例不同的 15 种厚度占比变化情景（图 2.4a），模拟开采深度相对不变条件下，随着软岩层厚度不断增加时，与均匀介质条件比较时实际深度变化趋势。其中，软岩厚度占比为 0.1 ~ 0.8，中硬岩厚度占比为 0.6 ~ 0.18，硬岩厚度占比为 0.3 ~ 0.02；软岩密度为 1400 ~ 2400kg/m³，中硬岩密度为 2400 ~ 2600kg/m³，硬岩密度为 2800kg/m³。

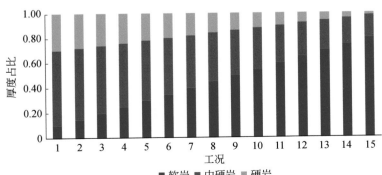

a. 不同类型岩组厚度占采动覆岩总厚度比例

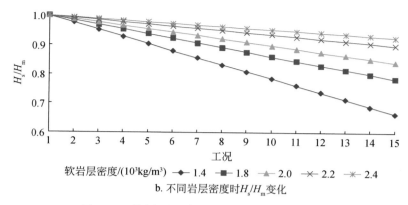

b. 不同岩层密度时H_s/H_m变化

图 2.4　不同岩层组合时实际深部临界深度变化

模拟分析结果表明：随软岩层密度逐步降低，H_s 趋浅，且随软岩层厚度占比增加，H_s 趋浅效应显著（图 2.4b）。如软岩、中硬岩和硬岩的占比关系为 0.20：0.54：0.26 时，随软岩层密度降低，H_s 与 H_m 相比浅 2%~5%；占比为 0.40：0.42：0.18 时，相比浅 7%~15%；而占比为 0.65：0.27：0.08 时，相比浅 6%~26%。若以软岩层为主时，H_s 仅为 H_m 的 66%，意味着软岩层对 H_s 影响较大。如以我国煤矿矿区应力场确定的 $H_m = 850\text{m}$ 计算，则实际深部力学状态的深度 $H_s \approx 560\text{m}$，与文献研究结果相近。

2. 地下含水层

含煤岩系中含水层是我国煤矿矿区煤炭开采中常见的情形，主要包括第四系含水层、志留系含水层、侏罗系含水层等。如鄂尔多斯煤田东胜矿区赋存的地下水类型主要有松散岩类孔隙水和碎屑岩类裂隙孔隙水，包括第四系（Q）松散层潜水含水层、下白垩统（K_1）孔隙潜水–承压水含水层、中侏罗统直罗组（J_2z）承压水含水层及中侏罗统延安组（J_2y）碎屑岩类孔隙裂隙水含水层。当煤岩体中具有含水层时，地下水渗流和软化作用（或水化作用）减小了原岩内部内聚力和摩擦力及原岩抗压强度，降低了原岩硬度。如煤系地层中常见的砂岩孔隙度 5%~25%，页岩孔隙度 10%~30%，极易发生软化作用。若用软化系数代表岩层损伤程度，则中硬岩类比硬岩类受损程度更强（表 2.2）。

表 2.2　常见沉积岩类软化系数

岩类		饱和极限抗压强度/10^5Pa	软化系数
坚硬岩石	砂砾岩	800~1500	0.65~0.97
	石英砂岩	800~1500	0.5~0.97
	石灰岩	610~1290	0.7~0.9
中硬岩	黏土岩	100~300	0.4~0.66
	砂质、碳质页岩	130~400	0.24~0.55
	泥岩		0.1~0.5
	泥质钙质砂岩	50~450	0.21~0.75
	泥质灰岩	78~524	0.44~0.54

　　考虑到岩石在水化作用影响下受力时容重变化特点，若设原岩容重与含水岩层容重呈线性关系，ρ_s 为孔隙度，γ_w 为充填物干容重，τ_m 为容重影响因子，则含水岩层实际容重 γ_s 可简化为

$$\gamma_s \approx \frac{\gamma_m + \gamma_w \rho_s}{\tau_m} \tag{2.9}$$

　　当岩石无水（$\gamma_w = 0$）及软化作用时（$\tau_m = 1$），$\gamma_s = \gamma_m$；当岩层含水且受垂直应力作用和水化作用时（$\tau_0 < 1$，$\gamma_w \neq 0$），γ_s 相对增加。

　　如将采动覆岩原岩层简化为第四系、含水岩层和非含水岩层组合模型（图 2.5a），γ_i 和 ρ_i（$i = 1, 2, 3$）分别为其干容重和孔隙度，代入式（2.8）则有

$$\frac{H_s}{H_0} = \gamma_0 \times \left(\sum_{i=1}^{3} \frac{\gamma_i + \rho_i \gamma_w}{\tau_i} \alpha_i \right)^{-1} \tag{2.10}$$

　　模拟选择第四系、含水岩层和非含水岩层组合的五种工况及含水层的含水率相对变化情景（表 2.3），其中，含水率为 $0 \sim 0.3\%$，岩石弱化系数为 $0.5 \sim 1.0$。

表 2.3　地下水影响计算模型参量取值

参数		G_1	G_2	G_3	G_4	G_5
含水率/%	第四系松散层	0.1	0.3	0.1	0.1	0
	含水层	0	0	0.2	0.3	0
	非含水层	0	0	0	0	0
弱化系数	第四系松散层	0.85	0.70	0.90	0.90	1.0
	含水层	0.95	0.90	0.70	0.50	1.0
	非含水层	1.0	1.0	1.0	1.0	1.0

注：第四系松散层密度为 2000kg/m³，含水层密度为 2400kg/m³，非含水层密度为 2800kg/m³。

　　浅部和中部含水层含水性变化对 H_s 的影响分析表明：含水层厚度越大和含水性越强，H_s 趋浅效应越显著（图 2.5）。当浅层含水性较弱时（$\gamma_w = 10\%$），当厚度占比由 1% 增加到 21% 时，H_s 与 H_m 相比减少 5% 左右。当含水性较强时（$\gamma_w = 20\%$），随厚度占比增加，H_s 与 H_m 相比减少 $10\% \sim 12\%$；而中部含水性较强时（$\gamma_w = 20\%$），相对厚度由 17% 增加到 50% 时，H_s 与 H_m 相比减少 $12\% \sim 23\%$；当中部属强含水层时（$\gamma_w = 30\%$），随厚度占比增加，H_s 与 H_m 相比减少 $20\% \sim 39\%$。

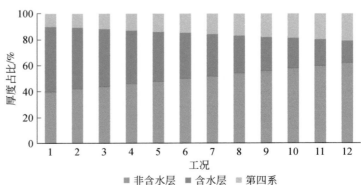

a. 不同类型岩组厚度占采动覆岩总厚度比例

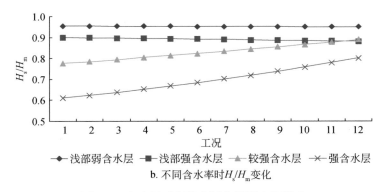

b. 不同含水率时 H_s/H_m 变化

图 2.5　含水层对深部实际临界深度的影响

3. 现代开采工艺

现代开采主要是指采用现代化采掘装备进行的长壁式工作面开采，具有机械化程度高、煤炭产量高、安全保障水平高的特点，也是煤炭开采的现行主流方式。研究以目前开采主流工艺——长壁式综采工艺为例，研究现代开采工艺对实际深部临界深度的影响。当回采工作面持续推进时，采动覆岩内部应变能不断积聚、储存、耗散与破坏释放，在采动能量驱动下原岩经历着失稳—平衡—再失稳—再平衡的持续变化过程，应力场响应呈现叠合式"应力拱"结构，传递着上覆岩体荷载和压力。若将采动覆岩分为拱内体（V_i）和拱外体（V_0）两个区域，则采动中上覆岩体的持续卸载相当于 V_0 对 V_i 施加一个持续作用的外部力，且在应力拱界面达到 V_0 外力与 V_i 体应力的平衡。拱内岩体积聚的应变能持续耗散导致原岩不同程度损伤后形成冒落裂隙带。此时，在工作面前方、后方和侧翼未采煤层边缘的拱基区外为采场周围区域应力；在上覆岩层弯曲带和采场周围未采煤岩体内的应力拱壳形态与采场参数有关。应力拱壳面沿工作面倾向对称，随工作面推进，复合应力拱区域增大，拱顶基本控制了冒落裂隙带范围。

为研究便利，设"应力拱"采动模型中煤岩层为水平赋存状态，区域水平应力场与岩层一致，且与回采工作面水平围压相同，采动区在区域应力场可视为一个动态点。应力分区中拱内 V_i 为异常应力区，拱外 V_0 为正常应力区，且以工作面切眼处为参考点（图 2.6）。

此时，拱界面 (x, z) 处单位体积垂直应力 σ_{nv} 与水平应力 σ_{ns} 有如下关系：

$$\begin{cases} \sigma_{ns}(x, z) = \sigma_{ns}^{g}(x, z) + \sigma_x \\ \sigma_{nv}(x, z) = \sigma_{nv}^{g}(x, z) + \sigma_z \end{cases} \tag{2.11}$$

$$\begin{cases} \sigma_{ns}^{g}(x, z) = \sigma_x \sin\alpha + \tau_{xz} \cos\alpha \\ \sigma_{nv}^{g}(x, z) = \sigma_z \cos\alpha + \tau_{xz} \sin\alpha \end{cases} \tag{2.12}$$

$$\sigma_n^{g}(x, z) = \sigma_{nx} \sin\alpha + \sigma_{nv} \cos\alpha$$

$$= \frac{\sigma_z + \sigma_x}{2} + \frac{\sigma_z - \sigma_x}{2} \cos2\alpha + \tau_{xz} \sin2\alpha$$

$$\tau_q^{g}(x, z) = \sigma_{nv} \sin\alpha - \sigma_{ns} \cos\alpha$$

$$= \frac{\sigma_z - \sigma_x}{2} \sin2\alpha - \tau_{xz} \cos2\alpha$$

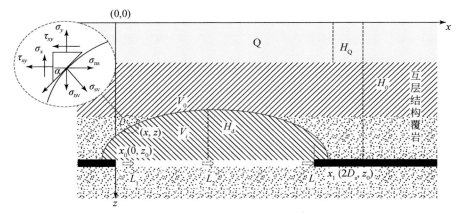

图 2.6　基于应力拱的采动应力场模型

①x 为水平位置；z 为高度；L_1，L_2，L_i 为不同阶段的工作面推进距离；H_0 为采深；H_d 为导水裂隙带高度；D_s 为拱脚至切眼距离；V_i 为拱体内；V_0 为拱体外；Q 为第四系盖层；H_Q 为盖层厚度。②拱界面 (x, z) 处，α 为拱面切角；σ_{nv} 和 σ_{ns} 分别为单位体积垂直应力和水平应力；τ_{xy} 为拱切面的切应力

$$\tan\alpha = \frac{-H_d^2(x - L_{1/2})}{(L_{1/2} + D)^2(z - H_s)}$$

$$z = H_d\sqrt{1 - \frac{(x - L_{1/2})^2}{(L_{1/2} + D)^2}}$$

式中，α 为 (x, z) 处切角；z 为高度；H_0 为采深；D 为拱脚至切眼距离；$L+2D$ 为拱壳长轴为工作面推进距离；H_d 为短轴导水裂隙带高度。

考虑到 V_i 内岩体已处于破坏损伤状态，其内部内聚力接近于零，在 (x, z) 处切应力 τ_q^g 与法向应力 σ_n^g 间关系可近似表达为

$$\tau_q^g = f\sigma_n^g(x, z)\ (f = \tan\theta)$$

式中，f 为岩石摩擦系数；θ 为摩擦角，解得

$$\tau_{xz} = \frac{(\sigma_z - \sigma_x)(\sin2\alpha - f\cos2\alpha) - f(\sigma_z + \sigma_x)}{2f\sin2\alpha + \cos2\alpha}$$

进一步解得

$$K_{av}^s(x, z) = \frac{\sigma_{ns}(x, z)}{\sigma_{nv}(x, z)} = \frac{\sigma_{ns}^g(x, z) + \sigma_x}{\sigma_{nv}^g(x, z) + \sigma_z}$$

$$= K_{av}^R(x, z)[1 + Q(x, z)] \tag{2.13}$$

$$Q(x, z) = \frac{(1 - F(f, \alpha))(\sin\alpha - \cos\alpha)}{1 + \cos\alpha + F(f, \alpha)\sin\alpha}$$

$$F(f, \alpha) = \frac{(1 - K_{av}^R)(\sin2\alpha - f\cos2\alpha) - f(1 + K_{av}^R)}{2f\sin2\alpha + \cos2\alpha} \tag{2.14}$$

式中，上角 s 表示测点实际平均侧压系数；上角 g 表示"开采拱"产生的应力分量；上角 R 表示区域平均侧压系数。式（2.13）表明，开采时实际应力状态可视为原岩与采动拱异常的应力状态之和。若设 Q 为采动影响系数，则 Q>0 时意味着水平方向应力相对变化大

于垂直方向应力，H_s 比开采深度 H_0 小，即视临界深度趋浅；当 $Q<0$ 时，垂直方向应力相对变化大，H_s 则相对增加，即视临界深度趋深。

为获得采动力学异常状态，依据岩石采动爆裂效应和传播特点，设采动应力传播沿垂直方向且呈指数衰减趋势，λ 为与岩石性质有关的衰减系数。c_1 和 c_2 分别为 H_0 以上和以下区域，z_1 和 z_2 代表上拱和下拱边界。则 K_{av}^s 可简化为

$$\begin{cases} K_{av}^{c_1}(x,\ z) = Ae^{-\lambda(H_0-z)} + K_{av}^{R}(x,\ z) + B_1(z \leq H_0) \\ K_{av}^{c_2}(x,\ z) = - Ae^{-\lambda(z-H_0)} + K_{av}^{R}(x,\ z) + B_2(z \geq H_0) \end{cases}$$

边界条件为

$$\begin{cases} K_{av}^{c_1}(x,\ z_1) = K_{av}^{s}(x,\ z_1) \\ K_{av}^{c_2}(x,\ z_2) = K_{av}^{R}(x,\ z_2) \end{cases}$$

$$\begin{cases} K_{av}^{c_1}(x,\ H_0) = K_{av}^{s_2}(x,\ H_0) \\ K_{av}^{c_2}(x,\ z) = K_{av}^{R}(x,\ z)(z \geq z_2) \end{cases}$$

解得

$$\begin{cases} K_{av}^{c_1}(x,\ z) = A(e^{-\lambda(H_0-z)} + e^{-\lambda(z_2-H_0)} - 2) + K_{av}^{R}(x,\ z) \\ K_{av}^{c_2}(x,\ z) = A(e^{-\lambda(z_2-H_0)} - e^{-\lambda(z-H_0)}) + K_{av}^{R}(x,\ z) \end{cases} \tag{2.15}$$

式中，

$$A = \frac{K_{av}^{c_1}(x,\ z_1) - K_{av}^{R}(x,\ z_1)}{(e^{-\lambda(z_2-H_0)} + e^{-\lambda(H_0-z_1)} - 2)}$$

式（2.15）表明，K_{av}^s 的基本水平由区域应力场决定，而采动区异常应力状态与采动岩石性质和开采工艺参数有关。参考区域垂直应力场变化统计规律，H_s 有如下关系：

$$\frac{-\Delta K_{av}^{z}(x,\ z)}{\Delta z} = \frac{A}{H_s^2}$$

考虑到方向性，解得采深 H_0 处的实际力学状态深度：

$$H_s = H_0 \pm \sqrt{\frac{A\Delta z}{|\Delta K_{av}^{z}(x,\ z)|}} \tag{2.16}$$

式（2.16）表明，当开采深度为 H_0（或 H_m）时，实际力学状态确定的视临界深度 H_s 与实际应力状态与区域平均应力状态的差异 ΔK_{av}^z 有关。$\Delta K_{av}^z > 0$ 时意味着实际应力状态趋浅，对应的异常深度取负值；反之，实际应力状态趋深，对应的异常深度取正值。

模型计算依据式（2.15）和式（2.16），选择采动覆岩为均匀介质，设计不同采深（$H_0 = 500m$、$800m$ 和 $1200m$）与采高（$H_c = 3m$、$5m$、$8m$、$10m$ 和 $15m$）的组合工况，导水裂隙带高度 $H_d = 15H_c$，应力拱脚点为工作面切眼外 $D = 3H_c$ 处。开采工作面宽度为 $300m$，最大推进距离 $L=400m$。参考我国煤矿矿区的平均应力水平确定 ΔK_{av}^R，分别计算深度 H_0-H_c 和 H_0+5m 处力学状态参数 K_{av}^s，分析沿开采工作面开采煤层顶部、近煤层底板处力学状态和对应视临界深度变化规律。

1）不同工况下采动顶板异常响应特点

开采煤层顶部 K_{av}^s 响应变化总体特征是：在切眼处至拱脚区，K_{av}^s 变化呈急剧下降—急剧上升—恢复区域 K_{av}^R 值，表明采动时切眼后端切向应力较大导致覆岩垂直裂隙发育，工

作面推进前端也具有相同"端部效应";从切眼处向开采工作面中心区域,K_{av}^s缓慢增加,显示顶部覆岩以构造应力作用为主,中心区最显著。随采高 H_c 增加,K_{av}^s异常响应区也向上部和端部外拓;近煤层底板 K_{av}^s 沿工作面变化与顶板变化趋势相似(图2.7)。K_{av}^s比较表明,随着采深增加,实际力学状态总体相对变深。相同采高(3m、8m 和15m)时,采深800m 与采深500m 的 K_{av}^s 比较,在切眼处比值分别为0.931、0.926、0.909,在工作面中心位置分别为0.938、0.933 和0.918;不同深度时在切眼外端均出现局部趋深状态,不同采高(3m、8m 和15m)时分别出现在 −20m、−40m 和 −100m 处,此时相同采高的 K_{av}^s 之比分别为0.926(3m)、1.004(8m)和1.036(15m),说明采高增加时局部趋深状态又相对变弱。

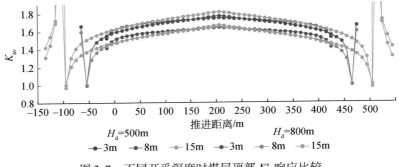

图2.7　不同开采深度时煤层顶部 K_{av}^s 响应比较

相同采深下不同采高的 H_s 值比较表明,随采高增加,实际临界深度 H_s 总体趋浅,但在切眼外局部显现深部状态(图2.8)。如采深 $H_0 = 500m$ 和 $H_c = 5m$ 时 H_s 与 $H_c = 8m$、$H_c = 10m$、$H_c = 15m$ 时比较,切眼处的 H_s 之比为1∶0.979∶0.969∶0.949,工作面中心处 H_s 之比为1∶0.984∶0.976∶0.960;而在切眼外端不同采高时均出现局部力学状态加深现象,各采高(5m、8m、10m 和15m)的 H_s 与采深之比分别为1.17、1.12、1.22 和1.14,出现位置分别为 −40m、−60m、−70m 和 −110m 处。

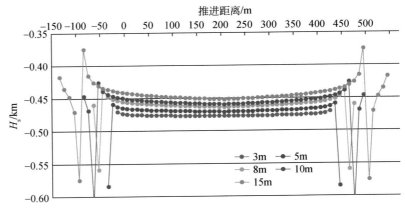

图2.8　不同采高时 H_s 响应

2）工作面推进时煤层顶部 K_{av}^s 变化特点

在相同采深和采高条件下，K_{av}^s 变化表明，推进距离越小，其"拱"特征和端部效应越显著，随着推进距离增加，"拱"趋于平缓且工作面端部效应逐步减弱。当推进距离远大于工作面宽度时，切眼后端和开采前端拱脚区的 K_{av}^s 变化趋缓（图 2.9a），采动端部效应降低；与 K_{av}^s 变化相对应，在开采工作面两端附近外延区，由于局部垂直应力相对增大，采动应力状态趋深，视深度 H_s 显著增加。随着推进距离增加，工作面中间区域采动力学状态趋浅，表明此区域采动覆岩水平方向构造活动增强，视深度也降低且趋于平稳（图 2.9b）。

分析表明，煤层开采使工作面切眼后端和推进方向前端外一定范围煤岩形成局部临界深度趋深状态，而在工作面上部采动覆岩区则增强了水平构造应力作用，形成临界深度"趋浅"效果。

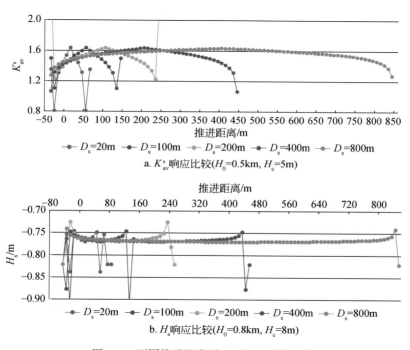

图 2.9　不同推进距离时 K_{av}^s 和 H_s 响应比较

4. 深部开采界定实例

上述分析表明，采动覆岩岩性及岩层组合和地下含水层是影响原岩深部力学状态的主要因素，煤层开采则对采动区域局部力学状态具有调整作用。为分析简便，设 H_s 与表征覆岩岩性特征、含水性、开采工艺相关的影响参数 A_s、B_s 和 C_s 均呈线性相关，D_s 为修正因子，则

$$H_s = \frac{A_s \times B_s}{D_s} C_s \times H_m \tag{2.17}$$

式中，A_s 和 B_s 可由式（2.8）和式（2.10）分别确定；C_s 与开采工艺和空间位置相关，如式（2.17）分析结果所述；D_s 为相关参数取值精度和数量局限时的经验补偿系数，可结合

现场采动应力现象确定。当 $D_s = C_s = 1$ 时，代表了局部开采地质条件对深部临界深度的影响，此时 H_s 为原岩状态时实际深部临界深度，H_m 为煤矿矿区参考深部临界深度。

实例验证选择了几个典型矿区数据（表 2.4），均采用走向长壁后退式综采一次采全高采煤工艺和顶板全部垮落法管理方式。深部临界深度计算中，区域深部临界深度基于我国煤矿矿区应力场研究确定为 $H_m \approx 850\mathrm{m}$。依据矿区综合地质剖面，按岩性硬度将采动覆岩划分为软、中、硬三类，同时考虑含水层厚度及含水性，合成有含水层的三层层状组合体。岩层含水性参数参考矿区岩层物性和含水性测定结果分层处理确定。案例研究中相关含水层的含水性参数参考我国煤田勘探典型区获得的不同岩性的饱和容重统计结果和岩石含水时的软化系数，取 $D_s = C_s = 1$。

表 2.4　实例分析基础数据一览表

矿区名称	岩性结构、含水层条件描述
王楼矿（东部）	主采煤层为二叠系山西组 3 上煤，煤层厚度平均 3m，开采深度为 1183.12m。覆岩中，软岩主要包括黏土、细砂与泥岩总厚度 502.96m，占岩层总厚度的 42.51%，含水层厚度占比 28.1%；中硬岩主要包括砂质泥岩、中砂岩、粉砂岩，总厚度 383.61m，占岩层总厚度的 32.42%，含水层厚度占比 37.2%；硬岩主要包括细砂岩、辉长岩、砂砾岩，总厚度 296.55m，占岩层总厚度的 25.07%，含水层厚度占比 71.4%
东大煤矿（山西沁水煤田）	主采煤层为二叠系太原组 12 下煤，煤层厚度平均 1.8m，开采深度为 600m。煤层覆岩中，软岩主要包括黏土、泥岩，总厚度 109.5m，占岩层总厚度的 18.25%，含水层厚度占比 14.2%；中硬岩主要包括中粒砂岩、粉砂岩，总厚度 372.9m，占岩层总厚度的 62.15%，含水层厚度占比 29.9%；硬岩主要包括细粒砂岩、砾岩，总厚度 118.23m，占岩层总厚度的 19.6%，含水层厚度占比 78.6%。含水层包括上侏罗统砂砾岩含水层、太原组三灰富含水层，五灰、七灰含水层，其中五灰、七灰为弱含水层
阳煤二矿（山西沁水煤田）	主采煤层为二叠系太原组 15 煤，平均煤厚 4.4m，开采深度为 595m。设计工作面走向长 1309m，倾斜长度 163m。煤层覆岩中，软岩主要包括泥岩、砂质泥岩、煤与表土，软岩总厚度 518.02m，占岩层总厚度的 87.06%，含水层厚度占比 32.9%；中硬岩主要包括中砂岩，总厚度 46.08m，占岩层总厚度的 7.74%，含水层厚度占比 66.8%；硬岩主要包括细砂岩、砾岩，总厚度 30.9m，占岩层总厚度的 5.2%，含水层厚度占比 68.2%
麦垛山煤矿（宁东矿区）	主采煤层为侏罗系延安组 2 煤，开采深度为 587.4m，煤厚 4.3m，煤层倾角为 10°。煤层覆岩中，软岩主要包括表土、黏土、泥岩、煤，软岩总厚度 128.78m，占岩层总厚度的 21.92%，含水层总厚度 0m，占软岩层百分比 0；中硬岩主要包括粗粒砂岩、中粒砂岩、粉砂岩，总厚度 321.71m，占岩层总厚度的 54.77%，含水层总厚度 183.02m，占 56.89%；硬岩主要包括细粒砂岩，岩层厚度为 136.91m，占岩层总厚度的 23.31%，含水层总厚度 81.60m，占 59.60%
母杜才矿（鄂尔多斯盆地）	主采侏罗系延安组 3-1 煤，平均煤厚 5.02m。设计工作面采高 4.8m，开采深度为 654m，走向长度 3500m，倾斜长度 240m。煤层覆岩中，软岩主要包括风积沙、湖积物、泥岩、碳质泥岩，软岩总厚度 259m，占岩层总厚度的 39.60%，含水层厚度 109.5m，占 42.28%；中硬岩主要包括粗砂岩、中砂岩、粉砂岩，中硬岩总厚度 308.1m，占岩层总厚度的 47.11%，含水层总厚度 209.86m，占 68.11%；硬岩主要包括细砂岩，硬岩总厚度 86.9m，占岩层总厚度的 13.29%，含水层总厚度 52.24m，占 60.12%
红庆河煤矿（鄂尔多斯盆地）	主采侏罗系延安组 3-1 煤，开采深度为 683.4m，平均煤厚 6.91m。31101 工作面倾斜长度 264m；顶板覆岩中，软岩主要包括覆盖土、黏土、泥岩、砂质泥岩，总厚度 170.28m，占岩层总厚度的 24.92%，含水层总厚度 96.4m，占软岩层的 56.61%；中硬岩主要包括粗粒砂岩、中粒砂岩、粉砂岩、含粒粗砂岩、含粒中砂岩，总厚度 378.37m，占岩层总厚度的 55.37%，含水层总厚度 306.1m，占中硬岩层厚度的 80.9%；硬岩主要包括细粒砂岩、砾岩，占岩层总厚度的 19.71%，含水层总厚度 102.3m，占中硬岩层的 75.91%

实际深部临界深度计算与参考深部临界深度比较表明，中东部矿区接近该深度，西部

偏小。其中，东部区域样例（王楼煤矿）实际深部临界深度大 8%，中部区域样例（东大煤矿和阳煤二矿）接近深部临界深度，而西部地下水较丰富的样例（麦垛山煤矿、母杜才煤矿和红庆河煤矿）实际临界深度与深部临界深度之比平均为 64%，深度在 550m 左右（表 2.5）。

表 2.5　实际深部临界深度计算结果比较

矿区名称	计算参数（A_s，B_s）	视临界深度/m	比值
王楼矿	$A_s = 1.1158$，$B_s = 0.9690$	918.3	1.08
东大煤矿	$A_s = 1.0635$，$B_s = 0.9603$	867.6	1.02
阳煤二矿	$A_s = 1.0252$，$B_s = 0.9564$	833.9	0.98
麦垛山煤矿	$A_s = 0.8764$，$B_s = 0.7652$	572.6	0.67
母杜才矿	$A_s = 0.8778$，$B_s = 0.7405$	555.8	0.65
红庆河煤矿	$A_s = 0.9082$，$B_s = 0.6723$	516.7	0.61

注：计算含水性修正因子 B_s 时，由于矿井各岩层的含水率难以直接获取，因此采用含水层饱和容重与软化系数进行计算。

（1）含水层饱和容重数据根据地质勘查资料，查找煤系地层岩石物理性质指标统计表（见《勘探阶段煤系地层测井资料的工程地质信息解译》），得到不同岩石性质的饱和容重。

（2）岩石软化系数见表 2.2。

（1）采动覆岩比较表明，王楼煤矿硬岩占比最大（>25%）；东大煤矿和阳煤二矿与麦垛山煤矿、母杜才煤矿和红庆河煤矿的采动覆岩情景相比最大（>25%）；东大煤矿和阳煤二矿与麦垛山煤矿、母杜才煤矿和红庆河煤矿的采动覆岩情景相比，软岩和中硬岩厚度占比均超过 80%，深部临界深度趋浅作用显著。

（2）含水层对比表明，王楼煤矿的含水层占比为 41.9%；中部典型矿井的东大煤矿和阳煤二矿的含水性分别为 36.58% 和 34.16%；西部地下水比较丰富的典型矿井麦垛山煤矿、母杜才煤矿和红庆河煤矿含水层占比分别为 45.05%、55.02% 和 73.86%。根据前述分析结论，含水层厚度越大和含水性越强，水化作用致使 H_s 趋浅效应越显著，因而在上述典型煤矿中，西部矿区的深部临界深度与我国煤矿矿区的参考深部临界深度相比趋浅趋势更明显。

依据采动覆岩和含水层影响分析，结合研究案例，在西部典型矿区（鄂尔多斯盆地北部、宁东矿区等）考虑到软岩层与地下水的共同作用，选择软岩层厚度占比约为 40%（$A_s = 0.83 \sim 0.89$），含水层厚度约占 35% 且有较强含水性（$B_s = 0.82 \sim 0.68$）。如取平均值 $A_s = 0.86$ 和 $H_m = 850$m，则达到深部开采力学状态的实际临界深度 H_s 为 $500 \sim 600$m，与实际案例分析结果相近。

2.2　深部煤炭安全绿色开采理念与基本特征

理念是人们在对客观事物或表象认识的基础上经过思考或推理上升到理性高度的观念。煤炭开采理念是随着煤炭开采技术进步、实践认知突破和开采理论发展，在开采技术、开采环境和开采工程有机融合基础上的高度抽象。煤炭开采理念演化既是煤炭开发"社会进步"的重要标志，引导煤炭开采技术进步方向，同时体现了煤炭开采技术的系统提升和进步。

2.2.1　煤炭现代开采理念演化

21 世纪以来随着煤炭科技的创新发展，煤炭开采技术得到快速发展，煤炭开采已从过去的炮采、普采发展到了综采、大采高开采、综放开采以及大采高综放开采，实现了规模化高强度开发；煤炭开采科学水平也不断提升，从初期的高产高效开采到安全高效开采，进一步发展到绿色开采，表明越来越重视煤炭开采和生态环境保护的协同发展。伴随煤炭开采技术进步，人们对开采活动的认识更加深刻，开采理念逐步发生认知过程的突变，抓住煤炭开采活动的本质特征，以及煤炭开采自身的发展及与资源、环境、人类社会可持续发展等的联系，经历了高产高效开采→安全高效开采→绿色开采阶段，由传统的煤炭开采—煤炭供应的视角，逐步转向煤炭开采—资源保护+环境协调+能源保障的社会可持续发展的系统视角，通过煤炭开采理念的不断创新和实践，形成一系列煤炭开采的全新观念、概念或法则，不仅保障了煤炭市场供给，推进了煤炭开采的理论与技术进步和煤炭全产业链（煤–电、煤–化、煤–气、煤–油等）的创新，同时推进了煤炭资源开发与资源和环境保护的协调水平。

1. 煤炭高产高效开采

世界上第一个综合机械化采煤工作面于 1954 年在英国诞生，经过 40 余年的发展，先进采煤国家高效矿井形成了矿井高度集中生产（一矿一面）、采用大功率成套设备、超长工作面布局（最长达到 5280m）、工作面综合开机率高、工作面设备配套合理、工作面监控设备齐全和自动化程度高的特点，采高可达 7m，采煤 400 万 ~600 万 t/a。20 世纪末，我国已成为世界主要产煤大国之一，但主要技术经济指标（矿井工作面单产、效率及安全等）与世界先进采煤国相比差距较大。如何从根本上扭转我国煤矿用人多、效率低、效益差、安全无保障的状况，提高市场竞争力，推进煤炭工业持续、稳定、健康地发展成为亟待解决的问题，而先进采煤国的经验证实高产高效是必然途径。

高产高效开采理念是最大限度地采用高效率煤炭开采方式，提高煤炭生产效率，实现煤炭生产高产量目标。也就是说，在煤炭开采过程中，通过选用先进的开采方法和装备、优化巷道布置、提高煤炭生产机械化水平和煤炭开采管理水平，提升单位工效和煤炭生产能力，达到提高煤炭产量的目标。

高产高效矿井开采模式就是在一定的自然资源条件和一定的开采风险下，矿井开采依靠先进的开采技术，合理确定工作面采煤工艺与采煤方法、开采部署及其优化配置的方式。由于煤炭资源条件（厚煤层、薄煤层、倾斜煤层）和开采风险（瓦斯、突水、煤火等）等的差异性，根据开采工作面类型（所用采煤方法与工艺）、工作面组合与配置及生产线类型的组合，可生成 7 种不同类别的开采模式，即一矿一面交替型、一矿一面单一型、一矿二面单一型、一矿二面并联型、一矿多面单一型、一矿多面串并联型、一矿多面并联型等，如参考工艺方式（综采、普采、炮采）和井型（特大型、大型、中型、大型）又可产生不同的子模式，而适用于不同资源条件的开采模式，其技术特点、综合有效性、经济合理性及风险大小是不同的。

21 世纪初，神东矿区在高产高效矿井建设进程中，逐步形成具有神东特色的高产高效开采模式——"长壁开采矿井生产管理模式"和"短壁开采矿井生产管理模式",成为两种主流高产高效开采模式。按照长壁开采矿井生产管理模式,神东投产生产能力为 800 万 t 以上的特大型矿井共 5 对。2002 年,两矿合并(大柳塔煤矿与活鸡兔煤矿)后大柳塔煤矿生产原煤 1625 万 t,榆家梁煤矿完成原煤生产 1059.2 万 t,首次实现了一矿一井一面年产 1000 万 t 的奋斗目标,如图 2.10 所示。

图 2.10　神东矿高产高效开采模式示意图

神东通过实践创建的高产高效开采模式具有高效的矿井管理架构和高效、集约的管理机制,简捷的生产布局和超长综采工作面布置与大断面巷道,采用精良的生产装备和煤炭运输胶带化、辅助运输无轨胶轮化、巷道锚杆支护快速化、安全监测监控系统自动化等系统控制,独特的劳动组织和灵活机动的生产组织方式四大特点。它所形成的与世界接轨的矿井管理模式,不仅为神东矿区创建具有中国特色的高产高效矿区奠定了基础,同时推动着我国矿井井型朝着大型化和生产高度集中化方向发展,推进我国煤矿综合自动化和信息化建设的步伐。而该种模式形成的一系列采煤工艺与方法创新成果(如矿井井型及斜硐开拓方式、工作面推进长度、矿井定员、全员工效、建设工期、技术装备和采煤方法等),也影响和推动煤炭工业设计规范的变革。

2. 煤炭安全高效开采

高产高效矿井模式是我国解决煤矿用人多、效率低、效益差、安全无保障的技术途径,尤其适用于受断层、突水及瓦斯等影响安全风险较小且开采技术条件相对简单的西部矿区,但在我国东部诸多矿区,由于煤层赋存工程地质、水文及瓦斯地质条件均较为复杂,受制于这些客观困难条件,高产高效煤炭开采模式由于煤炭资源赋存条件和差异性、地质构造复杂性、煤层瓦斯浓度不稳定性以及煤层自然发火特性等,高产高效开采模式的运行效果由优势变劣势。

安全高效开采理念则是最大限度地采用安全高效率开采方式,在有效控制安全风险基础上提高煤炭生产效率,实现煤炭生产高产量目标。即在煤炭开采过程中,基于煤炭资源自然条件和安全风险因素可控性,通过选用先进适用的开采方法和装备、优化生产布局和优选安全风险控制方法,通过煤炭开采高效集约化管理和安全风险控制,实现煤炭高产高效与安全运行的双重目标。

安全高效开采模式是在高产高效开采模式的优势基础上,针对较复杂的自然资源条件和较大安全风险下的煤炭开采，进一步优选先进适用的开采技术和安全管理方法，合理确定工作面采煤工艺与采煤方法、开采部署及其优化配置的方式。根据煤炭资源条件（厚煤层、薄煤层、倾斜煤层）和开采风险（瓦斯、突水、煤火等），结合采煤方法与工艺、工作面组合与配置及生产线类型组合，也可生成一系列不同类别开采模式，确保煤炭高产高效的生产安全性和风险可控性。

如图 2.11 所示，大同塔山在参考国内同类高产高效现代化矿井设计成功经验的基础上，充分考虑到塔山井田特厚且复杂煤层和井工开采顶板控制难等问题，引入国内外先进的放顶煤及大采高采煤工艺，确定了"一综放采全高"的开采方法，并将传统设计的"矿井—盘区（采区）—工作面"三级划分变革为"矿井—工作面"的二级划分，大幅度简化了矿井系统。采用大型、高效、智能化 TBM 全断面掘进系统实现巷道快速掘进，通过解决复杂地质条件下特厚煤层综放顶煤运移规律及放煤工艺、复杂条件下特厚煤层综放顶煤运移规律与顶板控制技术、复杂结构特厚煤层综放重型装备安全搬撤技术、特厚煤层放顶煤开采瓦斯防灭火、主巷不间断运输条件下全煤特大断面支护技术、超厚复杂煤层巷道支护理论与技术、冒落松散煤岩体中大断面巷道再造技术、巷道整体锚固支护技术、矿井生产自动化监测监控技术等特厚煤层安全、高效、高回收率开采的重大技术难题，初步探索出适应塔山井田资源开采条件的大型安全高效煤炭开采模式，资源回收率达88%以上，百万吨死亡率接近零，年产达到2000万 t 规模，在工作面单产、人均效率、煤炭回收率等方面已经达到国内一流水平。

图 2.11   大同塔山矿安全高效矿井示意图

3. 煤炭绿色开采

煤炭能源对我国经济发展具有重要的支撑作用，随着我国煤炭产能的迅猛增长，煤炭开采对资源与环境的影响日益凸显。2007 年，我国全年生产煤炭超过25 亿 t，煤炭开采回收率仅为40%左右，同时对应排放煤层瓦斯气体约 200 亿 m³，而瓦斯利用率仅为20%；矿井水排放60 亿 m³，而利用率仅为26%；矸石排放3.5 亿 t 左右，不仅占用大量土地，还严重污染空气和地下水，如图 2.12 所示。如果从广义资源角度论，在矿区范围内的煤炭资源、地下水资源、煤层气（瓦斯）资源、土地资源、生态资源及其他人类可利用的资源，都应该为煤炭开发和保护的对象，而煤炭粗放型造成的资源浪费与环境破坏（如地面塌陷、大气污染、水污染、噪声污染、土壤污染、固体废弃物污染等），不仅造成煤炭及相关资源、生态环境、区域社会的不可持续开发，同时也大幅提高了煤炭开发的环境成本和社会成本，因此从煤炭开采源头去协调煤炭资源开发与环境的关系成为亟待解决的科学难题与社会关注的问题。

a.水污染　　　　　　　　　　　　　　　　b.地面塌陷

c.固体废弃物污染　　　　　　　　　　　　d.大气污染

图 2.12　煤炭开采引发的主要环境问题示例

煤炭资源绿色开采是由钱鸣高院士领导的研究团队率先提出，其理念的基本释义则是从广义资源角度上认识和对待煤、瓦斯、水等一切可以利用的各种资源，基本出发点是防止或尽可能减轻煤炭开采对环境和其他资源的不良影响，目标是取得最佳的经济效益与社会效益。绿色开采意味着在煤炭安全高效开采过程中，基于煤炭及伴生资源条件（地下水、伴生瓦斯等）和可利用属性、生态环境条件和生态安全风险因素可控性，通过优化组合先进适用的煤炭开采方法、伴生资源利用方法、生态环境保护方法、低碳减污减排技术等，实施高效集约化管理和安全风险控制（开采安全、环境安全、生态安全等），尽可能预防、控制、减轻开采活动对环境和其他资源的不良影响，最大程度实现煤与其共伴生资源的保护、采出及综合利用，实现煤炭开采与环境协调一致的"低开采、高利用、低排放"可持续开发目标。

煤炭绿色开采技术体系也是基于绿色开采理念和内涵，针对煤炭开采过程中地下水保护利用、煤层气（瓦斯）开采利用、土地资源保护和矿山复垦等方面的问题，集成各种可有效降低煤炭开采对环境和其他资源的破坏的技术，实现煤炭开采与环境保护的有机统一，最终实现煤炭资源可持续开发。绿色开采技术主要包括针对地下水资源保护的"保水开采"技术，针对土地资源与建筑物保护的离层注浆和充填与条带开采技术，针对矸石排放的煤层巷道支护与矸石处理技术，针对难利用煤炭资源的地下气化技术等。煤炭开采是一项系统复杂的工作，而绿色开采也是在高产高效、安全高效的采煤理论、方法和技术基础上的发展与创新，是基于煤炭资源可持续开发原则和环境保护理念，不仅有利于提升煤炭资源开采效率，而且有利于矿区生态平衡，最大限度地降低煤炭资源开发的生态和社会成本，促进经济、生态、环境、社会效益的统一。

以全球最大的井工矿煤炭生产基地——神东矿区发展为例，如图 2.13 所示，该区拥有全球最大的千万吨矿井群，年产量一直保持在 2 亿 t 以上，其生产规模、安全指标和开采水平都居于世界前列。通过近 20 年的探索与实践，煤炭开采理念由高产高效开采—安全高效开采—资源与环境协调开采，逐渐形成一条"安全高效开采+清洁输出与利用+生态减损与治理"的绿色发展之路，形成了"产煤不见煤，采煤不见矸，矸石不外排，天蓝荒漠绿，煤海碧水流"的现代煤炭开采景象。

图 2.13　神东煤炭绿色开采案例

一是煤炭开采过程中，先后突破 6.3m、7.0m、8.0m、8.8m 大采高加长综采工作面，以及采用厚煤层放顶煤开采技术、切顶留巷无煤柱等技术，不仅实现了安全高效开采和显著提高回采率，同时采用"分层开拓、无盘区划分、全煤巷布置、立交巷道平交化"的采掘布置，充分利用井下废巷和贮矸硐室充填矸石进行煤矸置换，最大程度减少矸石产出量，实现井下矸石不升井和"采煤不见矸"；应用煤矿地下水库技术，利用采空区建成 35 座地下水库（库容总量 3200 万 m³，相当于 2 个西湖的水体量），结合地面 38 座废水处理厂和 3 座深度水处理厂，实现水资源保护与利用的目标。

二是煤炭开采过程中，加强煤质严格管控，实现清洁产品输出。淋漓尽致地发挥出神东"三低一高"的特质，让煤炭的清洁利用和绿色转化成为现实。神东煤的特征是"三低一高"，即低硫、低磷、低灰、中高发热量，是优质动力、化工和冶金用煤。通过在线监测、自动取样检验等措施，实现了煤质全流程控制，确保产品的优质、清洁；同时，以煤炭清洁高效利用为重点，神东围绕燃料煤、原料煤、煤基材料三个方向，加大清洁煤炭产品研发力度，扩大煤炭洗选、配煤、精加工和分质分级利用，形成了 20 种不同规格产品的环保煤，与超低排放机组相结合，烟尘排放低于 5mg/m³，达到并超过了天然气的排放水平。

三是煤炭开采过程中，加强在煤炭生产各环节管控，实现清洁排放。"废水、废气、固体废弃物"，对煤矿开采影响环境的"三废"，所有矿井井下煤尘治理采用集控措施，对工作面及巷道实施喷雾与水幕喷洒措施，有效控制煤尘污染；对开采中产生的煤矸石，在矿井下直接利用；对于地面集中采暖供热小区，采取热电联供模式减少烟尘产生，分散矿井所有锅炉统一安装了除尘脱硫设施，烟尘排放全面达标；煤炭的生产、运输、储存、洗选、装车，全部通过胶带输煤栈桥和原煤仓、产品仓、装车塔实现封闭运行，全程不落地，加之铁路外运和销售煤炭中采用封尘固化剂封闭法控制煤尘污染，实现了"采煤不见煤"。

四是煤炭开采过程中，坚持开发与治理并重，构建起持续稳定、科学有效的生态系统。神东矿区地处毛乌素沙漠与黄土高原过渡地带，干旱少雨，原生植被种类单调，平均植被覆盖率仅 3%～11%，风蚀区面积占总面积的 70%，生态环境十分脆弱。面对资源规模开采与脆弱生态环境之间的矛盾，突破先开发后治理的传统做法。针对矿区外围流动沙地优化草本为主、草灌结合的林分结构和营造生态防护林；针对矿井周边裸露高大山地优化水土保持整地技术和建设"两山一湾"周边常绿林与"两纵一网"；针对生产生活环境建设森林化厂区、园林化小区，形成了外围防护圈—周边常绿带—中心公园的格局；成为采矿业水土保持治理的示范性模式。同时，应用封堵种草、水保整地、锚固植树等技术措施，解决了裂缝、错台、滑坡等地质环境问题；采用水土保持与风沙治理措施，年减少入河泥沙约 566 万 t；采取覆土、植物与微生物综合复垦技术，提高了排矸场和沉陷区土地质量；截止到 2017 年底，累计治理面积达 309km²，是开发面积的 1.4 倍，植被覆盖率提高到 65% 以上，矿区生态植物种由 16 种增加到近 100 种，风沙天数由 25 天以上减少为 3～5 天，降水量少且年内年际不均匀现象明显改善，生态修复与环境治理效益显著。

2.2.2　深部安全绿色开采定义及内涵

我国煤炭开采经历的高产高效开采—安全高效开采—绿色开采过程，促进了我国煤炭开采技术的不断跨越提升，实现了煤炭资源的可持续供给保障，提升了煤炭资源开发与环境保护的协调水平。目前，绿色开采理念适用范围比较宽泛，采用的技术几乎涵盖所有可用的，绿色开采理念和应用技术体系也因具体条件而显示多样性，亟待从理论上进一步完善和发展。如何将煤炭开采、资源与环境保护作为一项科学开采的系统工程进行一体化研究，理清各种理念与技术的关系和工程角色是建立绿色开采理论体系的基础。安全绿色开采是在安全高效和绿色开采理念与技术实践的基础上，融合安全高效生产、资源与环境保护的理念与技术，从系统学视角研究煤炭开采与资源和环境保护的内在联系，给出绿色开采的明确定义和内涵及科学的分析方法，指导我国煤炭绿色开采的实践。

1. 采矿生态系统和开采"激励"机制

从系统学视角思考，煤炭现代开采是在安全高效保障和生态环境要素约束下的采矿活动，煤炭现代开采也可简化为由多种自然资源要素构成的"原态"自然生态系统和开采系统组成的复合系统（或简称为"采矿生态系统"）。从系统学看包含了煤炭资源与地下水、地表土壤、植被等生态资源，融合了采矿工程要素和自然生态系统要素（水、土、植被等），建立了开采"激励"作用过程中各种要素间动态耦合关系，决定了生态要素（地下水系统、土壤和地表植被等）响应和变化趋势，构成了开采系统和自然生态系统组成的复合系统（简称"采矿生态系统"）。该系统将人工采矿行为与自然生态行为相结合，具有明确的空间域（生态系统受采矿作用影响范围）和时间域（采矿持续对生态系统作用时间），生态要素外在表象反映了采矿作用下生态系统状态变化。

采矿生态系统作为一种复合系统，如以 S 表达系统状态，设 S_0 为无开采激励时系统原态（或"自然"状态），S_t 为开采激励作用时系统响应状态，M_t 为采动激励，则系统状态可表述为

$$S_t = M(x, m_c, \cdots, t) \otimes S_0(x, c, w, v, \cdots) \tag{2.18}$$

式中，M 包括状态点空间位置 x 及开采参数组 m_c（采高 h_c、采宽 L_x、采深 H_0 和推进速度等）；S_0 函数包括煤、水、气和生态（c、w、g、v）等资源要素及状态参量；t 代表时间；$\otimes$ 为耦合关系算子，且有 $S_t = S_0$（$t = 0$）。

此时，煤炭开采视为持续对煤岩体施加"激励"作用（简称采动激励），周围生态环境受到影响发生变化的过程（简称生态响应）。该过程中，采矿生态系统不同要素之间耦合作用方式（如水–岩、水–土等）决定了生态要素变化尺度、变化强度和显现范围（或生态"异常"响应）。根据采动"激励"影响途径与生态系统要素（土壤、水、植被等）间的宏观关系，宏观耦合方式（图 2.14）主要显现在以下方面。

（1）采动耦合作用：采动耦合是开采"激励源"与煤岩体间相互作用行为。采动激励对煤岩体持续作用下，采动应力致使原岩破碎或产生裂隙构造，形成了采动覆岩"导水裂隙带"，造成采动覆岩原岩的直接损伤，其所形成的"导水"能力为地下水流动提供了异常通道。

（2）水–岩耦合作用：水–岩耦合是指地下水与采动岩体间的相互作用行为。由于导水裂隙带建立了采区地下水泄漏通道，影响地下水（含水层岩石空隙水）补–径–排自然关系，驱动地下水区域流场重新分布，破坏了原有的地下水系统补–径–排原态平衡关系，造成自然含水层失水和地下水系统失衡。

（3）水–土耦合作用：水–土耦合是指浅层地下水土壤水和潜水与采动岩体间的相互作用行为。采动作用下地下潜水流失（地表蒸发或地下渗流），致使地表土壤水蒸发，且缺失地下潜水补给，改变了植物生长的水分条件，提高了地表水土流失和植被退化程度，导致原态地表土壤功能下降。

（4）采动传递耦合作用：采动传递耦合是指开采"激励源"与地表层相互作用行为。采动激励通过岩体介质将采动应力作用传递至地表，造成地表生态载体–地表层结构破碎，引发地表裂缝和沉陷、植物根系拉伤、土壤含水性和养分降低等效应，造成水土流失和植被退化等生态响应现象。

（5）传导耦合作用：传导耦合是指采矿生态系统与外部生态系统的相互影响行为。采矿生态系统内无法处理或"消纳"的废弃物（废矸、废水、废气等）外排，通过地表堆积、流域排放和空气传播形式，将采动影响"传导"至系统外部，致使原态区域生态环境（土壤、水域、大气等）产生"污染"现象。

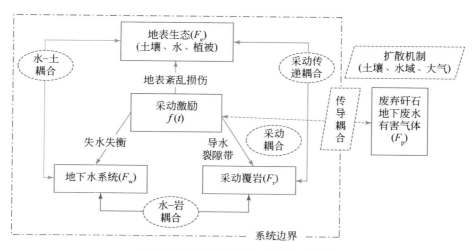

图 2.14　开采"激励"生态响应机制

2. 安全绿色开采定义及内涵

从采矿生态系统角度，安全绿色开采是遵从安全开采规则及自然生态规律，突出煤炭开采全过程中生态环境要素的约束，依托先进开采技术控制开采激励的"耦合"程度和生态响应水平，通过降低安全生产风险和生态损伤程度，最大限度保持安全高效开采水平和生态系统原态的自然稳定关系（简称"高保低损"），实现安全高效开采与生态环境相协调的采掘活动。安全绿色开采与安全高效开采和绿色开采相比较，其内涵主要体现在以下方面。

（1）安全绿色开采是一种系统先进的开采方式。安全水平高、开采效率最佳、采出率最好和采矿环境扰动最小是现代开采的基本目标。绿色开采强化自然资源和生态环境承载约束，依托先进的安全开采技术，建立煤炭安全开采与生态环境最佳的耦合关系，也是现代开采遵从安全规则和顺应自然生态规律的开采技术进步，确保煤炭安全高效开采全过程实现资源开发与环境保护综合效益最大。

①开采理念先进。安全绿色开采理念是将开采及与相关的各种要素作为一个系统工程，以系统整体效益最佳为准则，避免片面追求某一方面最优而忽视其他方面的代价，不是片面追求效率、资源回收率，也非片面追求含水层与环境保护，因此理念上具有先进性。

②开采方法先进。注重生态环境约束，确保扰动最小。安全绿色开采以系统综合效益最优为评价指标，采用现代采掘装备、开采技术和最新研究成果大幅提升生产安全系数，采用大采高、超大工作面显著提升生产效率和资源回收率。在生态环境的最小扰动下实现资源的安全高效高回收率开采，采用超大工作面快速开采避免了地表及覆岩的多次重复扰动及损坏。

③开采综合效益最优。系统先进，综合效益最大。安全绿色开采理念不仅重视生产的安全和效率，更注重生产系统负影响效应最小和总体效益最佳。避免了片面追求高产高效和过度关注系统扰动的问题。高产高效与系统负影响效应本身就是一对不可调和的矛盾，因此，采用先进的技术方法实现最小扰动下获得最大综合效益。

（2）安全绿色开采是一种系统顺应生态环境约束的特殊开采状态。当采掘活动与自然环境耦合作用时，突破自然资源和生态环境约束将导致生态系统不可修复。采用先进的开采方式建立开采扰动和自然环境承载力之间的协调平衡，通过有效控制开采扰动程度和安全风险水平，达到安全开采与生态的"和谐"状态，确保煤炭开采区地下水系统和地表生态的可修复安全水平。

①煤炭开采与资源保护协调平衡。煤炭开采必然引起资源环境的损伤或破坏，不同的开采工艺与开采条件对资源的损伤程度不同，在保障生产安全的前提下，安全绿色开采着重协调开采损伤与资源保护的矛盾，最大限度地满足开采系统的效益最优原则。

②煤炭开采与环境保护平衡。煤炭开采过程中产生固体、液体和气体等废弃物，可能污染地表土壤、水体和大气环境，安全绿色开采是在外在环境可承载的条件下，利用开采技术最大限度减少"三废"外排，或采用"三废"处理或传播途径控制技术降低环境影响，实现开采与环境保护的协调与平衡。

③煤炭开采与区域生态安全平衡。矿区开采系统是区域生态系统的一部分，生态系统间存在能量和物质的交换，因此，开采系统中生态的恶化与长期积累会引起区域生态系统的改变，甚至影响区域物种多样性等的变化，安全绿色开采是基于开采系统负影响作用下仍可保障区域生态的抗逆能力或自修复能力，实现煤炭开采与区域生态安全的平衡。

（3）安全绿色开采也是一种开采全过程的生态主动"减损"行为。煤炭开采过程是对生态"损伤"过程，安全绿色开采依据地下水、地表土壤和植被等生态要素的自然状态约束条件，通过优化组织开采过程和适用技术，最大限度确保生态要素基本性质和关系变化最小，有效降低生态损伤程度，确保煤炭开采区域的地下水资源安全和地表生态安全。其主要特点体现在以下方面。

①源头设计减损。依据不同开采方法对保护对象的影响规律，在矿井初步设计阶段便根据开采与资源、生态、环境的约束要求，进行开拓部署和开采设计，从开采工艺和方法上最大限度降低开采引起的各种损害或影响，是主动减损的根本措施和有效途径，也是当

前矿山设计规划中需要考虑的重要问题。

②开采控制减损。开采过程中可根据采动影响规律，优化开采速度、采高、工作面尺寸等工艺参数，以达到降低采动损害的目的，这种方式是在无法改变开拓或开采布局的条件下常采用的一种措施，也是目前研究的热点问题之一。此外，可利用开采过程中岩层移动和破坏特征，在覆岩离层空间充填、井下部分充填、含水层/隔水层再造及其相结合的技术措施也可经专家论证后采用。

③采后系统修复：采后修复是一种被动的补救措施，是在开采结束地表移动稳定或基本稳定后对含水层/隔水层、地表生态、地表附属设施开展修缮、复垦或再造等活动，以期实现对资源或环境影响最小的目的。

（4）安全绿色开采也是一个减少排放与"消纳"废弃物的过程。采矿生态系统与外部环境能量交换过程中，废弃物（废矸、废水和废气等）通过空气传播、水域流动和土壤迁移等途径扩散，造成生态受损的区域影响辐射。安全绿色开采则是通过调整耦合基本关系和物料性质，最大限度消纳利用废弃物，追求系统的"零排放"或"有效"输出，降低对区域生态环境的辐射影响，确保煤炭资源开发区域的生态安全。

①近零排放。减少排放生产过程中产生的矸石、高盐矿井水或污染矿井水以及瓦斯等废气，从开采源头避免或减少废弃物外排，或经井下处理后在井下与地表进行资源化利用。

②有效利用。主要指外排前充分利用生产过程中产生的废弃物，如井下矸石充填或地表作为建筑材料等，矿井水净化后作为井下生产或地表植被灌溉用水。

③控制传播。降低废弃物的影响范围，避免因水域挟带、水土迁移等扩散废弃物的不良影响。

2.2.3　深部安全绿色开采基本特征

安全绿色开采的核心是"高保低损"，而深部开采具有采动煤岩处于高应力状态区、地下含水层丰富和地表生态采动损伤敏感性差的特点，因此，与浅部安全绿色开采相比，基于采矿生态系统的深部安全绿色开采的基本特征主要表现为采矿系统的"高效协同"、采矿过程的"系统安全"和采矿影响的"系统减损"。

1. 采矿系统的"高效协同"

深部煤炭安全绿色开采是一个在深部状态下运行的采矿工程系统。深部开采相对于浅部开采，其开采环境地质环境复杂，随着开采深度逐渐向深部转移，硬岩矿井向软岩矿井转变，低瓦斯矿井向高瓦斯矿井转变，非突矿井向突出矿井转变，非冲击矿井向冲击矿井转变，矿井的工程灾害主要表现为岩爆频率和强度均明显增加、采场矿压显现剧烈、多次支护、突水事故趋于严重、巷道围岩变形量大、破坏具有区域性、作业环境恶化、瓦斯涌出量增大等工程灾害。深部煤炭安全开采系统协同，一是井下巷道与采场空间的合理布局，生产设备如采煤机、液压支架及刮板输送机等设备生产能力和运输能力要匹配协同，采场生产设备能力、回采巷道运输设备能力、准备巷道及开拓巷道设备能力匹配，实现开采系统与安全生产能力协同；二是提高安全设备控制管理和灾害预警水平，营造温度和湿度适宜、煤尘小的工作环境，有效控制各种灾害风险和安全隐患，实现深部灾害管理与生产系统安全的协同；三是在煤炭开采过程中，采用合理的开采方法及手段（煤水仿生共采、充填与条带开采、煤与瓦斯共采、矸石减排、地下气化开采等），实现采矿系统与资源与环境保护的协同。通过采矿系统内部高效协同，在确保安全高效开采的同时，尽可能预防、控制、减轻开采活动的影响。

2. 采矿过程的"系统安全"

安全绿色开采作为一种先进的生产方式，体现在采矿过程中突出采矿生态系统的整体安全，涵盖了生产环境安全、生产过程安全和生态环境安全三个层次。一是通过采取采前探放水或地下水转移储存、井下设置水带及灭火阻燃剂、瓦斯抽采、工作面降尘处理、加强支护等措施，预防和控制突水、煤火、瓦斯、煤尘及冲击地压等深部灾害，实现生产环境安全；二是集成应用适用的辅助工艺与方法（充填开采、保水开采、限厚开采或是留煤柱开采等），降低导水裂隙高度和覆岩裂隙密度，保护采动覆岩结构的完整性，保护地下水补-径-排原生关系和赋存条件，不仅保障井下生产系统安全，同时减小地表下沉和减少地表裂缝数量与裂缝宽度，通过生产过程的生态影响控制保障系统安全；三是通过生态修复与治理，并采用充填开采减少煤矸石排放、采取瓦斯抽采减少有害气体排放，同时通过洁净化利用地下水、瓦斯、煤矸石等排弃物资源，确保开采区域生态安全。

3. 采矿影响的"系统减损"

安全绿色开采是一种特殊的状态，开采持续对煤岩体作用中，通过采动-围岩耦合作用、地下水-岩石耦合作用、地下水-近地表土壤耦合作用、采动围岩破坏对地表土壤结构的影响作用传播损伤，耦合作用程度体现了开采对环境的影响程度。这些耦合作用强度越小，对采矿生态系统的损伤越小，采矿生态系统原态的保持水平越高。为了控制采矿对生态系统的影响，安全绿色开采中，一是通过采用煤水仿生共采工艺、充填开采工艺等，降低采动覆岩"导水裂隙带"的空间影响范围和导水能力，最大限度保护地下水自然补-径-排平衡关系；二是通过控制开采工艺参数（如加大工作面尺寸、提高推进速度、柔性支护方法等）降低采动作用对潜水含水层和地表土壤结构的影响，最大限度地保护地下潜水系统原态和对地表土壤的有效补给，维护地表植物生长的水分条件和原态地表土壤功能；三是采用积极的水土保持技术与地表生态快速修复方法，通过土壤保水和增容、适时多样性人工干预的植被恢复等，快速降低采动对地表生态的持续影响，最大限度地保护和提高地表生态的良性循环的稳定性和可持续性；四是通过采用煤与瓦斯共采工艺、矸石减排技术、煤矿地下水库技术、地下水井下洁净处理技术等，最大限度地降低采矿废弃物（废矸、废水、废气等）的外排量和控制采矿对外部生态系统的影响程度，最大限度地保持区域生态环境（土壤、水域、大气等）的原态水平。

显然，采矿系统的"高效协同"是采矿生态系统"高保低损"的安全基础，采矿过程的"系统安全"是采矿生态系统"高保低损"的绿色要求，而采矿影响的"系统减损"是采矿生态系统"高保低损"的实现途径。因此，"高保低损"是安全绿色开采的核心，即通过最大限度保持采矿系统"高效协同"运行和生态系统原态水平，降低深部开采的开采安全风险、资源破坏风险和生态损伤程度，实现绿色开采目标，也是煤炭安全绿色开采的形象化诠释。

"高保低损"体现了煤炭安全绿色开采技术的先进性、安全性和清洁性。结合煤炭科学开采的主要指标,描述"高保低损"的基本指标主要包括以下方面。

(1) 先进性指标:体现了采矿系统的"高效协同",包括开采工艺先进性、生产过程先进性、生产安全风险控制先进性等。开采工艺技术水平对开采效率有直接影响。实行先进的综合化开采工艺,采用综合机械化开采(综采与放采)、大采高开采(综采与放采)工艺和推行一井一面组织方式,有助于大幅度提高生产效率;采用大功率采煤机、大采高液压支架、综采放顶煤支架等,提高井下工作面智能化开采与掘进技术与装备水平;深部开采中采用地下水源探测技术、井下火源识别技术、高灵敏度瓦斯浓度检测技术、顶板灾害预警与处理技术,提高井下突水、井下火源、瓦斯突出、动力灾害的预警水平和处置速度,确保矿井生产安全高效。体现先进性的综合指标:采掘装备的工作效率、高精度探测与监测技术、开采及监测的智能化水平、灾害预警及处理效率等。

(2) 安全性指标:体现了采矿过程的"系统安全",包括生产环境安全、生产过程安全和生态环境安全。生产环境风险管控是实现安全生产的基本保障,通过采前地下水转移储存、瓦斯预抽采、冲击来压顶板预泄压等方式,控制深部灾害风险(突水、瓦斯、冲击地压等),系统提高开采环境安全预警和风险控制水平;生产过程也是安全动态管理过程,通过强化生产人员的安全教育和安全管理,提高职业健康保障程度,系统降低井下瓦斯浓度、井下采掘空间湿度、粉尘浓度等环境风险因素,确保生产过程安全;生态环境响应程度是生态损伤水平的重要标志,采用充填开采、保水开采等方式,控制导水裂隙带高度和维持地下水系统的自然补径排关系,并通过系统的地表生态修复(采煤塌陷治理、土地复垦、绿化等),确保开采影响区域的生态安全。体现安全性的综合指标:百万吨死亡率、安全事故发生程度、井下瓦斯浓度、井下采掘空间湿度、粉尘浓度、职业教育培训程度、职业健康保障程度、地下水排放率,含水层破坏、地表损伤,充填率、采煤塌陷治理率、复垦率、塌陷土地绿化率等。

(3) 清洁性指标:体现了采矿影响的控制水平,包括生态损伤控制、污染排放控制和洁净利用控制。体现清洁性的综合指标主要包括:深部煤炭安全绿色开采吨原煤生产综合能耗值、工业用水循环利用率、生产生活污(废)水处理率、煤矸石综合利用率、矿井水利用率、瓦斯抽采利用率、SO_2 排放浓度、NO_x 排放浓度。

2.3　深部煤炭"高保低损"开采模式研究

针对我国深部煤炭开采地域分布差异性、开采条件复杂性和生态环境多样性,如何建立开采组织形式简单、技术结构合理且稳定、实施过程可重复且可操作,且形象化诠释安全绿色开采本质的实践模式,是安全绿色开采科学中亟待解决的实践问题。研究从生态学角度将现代开采与系统工程、生态学等进行有机融合,通过分析开采生态损伤特征,基于安全绿色开采基本特征(高效协同、系统安全和系统减损),建立了"高保低损"模式,提出"高保低损"型开采模式的安全绿色开采技术体系,实现了煤炭开采、生态保护、生态环境治理工程的科学集成。

2.3.1 煤炭开采生态损伤及绿色响应分析

1. 煤炭开采生态损伤

煤炭开采生态损伤是指在安全高效开采过程中，开采激励响应"突破"了原态生态环境要素约束，开采与各种要素间的多态耦合中（如采动耦合、水-岩耦合、水-土耦合等）致使采动覆岩、地下水系统、地表水、地表土壤和地表植被等组成的"原态"自然生态系统发生变化。由于各生态要素（水、土、植被等）的空间赋存位置和宏观耦合方式差异，采动激励引发的生态要素响应"异常"显现范围和强度具有显著的时空特点。采动激励耦合状态下，理论上 St 空间（生态要素响应"异常"显现空间）中耦合效应影响区可简化为"台柱状"煤-岩耦合效应区、"台柱+盆"的水-岩耦合效应区、"曲面态"的水-土-植被耦合效应区等形态，及传导式外部扩散效应区（图2.15）。

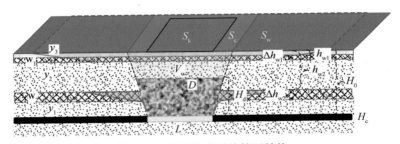

图 2.15　采矿生态系统简要结构

y_1、y_2、y_3 代表采动覆岩结构层；h_{w1}、h_{w2} 为含水层深度，Δh_{w1} 和 Δh_{w2} 为含水层厚度；L 为工作面推进长度；H_0、H_c 为采深、采高；H_d 为导水裂隙带高度；D 为导水裂隙带；V_w 为采动影响辐射区；S_k、S_c、S_w 为开采、沉陷和地下水漏斗投影区；w_1、w_2 为含水层

2. 生态损伤模型及影响因素分析

1）生态损伤模型

持续开采激励作用下，采矿生态系统各要素的耦合关系逐步形成并趋于稳定。如将各要素现状与原态相比的异常变化状态视为其"受损"状态，则生态系统各要素受损状态的集合，即为生态系统的损伤（简称为生态损伤）。表明生态损伤是生态系统各要素与"激励"耦合响应的总和，也是采矿生态系统的重要特征。按照科学性、代表性、可操作性原则，基于采矿生态系统中岩、水、地表生态三大基本类型和内在耦合关系，结合相关研究获得的地下水和地表生态变化规律认识，研究优选各类型描述受损状态的主要参数，采用对比原态与受损态时相对变化的无量纲参数，简洁表达生态损伤状态。

（1）采动覆岩

采动覆岩泛指采动煤层之上至地表的一套地层，也是地下水赋存和地表生态的载体，导水裂隙带和地表塌陷等是覆岩原岩生态响应的主要标志。研究表明：导水裂隙带越高和裂隙越发育，采动覆岩受损程度越大；当导水裂隙带延伸至含水层时，裂隙越发育则渗流性越好，含水层受损程度越大；导水裂隙带距地表越近，地表层结构破坏越强烈，对地表生态要素影响越大；采动固体废弃物（如矸石）排出量越大，对外部生态环境影响越大。由此研究提出描述采动覆岩受影响状态的主要参数为

$$\begin{cases} \varphi_{rr} = \dfrac{H_d}{H_0} \\[2ex] \varphi_{rw} = \dfrac{\sum \Delta H_{wc}}{\sum \Delta H_w} \\[2ex] \varphi_{re} = \dfrac{H_d}{H_0 - H_d} \\[2ex] \varphi_{rd} = \dfrac{C_t}{C_0} \end{cases} \tag{2.19}$$

式中，φ_{rr} 为覆岩裂隙发育因子；φ_{rw} 为含水层损伤因子；φ_{re} 为地表结构损伤因子；φ_{rd} 为传导因子；r、w、e 和 d 分别为采动覆岩、水、生态要素和扩散作用；$\sum \Delta H_{wc}$ 和 $\sum \Delta H_w$ 为导水裂隙带中含水层厚度及采动覆岩的含水层总厚度；C_0 和 C_t 为产矸量和排矸量。

（2）地下水系统

地下水系统泛指自然赋存的含水层及相互间的补-径-排关系。采动激励引发的采区涌水（或矿井涌水）和地下水"漏斗"扩散，导致地下水自然系统"失水"和补-径-排关系紊乱，也是地下水系统生态响应的主要标志。研究表明，矿井水相对涌出量与自然含水层失水量成正比；自然含水层受损厚度越大，其储水功能越差；第四系潜水含水层水位下降越大，补给地表生态能力越差，且对自然地表生态影响越大；相同涌水量时采深越小，含水层厚度越大，地下水漏斗范围和地表生态受影响面积越大。由此研究提出描述地下水系统受损状态的主要参数：

$$\begin{cases} \varphi_{wp} = \dfrac{Q_{t/d}}{S_c H_c} \\[2ex] \varphi_{wr} = \dfrac{D_{sw}}{D_w} \\[2ex] \varphi_{we} = \dfrac{\Delta D_Q^s}{D_Q} \\[2ex] \varphi_{wd} = \dfrac{D_w}{H_0} \end{cases} \tag{2.20}$$

式中，φ_{wp} 为单位体积矿井水释放量因子；φ_{wr} 为含水层失水因子；φ_{we} 为土壤水补给因子；φ_{wd} 为生态影响扩散因子；$Q_{t/d}$ 为采后矿井水涌出量；$S_c H_c$ 为采动原煤体积；D_{sw} 为含水层水位失水厚度；D_w 为采前初始含水厚度；ΔD_Q^s 为第四系含水层失水厚度；D_Q 为初始厚度。

（3）地表生态

地表生态涵盖土壤、包气带水、植物等要素及内在耦合关系。植被退化是开采地表生态响应的宏观显现，土壤结构碎裂化（地表裂缝）、土壤水流失（包气带水）和植物根系损伤是地表生态响应的重要标志。研究表明，植被覆盖度降低越大，意味着地表生态退化越严重；地表裂缝密度越大，包气带含水率降低越大，对土壤和植物根系破坏越强，地表

植物受损程度越强。研究提出描述地表生态受损状态的主要参数为

$$\begin{cases} \varphi_{ev} = \dfrac{N_0 - N_t}{N_0} \\[2mm] \varphi_{es} = \dfrac{D_t L_t}{S_c} \\[2mm] \varphi_{ew} = \dfrac{\mu_0 - \mu_t}{\mu_0} \\[2mm] \varphi_{eg} = \dfrac{\gamma_g}{\%} \end{cases} \tag{2.21}$$

式中，φ_{ev} 为植被覆盖度因子；φ_{es} 为土壤损伤因子；φ_{ew} 为包气带失水率；φ_{eg} 为植物根系损伤因子；v、s 和 g 分别为植被、土壤和植物根系；N_0 为自然植被覆盖度；N_t 为采后植被覆盖度；S_c 为开采单位面积的平均裂隙密度；D_t 和 L_t 分别为平均裂缝宽度和裂缝总长度；μ_0 和 μ_t 分别为包气带采前自然含水率和采后含水率；γ_g 为单位面积植物根系损伤率。

（4）区域生态环境

区域生态环境泛指影响区域人类生存与发展的水、土地、生物及气候资源等。开采主要废弃物（如矸石、废水、废气）通过固态堆积、流域辐射、气体扩散等途径向采矿生态系统外部区域输出，影响了区域生态环境自然状态。废弃物外排是对外部环境损伤的主要方式，当系统内形成的废弃物总量一定时，排弃比例越大，对区域生态环境影响程度也越大，而废弃物的深度耦合作用（如矸石与废弃水、煤泥等）增加了影响程度。由此研究提出描述外部生态受损状态的主要参数：

$$\begin{cases} \varphi_{pr} = R_t / R_0 \\ \varphi_{pw} = Q_t / Q_0 \\ \varphi_{pg} = V_t / V_0 \\ \varphi_{pd} = \varphi_p(\varphi_{pg}, \varphi_{pw}, \varphi_{pr}) \end{cases} \tag{2.22}$$

式中，φ_{pr} 为固体废物排弃率；φ_{pw} 为废水排弃率；φ_{pg} 为废气（有害气体）排放率；φ_{pd} 为耦合影响因子；R_t 为固体废弃物排弃量；R_0 为固体废弃物产出总量；Q_t 为矿井水排弃量；Q_0 为矿井水产出总量；V_t 为有害气体排弃量；V_0 为有害气体产出总量。

此时，如以 S_t 代表系统的受损状态，t 为时间，则 S_t 状态时与系统原态 S_0 比较，其相对变化量为

$$\frac{S_0 - S_t}{S_0} = \lambda_t \tag{2.23}$$

式（2.23）中，λ_t 代表了开采激励作用下采矿生态系统状态的相对变化程度，也是描述采矿生态系统受损状态的参数（简称为"生态损伤系数"）。如采用各因子描述，则有 $\lambda_t = f(\lambda_1, \lambda_2, \lambda_3, \lambda_4, t)$（$\lambda \geqslant 0$）

$$\begin{cases} \lambda_r = f_p(\varphi_{ry}, \varphi_{rw}, \varphi_{re}, \varphi_{rd}) \\ \lambda_w = f_w(\varphi_{wp}, \varphi_{wr}, \varphi_{ws}, \varphi_{wd}) \\ \lambda_e = f_e(\varphi_{ev}, \varphi_{es}, \varphi_{ew}, \varphi_{ed}) \\ \lambda_p = f_p(\varphi_{pr}, \varphi_{pw}, \varphi_{pg}, \varphi_{pd}) \end{cases} \tag{2.24}$$

当 $\lambda_t=1$ 时，系统相对无损伤，系统状态维持原态或优于原态；当 $0<\lambda_t<1$ 时，系数越小，受损状态与原态差异越大，损伤程度也越大。

2）生态损伤因子分析

（1）采动覆岩

如表 2.6 所示，模型分析表明，采动覆岩损伤与采高、采深和推进速度密切相关，同时覆岩损伤后水–岩耦合作用增加了损伤程度。在一定的开采环境条件下，随着采高增加和采深降低，覆岩自损伤程度和对地表作用程度相对增加，岩–水耦合作用程度相对下降，总体上覆岩损伤绝对值增加。与采高 3m 比较，采高 6m 和 10m 时损伤程度增加 31% 和 93%；随采深增加，覆岩自损伤程度和对地表生态影响程度下降，岩–水耦合作用程度相对增加，覆岩损伤程度总体上下降。与采深 300m 时相比，500m、800m 和 1200m 时损伤程度仅为其 82%、73% 和 68%；随推进速度增加，覆岩损伤绝对值下降，但覆岩自损伤和水–岩耦合作用程度相对增加，而对地表生态影响降低。与推进速度 6m/d 相比，推进速度 9m/d 和 12m/d 时覆岩损伤绝对值为其 95% 和 92%。

表 2.6　采动覆岩损伤计算样例

工况	采深/m	采高/m	覆岩损伤	岩–水耦合	岩–土耦合	损伤扩散	总损伤度
Ⅰ	300	3	0.22	0.73	0.02	0.02	0.17
Ⅱ	300	6	0.34	0.56	0.09	0.01	0.22
Ⅲ	300	10	0.39	0.38	0.23	0.00	0.32
Ⅳ	500	6	0.25	0.68	0.05	0.02	0.18
Ⅴ	800	6	0.17	0.76	0.04	0.03	0.16
Ⅵ	1200	6	0.12	0.81	0.02	0.04	0.15

（2）地下水系统

模拟分析中，将矿井水涌水强度作为系统自损量，与含水层储水功能有关的总厚度和失水厚度、与地表生态密切相关的第四系含水层深度和失水厚度作为耦合因素。结果表明（表 2.7），随着矿井水涌出量和含水层失水厚度相对增加，地下水系统绝对损伤强度和相对损伤度均增加，其中，系统自损强度相对增加，水岩耦合作用强度呈弱增加，而第四系含水层降深稳定时对地表生态影响作用相对呈弱减趋势，零外排时扩散影响为零。与矿井涌水量 2000m³/d 和含水层失水比 0.3 时相比，5000m³/d 和 10000m³/d 时系统损伤程度增加 73% 和 68%；随着含水层失水厚度比和第四系含水层下降深度增加，系统损伤强度总体呈微增趋势，其中，水–岩耦合作用影响增加，水–土耦合作用微增。而随着开采深度增加，覆岩自损伤程度和对地表生态影响程度下降，岩–水耦合作用程度相对增加。可见，地下水系统原态关系的保护对降低开采生态损伤具有重要的控制作用。

（3）地表生态损伤

模拟中将地表植被盖度变化作为地表生态损伤的直观反映，与开采激励有关的地表裂缝和根系损伤、土壤包气带的含水性、对地表植被影响较大的第四系潜水层实际水位与生态水位的差异等作为耦合因素。结果表明（表 2.8）：采前包气带含水性与采后不变情况下，采后植被盖度微减（5%）时，随着采动引起的地表裂缝体密度和植物根系损伤率增加，地表生态损伤强度呈增加趋势。其中，自损作用和土-水耦合作用影响占比逐步降低，体现土-岩耦合作用的影响占比逐步增强；当地表裂缝体密度不变时，随着植被盖度微减和根系损伤率微增，地表生态损伤程度相对变化较小，其中土-岩耦合作用影响降低幅度较大。

表 2.7　地下水系统损伤计算样例

工况	矿井水涌水量 / （m³/d）	含水层失水厚度比	第四系含水层降深/m	地下水自损伤	水-岩耦合作用	水-土耦合作用	损伤影响扩散	地下水系统损伤度
I	2000	0.3	5	0.30	0.24	0.19	0.27	0.09
II	5000	0.4	5	0.50	0.29	0.13	0.09	0.14
III	10000	0.5	5	0.63	0.29	0.08	0.00	0.22
IV	5000	0.3	5	0.26	0.08	0.56	0.09	0.27
V	5000	0.4	10	0.26	0.15	0.55	0.05	0.27
VI	5000	0.5	15	0.25	0.22	0.53	0.00	0.28

表 2.8　地表生态损伤因子计算样例

工况	植被盖度变化/%	裂缝体密度	根系损伤率/%	自损作用	土-水耦合作用	土-岩耦合作用	根系损伤比	总损伤度
I	0.15	0.3	0.2	0.26	0.52	0.11	0.10	0.14
II	0.25	0.2	0.3	0.38	0.46	0.07	0.09	0.16
III	0.35	0.15	0.4	0.47	0.40	0.04	0.08	0.19
IV	0.3	0.3	0.3	0.37	0.37	0.16	0.11	0.20
V	0.2	0.25	0.2	0.33	0.49	0.10	0.08	0.15
VI	0.1	0.15	0.2	0.22	0.65	0.07	0.06	0.12

注：包气带含水率采后比采前相对降低40%。

3. 绿色响应模型及主要控制因素分析

基于开采激励作用的生态损伤模型及影响因素分析，通过比较评价相关参数的相对变化来表征生态原态的保真程度，提出了开采绿色程度的定义，构建了绿色响应模型，并对主要控制因素进行针对性模拟分析。

1）绿色开采水平比较

针对采矿生态系统的复杂结构、动态特性及环境不确定性，研究基于开采激励作用的生态系统损伤和定量描述参数，采用自然稳定生态系统水平作为参考基点，通过比较评价相关参数的相对变化实现绿色开采的度量。一是基于自然原态→开采损伤状态的相对变化（或采矿生态损伤程度），分析自然原态保持水平与开采的绿色程度；二是绿色开采与传统开采（如安全高效开采）相比，是在开采"激励"过程中采用生态适用型技术与方法，控制生态损伤程度或提升原态保持水平，而两者的绿度相对差异反映了绿色开采水平。

如以 S_0 代表生态系统自然稳定状态（或原态），S_a 代表安全高效开采"激励"方式的系统状态，λ_a 为损伤系数，代入式（2.23）可得

$$S_a = (1 - \lambda_a)S_0$$

系数 $1-\lambda_a$ 与生态损伤系数相比，意味着开采激励作用降低了与系统原态一致性水平，或代表系统原态的保真程度。若将保持自然生态系统的稳定性程度定义为开采绿色程度（简称"绿度" G），则

$$G_a = 1 - \lambda_a \tag{2.25}$$

绿色开采的生态学意义就是通过调整开采激励方式和控制开采激励过程，降低开采对系统的生态损伤水平，提高系统原态保真水平。如以 S_g 代表绿色开采技术"激励"时系统状态，则

$$S_g = (1 - \lambda_g)S_0$$

绿色开采和安全高效开采两种"激励"方式间绿度差异 ΔG 为

$$\Delta G = \frac{S_g - S_a}{S_0} = \lambda_a(t) - \lambda_g(t)$$

绿度相对变化（或绿色开采水平 η）表示为

$$\eta = \frac{G_a - G_g}{G_a} = \frac{\lambda_g(t) - \lambda_a(t)}{1 - \lambda_a(t)} \tag{2.26}$$

式（2.26）表明，绿色开采水平与绿色开采和安全高效开采之间的生态损伤差异成正比，与安全高效开采的绿度成反比。绿色开采水平 η 反映了绿色开采降低生态损伤的本质特征，即通过精准控制开采过程参数，最大限度降低开采对生态扰动水平和生态系统损伤程度。

2）"绿度"控制主要因素分析

绿度是采矿生态系统受损状态与原状态的比较，绿度越高，说明系统受损越小。按照科学性、客观性、代表性和可操作性原则，研究选择对系统损伤程度影响较大的参数进行针对性模拟分析，并分析了生态自修复作用对绿度的影响水平。

（1）开采强度影响

随着开采强度的提高，单位时间开采量增加（以推进速度增加为例），在其他参数不变条件下，绿度呈现增加趋势，与推进速度 5m/d 比较，10m/d 和 15m/d 时的绝对损伤强度降低 18.6% 和 24.8%，绿度相对提升 3.6% 和 4.8%（图 2.16）。其中，因单位开采量增加和相对涌水量降低，覆岩损伤程度相对增加，开采对地下水系统损伤程度逐步降低，地表生态损伤也相对降低。由于开采强度增加导致外排量增加，损伤输出量相对增加。与推进速度 5m/d 比较，10m/d 和 15m/d 时覆岩损伤相对增加 7.7% 和 11.2%，地下水系统损伤相对降低 13.2% 和 18.9%，地表生态损伤相对降低 2.8% 和 4.0%。

（2）矿井涌水量影响

开采工艺和强度一定时，随着矿井涌水量的增加，绿度呈下降趋势（图 2.17）。与涌水量 2000m³/d 相比，涌水量为 5000m³/d 和 10000m³/d 时，系统绝对损伤强度增加 8.5%

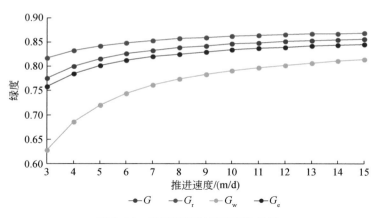

图 2.16　推进速度与绿度变化关系

和 22.7%，绿度相对降低 1.2% 和 3.2%。其中，因单位开采量的相对涌水量增加，地下水系统损伤影响程度相对增加 22.6% 和 53.4%，覆岩损伤影响程度相对下降 7.8% 和 18.5%，地表生态损伤影响相对下降与其相近。

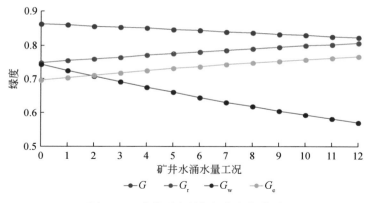

图 2.17　矿井涌水量与绿度变化关系

（3）自修复作用影响

导水裂隙带高度是开采工艺参数与采动覆岩性质的综合参数，也是体现采动覆岩损伤的主要参数。设采后较采前初始自然盖度 40% 下降到 20%，包气带含水率由 15% 下降到 7.5%，根系损伤率为 30%。根据研究设定 2 年渐进式自修复过程，设自修复作用导致覆岩损伤程度降低 20%，自然盖度相对增加 24%，包气带含水率相对提升 25%，根系损伤率下降到 18%。

模拟结果表明（图 2.18），自修复作用后与采后直接损伤状态相比，系统绝对损伤强度相对降低 21.2%，绿度相对提升 4.3%。其中，覆岩损伤程度相对下降 16.6%，地下水系统损伤程度相对降低 6.5%，地表生态损伤强度相对下降 48.2%。

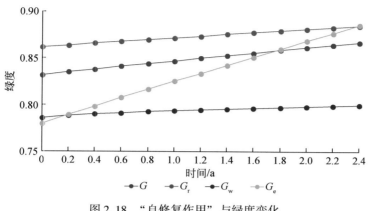

图 2.18　"自修复作用"与绿度变化

2.3.2　深部"高保低损"开采模式构建

深部"高保低损"安全绿色开采模式是针对深部开采环境与生态影响特点设计的安全绿色开采解决方案。该模式是按照"高保低损"的设计要求，突出源头减损与过程控制，优化组合先进、经济和适用技术，通过"降高、减水、快治、少排"等途径，协同控制现代开采全过程，提高安全绿色开采水平。其构建过程包括以下方面。

1. 深部煤炭开采生态损伤特点

1）深部开采环境特点

（1）采动煤层处于高应力状态区

深部开采与浅部开采相比，是在具有高应力环境和非线性力学响应的煤岩体空间实施的特殊采矿活动。此时，深部开采区域煤岩处于准静水压力环境或激发准静水压力状态，开采应力响应由浅部构造应力为主转变为垂直应力作用为主，岩石力学响应由完全的弹性形变过渡到脆塑性形变−塑性流动状态，出现煤体片帮、冲击地压、动力灾害、围岩大规模动力失稳等现象，顶底板附近易形成塑性大变形带。西部矿区含水层赋水性较强区和东部草原区软岩类采动覆岩层发育区，深部状态在深度 500m 左右时就显现强烈。

（2）深部开采地下水环境特点

深部开采区域与浅部相比，由于相对采深大，采动覆岩中煤系地层含水层和第四系含水层厚度也相对较大。如济宁王楼煤矿主采煤层为二叠系山西组 3 上煤，煤层厚度平均 3m，开采深度为 1183.12m，顶板覆岩厚度中，含水层约占 42%，其中软岩、中硬岩和硬岩中含水层厚度分别占 12%、12% 和 18%；鄂尔多斯红庆河煤矿主采侏罗系延安组 3-1 煤，采深超过 600m，顶板覆岩厚度中，含水层约占 74%，其中软岩、中硬岩和硬岩中含水层厚度分别占 14%、45% 和 15%。同时，含水层极易损伤，大量低位地下水渗流涌入矿井，而高位地下水垂直向下补充，致使矿井涌水量较大且外排周期长。

（3）深部开采地表生态响应特点

地表生态采动损伤敏感性差。深部开采极不充分致使地表下沉值和下沉速率均较小，地表通常呈现一定范围内的整体下沉，采深不变时随工作面长度增加，沉陷影响范围扩大，但与浅部开采相比地表裂缝不发育，对地表土壤和植物损伤程度相对较低，故地表生态对开采损伤敏感性较低。如宁煤羊场湾煤矿 130201 工作面开采厚度为 5.6m，煤层深度 515.3m，煤层倾角平均 7.5°，地表最大下沉量 3034mm，下沉系数为 0.73。神东上湾煤矿 12401 综采面设计采高 8.6m，煤层深度 145 ～ 234m，地表最大下沉量 6315mm，下沉系数 0.68。

　　2）深部开采生态损伤分析

　　图 2.19 为不同深度开采的损伤变化情况，煤炭开采将造成采动覆岩、地下水系统及地表生态产生损伤。随着采深的增加，煤炭开采对采动覆岩、地下水系统及地表生态造成的损伤程度逐渐下降。从图中可以看出，无论煤层埋藏深浅，煤炭开采造成的地下水系统的损伤始终最大；当采深小于 460m 和大于 1000m 时，开采造成的地表生态损伤最小，采动覆岩损伤居中；当采深在 460 ～ 1000m 时，造成的采动覆岩损伤最小，地表生态损伤居中。深部安全绿色开采要注重地下水系统的保护。

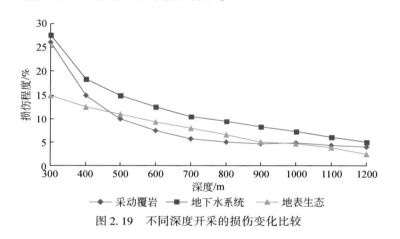

图 2.19　不同深度开采的损伤变化比较

　　图 2.20 为不同深度开采与各种损伤占比比较，首先外排输出随开采深度的增大不断增大，地下水系统、采动覆岩及平均损伤均随采深的增大而逐渐减小，地表生态损伤程度随采深先增大后逐渐减小。

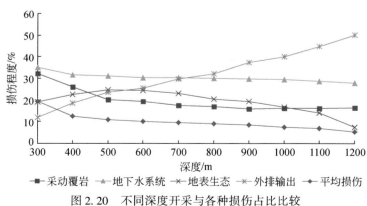

图 2.20　不同深度开采与各种损伤占比比较

2. 深部"高保低损"型安全绿色开采模式

从系统思想出发,煤炭安全绿色开采也是一项按照开采学、生态学和工程学原理,集成运用现代煤炭开采技术、生态系统保护技术和系统管理,通过控制开采过程引导,实现安全开采和生态绿色的协调可持续目标的现代开采系统工程。研究将安全绿色开采内容具体化,进一步提出了"高保低损"理念,即基于采矿生态系统考虑,融合安全与绿色本质要求,以原态自然系统稳定性为参考,强调系统的"三高"具体目标(开采系统的高安全度、生态系统的高保真度、开采与生态的高协调度)和"三低"基本要求〔采场环境(采动围岩)的低损伤、生态要素低损伤(地下水系统、地表生态)、外部生态环境的低损伤〕构建安全绿色开采模式和优选关键技术,通过控制安全生产过程,实现原态稳定系统保真度最高和生态损伤最小的绿色目标(简称为"高保低损")。具体内涵包括以下几个方面。

1)"高保低损"体现了安全绿色开采的具体目标和本质要求

由于现代开采技术水平的局限性,煤炭开采必然对生态系统产生损伤,损伤过程中导致采矿生态系统状态"紊乱"。绿色开采的基本目标是最大限度减少对生态环境的扰动。"高保低损"基于绿色开采目标和采矿生态系统考虑,将安全绿色开采目标具体为开采系统的高安全度、生态系统的高保真度、开采与生态的高协调度。其中,高安全度是实现煤炭安全绿色开采的基础,高保真度是生态对煤炭安全绿色开采的基本要求,高协调度是煤炭开采与生态环境协调可持续的系统要求。

2)"高保低损"突出了安全绿色开采过程实现"三高"目标的难点

"高保低损"从安全绿色开采实施过程中采矿生态系统的变化方向考虑,将实现安全绿色开采目标的重点内容具体为采场环境(采动围岩)的低损伤、生态要素低损伤(地下水系统、地表生态)、外部生态环境的低损伤。其中,采场环境低损伤是指通过控制深部开采灾害降低安全生产风险,实现安全高效开采;生态要素低损伤是依据生态特点和控制损伤状态的主要因素,通过优化开采工艺和调整开采技术组合,实现原态稳定系统高保真度;外部生态环境的低损伤是依据生态损伤输出(如"三废"外排)特点和要求,通过"内部减排"(如矸石和地下水利用)和"外部治排"(如污水洁净处理排放)的技术途径,实现生态损伤对外部影响的最小化。

3)"高保低损"是构建安全绿色开采实践模式的基本要求和优选关键技术准则

安全绿色开采模式是实现绿色开采目标的具体方案,由于开采环境的差异性,减损重点是有区别的,深部灾害风险则以采场环境安全为重点,生态安全敏感时则以生态减损为重点。构建安全绿色开采具体技术模式时,应确定"适情适景"(适合开采环境之情况和生态环境之场景)的系统目标和技术组合准则,优化核心开采工艺和优选减损关键技术,确保安全绿色开采方案的科学性、合理性和经济性。

深部"高保低损"型开采模式是基于深部煤炭开采的特殊性设计的(图2.21),主要体现在以下几个方面。

(1) 开采过程减损

开采引发的采动覆岩沉降过程也是采动应力耦合作用过程,分析表明采动覆岩的损伤程度和"岩-水-土"耦合作用与沉降幅度呈正相关,如采用充填开采等技术控制沉降幅

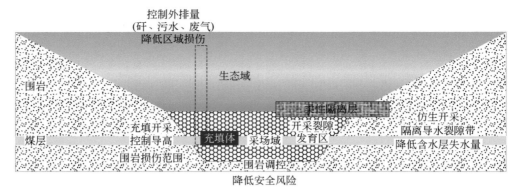

图 2.21　深部"高保低损"型开采模式示意图

度，减小导水裂隙带高度有助于减小生态损伤程度。"高保低损"体现了安全绿色开采的具体目标和本质要求。

（2）减少外部排放

开采产生的"三废"排放过程也是损伤输出过程。显然排放物越少、处理与利用率越高，则系统生态"损伤"输出率越小。采用煤矿地下水库储水、煤矸石利用等近零排放技术，有助于减小开采生态损伤的环境辐射影响。

（3）降低生态"紊乱"效应。开采损伤过程也是采矿生态系统状态"紊乱"过程。由于现代开采技术水平和应用局限性，针对系统生态损伤的主要因素和关键环节，确定适情的系统目标，优化组合适用技术，实现原态稳定系统保真度最高和生态损伤最小的目标。

3. 深部"高保低损"型安全绿色开采模式构建方法

深部"高保低损"型安全绿色开采模式是针对深部开采环境与生态影响特点设计的安全绿色开采解决方案。该模式是按照"高保低损"的设计要求，突出源头减损与过程控制，优化组合先进、经济和适用技术，通过"降高、减水、快治、少排"等途径，协同控制现代开采全过程，提高安全绿色开采水平。其构建过程（图 2.22）包括以下方面。

1）生态系统本底认知

生态系统本底认知是指在工程实施前，对工程所欲开展区域的土壤、水体、大气等基本环境因子进行调查，获得基础资料，反映环境质量的原始状态，一是能够方便工程开展，二是方便对工程开展后的效果对比。深部"高保低损"安全绿色开采模式中的生态系统本底认知是通过系统调查地下水系统、采动覆岩结构及性质、地表生态等现状，研究确定生态系统原态背景和自然要素耦合关系。

2）开采绿色程度评价

开采绿色程度（简称"绿度"G）是指保持自然生态系统的稳定性程度，是采矿生态系统受损状态与原状态的比较，绿度越高，说明系统受损越小。研究选取开采激励作用的采动覆岩系统损伤因子、地下水系统损伤因子、地表生态损伤因子等生态系统损伤描述参数，对开采绿色程度进行定量评价。并选择对系统损伤程度影响较大的参数进行针对性模

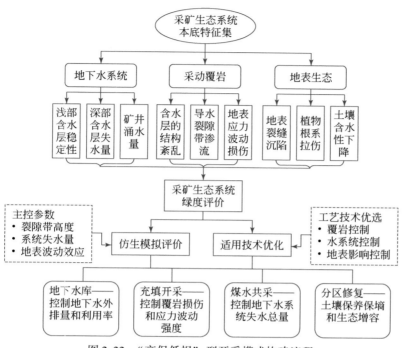

图 2.22　"高保低损"型开采模式构建流程

拟分析，确定绿度变化的主控因素。

3）开采先进性模拟评价

针对绿度变化主控因素，优化开采工艺和优选经济适用的保水和生态修复技术，按照原态要素关系进行开采模拟，多方案评价比较绿色开采水平，基于绿色开采水平评价结果，研究确定开采工艺和技术评价指标体系，对开采先进性进行评价分析。

4）构建开采技术流程

按照安全高效、经济可行、系统协调的原则，优选"高保低损"开采技术路径、控制参数和关键技术，确定适用的解决方案。

4. 深部"高保低损"型安全绿色开采模式主要控制参数

1）采场与巷道灾害预警水平

采场与巷道安全预警的目标，是实现采场与巷道事故的早期预防和控制，并能在灾害或事故发生时实施危机管理。建立预警系统的目的是通过对安全运行状况进行实时在线监测，灵敏准确地告示危险前兆，并能及时提供警示，及时采取措施，最大限度降低事故损失。

安全预警系统要对人的操作及管理行为、设备可靠性及故障率、生产环境的安全性、管理状态的情况进行评价预警，以上四个评价指标构成预警评价指标体系，对采场与巷道灾害预警水平进行评价。其中，对人的行为监测对象主要是管理者和操作者的个人行为，同时监测行为与事故之间的因果关系和转化关系；对设备状态监测对象主要是设备的故障率与安全设施完好情况以及设备运行状况，提出设备安全检查、维修和使用的规范；对生产环境监测对象主要是生产场所的尘毒、噪声、围岩稳定性等。监测与评价的目标主要是提出控制和改进生产环境的标准与方法；对安全管理状态监测对象主要是部门或群体的管理行为。

2）抑制导水裂隙带发育高度

导水裂隙带高度决定覆岩隔水层与含水层的破坏程度或完整性，可以通过采用充填开采、限厚开采、留煤柱开采等来减小上覆岩层下沉量，控制岩层损伤，降低导水裂隙带高度，保护地下水资源；地下水系统是由水、岩层、溶于水中的各种化学元素和化合物以及储于水中的冷热能等要素相互依赖、相互影响组成的系统，其参数主要包括含水层导水系数、渗透系数、给水度、越流系数、弥散系数等。如公格营子矿 15m 厚 6 煤层采用自下而上分层巷式充填开采，充填率 90%，导水裂隙带高度 33m，远小于煤层顶板距离含水层底板的 111m，导水裂隙带不会波及含水层，采用巷式充填开采可有效控制井下涌水量，充填后由原来的年排水量 350 万 m^3 减少到 150 万 m^3，每年节约排水费用 600 多万元，经济效益显著。

3）有效降低地下水失水程度

破坏传递带是开采破坏转化为对地下水和地表生态影响的关键层位，因此，充分利用煤炭开采对地下水和地表生态影响规律，仿照地表生态采前状态（或"原态"）关系和生态可持续要求，通过集成创新煤炭开采工艺，改造开采破坏传递带，控制开采裂隙影响范围，维护或重构满足浅层地下水自然循环和地表生态的水环境条件，使采后地下水和地表生态能保持或优于"原态"，同时利用开采裂隙"解放"深层基岩裂隙水资源，则是实现安全高效高采出率开采、地下水开发利用和地表生态保护的绿色开采目标的有效途径。

采用水平压裂–工作面回采–隔离层注浆的联合工艺，在地下含水层与导水裂隙带间重构阻隔地下水下渗的隔离层，控制"原态"下水流场形态和补–径–排关系，同时释放基岩裂隙水并加以利用，构建符合地下水循环与地表生态环境原生状态的支撑条件，能够保持开采生态系统的"原生"关系，实现煤炭安全高效开采与地下水与地表生态保护的有机结合。

4）提高地表生态自修复能力和治理率

深部煤炭安全绿色开采的地表生态参数主要包括土地复垦率、扰动土地整治率、水土流失总治理度、土壤流失控制比、地表最大下沉值、地表下沉系数、水平移动系数、主要影响角。开采地裂缝差异化治理技术、土壤保水与改良技术、植物筛选与种群配置技术、微生物菌根修复技术等关键技术的研发为构建煤矿开采与生态和谐共生技术体系，提高沉陷区地表生态修复和治理率提供了技术支撑。2012 ~ 2014 年在大柳塔生态修复示范区（面积 69.10hm²）开展地裂缝和沟壑治理、植被建设和农作物种植技术应用，经过两年示范区建设，林地面积大幅增加 169.60%，植被覆盖面积增加 0.46%。这表明，通过人工修复，示范区地表生态系统质量显著提升。

2.3.3 深部"高保低损"型安全绿色开采技术体系与关键技术

1. 深部"高保低损"型安全绿色开采技术体系

深部安全绿色开采技术体系秉承了安全绿色开采理念，基于采矿生态系统视角，针对深部开采地质环境特点和安全绿色难点设计的开采技术体系。为确保开采技术体系的系统性、科学性和安全性，该技术体系构建突出了源头减损与过程控制，优化组合先进、经济和适用技术，协同控制现代开采全过程，实现"高保低损"目标（简称"高保低损"模式），提高深部安全绿色开采水平。具体要求体现在以下几个方面。

1）开采与生态高协调度

现代采矿是在生态环境约束条件下的开采行为，良好的自然生态环境是人类赖以生存发展的基础，资源与环境协调开采是现代采矿活动的基本要求。绿色不仅是采矿活动与自然环境是否协调的重要指标，也是衡量构建适宜的技术体系的标准。通过对设计开采系统的生态损伤评价和绿色开采效果比较，一是预测评价安全、绿色开采技术体系应用效果，确保生态损伤最小；二是优选与集成适用的开采关键技术，确保深部开采时采区（采场、巷道等）的环境安全风险最小；三是主动构建采矿系统（采、机、运等）与生态环境要素的和谐关系，确保采矿生态系统的实际运行风险最小。

2）系统运行高安全度

采矿生态系统不仅在理论上建立了采矿工程与生态保护工程的内在关系，在我国开采实践上也可视为一个实际运行的工程系统，包含煤炭开采、生态环境保护，系统平衡、生产安全、生态安全是系统工程实施的基本要求。系统平衡与安全是反映采矿生态系统内部要素关系协调的重要指标，通过系统分析开采系统的安全保障水平，一是针对深部采矿作业环境（片帮、瓦斯、粉尘等），采用智能化规模开采技术和灾害隐患消除技术（瓦斯预抽、顶板卸压等），确保采矿生产安全风险最小；二是针对深部开采环境和灾害风险，预测评价安全开采的技术风险，确保深部开采灾害（冲击地压、瓦斯突出等动力灾害）发生风险最小；三是优选与集成适用的生态安全风险控制关键技术，确保系统运行的生态环境安全风险最小。

3）生态系统高保真度

采矿生态系统运行的主要目标是最大限度减少对生态系统的损伤，达到或优于生态系统的原态水平。生态系统的高保真度，不仅在理论上明确了采矿工程的生态目标要求，在开采实践上也给出了生态保护的基本标准，基于采矿生态系统提出的绿度指标反映了生态系统保真水平。通过采矿生态系统的绿度预测分析，一是针对深部开采生态响应特点，研究提出生态风险控制重点（地下水系统、地表生态、区域环境），确保技术体系设计的系统生态损伤风险最小；二是针对深部开采生态风险控制难点，预测评价安全开采技术实施效果，优选适宜的工艺与技术（仿生开采、充填开采等），确保生态减损过程控制风险最小；三是集成适用的生态修复技术模式与方法和近零排放技术等，确保开采生态环境影响程度、范围和周期最小。

深部"高保低损"型安全绿色开采体系集成了八项关键技术（图 2.23），结合深部开采环境特点，重点突出了深部开采绿色评价、深部开采安全预警与控制、深部开采生态减损（充填开采、仿生开采）、生态影响控制（矿井水洁净处理利用、近零排放和地表生态修复），通过"协调、降高、减水、快治、少排"等技术途径，实现安全绿色开采目标。深部开采具体实践中可以根据采矿环境、生态环境条件和相关技术应用保障水平，优选确定适用的关键技术，构建适用的技术体系。

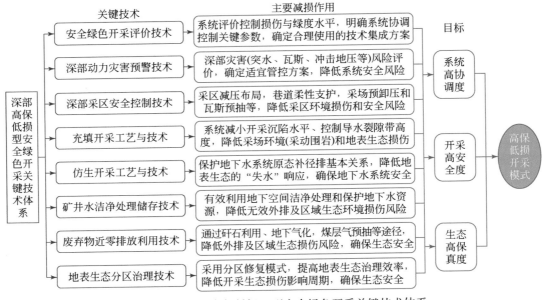

图 2.23　深部"高保低损"型安全绿色开采关键技术体系

2. 深部"高保低损"型安全绿色开采关键技术

1) 安全绿色开采评价技术

安全绿色开采的核心是"高保低损",即基于采矿生态系统考虑,融合安全与绿色本质要求,以原态自然系统稳定性为参考,强调系统的"三高"具体目标(开采系统的高安全度、生态系统的高保真度、开采与生态的高协调度)和"三低"基本要求[采场环境(采动围岩)的低损伤、生态要素低损伤(地下水系统、地表生态)、外部生态环境的低损伤]构建安全绿色开采模式和优选关键技术,通过控制安全生产过程,实现原态稳定系统保真度最高和生态损伤最小的绿色目标。

安全绿色开采评价技术基于开采激励作用的生态系统损伤和定量描述参数,采用自然稳定生态系统水平作为参考基点,通过比较评价相关参数的相对变化实现绿色开采的度量。一是基于自然原态→开采损伤状态的相对变化(或采矿生态损伤程度),分析自然原态保持水平与开采的绿色程度;二是绿色开采与传统开采(如安全高效开采)相比,是在开采"激励"过程中采用生态适用型技术与方法,控制生态损伤程度或提升原态保持水平,而两者的绿度相对差异反映了绿色开采水平。

2) 深部动力灾害预警技术

随着开采深度的加深,高地压、高水压、高瓦斯的地质条件使得地质灾害加剧,地应力增加,巷道变形严重;瓦斯含量增加,地层温度升高,压力增大,煤的变质程度也越高,煤与瓦斯突出强度不断加强并且次数愈加频繁;冲击地压危险性增加;岩溶水压升高和涌水量增加,矿井突水灾害加剧,并且深部矿井所具有的基本地质力学特征之间相互影响,更加增大了深部矿井动力灾害发生的可能性和灾害性。

深部动力灾害预警技术主要包括煤矿瓦斯监控预警技术、冲击地压防治技术和突水防治技术等。其中，煤矿瓦斯监控预警技术在矿井中的应用广泛，形成了矿井瓦斯监控系统；冲击地压的防治技术手段通常包括预测和治理两个方面。预测技术有煤矿冲击倾向预测技术、电磁辐射监测与钻屑法、微震与地音法、震动场、应力场联合监测冲击地压技术等多种预测技术。治理技术有合理布局，预注水与卸压爆破，强制放顶等技术手段。突水防治技术主要分为预防和治理两方面。现有的预测技术包括高精度微震监测技术，对煤矿突水的可能性进行预测的灰色聚类评估方法，五图-双系数法，基于 BP 神经网络的煤矿底板突水预测技术，瞬变电磁法超前探测技术，但同样存在着由于深部地质条件的复杂而无法准确预测与治理的问题。治理方面有陷落柱止水塞建造技术，巷道阻水墙及动水注浆技术，导水通道定向倒斜钻探技术等。

3）深部采区安全控制技术

深部采区安全控制技术包括深部巷道安全控制技术和深部采场控制技术。其中，柔性冒顶控制技术利用具有大延伸率的柔性支护材料代替常规锚索控制顶板塑性区破坏深度大的岩层，充分发挥柔性材料的变形能力，在围岩变形的过程中不破断失效，提高顶板发生塑性破坏岩层的稳定性，防止顶板发生冒顶事故；定向水压致裂控顶技术能够有效控制煤矿坚硬难垮顶板，不仅取决于控顶原理和方法，而且与控顶设备及仪器密切相关。技术性能稳定、可靠、精度高的设备与仪器是控顶能否成功的关键；深孔爆破大范围卸压技术使煤体内松软，弹性能不能积聚，释放工作面前方积聚的顶板压力，杜绝了冲击地压的发生，保证了工作面的安全开采。

4）充填开采工艺与技术

煤矿充填开采是深部安全绿色开采的重要组成部分，充填开采不仅可以减少煤矸石、粉煤灰等固体废弃物的排放量，可以减小对矿区地表土壤、水及大气的污染，而且可以控制上覆岩层移动量，减小岩层损伤，保护隔水层完整性，保护地下水资源不受破坏。如唐口煤矿 9301km 深充填采煤工作面设计开采 3 上煤层，工作面长度 100m，推进长度 350m，煤层平均厚度 3.47m，煤层倾角平均 5°，埋深 1082～1222m，对 9301 工作面进行充填控顶设计，设计工作面充实率为 80%，实测工作面顶板最大下沉值仅为 620mm；充填体应力在距工作面 90m 处就已达到稳定值 22.4MPa，趋于原岩应力。深部安全绿色开采可以发展深井充填技术，选择适用的充填材料和技术装备，通过采空区充填改善上覆岩层受力状态，提高开采环境安全程度，此外充填开采也可以提高煤矿深部开采资源回收率。

5）仿生开采工艺与技术

仿生开采的技术以"隔离-导流-调控"技术思路为核心，"压裂→回采→注浆"导水裂隙带隔离控制和地下水资源汇集与调控关键技术，可有效利用大气降水和开采基岩裂隙水资源，实现水资源高效利用。

（1）隔离层选择。隔离层参数主要是高度与岩性组合。其中，当导水裂隙带高度（H_1，m）低于受保护含水层高度（H_m，m）且距离较远时（$H_1 \gg H_m$），隔水层可不设计或选择在导水裂隙带顶部位置；当 $H_1 > H_m$，隔离层选择在导水裂隙带上部且满足距受保护含水层的安全距离位置 ΔH；$H_1 \approx H_m$，即隔离层选择在导水裂隙带中且低于受保护含水层下安全距离的位置。隔离层的岩性组合宜选可压性好和隔离性有利的岩性层，有助于形成网状裂隙，阻碍采动裂隙向上发育，增大注浆控制强度，提高隔离效果。

（2）压-采-注工艺。该工艺是基于超大工作面和顶板全部垮落法开采工艺，将工作面回采与地表（或地下）压裂和注浆工艺相结合，按照一定的周期异步循环实施，分别完成隔离层压裂、工作面回采、隔离层注浆（简称压-采-注），形成阻断含水层地下水向导水裂隙带渗流的隔离层。

（3）动态监测评价。按照采前-采中-采后全过程监测要求，采用地表水文钻孔观测法、井下矿井水流量观测法、井下钻孔观测法等，开展采前本底、采中导水裂隙带渗流、采后隔离效果的监测，分析评价隔离和保护含水层效果。

6）矿井水洁净处理储存技术

该技术基于地下水"引导-储存-利用"思路，利用规模化开采形成的采空区域导水裂隙带空隙储水，人工坝体连接安全煤柱构筑坝体，配置矿井水入库和取水设施，形成具有水库功能和自净化作用的地下水库实现矿井水的储存、调节和利用，避免矿井水外排蒸发损失和地面污水处理厂建设及运行成本高等问题，大幅度降低了开采生态损伤输出。

煤矿地下水库技术在神东矿区推广应用，累计建成 32 座煤矿地下水库，储水量达 3100 万 m^3，是目前世界唯一的煤矿地下水库群；煤矿地下水库供应了矿区95%以上的用水，保障了矿区的可持续开发。神东矿区煤矿地下水库技术不仅保障了世界唯一的 2 亿 t 级矿区的生产、生活和生态用水，还使矿区植被覆盖率提高了 30% 左右；同时为周边电厂（神华国能集团大柳塔电厂和上湾电厂）供水；正在建设给煤制油项目的供水工程（日供水 3.2 万 m^3）。目前，该技术已在神华包头、新街等矿区推广应用。通过持续技术创新，神华集团在神东矿区大柳塔矿建成了首座煤矿分布式地下水库工程，储水总量达 710 万 m^3，实现了大柳塔矿矿井水不外排。

7）废弃物近零排放利用技术

（1）煤矿矿井水零排放处理技术。该技术是针对大型煤炭基地的用水需求与排放限制，将矿井水进行深度处理、浓缩、结晶分盐，实现矿井水零排放。内蒙古鄂尔多斯红庆河煤矿矿井水预期抽排量可达 600m^3/h，TDS 质量浓度约 2500mg/L，按照环保部门要求矿井水全部回用于生产生活，实现零排放。矿井水处理后的产品水 TDS 质量浓度≤100mg/L，主要指标优于《生活饮用水卫生标准》（GB 5749—2006）要求。浓水经过两级浓缩后，进入三效蒸发结晶，离心分离得到工业产品级别的硫酸钠和氯化钠，以及少量经过鉴定后可以作为一般固废或者危废填埋处理的杂盐。

（2）煤矸石综合资源化利用技术。目前煤矸石综合利用技术为煤矸石发电、煤矸石建材产品生产技术、煤矸石化工产品生产技术、充填复垦技术等。煤矸石发电有利于改善矿区环境。资料显示，每燃烧 1000 万 t 煤矸石，与矸石山自燃相比，可少排放二氧化硫 24 万~38 万 t，少占地 300 亩（1 亩 ≈ 666.67m^2），排矸企业少交排污费 1600 万~2800 万元。山西潞安集团建成了 4×13.5 万 kW 煤矸石发电厂，年利用煤矸石高达 350 万 t。2012年，山西朔州煤矸石发电公司《300MW 纯矸石 CFB 发电机组资源综合利用关键技术集成与示范》被鉴定为国内领先水平。

（3）煤与瓦斯共采技术。巷道法煤与瓦斯共采技术是在合理位置布置专用瓦斯抽采巷道，在巷道内布置钻孔抽采煤层瓦斯。留巷钻孔法无煤柱煤与瓦斯共采技术采用无煤柱沿空留巷，沿煤层采空区边缘将回采巷道保留下来，形成 Y 形通风消除上隅角瓦斯积聚，降低回采系统热害;相邻区段连续开采,形成大范围连续卸压区,提高煤层渗透性;留巷替代预先布置的专用瓦斯抽采岩巷,在留巷内布置钻孔抽采卸压层及采空区卸压瓦斯,实现采煤与卸压瓦斯抽采同步推进,高、低浓度瓦斯分源抽采。当前煤矿区较为成熟的地面钻井法煤与瓦斯共采主要有两类:第一类是"煤气共采"的"淮南模式"。第二类是"先抽气后采煤"的"晋城模式"。2014 年全国煤矿瓦斯抽采量为 170 亿 m^3(其中井下瓦斯抽采量 133 亿 m^3,地面煤层气产量 37 亿 m^3),瓦斯利用量 77 亿 m^3(其中井下瓦斯利用量 45 亿 m^3,地面煤层气利用量 32 亿 m^3),创历史新高。

8) 地表生态分区治理技术

该技术是基于超大工作面开采地表生态损伤的分区特点(边缘裂缝区与中心沉降区),采用裂缝区人工修复和中心沉降区自然修复的方式,按照地表原态快速治理裂缝区,形成与超大工作面开采相匹配的地表生态修复模式,抑制开采地表生态损伤扩大,借助大气降水,促进控制地表植被发育的重要水源土壤包气带水向原态快速恢复。2012 年 10 月至 2014 年 12 月,国家能源集团将地表生态自然恢复的主体作用和人工修复的引导作用相结合,在神东矿区补连塔煤矿开展生态修复技术示范。人工修复区优选区域适生植物,采用不同的植物配置模式和微生物促进办法,设计面积约 65hm^2,修复前后相比,平均植被覆盖率增加 12.55%;自然修复区采用地表生态损伤探测,分析开采对地表生态自修复能力,设计面积约 360hm^2,开采沉陷稳定后,平均植被覆盖率增加了 3.76%。

第3章 深部采动煤岩体多尺度破坏机理及演化规律

随着对能源需求量的增加和开采强度的不断加大,浅部资源日益减少,国内外矿山都相继进入深部资源开采状态。深部岩体地质力学特点决定了深部开采与浅部开采的明显区别在于深部岩体所处的"三高一扰动"复杂力学环境。与浅部岩体相比,深部岩体更突显出其具有漫长地质历史背景、充满建造和改造历史遗留痕迹,并具有现代地质环境特点的复杂地质力学材料。随着开采深度的不断增加,工程灾害日趋增多,如矿井冲击地压、瓦斯爆炸、矿压显现加剧、巷道围岩大变形、流变、地温升高等,对深部资源的安全高效开采造成了巨大威胁。人类从事地下岩体工程活动由来已久,岩体工程的核心问题之一便是其在人为开挖扰动下的稳定性研究。而天然岩体通常赋存于一个应力场、渗流场、温度场和化学场完全耦合作用下的多物理场地质环境系统中,工程岩体的开挖势必会对其所赋存的物理场产生影响,在没有支护措施的情况下,围岩物理场的改变又决定着工程的围岩稳定性。因此,研究开挖扰动作用下围岩的稳定性问题本质上是研究工程开挖对围岩物理场的改变问题。

与浅部开采相比,深部煤岩体处于高地应力、高温、高渗透压以及较强的时间效应的恶劣环境中,从而使深部煤岩体的组织结构、力学性态和工程响应均发生根本性变化。深部采区的地质构造、应力场特征、含瓦斯煤岩体的破碎性质与动力响应特征、岩层移动以及能量积聚释放规律、地下水系统演化规律均不同于浅部,导致深部煤炭开采动力灾害频发,地下水资源浪费严重,生态环境问题严峻。实际上,深部煤炭开采工程实践活动已超前于相关基础理论的系统探索,工程实践在一定程度上存在盲目性、低效性和不确定性。现有岩石力学理论都建立在基于静态研究视角的材料力学的基础上,已滞后于人类岩土工程实践活动,与深度不相关、与工程活动不相关、与深部原位环境不相关,急需发展考虑深部原位状态和开采扰动的深部煤炭开采基础理论,破解深部煤炭开采的理论与技术难题。针对深部开采煤岩力学失稳破坏的前瞻性科学问题,采用多场耦合实验、数值模拟和典型工程验证相结合的研究方法,研究提出多相多场耦合条件下深部开采煤岩失稳破坏灾害孕育演化机理,建立深部和复杂地质构造条件下深部开采煤岩失稳破坏形成机理可计算模型,构建开采扰动和多场耦合叠加效应下深部开采煤岩失稳破坏孕育演化机制,为我国深部煤炭资源开采技术研究提供理论支撑。

3.1 深部采动煤岩体复杂裂隙网络表征与力学特性多尺度效应

随着埋深增大,宏微观裂隙交叉耦合,形成空间分布的多尺度裂隙网络结构,使得深部开采与水或瓦斯等流体介质的渗流行为更加复杂。同时,温度升高,全岩矿物发生改变,构造应力复杂,应力差增大,基质强度高,各向异性和脆性减弱,弹塑性转换临界深度尚不明确。整体来看，由于裂隙发育的随机性、非均匀性和复杂性，当前对多尺度裂缝的研究缺乏系统性，研究的不足之处主要表现在裂缝系统表征缺乏完善的有效方法和标准参数体系。

3.1.1　核磁共振冻融技术测量煤孔径分布

核磁共振冻融技术（NMR Cryoporometry）为表征煤的复杂孔隙结构提供了一种快速、直接和非破坏性的手段。然而，以往的研究对煤中 NMR 测试多数是基于核磁共振弛豫，核磁共振弛豫遵循分子随机运动的原理。核磁共振弛豫原始信号必须反演得到的弛豫时间 T2 分布。通过与压汞方法所测得的结果比较，T2 分布可以转换为孔径分布（PSD）。因此，核磁共振弛豫不是获得孔径分布（PSD）的直接方法，而是取决于压汞测量的结果。此外，样品中的铁磁性或顺磁性物质会影响核磁共振弛豫测量信号。还有一个核磁共振的方法，称为核磁共振冻融，该方法利用孔隙中流体熔点降低的特征。通过核磁共振冻融技术和氮气低压吸附技术来表征不同煤阶煤的孔隙结构特征。实验表明，核磁共振冻融技术和低温氮气吸附和解吸获得的结果具有可比性而且是可靠的，并对核磁共振冻融技术和低温氮气吸附和解吸得到的结果之间的差异进行了讨论。

实验中六个不同煤阶的煤样采自六个不同的煤矿。1 号样品采自山西省忻州窑煤矿 11 号煤层，2 号样品采自河北省赵各庄煤矿 9 号煤层，3 号样品采自北京门头沟煤矿 3 号煤层，4 号样品采自河北省羊渠河煤矿 2 号煤层，5 号样品采自山西省余吾煤矿 3 号煤层，6 号样品采自山西省长畛煤矿 3 号煤层。所有煤样都被小心地运输到实验室，然后在受控的环境条件下储存直到实验。

ASAP2020 比表面和孔隙度分析仪（Micrometeorite 仪器公司，美国）被用于低温氮气吸附和解吸测量。该仪器能进行等温吸附和解吸分析，可以提供孔隙体积、表面积等相关数据。核磁共振冻融测量使用核磁共振冻融孔隙分析仪 12-010V-T（苏州纽迈分析仪器股份有限公司，中国），这一仪器利用孔隙大小和孔隙中流体的熔化温度之间的关系来获取孔径分布（PSD）。图 3.1 为核磁共振冻融孔隙分析仪示意图。

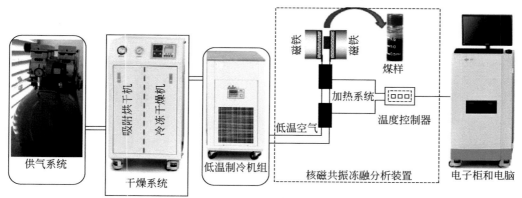

图 3.1　核磁共振冻融孔隙分析仪 12-010V-T 示意图

在实验样品制备中，首先将煤样粉碎，然后筛分获取粒径小于 0.25mm 的颗粒。在核磁共振冻融实验中，把质量大约为 1g 的煤粉装入色谱瓶，如图 3.1 所示。然后，为了释放煤孔隙气体以便于液态水进入整个孔隙网络，样品进行了 6h 的抽真空。然后将蒸馏水加到放有样品的色谱瓶中。最后，样品在大气压力下浸泡 12h 通过自吸实现水饱和。相同的粉碎后的样品进行了低温氮气吸附解吸实验。为了消除煤孔隙中的水和气体对氮气吸附的影响，对要进行低温氮气吸附解吸测试的样品在 120℃ 条件下进行了 5h 的干燥处理，而且对这些样品抽真空至压力低于 5μmHg（1μmHg=0.1333Pa）。

在核磁共振冻融测量时，将要测试的水饱和样品放入色谱瓶中。仪器硬件参数通过标准硅油样品校准，也对脉冲序列参数进行调整。选定低温测孔序列，填入样品名称，设定合适的温度点后执行温度计划。先将每个样品冷却至 243K，然后逐渐加热至 273K，不同升温步的温度增量从 0.1K 到 2K 不等。每个温度点等待时间是 5min，每次采样时间为 2min。在温度变化过程中，记录每个温度点的核磁回波信号。低温氮气吸附解吸实验在 77K 的氮气中进行，平衡间隔设定为 5s。

图 3.2 展示了六个煤样的吸附与解吸等温线的滞后现象，发现在相对较高的压力下没有观察到吸附上限。根据 IUPAC 建议的分类，煤样中的孔隙可以归为狭缝孔。由低温氮气吸附解吸测量的孔径分布是通过 DFT 方法获得的。目前研究中使用的 DFT 方法的模型是在 77K 温度下 N_2 碳狭缝孔中的吸附。

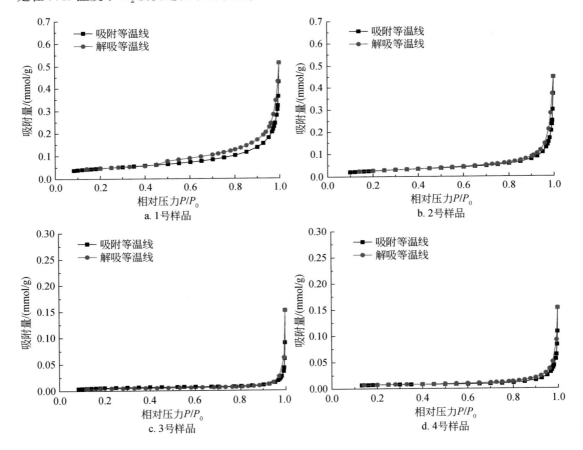

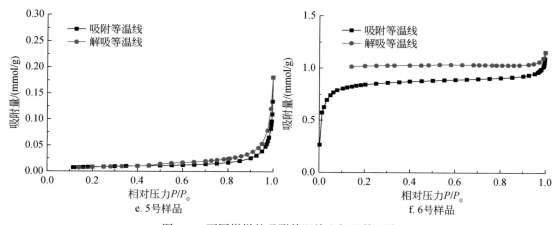

e. 5号样品　　　　　　　　　f. 6号样品

图 3.2　不同煤样的吸附等温线和解吸等温线

　　图 3.3 展示了通过低温氮气吸附解吸和核磁共振冻融获得的煤样的孔径分布。在低温氮气吸附解吸表征中，计算并绘制了每个样品 2～400nm 覆盖中孔和大孔的孔径分布。低温氮气吸附解吸获得的孔径分布图显示每个煤样都呈双峰。峰值在 40nm 和 147nm 附近，在 100～150nm 范围内也有陡峭的孔体积上升。这说明 DFT 方法在计算煤的孔径分布中分辨率有限，但这种不足对总孔容的计算不会造成太大的影响。图 3.3 展示用核磁共振冻融测定的样品在 2～500nm 的范围内的孔径分布。可以发现，核磁共振冻融测得的孔径分布曲线在 50nm 以下存在剧烈波动，在 100～250nm 范围内出现一个峰值。在孔径分布模式方面，通过核磁共振冷冻和低温氮气吸附解吸获得的孔径分布存在很好的相关性，两种方法测得的所有样品的曲线都是近似重合。与低温氮气吸附解吸相比，核磁共振冻融法在中孔到大孔范围内测得相对较高的孔隙体积。在 100～200nm 范围内，由核磁共振冻融法和低温氮气吸附解吸法得到的孔体积之间的差异较其他范围相比较小。此外，在一些煤样中，在 100～200nm 范围内，通过低温氮气吸附解吸获得的孔体积比核磁共振冻融法获得的高。与低温氮气吸附解吸相比，核磁共振冻融法测得的 50nm 以下的孔径分布曲线波动更为明显，所以核磁共振冻融可以反映 50nm 以下孔隙孔径分布更多的变化。

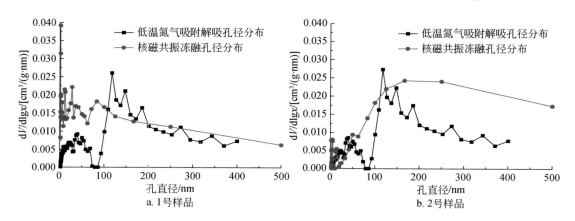

a. 1号样品　　　　　　　　　b. 2号样品

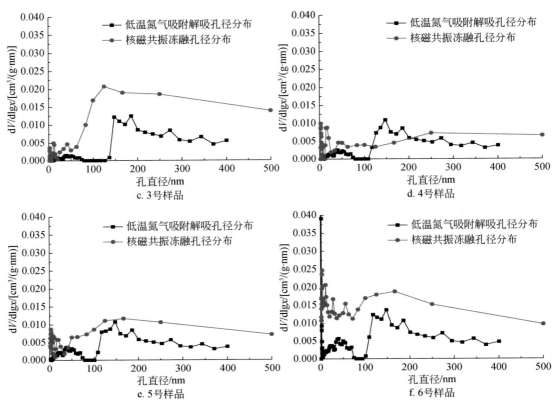

图 3.3　低温氮气吸附解吸和核磁共振冻融煤样的孔径分布对比

　　在低温氮气吸附解吸测试中，孔体积的解释和计算是基于不同的分析模型的，并且每个模型都有其应用范围，例如，Barrett-Joyner-Halenda（BJH）和 Dollimore-Hill（DH）方法仅适用于中孔而不适用于微孔，Horvath-Kawazoe（HK）仅适用于缝状孔隙，Saito-Foley（SF）仅适用于椭圆孔等。对于压汞法，由于极高的侵入压力而有可能破坏孔结构。而核磁共振冻融测量可以直接从孔体积和信号强度之间的线性关系以及熔点和孔径之间的关系获得孔径分布。因此，孔隙形状和孔径范围对核磁共振冻融测得的孔径分布结果没有影响。总之，核磁共振冻融法具有更广泛的应用范围，不存在模型选择带来的误差。

3.1.2　基于 CT 扫描与三维重建的煤样破裂过程数值分析方法

　　CT（Computerized Tomography）扫描技术最早运用在医学领域，是通过 X 射线来获取人体组织或器官等一系列端面图像的无损探测成像技术；在 20 世纪 70 年代由英国科学家 Housfied 研制成功首台 CT 设备至今，已广泛应用在其他领域。由于 CT 扫描图像中不同的灰度代表其对 X 射线的吸收程度，故根据不同的灰度值可以确定材料属性。图像中的黑色区域为对 X 射线吸收较低区域，代表低密度物质，如孔隙及裂隙等；图像中的白色区域为对 X 射线吸收较高区域，代表高密度物质，如坚硬岩石。用工业 CT 对试验样品进行扫描，得到样品的层析二维图像序列，进行边界识别等分割处理，再利用 Mimics、Avizo 等三维重构软件进行逆向化建模重构，得到样品的内部裂隙网络分布，并导入 FLAC 等数值模拟软件进行计算（图 3.4）。

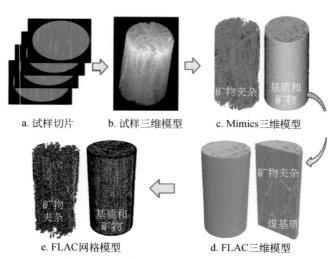

图 3.4　基于 CT 扫描技术下三维重建煤样的数值模拟方法

ACTIS5.0-225X 射线工业 CT 检测系统如图 3.5 所示。与其配套使用的无线自动加载系统（图 3.5）的主体结构为一个具有足够强度和刚度的铸钢框架，内部通过一个电机和一套传动加载系统构成加载整体框架，框架内还放置一套控制电路系统，框架上连接 CT 透射部件；通过固定件和加载整体框架来实现对试样的轴向加载或卸载，最大载荷为 20kN。试验采用的 SHIMADZU AGS-H10KN 万能试验机额定荷载为 10kN，工作电压为 220V。

a. 工业CT检测系统　　　　　b. 无线自动加载测试装置

图 3.5　CT 检测系统及无线自动加载测试装置

试验中 CT 机扫描参数为电压 180kV、电流 250μA、体扫描间隔 0.25mm。自动加载系统加载过程为：根据单轴压缩所得煤试样强度值预估 CT 试验所用试样强度，确定扫描阶段；加载至计划开始扫描的载荷后，进行 CT 扫描，随后重复此过程，直至煤样破坏（图3.6）。

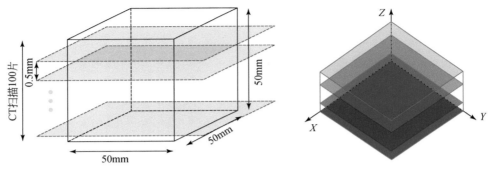

图 3.6　CT 扫描图片示意图

图 3.7 中煤样在加载实验过程包含三个加载阶段，分别为 0.3 倍煤样峰值强度的第一加载阶段，0.6 倍煤样峰值强度的第二加载阶段，以及 0.9 倍煤样峰值强度的第三加载阶段。

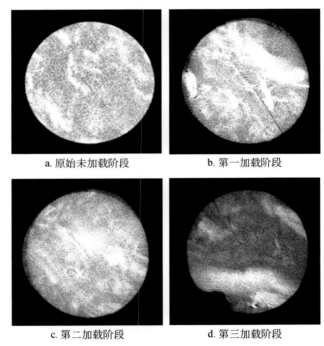

a. 原始未加载阶段　　　　　b. 第一加载阶段

c. 第二加载阶段　　　　　d. 第三加载阶段

图 3.7　不同加载阶段 CT 扫描层析二维图像序列

　　然后对各加载阶段的 CT 图像进行三维重构，得到不同加载阶段样品三维 CT 重构图。对煤样原生裂隙和结构弱面在煤样失稳破坏过程中的跟踪观测，既探求煤样破坏是在原生裂隙发育的基础上发生扩展及贯通破坏，还是在应力作用下裂隙重新萌发、发育、扩展及贯通所导致，又总结归纳受载煤样裂隙发育及演化规律（图 3.8）。

　　将原始未加载阶段的三维 CT 重构图导入 FLAC 数值模拟软件中进行网格划分，并对

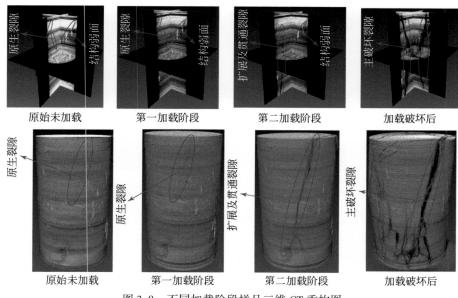

原始未加载　　　第一加载阶段　　　　第二加载阶段　　　　加载破坏后

原始未加载　　　第一加载阶段　　　　第二加载阶段　　　　加载破坏后

图 3.8　不同加载阶段样品三维 CT 重构图

材料进行赋值，然后按照试验条件进行数值模拟运算，得出模拟结果与试验结果进行比对。

3.1.3　深部岩石力学特性的实验室尺度效应

许多研究都表明岩石工程结构的破坏模式可以在塑性破坏和脆性破坏之间转化并且随着结构尺度的变化呈现出不同的力学特性。大部分室内试验研究都只能局限在有限的尺度范围之内，而尺度效应的存在使得特定尺度的岩石强度以及变形特征无法直接应用于工程设计，因此岩石尺度效应一直是岩石力学中有待研究的问题。大量有关岩石材料尺寸效应的试验数据普遍显示，在静载荷作用下材料的抗压和抗拉强度随着试样尺寸的增大而降低。

采用 WDW-100E 微机控制电子式万能试验机加载系统对不同尺寸的煤样进行单轴压缩试验，获取加载过程的应力–应变曲线，从而计算出煤样的单轴抗压强度，对比分析不同尺寸煤样抗压强度，并对不同尺寸煤样抗压强度随尺寸的变化趋势进行分析。

试验采用 WDW-100E 微机控制电子式万能试验机加载系统，试验机最大轴向载荷量程 100kN，精度±0.5%，可由计算机实现精准控制，全程记录载荷和位移。该装置可实现各种材料的拉伸、压缩、弯曲、剪切等试验。根据试验要求加工直径分别为 25mm、38mm、50mm 和 75mm 的四组圆柱体煤样，高径比均为 2∶1，每组加工 6 个试样，两端面应垂直于圆盘轴向，最大偏差不超过 0.25°；加工时将岩样两端面磨平，确保不平整度不超过 0.1mm，试验样品如图 3.9 所示。

分别对待测煤样进行单轴压缩试验，首先将岩样置于试验机压头中部，为减小试样与压头之间的摩擦，在试样两端涂抹少量凡士林；利用微机控制压头使之与试样上端部接触，随后采用位移控制进行加载（图 3.9），加载速率设定为 0.1mm/min，实时绘制应力–

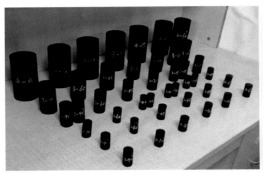

图 3.9 布尔台矿试验煤样及样品加载图

应变曲线并同步记录应力应变数据。待样品破坏后停止加载并保存数据，取出样品，进行下一个样品的加载试验。

图 3.10 为典型样品的应力–应变曲线，可以看出不同尺寸煤样的应力–应变曲线存在一定的差异，且应力峰值存在一定的离散性。不难发现，不同尺寸煤样具有类似的变形特征，均可分为压密阶段、弹性阶段、屈服阶段和破坏阶段；加载初期，煤样内部空隙、孔隙在外力作用下开始闭合；随后进入弹性阶段，此时应力–应变呈近线性关系；当应力达到峰值应力的 80%~90% 时，应力–应变曲线不再沿着原来的近似直线，开始进入屈服阶段，试样内部开始产生屈服破坏；当应力达到峰值强度后，进入峰后破坏阶段，应力出现突降，样品瞬间爆裂，并向四周冲出碎块。通过分析不同尺寸煤样的变形特征及抗拉强度，发现不同尺寸的煤样单轴抗压强度随样品直径的增加而减小，且二者呈幂函数关系，关系式如图 3.10 所示。

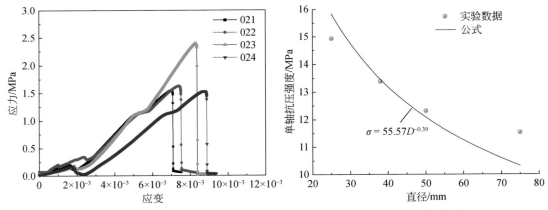

图 3.10 典型岩样应力–应变曲线及单轴抗压强度随样品直径的变化图

3.1.4 深部岩体力学特性的工程尺度效应

将开挖扰动相关区域看作一个大的系统，扰动量的存在使系统的性能（整体或局部的应力和强度）发生改变，产生各种响应，定义这一扰动过程中系统的响应为开挖扰动响应（工程响应）。钱七虎院士指出，在深部工程围岩中交替出现若干破裂区和不破裂区，即分区破裂化现象是静力特征现象表现；深部矿井中的岩块弹射和岩块冒落等岩爆现象和冲击地压动力事件则是动力特征现象的表现。

在采矿研究领域，相似模拟实验是指根据相似理论，利用石灰、石膏、沙子、水等按照一定的比例混合制成的人工材料按照一定的比例（相似常数）缩小而制成的模型用来模拟岩层在自身以及外力作用下的原始应力、应力变化以及变形位移等物理量，在模型中，不同的材料配比代表不同的岩层性质，依照相似理论，一定的相似比开挖目标岩层或煤层，模拟人工结构，如采场或巷道，并采用位移计、应力计等传感器采集开挖后材料的断裂、失稳、应力等变化情况，用以推测实际采矿活动中的覆岩失稳运动情况以及矿山压力特征，准确把握矿压显现规律，为采矿生产活动提供科学的实验数据，指导生产实践。

图 3.11 为不同煤层推进速度扰动下的上覆岩层下量演化规律。模型开挖前，各岩层垂直位移量为零，当工作面推进至距离开切眼 45m 时，直接顶出现初次垮落，垮落高度约为 3.2m；当推进 75m 时，工作面上覆直接顶发生大面积垮落，垮落高度约为 20m；当推进 190m 时，主关键层初次垮落，垮落步距为 190m；当推进 255m 时，裂隙发育至地表。随着推进速度的加快，岩层破断的步距在增加。

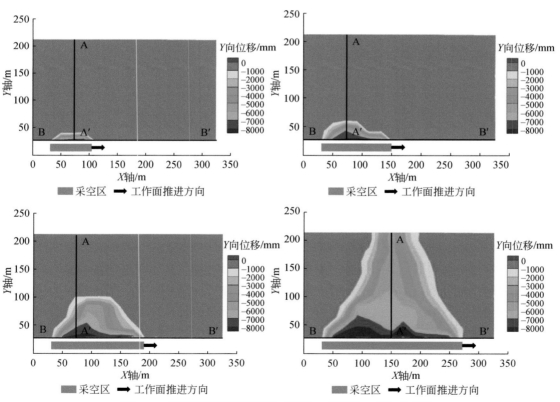

图 3.11　不同煤层推进速度扰动下的上覆岩层下量演化规律

3.2　开采扰动下煤岩破裂、失稳的能量机制与判别准则

岩石是一种复杂的地质材料，当岩石受到外界作用后，这些微缺陷演化、扩展，最终形成宏观主裂纹，导致岩石破坏。目前，在分析岩石破坏机理时，主要采用弹塑性力学、损伤力学、断裂力学等经典力学方法，或者采用耗散结构理论、突变论、分形几何等非线性科学方法。实际上，在岩石变形破坏过程中，不断和外界进行物质与能量的交换，而且其热力学状态也会有所改变。因此在考察岩石强度特性时，可以用热力学的方法去研究；由热力学定律可知，能量转化是物质物理过程的本质特征，岩石的破坏归根到底是能量驱动下的一种状态失稳现象，而岩石的动力破坏则是达到强度极限时内部积聚的弹性变形能急剧释放的结果，所以，如果能详细分析岩石变形破坏过程中的能量演化规律，从而建立以能量变化为判据的破坏理论，有望比较真实地反映岩石的破坏规律，更好地为相关工程实践服务。

3.2.1　基于弹性能密度的煤岩体本构模型

1. 基于 Weibull 分布的岩石损伤本构模型

基于岩石单元弹性模量服从 Weibull 分布，建立的岩石损伤本构模型可以反映加载过程中的应力应变，以及声发射特性。具体模型为

$$\sigma_i' = \sigma_i(1-D) = E\varepsilon_i(1-D) \tag{3.1}$$

式中，σ_i' 为实际应力；σ_i 为名义应力；D 为岩石损伤变量；ε_i 为应变；E 为弹性模量。单元度弹性模量近似服从 Weibull 分布，损伤变量可由统计损伤理论确定，其概率密度为

$$P(x) = m/F_0 \ (F/F_0)^{m-1} e^{-(F/F_0)^m} \tag{3.2}$$

式中，m 为均质度系数；F 为单元体弹性能密度的函数；F_0 为完全破损时 F 所对应的值。

$$F = f(W) = \int_0^{\varepsilon_{ij}} \sigma_{ij} \mathrm{d}\varepsilon_{ij} \tag{3.3}$$

岩石损伤参数 D 可表示为

$$D = \int_0^F P(x)\mathrm{d}x = 1 - \exp\left[-(F/F_0)^m\right] \tag{3.4}$$

岩石在外力作用下发生变形时，单元内部将储存应变能，每个单元体能够储存的应变能是有限的，超过单元体所能承受的应变能极限值后单元体就会破损，弹性模量也随之降低。为描述外力作用下弹性模量改变的情况，依据单元体存储的应变能将加载过程进行分区（图 3.12）。

当单元的应变能密度小于应变能极限时，单元体处于弹性阶段，未发生损伤情况。

当单元的应变能密度大于应变能极限时，单元体发生损伤，岩石的弹性模量减小，为描述该阶段的弹性模量变化情况，孙倩等（2011）将弹性模量折减进行离散化，设置最高折减次数为 $n=20$ 次，每次折减系数保持不变均为 K_0（图 3.12）。$E_n = (K_0)^n E$，故单元体弹性密度函数为

$$F = \int_0^{\varepsilon_{ij}} \varepsilon_{ij} \mathrm{d}\sigma_{ij} \approx \frac{1}{2} \sum_{n=1}^{20} \sigma_{ij}^2 / E_n \tag{3.5}$$

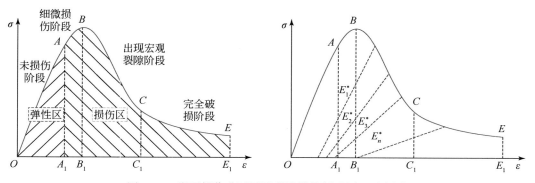

图 3.12　岩石损伤分区图及弹性模量折减原理示意图

2. 损伤本构模型的参数修正

为确定损伤本构模型中的参数，有学者根据不同围压下的应力-应变曲线的极值来确定损伤本构模型中的相关参数，该方法可以较好地拟合不同围压下的应力-应变关系。但该方法所选取的参数与围压有关，难以体现反复加载等复杂应力条件下应力-应变情况。依据能量密度理论，借助数值模拟对岩体损伤过程进行数值实验，将不同参数下的模拟结果和室内实验结果进行对比，利用实验结果对相关参数进行确定。

采用 FLAC3D 有限差分数值软件，根据上述理论建立岩石单元的损伤破坏方程，模拟试件为圆柱形标准试件（直径 $D = 50\mathrm{mm}$，高 $L = 100\mathrm{mm}$）。单元的体积模量及剪切模量服从 Weibull 分布。模型采用速度控制方式，对顶部和底部进行加载。在 FLAC3D 中单元外参数 Zextra1 为单元破坏次数，Zextra2 为单元的应变能，Zextra3 为单元破坏能阈值。利用内置 Fish 语言在计算开始前对每一个单元的能量赋值为 0，即 Zextra2 = 0，第一步时单元的应变能密度为 0，计算到第 i 步时，单元的应变能密度为

$$
\begin{aligned}
(\mathrm{d}W/\mathrm{d}V)_i = {} & (\mathrm{d}W/\mathrm{d}V)_{i-1} + \frac{1}{2}(\sigma_x^i + \sigma_x^{i-1})(\varepsilon_x^i + \varepsilon_x^{i-1}) \\
& + \frac{1}{2}(\sigma_y^i + \sigma_y^{i-1})(\varepsilon_y^i + \varepsilon_y^{i-1}) + \frac{1}{2}(\sigma_z^i + \sigma_z^{i-1})(\varepsilon_z^i + \varepsilon_z^{i-1}) \\
& + \frac{1}{2}(\sigma_{xy}^i + \sigma_{xy}^{i-1})(\varepsilon_{xy}^i + \varepsilon_{xy}^{i-1}) + \frac{1}{2}(\sigma_{yz}^i + \sigma_{yz}^{i-1})(\varepsilon_{yz}^i + \varepsilon_{yz}^{i-1}) \\
& + \frac{1}{2}(\sigma_{yz}^i + \sigma_{yz}^{i-1})(\varepsilon_{yz}^i + \varepsilon_{yz}^{i-1})
\end{aligned}
\tag{3.6}
$$

当单元体应变能密度大于单元破坏能阈值时，视为出现声发射事件，该单元外参数 Zextra1 数值增大 1，单元弹性模量进行折减。若单元体外参数 Zextra1 = 20 则认为该单元已经完全破坏，不再对该单元弹性模量进行折减。

单元初始损伤阈值遵循 Weibull 分布。

将弹性能 0.034MPa 作为平均初始损伤阈值。弹性模量随损伤持续折减，故每次损伤后单元的阈值都会增加变为上一次的 $1/K_0$ 倍。卸载时将单元弹性能随卸载不断减小，弹

性能损伤阈值不变，从而模拟凯赛效应。

为防止网格划分对模拟结果带来的误差，我们将直径 $D=50$mm，高 $L=100$mm 的标准试件划分为 1600 个单元、64000 个单元、80000 个单元、100000 个单元、300000 个单元。其中当单元在 64000～100000 时（表 3.1），应力-应变曲线与声发射特征差距较小（图 3.13），可以忽略网格划分对模拟结果的影响，因此采用 80000 个单元对试件进行模拟。其中取试件完全破损时声发射累积能量作为归一化值。

表 3.1 岩石损伤破坏数值模拟参数

体积模量/GPa	剪切模量/GPa	内摩擦角/(°)	抗拉强度/MPa	内聚力/MPa
3.18	2.8	41	8.67	5.82

数值模型				
1600 单元 	64000 单元 	80000 单元 	100000 单元 	300000 单元 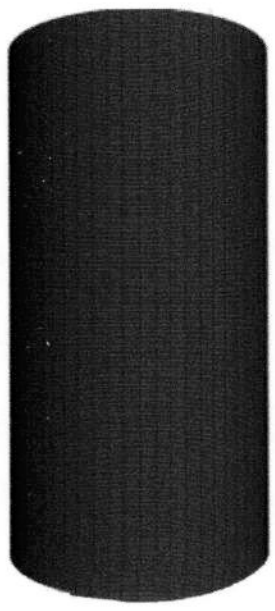

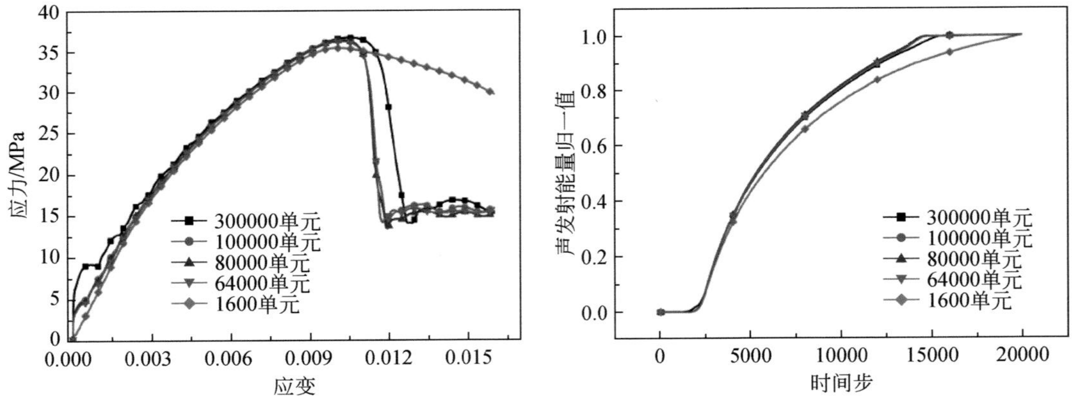

图 3.13 不同网格划分下应力-应变曲线及不同网格划分下声发射累积信号

由于单元弹性模量不相同，单元相对位置的不同排列组合方式会导致试件单轴抗压强度改变。为研究单元相对位置的不同排列组合方式对试件整体力学性质的影响。通过模拟软件中设置不同随机种子数（set random）来模拟单元相对位置对试件整体力学性质的影响。表 3.2 表明不同单元相对位置对试件单轴抗压强度、应变情况影响较小，仅对于峰后曲线有一定的影响（图 3.14）。因此，选用组合方式 1 的单元相对位置情况对石膏试件进行模拟。

表 3.2　单元体组合方式

图例	组合方式1	组合方式2	组合方式3	组合方式4
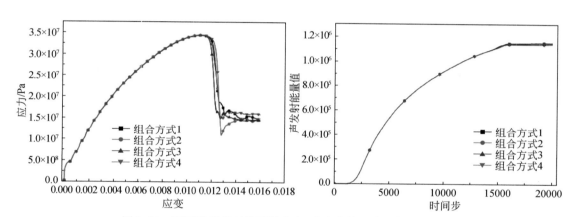				

图 3.14　不同单元相对位置的应力-应变曲线和声发射事件曲线

3. 均质度确定

1）均质度对单轴抗压强度影响

岩石的非均质性对岩石的性质有着重要影响，在 Weibull 分布中 m 代表函数的均质度，m 越大均质度越高，每个单元的力学属性越接近。为了考虑单元分布集中程度对试件的影响，改变 m 的取值，分别取 $m=3$，$m=5$，$m=7$，$m=9$，$m=11$，$m=13$，$m=15$，$m=17$，$m=19$ 对岩石单轴压缩情况进行模拟，对比应力-应变特征及声发射事件情况。单元平均参数相同的情况下，岩石的均质度越高，岩石的单轴抗压强度越高，峰值应变越小，弹性模量越大，试件整体呈现出较强的脆性（图 3.15）。为研究均质度 m 对单轴抗压强度的影响，对曲线进行拟合（图 3.15），拟合关系函数为

$$y_1 = 3.6865 \times 10^7 - 15.0459 \times 10^6 \mathrm{e}^{\frac{-m}{3.739}} \tag{3.7}$$

式中，m 为均质度；y_1 为单轴抗压强度。

2）均质度对声发射事件能量影响

在轴压作用下，均质度低的岩石由于单元破坏所需能量差异较大，单元在加载过程中

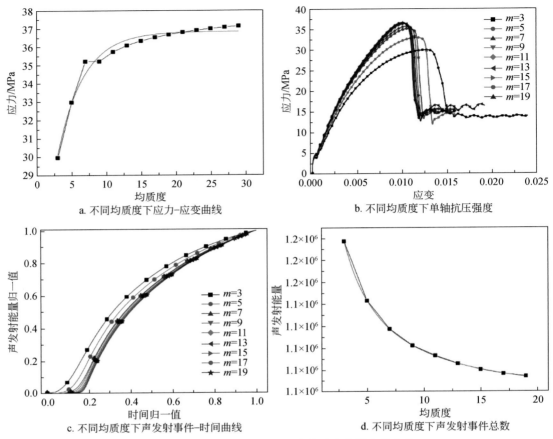

a. 不同均质度下应力-应变曲线　　　　　　　b. 不同均质度下单轴抗压强度

c. 不同均质度下声发射事件-时间曲线　　　　d. 不同均质度下声发射事件总数

图 3.15　不同均质度下应力-应变及声发射参数曲线

逐渐破坏，试件吸收的弹性能量多。声发射总数越多，破损时消耗的能量越大（图 3.15）。均质度越低声发射事件出现的时间相对越早，持续时间越长，试件压缩全过程中均有声发射事件产生；而均质度较高的试件声发射事件出现较为集中，峰后声发射事件几乎没有。为研究均质度 m 对声发射事件的影响，对曲线进行拟合（图 3.15），拟合关系函数为

$$y_2 = 1.067 \times 10^6 - \frac{8.5487 \times 10^5}{1 + (m/0.66309)^{1.02377}} \tag{3.8}$$

式中，m 为均质度；y_2 为声发射事件总数。

3）均质度确定

为确定合适的均质度 m，相关学者采用非线性弹性本构关系，应力-应变曲线关系为

$$\sigma = E_0 \varepsilon (1 - D) - E_0 \varepsilon \exp\left[-\left(\frac{\varepsilon}{\varepsilon_0}\right)^m\right] \tag{3.9}$$

式中，ε 为微元应变；ε_0 为岩石材料的统计平均应变。

计算得到：

$$m = \frac{1}{\ln\left(\dfrac{E_0 \varepsilon_c}{\sigma_c}\right)} \tag{3.10}$$

式中，E_0 为岩石的初始弹性模量；σ_c 为峰值强度；ε_c 为峰值强度对应的应变。根据选取的石膏试件单轴抗压结果测得 σ_c 为 35MPa，ε_c 为 0.009，E_0 为 4.595GPa，计算得 $m \approx$ 5.99。张晓君考虑了峰后的耗能和释能情况对公式进行了修改：

$$m = \ln\frac{-\ln\dfrac{\sigma_c}{E_0\varepsilon_c}}{\ln\left(\dfrac{\varepsilon_c}{\varepsilon_1}\right)} \tag{3.11}$$

式中，ε_1 为岩石发生失稳破坏时的应变，0.0126。

计算得 $m \approx 5.32$。可见考虑岩石的峰后强度曲线情况之后岩石的均质度要相应变小。前人对于均质度的研究主要是基于应力–应变曲线特征，但应变和损伤并不是线性对应关系，将应变直接作为岩石损伤指标缺乏一定的合理性。

为确定试件均质度 m，通过实验观察 AE 能量与试件内部损伤的统计分布一致，在外部载荷下产生的损伤通过 AE 能量表示，AE 累积能量记为 C，完全损坏时累积 AE 能量设置为 C_m，用二者比值来表示损伤情况：$D = \dfrac{C}{C_m}$，故 $\dfrac{C}{C_m} = 1 - \exp\left[-\left(\dfrac{F}{F_0}\right)^m\right]$。因此，我们可借助对声发射能量的测定值来分析试件的损伤程度。

将山东省兰陵县大汉石膏矿 8 号井取出的岩石进行取心打磨，制备成直径 $D = 50$mm，高 $L = 100$mm 的标准试件 6 块。对其进行编号，编号分别为 S-1、S-2、S-3、S-4、S-5、S-6。保证试件端面的不平行度和不垂直度均小于 0.02。对试件 S-1 进行单轴压缩实验，并利用 PAC16 通道声发射装置进行实时监测。

结合均质度对单轴抗压强度和声发射事件能量的影响，将不同均质度下的声发射模拟值和实验得出的声发射事件能量曲线归一化后进行做差比较（图 3.16），计算平方误差（表 3.3），平方误差越小则拟合程度越好。

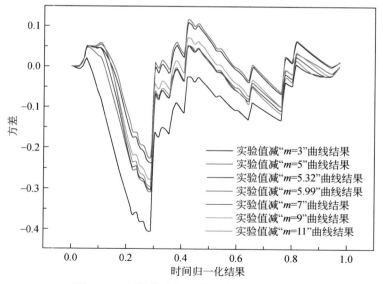

图 3.16　不同均质度下模拟值和实验值差值

在同种力学参数条件下, $m = 7$ 时模拟出的结果和实验结果吻合情况最优, 同时也优于 $m = 5.32$ 时的拟合程度。采用基于应变能的弹性模量折减模型可较为真实地模拟试件应力应变以及声发射情况。

表 3.3　不同均质度拟合情况

均质度	3	5	5.32	5.99	7	9	11	13
拟合优度	0.7214	0.4414	0.4214	0.3992	0.3741	0.3742	0.3812	0.3904
均质度	15	17	19	21	23	25	27	29
拟合优度	0.4031	0.4145	0.4261	0.4261	0.4261	0.4399	0.4573	0.4634

4. 弹性模量折减值确定

随外力的增加岩体出现微小裂隙, 岩体单元出现破损, 单元体的弹性模量相应降低。对于弹性模量的折减, 有学者将弹性模量折减进行离散化, 设置最高折减次数为 $n = 20$ 次, 每次折减系数保持不变均为 K_0, 此方法是借助于室内实验得到的拟合值, 有很好的实验室应用价值, 但未能给出弹性模量减小的物理意义。为了确定弹性模量折减值, 借助岩体的纵波速度和动态体积模量与动态剪切模量的关系:

$$V_P = \sqrt{\frac{K + 1.33G}{\rho}} \tag{3.12}$$

式中, V_P 为岩石的纵波速度; K 为岩石的动态体积模量, 为静态体积模量的 2.16 倍; G 为岩石的动态剪切模量, 为静态剪切模量的 2.16 倍; ρ 为岩石的密度。

假设在破坏过程中每个单元体最多只能折减 20 次, 每次弹性模量折减系数不变, 均为 K_0, 单元密度不变。由于单元在 y 方向长度一样, 各单元间的速度差别并不大, 为方便计算只需对每个单元的波速求和后平均, 从而得到试件整体波速。

将制备的试件进行纵波波速测试, 测量得到原始试件的平均纵波波速为 3571m/s, 数值模拟得到原始试件纵波波速为 3577m/s。为修正折减系数 K_0, 采用数值软件对不同折减系数下的完全破损后岩石的纵向声波波速进行模拟 (表 3.4)。当折减系数为 0.92 时模拟得出的波速为 1998m/s, 试件单轴加载受压完全破损后测量纵向声波传播速度为 2001m/s, 两者数值最为接近, 预设弹性模量折减参数 $K_0 = 0.92$ 用以模拟石膏试件破损过程中单元弹性模量的折减较为合理, 可以反映出加载过程中石膏试件的损伤变化。

表 3.4　不同折减系数试件波速拟合情况　　　　　　　　(单位: m/s)

	实验结果	模拟结果								
		$K_0 = 0.82$	$K_0 = 0.84$	$K_0 = 0.86$	$K_0 = 0.88$	$K_0 = 0.9$	$K_0 = 0.92$	$K_0 = 0.94$	$K_0 = 0.96$	$K_0 = 0.98$
原始试件	3571	3577	3577	3577	3577	3577	3577	3577	3577	3577
破损后	2001	1919.2	1933.6	1948.1	1962.6	1977.5	1998	2058	2326	2834

5. 数值模拟与实验单轴加载结果对比

将石膏试件 S-2 进行单轴加载实验。实验加载速率为 0.5mm/min。在实验过程中利用 PAC16 通道声发射装置进行实时监测, 发射门槛值设置为 43dB, 频率为 10kHz ~ 2.1MHz,

采样频率1MHz。为保证试验效果，试验采用6个探头进行监测，前放增益为40dB，记录试件加载的声发射事件能量。

随着应力的增加，试件应变增大，断裂处局部应力分布云图见图3.17。模拟试件出现接近45°的剪切破坏，同实验结果吻合（图3.17）。对比提出的理论曲线与石膏岩石的单轴压缩实验曲线，以及由已有成果得出的曲线，提出的理论曲线能更好地反映岩石破裂的应力–应变变化情况，以及声发射特征（图3.18）。模拟结果和岩石破裂实际情况基本吻合，模拟计算方法可应用于岩石破裂分析。

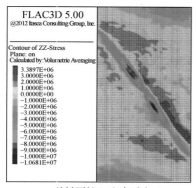

a. 单轴压缩S_{ZZ}方向受力云

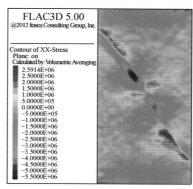

b. 单轴压缩S_{XX}方向受力云图

c. 单轴压缩模拟结果图

d. S-2试件单轴压缩实验结果

图3.17　单轴压缩受力云图、模拟结果图及实验结果图

基于弹性能的损伤模型将损伤应变能积累，对岩石试件在反复加载条件下的损伤分析有着较好的模拟效果。试件平均单轴抗压强度 $\sigma_t = 35\text{MPa}$。对试件 S-3、S-4、S-5、S-6 分别施加轴向荷载（$0.3\sigma_t$、$0.4\sigma_t$、$0.5\sigma_t$、$0.6\sigma_t$）后完全卸载，再以 0.5mm/min 的速度加载至破坏。

其中反复加载模拟参数与单轴模拟参数相同，将实验结果与模拟进行对比。从图3.19a～d可知，模拟实验时将试件加载到 $0.3\sigma_t$（10.5MPa）再卸载时，初次加载产生的声发射事件能量为 54887，约占整体声发射事件能量的 4.8%；岩石加载到 $0.4\sigma_t$（14MPa）再卸载时，初次加载产生的声发射事件能量为 213678，约占整体声发射事件能

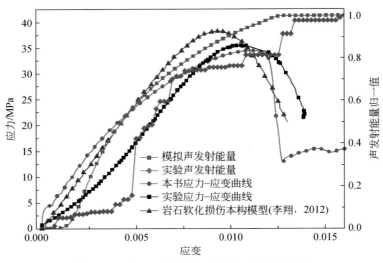

图 3.18　应力-声发射曲线实验、模拟对照图

量的 18.2%；岩石加载到 $0.5\sigma_t$（17.5MPa）再卸载时，初次加载产生的声发射事件能量为 391461，约占整体声发射事件能量的 33.4%，岩石加载到 $0.6\sigma_t$（21MPa）再卸载时，初次加载产生的声发射事件能量为 546150，约占整体声发射事件能量的 45.9%。

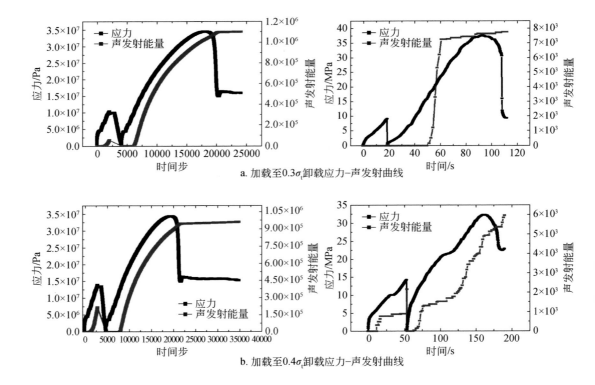

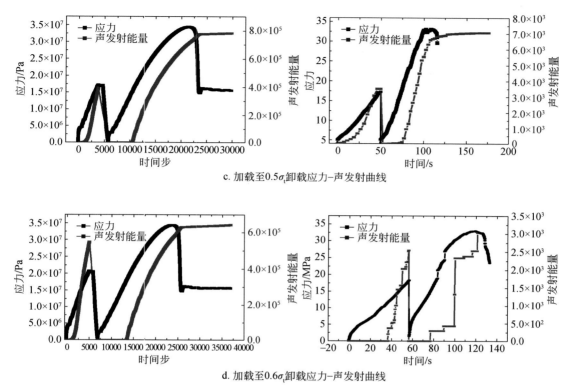

c. 加载至 $0.5\sigma_t$ 卸载应力-声发射曲线

d. 加载至 $0.6\sigma_t$ 卸载应力-声发射曲线

图 3.19　不同加载阶段应力-声发射曲线

从图 3.19a~d 可知，实验室实验时将试件加载到 $0.3\sigma_t$（10.5MPa）再卸载时，初次加载产生的声发射事件能量为 49，约占整体声发射事件能量的 0.64%；岩石加载到 $0.4\sigma_t$（14MPa）再卸载时，初次加载产生的声发射事件能量为 2154，约占整体声发射事件能量的 26.52%；岩石加载到 $0.5\sigma_t$（17.5MPa）再卸载时，初次加载产生的声发射事件能量约占整体声发射事件能量的 33.23%；岩石加载到 $0.6\sigma_t$（21MPa）再卸载时，初次加载产生的声发射事件能量为 2537，约占整体声发射事件能量的 45.63%。

实验及模拟结果都存在明显的声发射凯塞效应（图 3.20），即再次加载后试件承受的应力小于卸载时最大应力，试件不会产生声发射信号。初次加载的力量越大对岩体的损伤程度越高，初次加载产生的声发射能量占总声发射能量的百分比相应更大；再次加载阶段产生声发射能量占总声发射能量的百分比相对变小。提出的应变能损伤本构模型可以较好地反映岩石在反复加载下的应力与声发射特征以及分析加载历史对岩体的损伤影响，使得该模型可以应用于深部开采扰动条件下围岩控制工程问题的求解。

3.2.2　煤岩动态断裂与能量耗散的水理效应

为研究煤样动态拉伸变形破坏过程中的能量耗散规律，利用分离式霍普金森杆冲击加

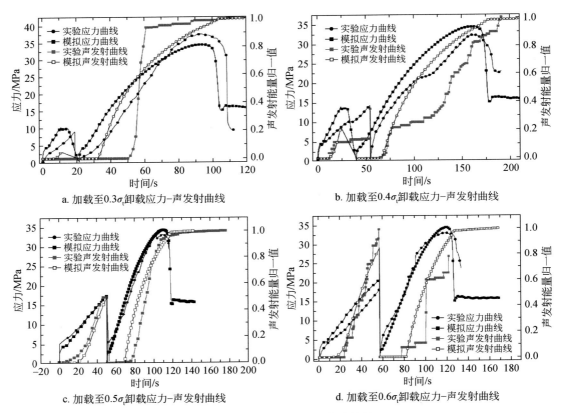

图 3.20　反复加载模拟及实验结果

载系统,对煤样进行冲击条件下巴西圆盘劈裂试验,探讨了冲击速度、层理倾角及饱和含水对煤样总吸收能密度、总耗散能密度的影响。

　　煤样取自大同忻州窑矿 11 号煤的二盘区 8935 工作面,为侏罗系煤层。为保证样品的物理力学性质具有一定的关联性,所有样品均由一块较完整的煤样切割加工而成。共加工测试用煤样 90 块,为 $\Phi 50\text{mm} \times L25\text{mm}$,直径平均值为 49.29mm,厚度平均值为 25.27mm,尺寸误差为 ±1mm,两端面打磨后不平整度在 ±0.05mm,端面垂直轴线,最大偏差不大于 0.25°。经测试得到煤样单轴抗压强度为 27.64MPa,抗拉强度为 1.75MPa,内聚力 7.85MPa,内摩擦角 32.64°,弹性模量 2.29GPa,泊松比 0.24。由煤岩工业分析测定 11 号煤样水分为 4.13%,灰分 2.04%,固定碳 69.17%,属于特低灰分烟煤。

　　最终加工的 90 个巴西圆盘煤样如图 3.21 所示,其中 45 个煤样为自然含水状态,将其余 45 个煤样浸水 161h 以达到饱和含水状态。自然和饱水状态煤样都按照层理倾角(层理面和冲击方向的夹角)不同划分为 5 组(0°、22.5°、45°、67.5° 和 90°),如图 3.21 所示。为了保证煤样能够达到完全饱水状态,随机选取 5 个不同层理倾角的典型试样以记录并观测其吸水过程,如图 3.21 所示。结果显示 80h 左右煤样质量基本保持恒定,表明煤样达到饱和含水状态。45 个饱水煤样的吸水率为 1.2%~2.4%。

　　煤岩动态冲击巴西劈裂试验在中国矿业大学(北京)深部岩土力学与地下工程国家重

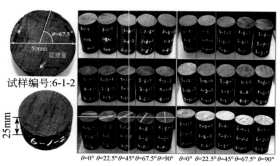

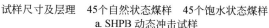

试样尺寸及层理   45个自然状态煤样   45个饱水状态煤样
a. SHPB 动态冲击试样

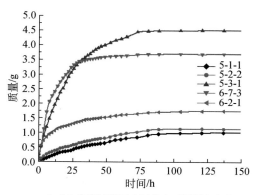

b. 5个典型试样吸水过程中质量增加曲线

图 3.21 SHPB 动态冲击试样及 5 个典型试样吸水过程中质量增加曲线

点实验室的 SHPB 系统上完成。试验用 SHPB 装置的钢质圆柱形子弹、输入杆和输出杆的直径均为 50mm，长度分别为 400mm、2000mm 和 2000mm，分别在输入杆和输出杆距试件端部 1m 位置处贴应变片，以记录杆体应变。子弹初速通过气室内的气压控制，而输入杆速则采用光电法测量。

在 SHPB 试验之前做好各项准备，根据试验需求选取合适尺寸的杆件，杆件包括撞击杆、输入杆、输出杆及吸收杆等杆样，选择杆件之后要仔细地对杆件进行检查，确保杆件没有伤痕和污垢等状况，在杆件上涂黄油，减少摩擦，提高试验精度。将挑选好的撞击杆填入 SHPB 试验设备中，其他杆件保持端面对齐，以保证所有杆件的杆心保持在同一水平上，然后将试件放于输入杆与输出杆之间，同时也应保证试件的中心与其他杆件的中心在同一水平上。试件装置好之后，将新闻灯打开，调整光源照射的方向，将光照方向对准试件，保证高速摄像机在拍摄试件裂纹时，裂纹能够得到充分的曝光；调整高速摄像机的位置，使得高速摄像机的镜头正对试件，位置调好之后，设置本次试验所用到的高速摄像机的分辨率。使各个系统设备处于连接状态，并仔细检查其是否为正常状态，如不正常，应立即调换此设备。打开氮气钢瓶，使用控制器对气室进行充气，等到气室充到预定气压时，整个试验系统处于待发射状态。待一切准备就绪时，启动放枪按键，同时启动高速摄像机拍摄整个试验过程，完成一次煤岩试件的冲击试验，并对高速摄像机拍摄的煤岩试件整个的裂纹扩展过程进行储存。取下已冲击的煤岩试件，对试验装置进行清理并且再次检查试验系统的各个装置，如果装置没问题，则安装下一个煤岩试件，重复进行试验直至所有煤岩试件冲击完毕。

霍普金森杆技术基于一维假定和应力均匀假定基础，根据应力均匀假定，采用三波法得到材料的动态应力–应变关系为

$$
\left.
\begin{aligned}
\varepsilon(t) &= \frac{c}{l_s}(\varepsilon_i - \varepsilon_r - \varepsilon_t) \\
\varepsilon(t) &= \frac{c}{l_s}\int_0^t (\varepsilon_i - \varepsilon_r - \varepsilon_t)\,\mathrm{d}t \\
\sigma(t) &= \frac{A}{2A_s}E(\varepsilon_i + \varepsilon_r + \varepsilon_t)
\end{aligned}
\right\}
\tag{3.13}
$$

式中，E，c 和 A 分别为压杆的弹性模量、弹性波波速和横截面积；A_s 和 l_s 分别为试样的初始横截面积和初始长度；ε_i，ε_r 和 ε_t 分别为杆中的入射、反射和透射应变。

从加载到卸载过程中入射波、反射波和透射波所携带的能量分别为 W_i，W_r 和 W_t，试样总耗散能为 W_d，总耗散能密度为 w_d，其计算公式如下：

$$
\left.
\begin{aligned}
W_i &= \frac{AC_b}{E_b}\int \sigma_i^2 \,\mathrm{d}t = AE_bC_b\int \varepsilon_i^2 \,\mathrm{d}t \\
W_r &= \frac{AC_b}{E_b}\int \sigma_r^2 \,\mathrm{d}t = AE_bC_b\int \varepsilon_r^2 \,\mathrm{d}t \\
W_t &= \frac{AC_{bt}}{E_{bt}}\int \sigma_r^2 \,\mathrm{d}t = AE_{bt}C_{bt}\int \varepsilon_t^2 \,\mathrm{d}t
\end{aligned}
\right\}
\tag{3.14}
$$

$$
W_d = W_i - W_r - W_t \tag{3.15}
$$

$$
w_d = W_d / V \tag{3.16}
$$

式中，σ_i，σ_r 和 σ_t 分别为压杆上对应于入射波、反射波和透射波的应力；V 为试样体积；C_b，C_{bt}，E_b 和 E_{bt} 分别为输入杆、输出杆中声波传播速度和杆的弹性模量。

分离式霍普金森杆试验基于一维弹性应力波假设和均匀性假设，主要通过试验过程中的入射波、反射波和透射波的改变来反映试样应力–应变响应特征。应力波穿过试样过程中，由于试样内部存在层理、裂隙并且伴随裂纹的生成和扩展，应力波所携带的能量逐渐衰减，其中入射波所携带的能量减去反射波和透射波所携带的能量之和，即为试样动态加载破坏所消耗的能量。这部分能量主要用于试样的损伤及破坏，其中还有一小部分转化为热能、声能和电磁辐射能等。

基于以往学者的研究成果，对于煤岩试件动态冲击受拉破坏的损伤变量 d 定义如下：

$$
d = \frac{w_d}{u} \tag{3.17}
$$

式中，u 为试样破坏总吸收能密度，即煤样应力–应变曲线所围成的面积：

$$
u = \int \sigma \,\mathrm{d}\varepsilon \tag{3.18}
$$

图 3.22a 和 b 为自然状态和饱水状态煤样不同层理倾角的典型应力–应变曲线，可以看出，饱水煤样都有一段较长的峰后曲线，表明其发生较大的变形。相比而言，自然煤样具有较低的峰值强度并且破坏前产生了较小的变形。煤样破坏总吸收能密度可由相应应力–应变曲线积分得到。

为分析煤样总吸收能密度、总耗散能、总耗散能密度对冲击速度、层理倾角及饱和含水的响应特征，试验成功获取了 41 个样品的能量耗散特征参数情况，表 3.5 给出了煤样各能量耗散特征参数的统计分布。分析发现：在冲击速度相近条件下，自然状态煤样中层理倾角为 45° 时总吸收能密度最大，层理倾角为 90° 时最小；此外，层理倾角为 0° 时煤样离散性最大，层理倾角为 22.5° 时离散性最小。对于饱水煤样，层理倾角为 0° 时总吸收能密度及离散性都最小，层理倾角为 45° 时总吸收能密度值最大，且层理倾角为 90° 时离散性最大。自然煤样层理倾角为 45° 时总耗散能密度最大，层理倾角为 90° 时离散性最小；饱水煤样层理倾角为 45° 时总耗散能密度最大，层理倾角为 0° 时离散性最小。

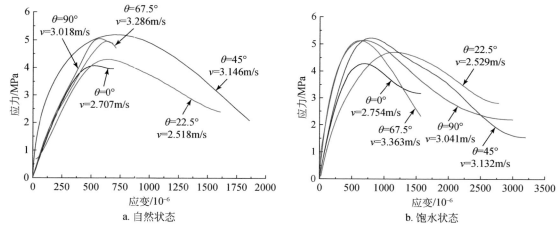

图 3.22　不同层理倾角煤样应力－应变曲线

表 3.5　煤样能量耗散特征参数统计分布

含水状态	层理倾角 θ /(°)	冲击速度 v /(m/s)	总吸收能密度 u /(J/m³)	总耗散能 W_d /J	总耗散能密度 w_d /(J/m³)
自然	0	$3.045_4 \pm 0.4224$	$5475.09_4 \pm 3352$	$0.0268_4 \pm 0.0194$	$547.69_4 \pm 394.6$
	22.5	$2.8472_5 \pm 0.5782$	$5357.56_5 \pm 1202$	$0.023_5 \pm 0.01$	$472.478_5 \pm 199.4$
	45	$2.9987_3 \pm 0.3269$	$6473.18_3 \pm 1464$	$0.032_3 \pm 0.013$	$652.557_3 \pm 257.3$
	67.5	$3.088_5 \pm 0.7127$	$5004.94_5 \pm 1466$	$0.0244_5 \pm 0.0078$	$509.472_5 \pm 163.3$
	90	$2.9892_5 \pm 0.548$	$4486.94_5 \pm 2895$	$0.0214_5 \pm 0.0159$	$439.90_5 \pm 327.2$
饱水	0	$2.5036_5 \pm 0.653$	$4198.80_5 \pm 1124$	$0.0172_5 \pm 0.0071$	$369.584_5 \pm 153.1$
	22.5	$2.7028_4 \pm 0.356$	$8036.25_4 \pm 2742$	$0.0333_4 \pm 0.0135$	$679.353_4 \pm 277.8$
	45	$3.1183_3 \pm 0.197$	$8316.98_3 \pm 2505$	$0.0473_3 \pm 0.0159$	$985.693_3 \pm 337.9$
	67.5	$3.2253_3 \pm 0.303$	$6339.03_3 \pm 2489$	$0.036_3 \pm 0.0105$	$749.95_3 \pm 224.9$
	90	$2.6405_4 \pm 0.503$	$5574.68_4 \pm 2746$	$0.0253_4 \pm 0.0155$	$532.16_4 \pm 318.2$

注：表中数据采用"平均值$_{试样数量}$±标准差"的形式表示。

3.2.3　煤岩动态断裂与能量耗散的层理效应

采用直切槽半圆弯拉法和霍普金森装置分析了不同层理倾角煤样的动态断裂韧度率响应特征，对比了不同冲击速度和层理倾角煤样的入射能、吸收能、断裂能和残余动能，得出了冲击荷载下煤样能量耗散规律。

选取煤样为大同忻州窑矿 11#煤层，埋深所有样品均从一块较完整煤体中切割加工完成。首先，平行煤岩层理面钻取直径为 50mm 的圆柱形岩心，然后切成厚度为 25mm 的圆盘试样。随后将每个圆盘试样沿直径切为两个半圆盘试样，在半圆盘试样中部加工 1mm 宽的直切槽，并使用厚度为 0.1mm 的金刚石线锯制作切槽尖端，共加工煤样 135 块。

NSCB 煤样几何尺寸如图 3.23a 所示，切槽宽度 c 为 1mm，切槽深度 a 设计为 3 组（4mm、7mm 和 10mm），两支座间距离 S 为 30mm，煤样直径 D 为 50mm，厚度 B 为 25mm。按层理面与冲击方向夹角将煤样分为 5 组，依次为 0°、22.5°、45°、67.5° 和 90°，图 3.23b 为编号 3432 的典型煤样层理倾角示意图。

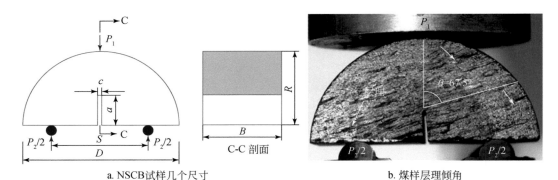

a. NSCB试样几个尺寸　　　　　　　　　b. 煤样层理倾角

图 3.23　忻州窑矿 11#煤层直槽半圆弯曲煤样

煤岩动态断裂韧度试验的加载装置为中国矿业大学（北京）深部岩土力学与地下工程国家重点实验室的霍普金森杆（split Hopkinson pressure bar, SHPB）加载系统，SHPB 加载系统输入杆和输出杆的长度为 2m，直径为 0.05m，在输入杆和输出杆中部贴有应变片，以记录杆体变形。同时，采用高速摄像机对冲击荷载下 NSCB 煤样破坏过程进行拍摄，以便获取其破坏特征，SHPB 动态岩石力学试验系统如图 3.24 所示。

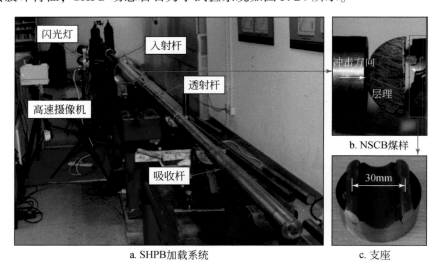

a. SHPB加载系统　　　　　　　　　c. 支座

图 3.24　SHPB 动态岩石力学试验系统

在煤样的 NSCB 断裂韧度测定试验中，在样品表面上端加载点与切缝所连直线上布设两组应变片，1#应变片中心与加载点距离 2mm，2#应变片中心距切缝端部 1.5mm。

为分析冲击速度和层理倾角对煤样入射能、吸收能、断裂能和残余动能的影响，试验获取了 54 个煤样的能量耗散数据。表 3.6 为煤样各能量耗散特征参数的统计分布。可以看出，煤样入射能受冲击速度影响较大，层理倾角为 0°的煤样冲击速度平均值最大，入射能最大，离散性最高，而层理倾角为 22.5°煤样入射能最小；层理倾角为 67.5°煤样冲击速度平均值最小，入射能离散性最低。层理倾角为 0°煤样吸收能、断裂能和残余动能最大，层理倾角为 22.5°煤样吸收能、断裂能和残余动能最小；层理倾角为 67.5°煤样能量耗散率最高，层理倾角为 22.5°时最小，可见煤样动态断裂能量耗散率不仅和冲击速度有关，还受层理的各向异性效应影响。

表 3.6　不同层理倾角煤样的动态断裂过程能量耗散统计

层理倾角 θ /(°)	冲击速度 v /(m/s)	入射能 W_i/J	吸收能 ΔW/J	冲击杆动能 W_B/J	断裂能 W_G/J	残余动能 K/J	能量耗散率 (W_G/W_B)/%
0	$4.826_{11}\pm0.5$	$12.87_{11}\pm4.433$	$1.984_{11}\pm0.4$	$72.14_{11}\pm15.6$	$1.408_{11}\pm0.44$	$0.576_{11}\pm0.24$	$2.04_{11}\pm0.69$
22.5	$4.324_{11}\pm0.5$	$5.137_{11}\pm2.302$	$0.936_{11}\pm0.4$	$58.17_{11}\pm16.1$	$0.748_{11}\pm0.39$	$0.188_{11}\pm0.09$	$1.33_{11}\pm0.72$
45	$4.370_{10}\pm0.5$	$6.741_{10}\pm2.628$	$1.667_{10}\pm0.6$	$59.44_{10}\pm16.2$	$1.311_{10}\pm0.55$	$0.356_{10}\pm0.22$	$2.24_{10}\pm0.91$
67.5	$4.114_{6}\pm0.3$	$5.755_{6}\pm0.827$	$1.521_{6}\pm0.7$	$52.15_{6}\pm9.5$	$1.202_{6}\pm0.72$	$0.319_{6}\pm0.11$	$2.29_{6}\pm1.42$
90	$4.308_{16}\pm0.4$	$5.468_{16}\pm1.907$	$1.441_{16}\pm0.6$	$57.47_{16}\pm13.3$	$1.164_{16}\pm0.61$	$0.277_{16}\pm0.14$	$2.08_{16}\pm1.19$

注：数据用"平均值$_{试样数量}$±标准差"形式表示。

图 3.25 为不同层理倾角煤样残余动能随冲击速度变化情况。由图可见，当冲击速度为 3.5～5.5m/s 时，煤样残余动能在 0.11～0.93J 范围内。分析发现，相同层理倾角煤样残余动能随冲击速度的增加呈近似线性增加，该结论与以往开展的辉长岩和大理石残余动能测试结果一致。并且当冲击速度为 3.75～4.35m/s 时，层理倾角为 67.5°的煤样残余动能最大；冲击速度为 4.35～5.5m/s 时，层理倾角为 0°的煤样残余动能最大。不同层理倾角煤样的残余动能随冲击速度变化的拟合直线斜率依次为 0.404、0.132、0.303、0.269和 0.228，总体而言，冲击速度对于煤样残余动能的影响随着层理倾角的增大而不断减弱，但层理倾角为 22.5°的煤样斜率最小，这可能是煤的非均质性所致。此外，全体煤样的残余动能随冲击速度的增大呈指数趋势增加，拟合函数为

$$K = e^{v_0-5.6} \tag{3.19}$$

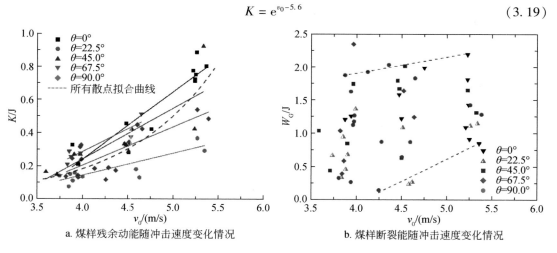

a. 煤样残余动能随冲击速度变化情况　　　　　　　b. 煤样断裂能随冲击速度变化情况

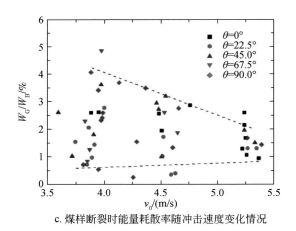

c. 煤样断裂时能量耗散率随冲击速度变化情况

图 3.25　煤样断裂时能量耗散率随冲击速度变化情况

　　图 3.25 给出了不同层理倾角煤样断裂能随冲击速度变化情况。可以看出，由于煤岩自身组成成分及构造特征导致测试结果离散性较大，但总体而言，煤样动态断裂能随冲击速度的增大而不断增加，层理倾角为 0°、22.5° 和 67.5° 的煤样表现最为明显。这是由于高速冲击荷载条件下，煤样内部将产生更多的宏观分叉裂纹及微观损伤裂纹，导致断裂过程能量消耗更多。

　　图 3.25 为煤样动态断裂过程中能量耗散率（W_G/W_B）随冲击速度变化情况，由图可见，不同层理倾角煤样断裂能量耗散率随着冲击速度的增大而不断减小，并且整体的离散性也逐渐减弱。因此，从能量利用效率的角度来看，破碎煤岩的最佳条件为低速加载，这样整体能量利用效率较高。从断裂韧度的角度来看，利用断裂韧度的率响应特征，即断裂韧度随冲击速度的增大而不断增加，破裂煤岩也应当在低速加载条件下，这样煤岩断裂韧度更小，更加易于破碎。综上，在岩石钻孔，开挖或破碎过程中，最佳的能量利用方法为低速加载。

　　结果表明：煤样入射能受冲击速度影响较大，层理倾角为 0° 的煤样冲击速度平均值最大，入射能最大，离散性最高，而层理倾角为 22.5° 的煤样入射能最小；层理倾角为 67.5° 的煤样冲击速度平均值最小，入射能离散性最低。层理倾角为 0° 的煤样吸收能、断裂能和残余动能最大，层理倾角为 22.5° 的煤样吸收能、断裂能和残余动能最小；层理倾角为 67.5° 的煤样能量耗散率最高，层理倾角为 22.5° 时最小。这是由于，煤样的断裂能为吸收能与残余动能之差，层理倾角为 22.5° 的煤样的吸收能为各组中最小，导致其断裂能和残余动能均最小。而煤样能量耗散率为断裂能与冲击杆动能之比（W_G/W_B），层理倾角为 22.5° 的煤样断裂能最小，但各组层理倾角煤样的冲击杆动能相近，导致层理倾角为 22.5° 的煤样能量耗散率最低。

3.3　煤岩失稳的率响应机制和触发条件

　　煤的冲击特性评价结果对于现场冲击危险性判断具有重要的参考价值。目前，主要通过煤的冲击倾向性进行描述，具体指标包括弹性能指数、冲击能量指数、动态破坏时间以及单轴抗压强度。上述冲击倾向性指标的测定均与其强度密切相关。已有研究表明，介质强度随着加载速率的增加有逐渐增大的趋势，加载速率能够影响到煤的强度表现，从而进一步影响到其冲击行为的表现。

以煤为对象进行多加载速率单轴力学试验，在得到相应强度表现的基础上分析加载速率对于煤冲击特性的影响规律。

3.3.1　煤岩失稳的大跨度率响应机制

为保证煤样在不同加载条件下的力学行为具有可比性，要求煤样属性相近，为此，一个加载组内所用煤样均取自同一煤块。经加工，共成型来自 5 煤块的 28 件试样，依据试样来源划分为 5 组，其中 3 组进行大跨度加载速率力学试验，2 组在大跨度力学试验的基础上进行小跨度加载速率力学试验，各分组加载条件见表 3.7。煤样中，D1、D2、D3、X1 来自同一矿区（记为一区）的同一煤块，X2 来自距离上一矿区较远的另一矿区（直线距离 259km，记为二区），由此即可实现多加载速率条件下煤力学行为的同区验证和异区验证，保证试验结果的可靠性。

表 3.7　分组试验加载速率情况

大跨度加载速率			小跨度加载速率	
D1	D2	D3	X1（5 件试样）	X2（7 件试样）
5×10^{-6}	5×10^{-6}	5×10^{-6}		
5×10^{-5}	5×10^{-5}	5×10^{-5}		
5×10^{-4}	5×10^{-4}	5×10^{-4}	具体加载速率基于大跨度	
1×10^{-3}	1×10^{-3}	1×10^{-3}	试验结果进行细分	
2×10^{-3}		2×10^{-3}		

通过前 3 组煤样进行不同加载速率力学试验，得到煤样在加载速率变化条件下的应力应变曲线，如图 3.26 所示。

由试验结果可以看出，在低加载速率区间，煤样强度随加载速率的增加而上升，与岩石相同，属于常规结论，而当加载速率升高至某一区域内时，其强度反而随加载速率的增

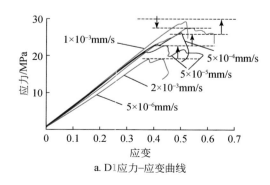
a. D1应力-应变曲线

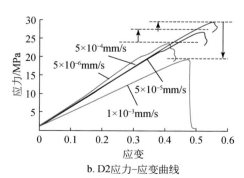
b. D2应力-应变曲线

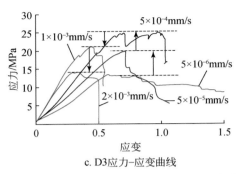

c. D3应力–应变曲线

图 3.26　不同加载速率条件下煤样应力–应变曲线

加出现不同程度的下降现象，该特征与岩石不同。

以岩石为对象的研究表明，较快的加载速率将会使其内部裂隙不具有充分的发育时间，从而降低了裂隙发育对于强度的弱化作用，进而表现出高加载速率高强度的现象，但这一现象要求裂隙周边实体部分具有足够的承载能力，岩石能够满足，而对于强度较弱的煤，较快的加载速率抑制了裂隙的发育，但同时会使得周边实体介质承担过多的荷载，使其过早破断，反而不利于强度增加，进而表现出高加载速率下强度反而下降的现象（表3.8）。

表 3.8　不同加载速率条件下煤样强度值

加载速率/ （mm/s）	单轴抗压强度/MPa		
	D1	D2	D3
5×10^{-6}	19.121	23.676	13.520
5×10^{-5}	22.879	26.944	19.973
5×10^{-4}	26.245	29.632	24.980
1×10^{-3}	29.279	21.748	21.330
2×10^{-3}	27.637	—	14.213

经分析，该批煤样出现强度转折的加载速率集中在 5×10^{-4} mm/s 左右：当加载速率小于该值时，试件强度与加载速率表现为正相关，当加载速率高于该临界值时，强度则开始随加载速率的增加而减小，该特征与岩石不同，且在 3 组试验中均有所表现，因此，这一现象为偶然出现的可能性较小，存在深入研究的必要。

3.3.2　煤岩失稳的小跨度率响应机制

D1～D3 煤样出现强度转折时所对应的加载速率围绕在 $5 \times 10^{-4} \sim 2 \times 10^{-3}$ mm/s 范围，故将 X1 组力学试验的加载速率限定在该区间内，并依据该组试样数量细分为 5×10^{-4} mm/s、8.3×10^{-4} mm/s、1.16×10^{-3} mm/s、1.33×10^{-4} mm/s、1.5×10^{-3} mm/s、1.67×10^{-4} mm/s、1.83×10^{-3} mm/s，其试验结果如图3.27、表3.9所示。

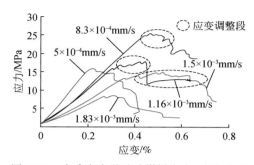

图 3.27 小跨度力学试验煤样应力-应变曲线

表 3.9 细化加载速率条件下煤样强度

加载速率/（mm/s）	单轴抗压强度/MPa
5×10^{-4}	16.017
8.3×10^{-4}	25.526
1.16×10^{-3}	17.879
1.5×10^{-3}	15.016
1.83×10^{-3}	8.757

在小跨度力学试验中，煤样强度随加载速率增加出现了转折，对于该批煤样，发生转折的加载速率具体值为 8.3×10mm/s，以该速率值为界，低于该值时，煤样强度随加载速率的增加而增加，高于该值，加载速率增加煤样强度降低。

基于上述分析，将具备该特征的加载速率称为"临界加载速率"。另外，由图 3.27 中虚线圈部分可以看出，在峰值点附近，较高的加载速率将会出现频繁的应力调整现象，且强度在调整过程中有升高的趋势，与岩石在到达峰值点后曲线直接跌落的特征相比，煤样的这一特征反映了裂隙周边的实体介质，由于较弱的自身强度，在高加载速率条件下出现了更为频繁的破断，同时验证了煤样自身较弱的强度是其出现特殊力学行为的关键。

3.3.3 煤岩失稳的单轴抗压强度触发条件

煤岩的单轴抗压强度作为煤岩冲击失稳倾向性的一个判别指标，受到加载速率的影响，为突出试件对于加载速率反映的敏感性，选取小跨度加载组（X1，X2）进行评价分析。通过统计，单轴抗压强度随加载速率变化的规律如图 3.28 所示。单轴抗压强度用于描述介质承担外界荷载并保持其完整性的能力，而冲击地压发生的能量则来自依靠介质完整性实现储存的弹性能，较高的单轴抗压强度表明介质具有储存更多弹性能的可能性。依据现有标准，以 7MPa 和 14MPa 作为划分冲击可能性高低的界限，由图 3.28 可以看出，2组小跨度试验中，试样的单轴抗压强度随加载速率变化均产生了波动，相应的评价结果则包含了从无冲击倾向性到强冲击倾向性的所有结果。由此可知，试验室加载条件能否如实反映现场状况，对于评价结果的适用性具有重要的影响。

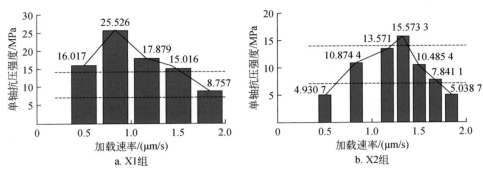

图 3.28　不同加载速率下单轴抗压强度冲击特性评价结果

3.3.4　煤岩失稳的冲击能量指数触发条件

冲击能量指数全面考虑了强度峰值前变形能的积聚和峰值后变性能的耗散，峰值前积聚能量越多，峰值后在破坏中耗散的能量越少，则介质具有的冲击可能性越高，故以二者比值大小描述冲击倾向性的大小，经处理，小跨度试验组内试样的冲击能量指数如图 3.29 所示。

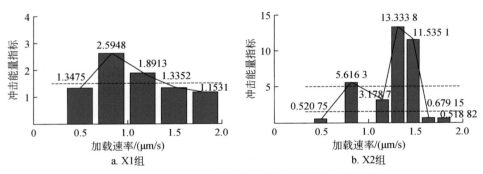

图 3.29　不同加载速率条件下冲击能量指标评价结果

由图 3.29 可以看出，冲击能量指数以 1.5 和 5 作为分界线，可将介质冲击倾向性划分为无冲击倾向性、弱冲击倾向性和强冲击倾向性，而对于小跨度试验组内的试样，在不同的加载速率下，其评价结果同样出现了从无冲击倾向性到强冲击倾向性的全部可能，再次验证了介质冲击特性与外部加载条件的密切联系。

3.3.5　不同冲击速率下煤岩破坏机制

实验所采用的煤来自山西省忻州窑矿西二盘区的 11 煤，实验是在 SHPB 试验装置下完成，在试验开始之前进行大量的调试，产生了三个不同梯度的冲击速度，所得冲击速度大致为 3.90m/s、4.50m/s 及 5.30m/s。另外煤岩试样动态破坏过程中裂纹的扩展过程是由高速摄像机所拍摄，图像的采集速度定为 90000 帧/s，另外为了得到多张裂纹扩展图像，将摄像机拍摄时间间隔定为 11μs。

1. 不同冲击速度对煤岩裂纹扩展形态的影响

图 3.30a 是层理倾角为 0°切缝深度 4mm 的煤岩试件在冲击速度为 3.988m/s 的情况下，试件从未裂到完全断裂的全过程。从断裂的全过程可以看出，煤岩试件在 66μs 左右时开始出现微小裂纹。随着裂纹进一步扩展，试件在 132μs 左右出现较为明显的裂纹，再随着裂纹进一步扩展，直至在 209μs 左右时裂纹完全扩展，试件完全发生断裂。

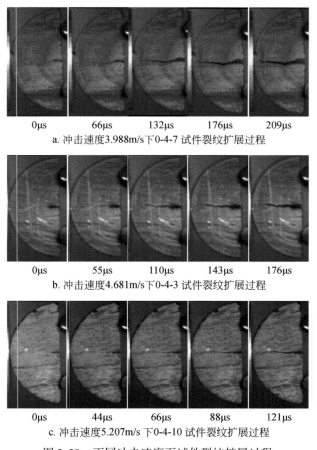

0μs　　66μs　　132μs　　176μs　　209μs
a. 冲击速度3.988m/s下0-4-7 试件裂纹扩展过程

0μs　　55μs　　110μs　　143μs　　176μs
b. 冲击速度4.681m/s下0-4-3 试件裂纹扩展过程

0μs　　44μs　　66μs　　88μs　　121μs
c. 冲击速度5.207m/s 下0-4-10 试件裂纹扩展过程

图 3.30　不同冲击速度下试件裂纹扩展过程

图 3.30b 是层理倾角为 0°、切缝深度 4mm 的煤岩试件在冲击速度为 4.681m/s 的情况下，试件从未开始出现断裂到试件完全断裂的全过程。从断裂的全过程可以看出，煤岩试件在 55μs 左右出现微小的裂纹，随着裂纹的扩展，在 110μs 左右出现较为明显的裂纹，再随着裂纹更进一步发育，煤岩试件在 176μs 左右裂纹发生完全的扩展，煤岩试件出现完全破断。

图 3.30c 是层理倾角为 0°、切缝深度 4mm 的煤岩试件在冲击速度为 5.207m/s 的情况下，煤岩试件从未开始出现断裂到试件完全发生断裂的全过程。从煤岩试件断裂的全过程

图像可以看出，煤岩试件在 44μs 左右出现较为微小的裂纹，随着裂纹进一步扩展，煤岩试件在 66μs 左右出现较为明显的裂纹，再随着裂纹进一步扩展，煤岩试件在 121μs 左右裂纹发生完全扩展，煤岩试件出现完全破裂。

基于以上分析可知，煤岩试件都从预先制成的裂纹处开始发生破裂，随着时间的推进，裂纹进一步扩展，出现明显裂纹，再随着进一步扩展，直至试件完全发生断裂。但不论是在何种速度下，裂纹的扩展都不是按着一条直线路径笔直地扩展，而是按一个非线性的路径扩展。图 3.30 中裂纹基本上还是按直线扩展，这可能是由于这是在层理倾角为 0° 时拍摄的裂纹扩展图像，裂纹可能沿着层理倾角路径进行扩展。

2. 不同冲击速度对煤岩裂纹扩展速度的影响

以层理倾角为 0° 及切缝深度为 4mm、7mm，层理倾角为 45° 及切缝深度为 4mm、10mm，层理倾角为 90° 及切缝深度为 4mm、10mm 的试件来分析半圆盘煤岩试件在层理倾角及切缝深度一致的情况下所受不同冲击速度对裂纹扩展速度的影响差异，图 3.31a ~ c 为不同层理倾角、切缝深度试件不同冲击速度下裂纹扩展速度–时间曲线。

从上述 6 组曲线图可以得出煤岩试件无论受到何种冲击速度，在试件裂纹发育前期都会有一个裂纹加速发育的一个阶段，一般会到达一个较大的裂纹扩展速度，在曲线图上呈

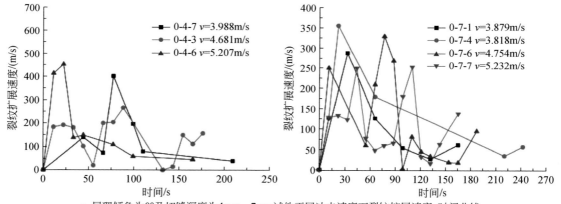

a. 层理倾角为0°及切缝深度为4mm、7mm试件不同冲击速度下裂纹扩展速度–时间曲线

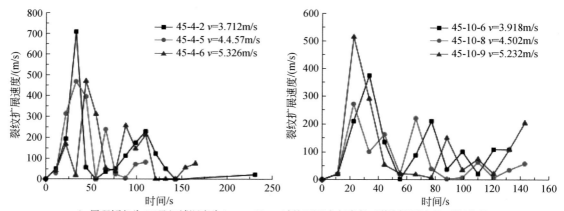

b. 层理倾角为45°及切缝深度为4mm、10mm试件不同冲击速度下裂纹扩展速度–时间曲线

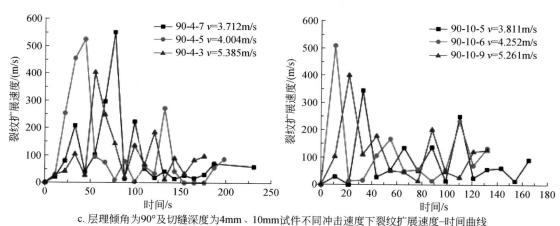

c. 层理倾角为90°及切缝深度为4mm、10mm试件不同冲击速度下裂纹扩展速度-时间曲线

图 3.31　不同层理倾角、切缝深度试件不同冲击速度下裂纹扩展速度-时间曲线

现一个波峰；此阶段过后裂纹发育会进入一个放缓阶段，裂纹扩展速度持续变小；此阶段过后煤岩试件一般再次进入一个裂纹加速发育阶段，在曲线上呈现出第二个波峰；此阶段过后裂纹发育又一次经历一个放缓阶段，直至裂纹贯穿煤岩试件，但在裂纹贯穿时间之前，有一些试件会出现一个裂纹扩展速度小幅度上升的现象，增量一般不会很大。在试件裂纹扩展前期加速发育阶段，试件在受到不同冲击载荷时，其呈现出的扩展加速度也存在一定差异。从图 3.31 分析可以得出，一般情况下试件受冲击速度越大，曲线斜率越大，即裂纹发育的加速度越大，裂纹发育越剧烈。上面分析了受不同冲击速度的煤岩试件，裂纹的瞬时扩展速度随时间的变化情况，下面是受不同冲击速度的各个煤岩试件在整个煤岩试件破坏过程中的裂纹平均扩展速度统计情况，通过裂纹的平均扩展速度随所受冲击速度变化的情况，得出煤岩试件所受的冲击速度对裂纹平均扩展速度影响的一般规律。

3.4　煤岩体失稳破坏多因素协同作用力学模型和损伤驱动机制

煤岩体的失稳破坏受到多种因素的耦合、协同作用，通过对煤样进行单轴循环加载、不同应力路径加卸载、不同含水率下加载、煤岩体失稳破坏流固耦合等方面的研究，建立煤岩体失稳破坏多因素协同作用力学模型、揭示煤岩体损伤驱动机制，可为深部煤岩体稳定性控制分析提供基础。

3.4.1　单轴循环载荷扰动下煤的损伤演化过程

地质体从自然状态变为工程状态需要进行工程开挖，开挖作用会对岩体的原位状态产生扰动，引起区域地质体的应力、能量、变形、温度、孔隙水、气压以及力学性质等因素相对其原位状态发生变化，开挖扰动后的岩体状态称为工程状态或扰动状态。深部岩体在开采扰动作用前，已处于一种较高的应力状态，并储存大量的弹性能量，岩体系统的非线性特性比浅部开采岩体的非线性特性更加明显。由于非线性、尺度效应等深部岩体力学特性，岩体的真实强度难以准确获知，仅凭应力水平难以准确衡量系统的稳定性，如何有效评价深部岩体系统的稳定性是一个亟待解决的工程难题。

实际深部工程中随着工作面和巷道的掘进，周围煤岩体往往经历往复的加卸载扰动，是一个循环的扰动加卸载载体，针对这一开采扰动工程特征，通过设计室内岩石循环加卸载扰动与声发射试验，分析岩体在不同原位状态下加卸载扰动过程中的响应特征，并采用加卸载响应比理论和扰动状态理论来分析岩石在高应力状态受扰动的损伤变化和稳定性特征，建立起扰动响应特征与稳定性状态的相关关系，为识别预测现场冲击危险性提供一定理论和试验依据。

本实验试件采用原煤为研究材料，抗压强度较低，一般为几兆帕。采用水钻法，从同一块煤体上集中采集若干试件。将煤样加工成直径约为 50mm，高度 100mm 的圆柱形试件。

加载系统采用的是长春市朝阳试验仪有限公司生产的岩石三轴–剪切流变试验系统 TAWD-2000。该试验机的控制系统采用德国 DOLI 公司原装进口 EDC 全数字伺服测控器。这种测控器具有多个测量通道，可以对其中任意通道进行控制，而且在试验中可以对控制通道进行无冲击转换。该测控器操作方便、容错性强、测量误差小、保护功能全、控制精度高。该试验机可以自动完成岩石单轴压缩、三轴压缩、孔隙渗透和岩石直剪等多种试验。可以在试验中自动实时地采集、存储、处理、显示试验数据及试验曲线。

煤岩声电数据采集系统（图 3.32）的工作流程是由声发射传感器接收的信号通过前置放大器放大后，通过同轴屏蔽电缆送入滤波电路，滤波后的信号进入 16 位的 A/D 转换模块，转换后的数字信号随后进入参数形成电路，形成 AE/EMR 参数，存储在缓冲器内，然后通过 PCI 总线传输至计算机做进一步的处理、显示。当选择波形采集时，经 A/D 转换后的数字信号一路进入参数形成模块，另一路进入波形处理模块进行波形的处理和分析。声发射信号采集流程如图 3.33 所示。

图 3.32　PCI-2 型煤岩声电数据采集系统

实验先采用速率为 50N/s 的负荷控制加载至 1kN，再转用位移控制模式，控制速率为 0.02mm/min，直至煤样试件破坏或产生较大流动。

拟定负荷控制多级加载试验。加载级别分别为 1MPa、2MPa、3MPa、4MPa……，对于变加卸载幅度的单轴压缩试验，控制加卸载速率为 1min 一个循环，每一级加载时间为

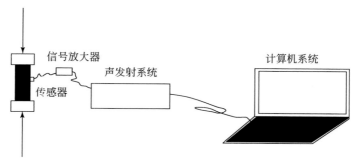

图 3.33　声发射信号采集及分析系统

1.5～2h；5min 一个循环，每一级加载时间为 4h，直至煤样破坏。

实验步骤：

（1）观察煤试件的表面平整情况及完整性，去除不符合规格的试件；取三个试件编为第一组，编号为Ⅰ-1 号、Ⅰ-2 号、Ⅰ-3 号，用于煤样单轴压缩试验。两个煤样为第二组试验，编号为Ⅱ-1 号、Ⅱ-2 号，用于频率为 1min/次的多级加载试验；两个煤样为第三组试验，编号为Ⅲ-1 号、Ⅲ-2 号，用于频率为 5min/次的多级加载试验。

（2）用游标卡尺测量煤样试件的尺寸，包括试件直径与高度，将所测得的尺寸对应煤样试件记录；利用胶带纸将煤样试件初步固定在压缩底盘上。

（3）截取长度为 30cm 左右的热缩膜套在试件连同压缩底盘上，使用热风枪使热缩膜收紧，此步骤防止煤样压坏后碎石飞溅或掉落；用胶带纸、凡士林润滑剂将声发射接收探头固定在煤样中部。

为了解决环向传感器、轴向传感器、声发射探头在安装时出现的位置冲突问题，我们采用反装方法，把常规的安装步骤反过来进行。图 3.34 是试件装载时的顺序。

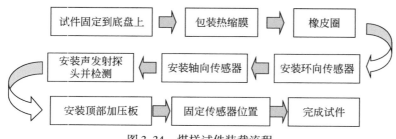

图 3.34　煤样试件装载流程

（4）开启伺服试验机，对声发射仪器、径向传感器、环向传感器进行最后的检测；利用岩石三轴-剪切流变试验系统（TAWD-2000）对煤样进行压缩试验。

（5）记录压缩试验数据以及声发射数据，包括煤样在变形破坏全过程中的声发射信号、载荷、变形及时间等参数。

为了从宏观上把握整个实验过程，下面将实验的主要步骤画成流程图（图 3.35），以便指导实验室操作。

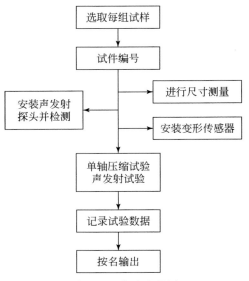

图 3.35　实验流程图

1. 煤样单轴循环加载条件下的应力−应变曲线分析

加载频率为 1min/次的多级疲劳试验第一级循环载荷为 0 ~ 2kN（约 2MPa），循环 2h（120 次）；第二级循环载荷为 0 ~ 4kN（约 4MPa），循环 2h（120 次），以此类推，如图 3.36 所示，2h 增加一次循环载荷，直至煤样破坏。对于加载频率为 5min/次的多级疲劳试验采用同样的方法，2h 提高一次循环载荷。以上两种不同频率的多级疲劳试验各做两组。图 3.37 是从各组两次试验中提取出的部分结果。

由图 3.37、表 3.10，可得到如下结论：相同循环应力条件下，随着加载频率的减小，煤的弹性模量降低 30%~40%、不可逆塑性变形增加，这说明煤样损伤及裂纹发展有时间效应。在频率为 1min/次的循环加载情况下，煤样内部原有的或新生的微裂纹还没来得及完全扩展，就立刻由于试件卸载而闭合。当加载频率为 5min/次时，煤样内部原有的或新生的微裂纹有相对较长的时间完成裂纹的扩展，达到相对稳定，形成更多不可恢复变形。

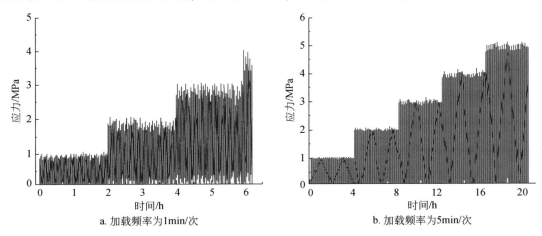

a. 加载频率为1min/次　　　　　　　　　　　　b. 加载频率为5min/次

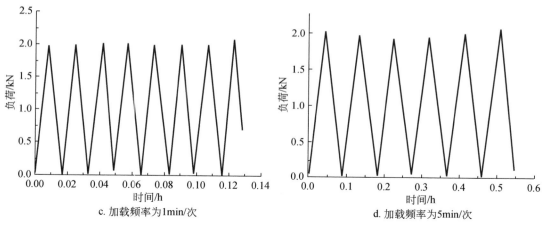

c. 加载频率为1min/次　　　　　　d. 加载频率为5min/次

图 3.36　试验加载应力–时间关系

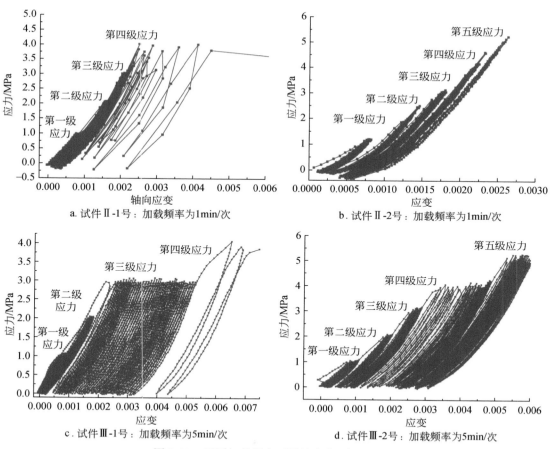

a. 试件Ⅱ-1号：加载频率为1min/次　　　　　b. 试件Ⅱ-2号：加载频率为1min/次

c. 试件Ⅲ-1号：加载频率为5min/次　　　　　d. 试件Ⅲ-2号：加载频率为5min/次

图 3.37　不同加载频率下煤的应力–应变曲线

表 3.10　循环加卸载频率对煤样弹性模量的影响

分级循环载荷	弹性模量/GPa		
	加载频率为 1min/次	加载频率为 5min/次	弹性模量相对减小量/%
1MPa	2.11	1.30	38
2MPa	2.08	1.28	38.4
3MPa	1.98	1.19	39.8

2. 循环载荷作用下煤的声发射特征

从多级循环载荷试验中的任意级循环载荷下的第一个循环开始记录若干次循环，即得到单级循环载荷作用下，即恒定循环速率、恒定循环应力下煤体声发射特性试验数据，得到声发射特征参数曲线，如图 3.38 所示。

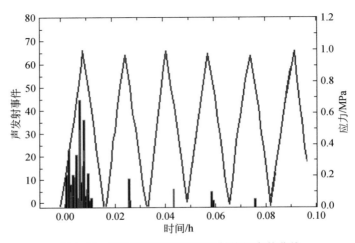

图 3.38　循环载荷作用下声发射特征参数曲线

由图 3.38 可知，在循环载荷作用下，煤试件的声发射参数呈现出总体的循环性规律。在首次循环的加载过程中，煤样的声发射规律与单轴压缩状态下完全一致；而在卸载的过程中几乎没有声发射事件出现，说明在卸载阶段煤样并未发生恢复变形。在接下来的各循环加载过程中仍有少量声发射事件出现，表明在前面的循环加载过程中，煤样孔隙结构的变化并没有完全完成，而是随着循环加载的进行在逐渐完成；声发射事件数量随着循环次数的增加渐减，且各声发射事件的振幅也出现渐减的趋势，这说明试件内的孔隙结构已逐渐变化完成，试件内部结构已趋于稳定且试件变形具有不可恢复性。各循环过程出现的声发射信号具有一定的随机性，这可能是由试件内部结构变化的突发性所导致。循环载荷作用下煤样的声发射特征表明，在周期载荷作用下，煤体声发射事件剧增和煤体损伤大部分产生于初次来压过程中。

3. 声发射试验中的 Kaiser 与 Felicity 效应分析

1950 年，德国 Kaiser 在其博士论文中提出了金属材料声发射现象的不可逆性，即 Kaiser 效应。随后 Goodman 在岩石材料实验时也发现了 Kaiser 效应。Kaiser 效应指出在超过先前所施加的应力之前不出现可探测到的声发射，而 Felicity 效应认为是反 Kaiser 效应，Felicity 效应是指在往复加载过程中，当应力小于前期受过的最高应力水平时声发射就开始显著增多。图 3.39 中的声发射特征很好地体现了煤试件所受五个级别循环载荷，在线弹性阶段的每一级循环加载水平内，基本都是在超过上一阶段的应力水平后刚开始的几个循环内出现较多声发射，随着循环进行声发射信号明显减少，甚至消退，很好地体现了 Kaiser 效应。在循环中后期进入非稳定发展阶段，随着载荷的增加，损伤加剧，声发射事件以及出现的频次都在不断增加，并且未达到先前经历的最大应力前就出现了声发射，而且较大，即产生所谓的 Felicity 效应，这说明煤样的内部裂纹发展迅速，损伤速度相对加快。

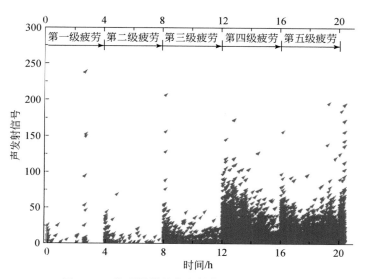

图 3.39　典型煤样的声发射信号–时间对应图

Kaiser 效应记忆的准确性可用 Felicity 比值来衡量，即 Kaiser 效应应力与先前最大应力的比值（又叫不可逆比值）。Felicity 效应是 Kaiser 效应失效程度的补充。显然，Felicity 比值越接近 1 表示记忆越准确。根据此概念，将循环加载过程中煤的物理性质参数如应变、损伤因子等的 Kaiser 效应值与先前最大值相比，就可得到各参数的 Felicity 比值（FR_x）。根据多次实验求得 Felicity 比值的均值（$\overline{\mathrm{FR}_x}$）和均差值（$\bar{A}$），以表示 Kaiser 效应记忆的准确程度和稳定程度。

$$\mathrm{FR}_x = \frac{X_k}{X_m}, \qquad \overline{\mathrm{FR}_x} = \frac{\sum_{i-1}^{n} \mathrm{FR}_x}{n}, \qquad \bar{A} = \frac{\sum_{i-1}^{n} |\mathrm{FR}_x - 1|}{n} \qquad (3.20)$$

式中，X_k，X_m 为各参数的 Kaiser 效应值和先前加载循环的最大值；FR_x 为各参数的 Felicity 比值；n 为实验次数。

从表 3.11 和实验过程可以看出：

低应力阶段（第一级载荷）：由于声发射事件数较少，Kaiser 效应并不是很清晰；随着载荷增加，声发射事件数逐渐增多，Kaiser 效应越来越明显。

中、低等应力阶段（第二级荷载）：弹性变形阶段。应力 σ、应变 ε 的 Felicity 比值的范围分别为 0.903~0.926、0.947~0.964。Felicity 比值的均差值 A 降到 0.1，甚至更低。可以清晰地观察到 Kaiser 效应，并且 Kaiser 效应记忆的准确程度和稳定程度显著提高。比较各应力和应变的记忆能力，发现应变记忆的 Kaiser 效应值更为准确和稳定，并且很好地表达了先前的应变值。

中、高等应力阶段（第三级应力）：能观测到 Kaiser 效应，但各参数的 Felicity 比值波动幅度较大（均差值 A 分别为 0.147~0.310、0.124~0.170），记忆的准确程度和稳定程度变差。

高应力阶段（第四级应力）：声发射事件数量明显增多，Kaiser 效应仍然非常明显。此阶段 Felicity 比值的范围为 0.717~0.769、0.851~0.885，Felicity 效应更加明显。均差值分别为 0.228~0.416 和 0.173~0.271。说明煤样损伤严重，应力的记忆能力明显降低。

表 3.11　不同频率下煤样 Kaiser 效应记忆参数能力比较

试件	循环频次/(min/次)		$\overline{FR}_\sigma$	$\bar{A}_\sigma$	$\overline{FR}_\varepsilon$	$\bar{A}_\varepsilon$
II-1#	1	第一级载荷	0.868	0.152	0.893	0.138
		第二级载荷	0.903	0.124	0.947	0.053
		第三级载荷	0.829	0.310	0.911	0.170
		第四级载荷	0.717	0.416	0.851	0.173
III-1#	5	第一级载荷	0.699	0.075	0.852	0.148
		第二级载荷	0.926	0.019	0.964	0.032
		第三级载荷	0.862	0.147	0.919	0.124
		第四级载荷	0.769	0.228	0.885	0.271

由图 3.40 可以看出，加载频率、循环应力水平对煤样 Kaiser 效应有较大影响。降低循环频率，各阶段 Felicity 比值增大，说明声发射的 Kaiser 更明显；应力水平对 Kaiser 的影响与全程静态曲线声发射的各阶段对应。

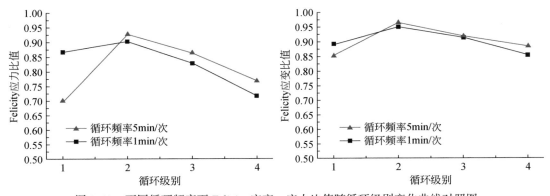

图 3.40　不同循环频率下 Felicity 应变、应力比值随循环级别变化曲线对照图

观察图 3.41，发现煤的物性参数（应变）记忆能力相对好于状态参数（应力）。这正

说明了煤岩声发射的 Kaiser 效应记忆是煤岩在受到先前最大损伤时内部的物理特征。相对煤的物性参数，煤的应力记忆特征具有明显的 Felicity 效应，笔者认为这与煤样在加载过程中产生塑性变形有关。煤样在循环加载过程中，即使卸掉载荷变形也不能完全恢复，即存在一定的残余应变。所以在新一轮的加载过程中，要达到上次变形最大值所需要的载荷就小于上次循环的最大载荷，即岩煤体强度产生了弱化，这正是应力记忆能力会出现明显 Felicity 效应的原因所在。同样，煤样声发射中存在的 Felicity 效应也说明了物性参数的记忆能力好于状态参数这一结论，并且进一步证明了煤样 Kaiser 效应的实质是对煤体的内部特征、损伤程度的记忆。

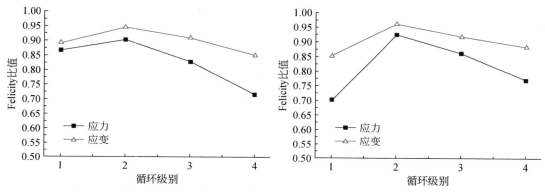

图 3.41　同一循环频率下 Felicity 应变、应力比值随循环级别变化曲线对照图

4. 利用声发射探索煤样的疲劳损伤门槛值范围

门槛值是指岩石材料能够发生循环破坏的应力阈值。当疲劳上限应力低于门槛值时，岩石的轴向变形、环向变形和体积变形随着循环次数的增加将会趋于稳定。这样无论循环多少次岩石都不会发生破坏。葛修润已经对岩石材料循环门槛值的存在进行了实验论证，指出门槛值略低于常规三轴实验的所谓"屈服点"，并提出以静态加载全过程实验体积压密点来近似作为门槛值的观点，并通过电镜及 CT 实验从细观上验证了门槛值的存在。

根据葛修润岩石门槛值观点，我们通过多级循环应力的声发射实验来估算煤样门槛值的应力范围。由于实验室所用原煤的离散性大，加上试验条件的不同，因而在门槛值的确定上也会存在一定的差异，但是对于一般的实验研究这种方法可以提供很好的参考。对于本次多级疲劳试验所得声发射的结果分析可以发现，随着应力水平一级一级地提高，声发射响应是有所不同的，起初阶段声发射很少，但当应力水平提高到某一级时，声发射急剧增多并一直产生，这说明该级疲劳应力超过了门槛值。这样就能确定疲劳试验的门槛值所在范围。图 3.42 是部分多级加载疲劳试验的声发射结果，发现大概在第三级和第四级循环应力水平下声发射迅速增强，说明疲劳破坏门槛值在 3~4MPa，也就是说在试件离散性不是特别大的情况下，只要循环上限应力水平超过 4MPa，在以后的等幅循环加载过程中就会产生明显声发射，煤样就有新损伤生成，因此在循环次数足够多的情况下岩煤样就会破裂。而低于应力水平 3MPa 以下由于没有新损伤产生就有可能循环无限次都不会使试件破坏，这与煤样静态压缩试验中所获得体积压密点 3.25MPa 吻合。说明可以用声发射信号来衡量疲劳门槛值。对于原煤，若离散性不是很强，可以假设静态压缩试验中的体积压密点相对抗压强度稳定，即应力水平为 $65\% \sigma_c$，则可以利用疲劳试验的声发射推断煤试件抗压强度为 4.5~6.2MPa。

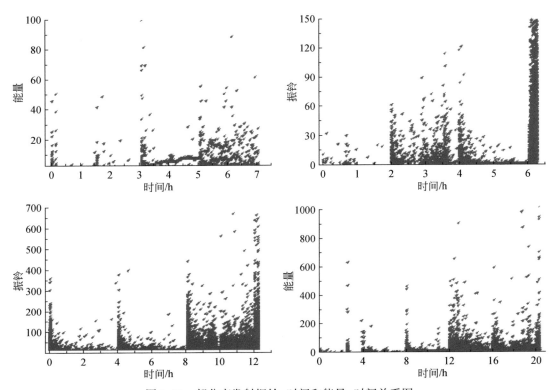

图 3.42　部分声发射振铃–时间和能量–时间关系图

5. 多级循环载荷作用下煤体损伤破坏力学模型

煤岩受单轴压缩后产生的应变包括弹性应变和塑性应变：

$$\varepsilon = \varepsilon_e + \varepsilon_p \tag{3.21}$$

其中弹性应变满足胡克定律，塑性应变又称残余应变，是因为煤岩受到压缩载荷作用后因裂纹发育或者内部损伤而造成的不可恢复变形。显然这部分变形与煤岩损伤密切相关。潘华在《基于损伤力学的混凝土疲劳损伤模型》一文中指出，在许多情况下，损伤发展率随累积塑性应变率呈线性关系。由此可以得到煤岩在疲劳载荷作用下的损伤发展率：

$$\dot{D} = -\frac{Y}{s_0}\varepsilon_p \tag{3.22}$$

式中，$\dot{D}$ 为煤岩疲劳损伤发展率；Y 为损伤应变能释放率；s_0 为材料参数；ε_p 为累积残余塑性应变率。

该文章同时指出在假设损伤应变能释放率 Y 与累积残余塑性应变 ε_p 相互独立的情况下，考虑到边界条件后，可以推出损伤变量表达式如下：

$$D = \frac{\varepsilon_p - \varepsilon_{p0}}{\varepsilon_{pm} - \varepsilon_{p0}} \tag{3.23}$$

式中，ε_p 为累积残余塑性应变；ε_{p0} 和 ε_{pm} 分别为疲劳损伤起始和破坏时的累积残余塑性应变。利用该模型从不同循环频率下的煤样试样中各取一组进行损伤分析，得到各级疲劳载荷作用下的损伤情况，如图 3.43 所示。

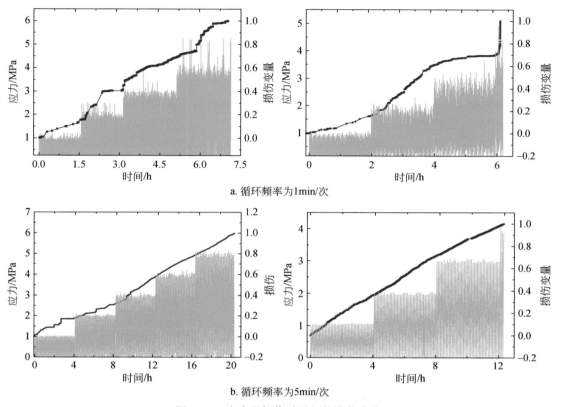

图 3.43　应力和损伤随时间的演化曲线

利用声发射积累计算煤岩损伤的理论模型可以表示为

$$\frac{\Omega}{\Omega_m} = D \tag{3.24}$$

煤在疲劳破坏前，随着循环载荷的反复施加，煤内部损伤在不断积累。我们认为在载荷施加前煤处于完整状态，损伤为零，随着疲劳试验进行，声发射与煤样损伤同时进行。我们已经提到，由于原煤材料不同于一般岩石材料，其抗压强度低，离散性强导致煤在破坏后，声发射信号仍旧很高，这就需要找到一个声发射点，用以说明煤已完全损伤从而利用声发射量来表征煤的损伤演化过程。根据工程实际需求，参照煤的单轴压缩试验结果与疲劳破坏门槛值，把应变激增所在应力水平定义为煤样完全损伤阶段。图 3.43 是由疲劳试验中声发射信号积累描绘的损伤随时间的关系。

前面我们讲述了岩石压缩试验中的 Kaiser 效应基本原理及原煤多级加载试验中的 Kaiser 效应现象，发现在煤样没有完全损伤前，大量的声发射信号只出现在载荷由上一级提升到下一级的初始阶段内，这不仅很好地验证了 Kaiser 效应，同时也为用声发射积累表示煤样损伤提供了思路。另外结合图 3.43 中的损伤-时间关系试验结果，提出了按疲劳应力水平分段描述损伤的理论模型。

观察实验中所获得的煤样静态全程曲线及每一级应力水平下煤样损伤结果，对比几种常用的岩石损伤本构模型，不难发现由分段曲线损伤模型所描述的全程静态曲线与实验结果有较好的吻合性。

由于疲劳试验中载荷水平是受时间控制的（1.5h、2h 或 4h），建立煤的分段损伤演化模型可以用时间作为变量。单轴压缩声发射实验显示煤的初始闭合阶段短暂而急促，应力小于 1MPa，同样，对于疲劳试验该规律仍然适用，因而在理论模型建立时，把该阶段归入第一级循环从整体考虑，这样煤样损伤前的各个阶段就有了统一的方程形式：

$$D = \begin{cases} 1 - A_1 t^{B_1} & 0 < t \leqslant t_1 \\ 1 - A_2 t^{B_2} & t_1 < t \leqslant t_2 \\ 1 - A_3 t^{B_3} & t_2 < t \leqslant t_3 \\ 1 - A_4 t^{B_4} & t_3 < t \leqslant t_4 \\ \cdots & \cdots \end{cases} \tag{3.25}$$

式中，$A_1, A_2, A_3, A_4, \cdots, B_1, B_2, B_3, B_4, \cdots$，为材料试验常数；$t_1, t_2, t_3, t_4, \cdots$，为循环应力提升所对应的时刻。理论上讲，如果声发射与煤岩损伤同步，在不考虑单个周期内部损伤过程的情况下，煤的损伤演化方程不连续，而且跳跃性很大。但实际情况下，煤的损伤有较大的时间滞后性，提高荷载水平所产生的声发射是通过若干个循环显示出来的，所以各级损伤之间跳跃性并不大。基于以上分析，用式（3.26）描述损伤演化过程时，选择适当的材料参数，可以把分段损伤模型拟合出来。下面从不同循环频率下的煤样试样中各取一组进行分析。

$$D_1 = \begin{cases} 1 - 0.9393 t^{-0.0354} & 0 \leqslant t \leqslant 2 \\ 1 - 1.294 t^{-0.6025} & 2 \leqslant t \leqslant 4 \\ 1 - 3.1 t^{-1.2715} & 4 \leqslant t \leqslant 6 \\ 1 - 2150.74 t^{-5.012} & 6 \leqslant t \leqslant 8 \end{cases} \tag{3.26}$$

$$D_2 = \begin{cases} 1 - 0.8974 t^{-0.0347} & 0 \leqslant t \leqslant 4 \\ 1 - 1.21 t^{-0.2497} & 4 \leqslant t \leqslant 8 \\ 1 - 6.656 t^{-1.0731} & 8 \leqslant t \leqslant 12 \\ 1 - 100.11 t^{-2.1788} & 12 \leqslant t \leqslant 16 \\ 1 - 10^8 t^{-7.154} & 16 \leqslant t \leqslant 20 \end{cases} \tag{3.27}$$

根据分段损伤理论对实验结果进行拟合，拟合曲线与实验所得的曲线吻合性很好。说明用形如式（3.27）所描述的分段函数可以对损伤进行较好的描述。观察图 3.44，在煤样破坏前的每一级循环初始阶段，损伤较快，随着循环次数的增加而逐渐减小，这与声发射信号是一致的，同时与煤岩循环载荷作用下滞回环曲线越来越密的特征一致。

6. 循环应力水平对煤样损伤的影响

观察表 3.12、图 3.45，可以看出多级载荷作用下，煤样各级损伤增量总体来说先增大再减小，与煤样单轴应力-应变曲线有相似的趋势。在循环应力水平较低的情况下

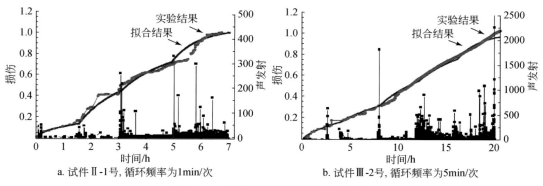

图 3.44　煤样损伤随时间的变化关系

（1MPa），煤样内部损伤很小，即使疲劳时间长达若干小时，循环次数达上百次，所形成的损伤度也不足 0.15。随着循环载荷的增加，各级应力所造成的损伤有很大提高，高循环频率下，煤样迅速聚集能量并进入脆性断裂阶段，损伤度增量增长快；低循环频率下，煤样能量释放完全，损伤演化相对缓慢。当单级损伤增量达到最大值之后（0.3553，0.2574），再提高循环应力水平，损伤增量有减小的趋势，然而该阶段下各级载荷作用产生的煤体损伤增量仍旧很大，基本保持在 0.2 左右。这说明循环载荷作用下煤样延展性增强，越来越表现出很好的塑性。

表 3.12　疲劳试验各级载荷损伤度

试件	参数	第一阶段	第二阶段	第三阶段	第四阶段	第五阶段
试件 II-1	绝对损伤	0.0834	0.4387	0.6824	0.935	–
	损伤增量	0.0834	0.3553	0.2437	0.2526	–
试件 III-2	绝对损伤	0.1447	0.2801	0.5375	0.7618	0.9507
	损伤增量	0.1447	0.1354	0.2574	0.2243	0.1889

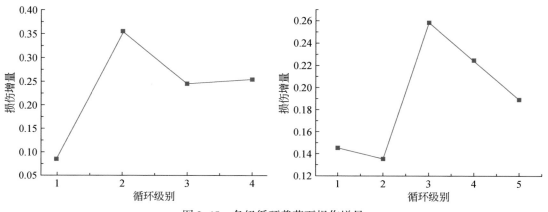

图 3.45　各级循环载荷下损伤增量

7. 循环频率对煤样损伤的影响

循环频率对损伤的影响主要表现在对煤样损伤的促进作用，表现形式为损伤骤增。

图 3.46 显示了不同加载频率条件下的损伤演化规律：循环频率降低，损伤演化曲线有向直线发展的趋势，说明循环应力水平的影响减弱，损伤演化稳定。这是因为降低循环频率，煤样裂隙发展彻底，能量释放完全，声发射信号平稳。高频率条件下，单位时间内声发射参数的数量提高，即声发射率提高，说明内部损伤迅速。所以说速率的提高实际加快了煤样的损伤进程，增大了煤体内部裂纹形成扩展的速率，从而增大了声发射率。

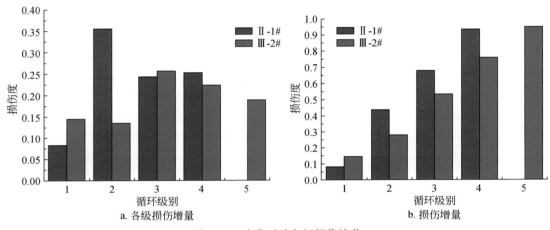

图 3.46　疲劳试验各级损伤演化

由于循环载荷作用下煤岩裂纹发展是持续反复闭合、张开的过程，随加载频率的提高，裂纹还来不及闭合就有新的能量注入，这样大大降低了裂纹张开过程中所需要的阻力，从而使裂纹扩展加速，释放更多的突发能量，外在显现出声发射率的增加、损伤的骤增。低循环频率下，损伤增量有剧增现象（单级骤增 0.35 以上）。因此，相同应力比下不同加载频率的损伤有较大差别，特别是在主裂纹形成和扩展的循环阶段，其损伤显著增加。

3.4.2　不同加卸载应力路径煤岩损伤驱动机制

煤岩体在开采扰动反复加卸载作用下，内部原生裂隙不断扩展、汇聚，并最终诱发失稳破坏，研究单轴多级循环加卸载条件下煤岩体变形及破坏特征，有助于深入认识煤岩体损伤、劣化及失稳破坏机制。

开展不同加卸载路径下的原煤样品损伤断裂试验与数值分析，煤样来自北京木城涧矿大台井−10 开采水平 3#煤层，埋深为 820m，属石炭纪。样品加工为 $\Phi50mm\times L100mm$ 的标准圆柱试件。煤样单轴抗压强度 6.11～20.5MPa，单轴抗拉强度 2.33～8.09MPa，弹性模量 0.307～1.06GPa，泊松比 0.15～0.35。

实验加载系统采用煤炭资源与安全开采国家重点实验室的 EHF-EG200kN 型全数字液压伺服实验机，声发射监测系统采用 SAEU2S 声发射系统，实验设备与样品安装如图 3.47 所示。

a. 伺服试验机

b. CT监测系统

c. 试样安装

图 3.47　实验设备与样品安装

实验采用位移控制方式，速率为 $10\mu m/s$，并同步采集声发射信号。位移加载每 $100\mu m$ 为一级，当位移达到相应级别时，采用三角形扰动的方式进行循环加载，扰动大小为 $\pm 50\mu m$，每级位移（荷载水平）下各扰动 10 次；扰动结束后位移卸载到 0 并重新加载到下一级位移水平，再次扰动；如此循环加卸载直至试样破坏。图 3.48 表明煤样在第四级扰动下发生宏观破坏，每级位移水平下依次经历加载、扰动和卸载 3 个阶段。整个多级加卸载过程共持时 512.9s，极限荷载 46.526kN 出现于加载开始后 477.6s。实验中为防止压头与试件表面脱离产生不必要的误差，每个循环卸载阶段并未严格达到完全卸载状态。

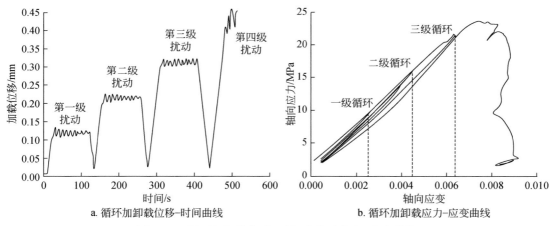

a. 循环加卸载位移−时间曲线

b. 循环加卸载应力−应变曲线

图 3.48　循环加卸载位移−时间曲线及应力−应变曲线

多级循环加卸载下的应力−应变曲线如图 3.48 所示，显然，循环载荷下原煤的应力−应变曲线出现滞回环。从图中可以看出，当完成第一级循环扰动时，应变从初始值增大到 $0.002617\mu\varepsilon$；当完成第二级循环扰动时，应变达到 $0.004517\mu\varepsilon$；当完成第三级循环扰动时，应变达到 $0.006395\mu\varepsilon$；随着进入第四级循环扰动，煤样内部的损伤不断增大，最终试样失稳破坏。

采用中国矿业大学（北京）煤炭资源与安全开采国家重点实验室 ACTIS300-320/225 工业 CT 系统，对实验前、后煤样分别进行内部结构扫描，进行岩心数字重构，并开展不同加卸载应力路径煤岩损伤数值试验，进一步分析煤样损伤失稳孕育过程。

　　测试煤样 CT 扫描结果分辨率约为 $80\mu m$。CT 扫描图像中，不同灰度代表样品内部材料对 X 射线的吸收程度不同，图中的黑色区域为对 X 射线吸收较低区域，代表低密度物质，如孔隙、裂隙等；亮白色区域为对 X 射线吸收较高区域，代表高密度物质，如坚硬夹杂等，具体如图 3.49a 所示。通过已有二维图像序列，进行边界识别等分割处理，再利用 Mimics 软件进行逆向化建重构，结果如图 3.49b 所示。

　　将三维模型进行网格划分（图 3.49c）后，导入离散元软件 PFC3D 进行加卸载响应比数值模拟，模型如图 3.49d 所示。模型为 $\Phi 50mm \times L100mm$ 的圆柱体。表 3.13 为数值模型中两种组分主要力学参数。组分 1 为高密度夹杂物质，组分 2 为煤基质，以位移控制进行加载，加载开始时速度缓慢增加，临近转换点时，速度逐渐降为 0，卸载开始则速度反向缓慢增加，如此反复进行。

　　最终破坏的试样及内部破坏特征的 CT 扫描图如图 3.50 所示。从图中可以看到，煤样破坏后，产生了贯穿煤样内部的裂隙带（白色条带）。如图 3.50a 和 c 所示，裂隙从煤样上部边缘斜向下指向中部，为剪切破坏形式；部分裂隙直向下贯穿整个煤样，为劈裂破坏形式。从裂隙的位置及方向可以判断出，煤样最终以劈裂破坏为主。

a. 样品内部特征十字剖面

b. 样品组分模型

c. 样品有限元网格模型

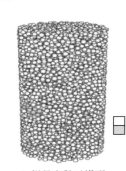
d. 样品离散元模型

图 3.49　样品模型图

表 3.13　多级循环加卸载数值模拟参数表

组分	法向刚度/（N/m）	切向刚度/（N/m）	法向强度/Pa	法向强度/Pa	摩擦因数	含量/%
组分 1	2×10^{10}	2×10^{10}	3×10^{7}	3×10^{7}	0.20	1.44
组分 2	3.2×10^{9}	3.2×10^{9}	0.78×10^{6}	0.78×10^{6}	0.38	98.56

a. 左视图　　　　b. 后视图　　　　c. 右视图　　　　d. 最终破坏试样

图 3.50　最终破坏试样及内部破坏特征 CT 扫描情况

3.4.3　不同含水率煤岩损伤驱动机制

煤岩含水率对其损伤破坏特征具有较大影响，采用中国矿业大学（北京）煤炭资源与安全开采国家重点实验室 SHIMADZU AGS-H10KN 万能试验机和所研发的与 ACTIS 工业 CT 配套的加载系统对煤样进行单轴压缩试验，并在不同加载阶段用 ACTIS225 微焦点工业 CT 系统对试件进行扫描，完成对煤样内部三维破坏特征的表征。

以下对 1 号干燥煤样以及 2 号饱水煤样进行分级加载以及同步 CT 扫描试验研究，重点完成试样加载前后以及三个加载阶段应力环境下的 CT 扫描。其中，煤样在加载实验过程包含三个加载阶段，分别为 0.3 倍煤样峰值强度的第一加载阶段，0.6 倍煤样峰值强度的第二加载阶段，以及 0.9 倍煤样峰值强度的第三加载阶段。

利用万能试验机对 1 号煤样进行加载，图 3.51 为 1 号煤样干燥态的应力–应变曲线。1#煤样单轴抗压强度约为 17.96MPa，峰值应变为 0.0056，从应力–应变曲线以及煤样破坏形态来看，其非线性塑性变形不太明显，且在接近峰值随着累积弹性应变能猛烈释放，煤样突然断裂破碎，属于脆性破坏。

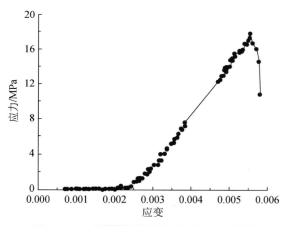

图 3.51　1 号煤样干燥态的应力–应变曲线

图 3.52a 为未加载状态下 1 号煤样 CT 扫描图，分别为上中线横剖面以及 0°～270°的纵向剖面。CT 图像是以不同的灰度来表示，反映研究体对 X 射线的吸收程度。图中的黑色表示低吸收区，即低密度区；而白色则表示高吸收区，即高密度区，CT 图像以不同的灰度显示了被测物体密度的高低。

因此从图 3.52a 中分析得知，原始未受荷载煤样整体相对致密，无明显黑色低密度区。纵向剖面存在灰度各异密度区，层理结构清晰可见，结合以往煤样 CT 扫描的经验并结合试样表面，在试样上部、中部和下部各有一个结构薄弱面，也是加载过程中容易出现裂隙发育、扩展以及破坏的区域。

从图 3.52 横向剖面 CT 图像中（上、中、下）可以看出，当加载至第一阶段后（大约为 5.4MPa），相对于原始应力状态，在第一加载阶段煤样横向剖面白色高密度区显著增加，纵向剖面图形灰度值变化不大，第一加载阶段为全应力–应变过程的线弹性应变，在此阶段部分原生横向和纵向裂隙发生闭合，样品被逐渐压缩密实。

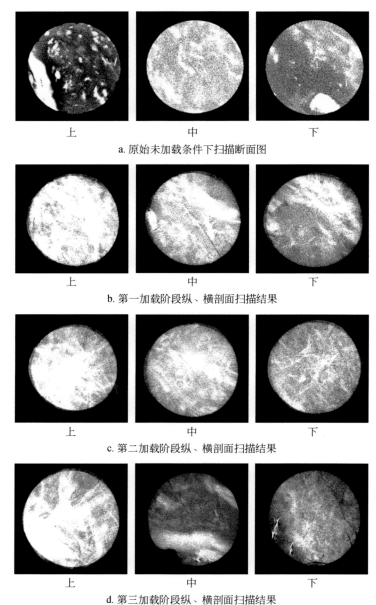

a. 原始未加载条件下扫描断面图

b. 第一加载阶段纵、横剖面扫描结果

c. 第二加载阶段纵、横剖面扫描结果

d. 第三加载阶段纵、横剖面扫描结果

图 3.52　1 号煤样干燥态的不同加载阶段纵、横剖面扫描结果

当荷载加载至 10.8MPa，停机稳压，进行第二加载阶段的 CT 扫描工作，实验结果如图 3.52c 所示。从应力-应变上来看，煤样仍处于线弹性变形阶段；从扫描的纵向和横向剖面 CT 图像中来看，相较于第一加载阶段的 CT 图像，本阶段 CT 图像各剖面的灰度值有所降低，形成范围更大的白色高密度区，煤样整体上进一步被压缩密实。

当荷载继续增加并且接近 16.2MPa 时，同样对压机停机稳压，开始进行煤样第三加载阶段的 CT 扫描试验。此时荷载接近于煤样的峰值强度，约为峰值强度的 0.9 倍，从此阶段的应力-应变曲线来看，曲线已经开始偏离直线，并且弯曲下沉，说明煤样发生了塑性变形，煤体结构出现损伤破坏。另外，从图 3.52d CT 扫描图像中的横向剖面可以明显看出，煤样内部出现了许多纤细的黑色低密度线条，即煤体内部的裂隙；并且从 CT 图形中还可以看出煤样中部存在一块缺失的黑色低密度区，这主要是由于测试煤样脆性较大，煤样横向剖面中部部位所出现局部煤块崩裂和脱离的现象。此阶段在接近于煤样强度的外部荷载的作用下，煤样内部以发生裂隙发育以及扩展过程作用为主，且在煤样中部的结构薄弱面发生裂隙扩展及贯通破坏。

　　利用万能试验机对 2 号煤样进行加载，图 3.53 为 2 号煤样水饱和态的应力-应变曲线。1#煤样单轴抗压强度约为 17.1MPa，峰值应变为 0.00236。当荷载接近于峰值强度时，随着裂隙迅速扩展及贯通，累积弹性应变能猛烈释放，煤样突然断裂破碎且较为粉碎，与干燥样品相同均属于脆性破坏。

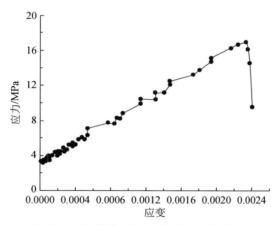

图 3.53　2 号煤样水饱和态的应力-应变曲线

　　CT 图像灰度反映了试件内部物质密度的变化，试件在轴向应力作用下密度发生的改变，通过分析图像的灰度（图 3.54），可以间接反映试件内部裂隙的变化。其中灰度较小区域一般反映的是试件中石英类高密度矿物质，相对灰度较大的纤细线或者宏观线条反映的往往是微观裂隙或宏观裂隙，对于未加载的饱和水 2#样品，其中部横向剖面存在较多高亮高密度的石英等矿物质，在煤样上部和下部存在黑色低密度且肉眼可以辨识的宏观裂隙，但整体上 2 号饱和水煤样整体表现得较为致密。

　　当荷载增加至 5.13MPa 时，进行第一加载阶段的煤样 CT 扫描测定，此阶段为全应力-应变的初始压密阶段。从图 3.54 中纵向和横向 CT 图像中灰度并对比原始状态下煤样 CT 图像可以看出，试样被不断压密，微观裂隙减小，煤样相对密度增加，在 CT 图像中表现为白色高密度区域增加。

　　随着荷载不断增加，至 10.26MPa，为全应力-应变的弹性变形阶段，停机稳压，进行第二加载阶段的 CT 扫描工作，实验结果如图 3.54 所示。此阶段随着轴向应力的增加，在样品横向剖面 CT 图像（中）的高亮高密度区域局部附近，存在微裂隙不断萌发及扩展的变化，而纵向剖面在荷载作用下 CT 图形灰度变化不大、亮度高密度区域范围略有增加。在此阶段含饱和水煤样发生局部裂隙萌发及扩展的塑性变形，但此阶段应力-应变曲线仍呈现线性变化，因此阶段煤样整体上仍以弹性变形为主。

当荷载持续加载，煤样突然断裂，未能在煤样塑性变形阶段捕捉到裂隙发育、扩展以及贯通的损伤变形变化特征。2 号饱和水煤样相对于 1 号干燥态煤样峰值强度和弹性模量均有所降低，塑性增加脆性降低，主要是水分子吸附在由煤样微孔所发育的比表面积上，降低了煤样表面能以及煤大分子间的吸引力，造成煤样抵抗荷载能力降低且在低应力条件下煤样易发生较大变形。

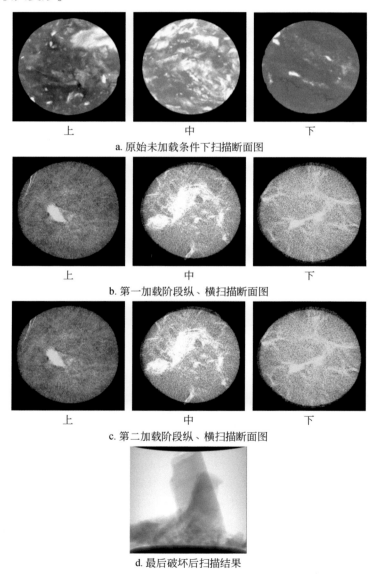

a. 原始未加载条件下扫描断面图

b. 第一加载阶段纵、横扫描断面图

c. 第二加载阶段纵、横扫描断面图

d. 最后破坏后扫描结果

图 3.54　2 号煤样水饱和态的不同加载阶段纵、横剖面扫描结果

第4章 深部采动巷道围岩破坏机理与控制关键技术

受深部岩体赋存状态、应力环境和工程条件影响，深部巷道围岩极易出现大变形破坏，严重影响巷道的正常使用，巷道围岩控制问题非常突出，其稳定性控制一直是岩石力学和采矿界的世界性难题。深部大变形巷道围岩变形破坏是围岩塑性区形成、发展及边界蠕变扩张的结果，塑性区形态、范围决定了巷道破坏的模式和程度。因此，从塑性区形态与调控的视角，研究深部采动应力的分布特征和演化规律、深部采动巷道围岩塑性区形态与扩展效应、深部开采围岩稳定性控制原理等科学问题，获得了深部采动区域应力场的矢量特征及演化规律、深部采动巷道应力型非对称破坏形态及机制、巷道围岩塑性区形态调控方法、巷道分段柔性支护技术等新认识和新技术，为深部巷道围岩稳定性控制提供理论依据和新的技术途径，促进深部煤炭安全绿色高效开采。

4.1 不同埋深下非均匀采动应力场演化规律

随开采逐渐向深部转移，煤层埋深加大，巷道围岩所处的地应力场与浅部有较大差别，深部原始地应力场绝对值增加及应力张量的改变，使得深部的应力环境复杂，而深部采掘活动引起的应力演化更为复杂，以最大水平主应力、最小水平主应力与垂直主应力比值系数 K_1、K_2 为主绘制了国内煤矿或矿区的煤系地层地应力测试结果，如图4.1所示。

由图4.1可知，中国煤系地层 K_1、K_2 多处于2.5以内，受构造应力影响，浅部岩层主应力与垂直应力比值离散范围大，向深部离散范围缩小，随埋深增加系数逐渐减小，并渐趋于1。同时，K_1、K_2 以 $K=a_c\ln H+b_c$（a_c、b_c 为常数）形式呈对数曲线回归规律，且随埋深增加拟合优度有提高趋势。因此，煤系地层比值系数自浅部岩层随深度增加而逐渐减小，但其浅部离散范围及比值较小，且其趋于静水压力的埋藏深度远小于金属矿或岩浆岩等硬岩层。对于世界范围内而言深度 $H>3500\mathrm{m}$ 时深部岩体趋于静水压力，而对于煤系地层当埋藏深度 H 在700m左右时 K_1 逐渐减小并趋于1，K_2 随埋藏深度增加逐渐向1或在1

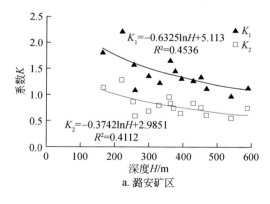

a. 潞安矿区

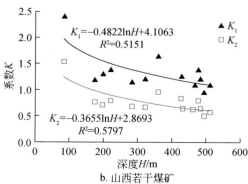

b. 山西若干煤矿

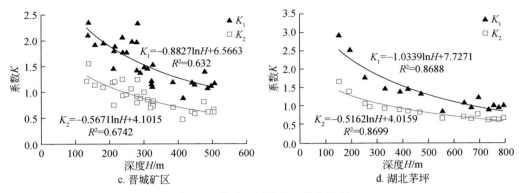

图 4.1 煤系地层地应力分布特征

附近分布，故随煤层开采深度增加，千米深部煤矿或超千米深部煤矿将逐渐由当前趋于二向等压状态向三轴等压过渡，即随煤层开采深度增加，深部地应力状态将由构造应力主导的二向准静水压力状态逐渐向三轴等压的静水压力状态转变。谢和平等从应力环境角度定义的煤炭深部开采准则公式为 $\sigma_1 = \sigma_2 = \sigma_3$，煤炭深部开采将由浅部的线性采动力学行为转向深部显著的非线性特征，并达到了岩石或岩体强度和灾变的临界应力状态。

巷道围岩稳定性与所处的应力环境密切相关，尤其是采动后的应力分布特征决定着围岩的破坏形态和范围。长期以来，在煤矿巷道围岩控制领域一直沿用经典的支承压力理论分析巷道所处的应力环境，以采动应力集中系数来描述支承压力峰值的大小，这种简单易行的矿压分析方法在大量的回采巷道位置布局和围岩控制指导方面发挥了重要作用。但支承压力描述的仅仅是竖直方向上应力的改变，随煤层开采空间和开采强度的加大，仅仅采用支承压力理论已不能准确解释回采巷道产生的一些新矿压现象，如回采巷道顶板的非对称变形破坏问题。巷道围岩表现出的变形破坏特征，是采矿活动引起巷道区域应力场发生复杂变化的结果，不仅包含支承压力的产生，并伴随着水平应力的增减、主应力方向的改变等。将巷道视为无限平面内孔洞周围塑性区破坏的力学问题，在巷道尺寸和围岩性质一定的条件下，区域应力矢量决定着巷道围岩的变形破坏特征。因此，采用数值模拟方法从最大主应力、最小主应力、主应力差值、主应力比值四个角度入手，研究不同埋深条件下留巷服务周期内各个阶段的巷道围岩应力环境变化，可获得深部采动区域应力场的矢量特征及演化规律。

4.1.1 一次采动留巷轴向围岩应力场分布规律

为研究一次采动阶段留巷位置围岩应力环境变化，应用 FLAC3D 软件模拟了工作面未完全回采时围岩的应力分布，待开采至 $Y=650\text{m}$ 平衡后，沿煤层中间位置做切片，提取处理了一次采动阶段辅运巷道中间位置（图 4.2 监测线 1）处的应力数据，获得了埋深 300m、600m 以及 900m 开采条件下一次采动留巷轴向最大主应力、最小主应力、主应力差值及主应力比值分布特征，如图 4.3 所示。

由图 4.3a 可知，在留巷沿 Y 轴方向 0～200m 范围内，最大主应力值从原始应力值开

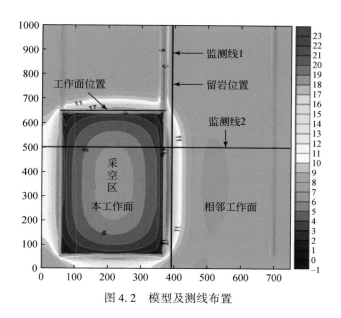

图 4.2　模型及测线布置

始呈迅速增长趋势，埋深越大，最大主应力值增长速度越快。在留巷沿 Y 轴方向 200 ~ 510m 范围内，曲线平稳，最大主应力基本保持在最大值不变。埋深 300m、600m、900m 时，最大主应力值分别为 17.3MPa、29.3MPa、37.5MPa，分别为原始垂直应力的 1.7 倍、1.68 倍和 1.53 倍。在留巷沿 Y 轴方向 500 ~ 720m 范围内，最大主应力值呈下降趋势，并于 $Y=750m$ 处下降到原始应力值。故一次采动留巷轴向最大主应力在工作面前方的影响距离为 100m，在工作面后方 150m 以后最大主应力达到最大值并保持稳定。

根据图 4.3b，在留巷沿 Y 轴方向 0 ~ 200m 范围内，最小主应力值从原始应力值开始增长，埋深越大，最小主应力值增长速度越慢。在留巷沿 Y 轴方向 200 ~ 500m 范围内，曲线平稳，最小主应力基本保持在最大值不变。埋深 300m、600m、900m 时，最小主应力值分别为 10.9MPa、18.9MPa、26.2MPa，分别为其原始应力值的 1.45 倍、1.26 倍和 1.16 倍。在留巷沿 Y 轴方向 500 ~ 720m 范围内，最小主应力值表现出明显下降趋势，并于 $Y=$

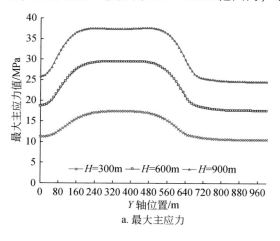

a. 最大主应力

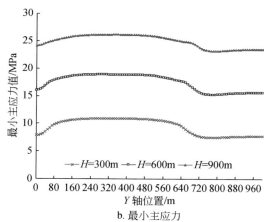

b. 最小主应力

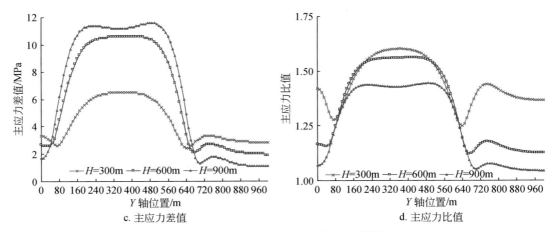

c. 主应力差值　　　　　　　　　　d. 主应力比值

图 4.3　一次采动留巷轴向主应力分布特征

750m 处下降到原始应力值。因此，一次采动留巷轴向最小主应力在工作面前方的影响距离为 100m。

由图 4.3c，与最大主应力、最小主应力曲线相比，主应力差值波动较大，该曲线整体出现双峰值，第一个峰值点位于采空区中间位置，差值高且影响范围大；第二个峰值点位于回采工作面前方 100m 处，差值较小且影响范围较小。从边界煤柱 0m 开始，不同埋深开采条件下留巷轴向主应力差值均有一缓慢下降过程，埋深越浅，其变化影响范围越大，主应力差值也越大。埋深 300m 时，主应力差值在 70m 位置下降至谷底，约 2.6MPa；埋深 600m 时，主应力差值在 40m 位置下降至谷底约 2.6MPa；埋深 900m 时，主应力差值并未表现出下降趋势。随后，主应力差值均出现一迅速增长过程，且埋深越大，主应力差值增长越快，主应力差值峰值越大。同时，埋深越大，主应力差值的最小值所在位置距离工作面位置越远；工作面前方未受到采动影响区域，主应力差值保持不变，并且埋深越大，主应力差值越小。

根据图 4.3d，在留巷轴向，主应力比值曲线走势大体与主应力差值曲线相同。曲线整体呈双峰值分布，第一个峰值点位于采空区中间位置，差值高且影响范围大；第二个峰值点位于回采工作面前方 100m 处，差值较小且影响范围较小。从边界煤柱 0m 处开始，不同埋深开采条件下留巷轴向主应力比值均有一缓慢下降的过程，埋深越浅，其变化影响的范围越大，主应力差值也越大。埋深 300m、600m、900m 时一次采动留巷轴向主应力比值的最大值分别为 1.6、1.55 和 1.4。在回采工作面前方 100m 范围内，一次采动留巷轴向主应力比值呈上升趋势。对比知，在工作面前方，主应力比值略高于原始应力比值，但是在工作面后方，随滞后工作面距离增加，主应力比值明显增加。

4.1.2　一次采动采空区侧向围岩应力场分布规律

为了充分考虑采空区对其侧方煤岩体应力场产生的影响，本工作面回采结束（至 $Y=950m$ 处）后，截取采空区侧向最大、最小主应力云图如图 4.4、图 4.5 所示，沿煤层中间位置做 $Z=22m$ 的切片，提取了采空区中部 $Y=500m$（图 4.1 监测线 2）处的应力数据，得到了不同埋深条件下采空区侧向的应力分布特征，如图 4.6 所示。

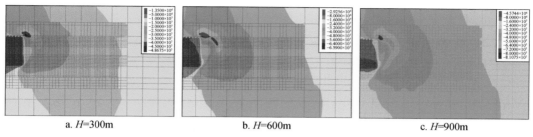

a. H=300m　　　　　　　　　b. H=600m　　　　　　　　c. H=900m

图 4.4　采空区侧向最大主应力云图

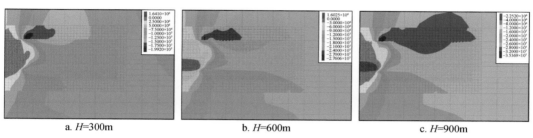

a. H=300m　　　　　　　　　b. H=600m　　　　　　　　c. H=900m

图 4.5　采空区侧向最小主应力云图

由图 4.4 可知，在采空区破碎煤岩体压实后，破断后的顶板岩层在煤柱靠近采空区边缘正上方位置形成一新的承载结构，使得最大主应力在此处出现一个形态似"月牙"状的应力集中区域。在"月牙"状中心区域，最大主应力值达到最大值。同时，该应力集中区域向煤柱内部不断延伸，随埋深增大，应力集中区域在煤柱内的影响范围不断扩大。

根据图 4.5，与采空区侧向最大主应力的分布特征相似，在采空区破碎煤岩体压实后，最小主应力在煤柱靠近采空区边缘正上方的位置出现应力集中，同样表现出向煤柱方向扩展的趋势，但最小主应力集中区域的分布范围更大。埋深越小，最小主应力在采空区侧向煤岩体中的变化越小。

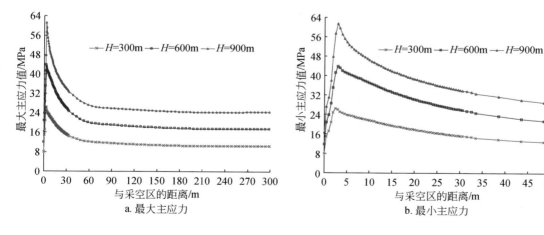

a. 最大主应力　　　　　　　　　　　　　　b. 最小主应力

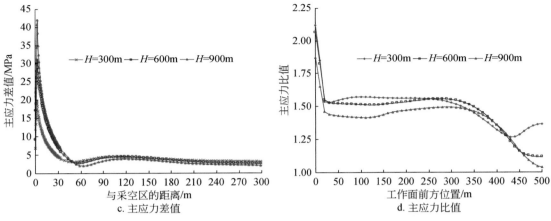

c. 主应力差值　　　　　　　d. 主应力比值

图 4.6　一次采动采空区侧向主应力分布特征

由图 4.6a 可知，随埋深增加，采空区边缘煤岩体发生破坏的范围有所增加，且部分破坏的煤岩体处于不同程度的卸荷状态。随采空区侧向煤岩体与采空区距离增加，围岩最大主应力均呈迅速增长趋势。埋深 300m、600m、900m 时，最大主应力峰值分别为25.9MPa、43.8MPa、61.3MPa，分别为其原岩应力值的 2.54 倍、2.52 倍、2.50 倍。自最大主应力峰值所在位置向距离采空区更远位置方向，围岩最大主应力表现出明显下降趋势，并且距离采空区越近，曲线斜率越大，表明采空区侧向围岩体越靠近采空区的位置最大主应力值下降速度越快。而在采空区侧向 60m 以外，最大主应力值平稳，最大主应力值基本不再变化。

根据图 4.6b，围岩最小主应力值的最小值出现在采空区边缘，同时在采空区侧向0~13m 范围内，迅速增长到极大值。埋深 300m、600m、900m 时，最小主应力的最大值分别为 11.2MPa、19.2MPa、26.3MPa，分别为其原始应力值的 1.50 倍、1.28 倍和1.16 倍。在采空区侧向 13~120m 范围内，围岩最小主应力呈下降趋势；在采空区侧向120m 以外，最小主应力值曲线平稳。同时，埋深 300m、600m、900m 开采条件下，最小主应力值分别等于 7MPa、13.9MPa、21.4MPa，分别为其原岩应力值的 0.90 倍、0.93 倍、0.95 倍。

由图 4.6c 可得，在采空区侧向 3m 范围内，围岩主应力差值迅速增长至最大值；埋深300m、600m、900m 时，主应力差值的最大值分别为 19.7MPa、30.8MPa、42.0MPa。在采空区侧向 3~60m 范围内，主应力差值迅速减小到最小值，并且越靠近采空区，主应力差值变化越快。由曲线分布可知，埋深越浅，主应力差值越小。在采空区侧向 60~120m范围内，主应力差值呈现缓慢增长，同时埋深越浅，主应力差值越大，但总体差距不大；在采空区侧向 120m 以外，主应力差值缓慢减小，并最终趋于稳定。

由图 4.6d 知，不同埋深开采条件下，采空区侧向主应力比值曲线与主应力差值曲线变化趋势相似。主应力比值的最大值均出现在采空区边缘浅部煤体中，且随埋深增加，主应力比值的最大值越来越小。埋深 300m、600m、900m 时主应力比值的最大值分别为8.9、5.6 和 6.5。随煤岩体远离采空区，主应力比值迅速减小，且与采空区的距离越小，主应力比值降低的速度越快。对比分析知，埋深越浅，主应力比值越大，并与其原始应力条件相符。

4.1.3　二次采动巷道超前应力场分布规律研究

为研究二次采动影响阶段留巷围岩应力分布矢量特征，模拟分析了本工作面完全回采、相邻工作面部分回采巷道围岩应力变化状况，本工作面回采至 $Y=950\mathrm{m}$，相邻工作面回采至 $Y=500\mathrm{m}$ 位置时，沿煤层中间位置做切片，提取了辅运巷道中间位置（即监测线1）处的应力数据，分析获得了二次采动影响下不同埋深沿留巷轴向的应力分布特征，如图4.7所示。

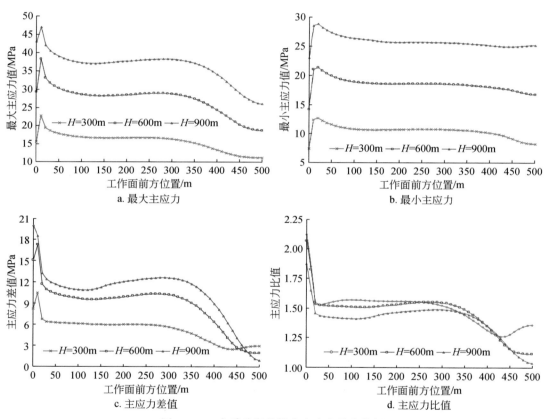

图 4.7　二次采动留巷轴向主应力分布特征

由图 4.7a 得，埋深 300m、600m、900m 时，工作面位置处最大主应力值分别为15.6MPa，根据图4.7b，在工作面前方 0~20m 范围内，二次采动留巷轴向最小主应力值迅速上升并达到最大值，最大值分别为12.6MPa、21.3MPa、28.8MPa，分别为其原始应力值的1.54倍、1.42倍、1.28倍。埋深300m时，工作面位置处最小主应力值约7.3MPa，为原始应力的0.98倍；埋深600m时，工作面位置处最小主应力值约16.1MPa，为原始应力的0.94倍；埋深900m时，最小主应力值约23MPa，为原始应力的 1.02 倍。在工作面前方 20m 以远，最小主应力值呈降低趋势，同时下降速度越来越慢。

由图 4.7c 知，埋深 300m、600m 时，二次采动留巷在工作面位置处的主应力差值分别为 8.2MPa、15.1MPa，并在工作面前方 0~10m 范围内，主应力差值迅速上升并达到最大值，最大值分别为 10.4MPa、17.2MPa。埋深 900m 时，主应力差值由工作面位置处的 20MPa 急剧降低至 10.8MPa，在工作面前方 110~300m，主应力差值缓慢增加，在 300m 以远，主应力差值呈下降趋势，而且变化速度逐渐增大。

由图 4.7d 可知，埋深 300m、600m、900m 时，二次采动留巷在工作面位置处的主应力比值分别为 2.1、2.0、1.9。在工作面前方 20~300m 范围内，主应力比值曲线平缓，变化不大，但埋深越大，主应力比值变化越大。在工作面前 300m 以远，主应力差值呈下降趋势，并最终趋向原始应力比值。

综上所述，受埋深影响，留巷服务周期内各个阶段的巷道围岩应力环境呈现明显变化，深部采动巷道围岩区域应力场的最大主应力、最小主应力方向等矢量特征呈明显的非均匀分布，且埋深越大，主应力差值越大，对巷道围岩稳定性的影响越大。

4.2　深部采动巷道围岩破坏形态与扩展效应

为分析巷道围岩塑性区与围岩破坏形态的关系及其对巷道围岩稳定性的影响，以弹性力学为基础，推导出了圆形巷道围岩塑性区的边界方程，研究了非均匀采动应力场下不同断面形状的巷道围岩塑性区形态演化规律，为塑性区形态的判别提供基础，并以神东矿区布尔台煤矿开采 2-2 煤层为工程背景，对不同埋深开采条件下双巷保留巷道全生命周期围岩塑性区形态进行了数值模拟分析，研究成果对井巷工程支护设计、巷道灾害防治具有指导意义。

4.2.1　双向非等压应力条件下巷道塑性区理论

从力学本质角度分析，深部巷道的破坏形态实质为围岩的弹塑性破坏问题，为便于理论研究，假设埋深大于或等于 20 倍的巷道半径，忽略巷道影响范围（5 倍巷道半径）内的岩石自重，计算误差不超过 5%，故水平原岩应力可简化为均匀分布；围岩为均质，各向同性，线弹性，无蠕变性或黏性行为；巷道断面内水平和垂直方向的原岩应力沿巷道轴向不变；巷道断面为圆形，巷道长度无限长且围岩性质一致。因此，实际巷道模型可简化为弹塑性力学中的荷载与结构的轴对称平面应变圆孔问题，以此可采用弹塑性力学中圆孔的平面应变模型解决圆形巷道围岩应力分布和弹塑性形态。

取巷道围岩内任一截面作为研究对象，采用平面应变问题简化了双向不等压应力场影响下圆形巷道的力学模型，如图 4.8 所示。

在双向不等压应力场条件下，根据弹性力学理论，在极坐标下巷道围岩某一点的应力计算公式如下：

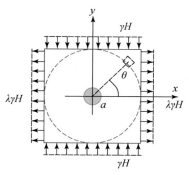

图 4.8　不等压圆形巷道受力模型

$$\begin{cases} \sigma_r = \dfrac{\gamma H}{2}\left[(1+\lambda)\left(1-\dfrac{R_0^2}{r^2}\right)+(1-\lambda)\left(1-4\dfrac{R_0^2}{r^2}+3\dfrac{R_0^4}{r^4}\right)\cos2\theta\right] \\[3mm] \sigma_\theta = \dfrac{\gamma H}{2}\left[(1+\lambda)\left(1+\dfrac{R_0^2}{r^2}\right)-(1-\lambda)\left(1+3\dfrac{R_0^4}{r^4}\right)\cos2\theta\right] \\[3mm] \tau_{r\theta} = \dfrac{\gamma H}{2}\left[(1-\lambda)\left(1+2\dfrac{R_0^2}{r^2}-3\dfrac{R_0^4}{r^4}\right)\sin2\theta\right] \end{cases} \quad (4.1)$$

式中，σ_θ 为任一点的环向应力，MPa；σ_r 为任一点的径向应力，MPa；$\tau_{r\theta}$ 为任一点的剪应力，MPa；γH 为巷道竖向载荷，MPa；λ 为侧压系数；R_0 为圆形巷道半径，m；r、θ 为任一点的极坐标。

在弹性力学中主应力可通过式（4.2）由水平应力和垂直应力求解。

$$\begin{cases} \sigma_1 = \dfrac{\sigma_r+\sigma_\theta}{2}+\sqrt{\left(\dfrac{\sigma_r-\sigma_\theta}{2}\right)^2+(\tau_{r\theta})^2} \\[3mm] \sigma_3 = \dfrac{\sigma_r+\sigma_\theta}{2}-\sqrt{\left(\dfrac{\sigma_r-\sigma_\theta}{2}\right)^2+(\tau_{r\theta})^2} \end{cases} \quad (4.2)$$

将式（4.2）代入式（4.1），得

$$2\sqrt{\left(\dfrac{\sigma_r-\sigma_\theta}{2}\right)^2+(\tau_{r\theta})^2}-(\sigma_r+\sigma_\theta)\sin\varphi=2C\cos\varphi \quad (4.3)$$

变形后为，

$$\sqrt{\left(\dfrac{\sigma_r-\sigma_\theta}{2}\right)^2+(\tau_{r\theta})^2}=\dfrac{\sigma_r+\sigma_\theta}{2}\sin\varphi+C\cos\varphi \quad (4.4)$$

两边平方并移项，可得

$$\left(\dfrac{\sigma_r-\sigma_\theta}{2}\right)^2+(\tau_{r\theta})^2-\left(\dfrac{\sigma_r+\sigma_\theta}{2}\right)^2\sin^2\varphi-(\sigma_r+\sigma_\theta)\sin\varphi\cos\varphi C-C^2\cos^2\varphi=0$$

$$(4.5)$$

经数学运算后，可得双向不等压条件下巷道围岩的塑性区边界解析解，如式（4.6）所示。

$$9(1-\lambda)^2\left(\dfrac{a}{R_0}\right)^8-[12(1-\lambda)^2+6(1-\lambda)^2\cos2\theta]\left(\dfrac{a}{R_0}\right)^6$$

$$+ 2 (1 - \lambda)^2 [\cos^2 2\theta (5 - 2\sin^2 \varphi) - \sin^2 2\theta] + (1 + \lambda)^2 + 4(1 - \lambda^2)\cos 2\theta \left(\frac{a}{R_0}\right)^4$$

$$- \left[4 (1 - \lambda)^2 \cos 4\theta + 2(1 - \lambda^2)\cos 2\theta(1 - 2\sin^2 \varphi) - \frac{4}{\gamma H}(1 - \lambda)\cos 2\theta \sin 2\varphi C\right]$$

$$\left(\frac{a}{R_0}\right)^2 (1 - \lambda)^2 - \sin^2 \varphi \left(1 + \lambda + \frac{2C}{\gamma H}\frac{\cos\varphi}{\sin\varphi}\right)^2 = 0 \qquad (4.6)$$

根据式（4.6）知，影响巷道围岩塑性区形态产生的主要因素为围岩内聚力 C、侧压系数 λ、内摩擦角 φ、巷道围岩容重 γ、巷道半径 a 及巷道埋深 H 等；地质参数及工程技术条件变化，将导致巷道围岩的塑性区形态发生改变。

为直观反映巷道围岩的塑性破坏形态，以巷道埋深为 800m 分析塑性区特征，并固定其他参数（$\gamma = 25\mathrm{kN/m}^3$，$a = 2.0\mathrm{m}$，$C = 3\mathrm{MPa}$，$\varphi = 20°$），经式（4.6）计算得到不同侧压系数下圆形巷道围岩塑性区边界形态分布，如图 4.9 所示。

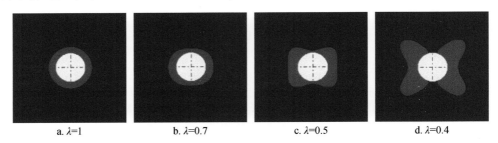

a. $\lambda = 1$　　　　　b. $\lambda = 0.7$　　　　　c. $\lambda = 0.5$　　　　　d. $\lambda = 0.4$

图 4.9　不同侧压系数巷道围岩蝶形塑性区理论分布

根据图 4.9，当侧压系数 λ 小于一定值时巷道围岩的塑性区形态并未形成双向等压应力场条件下的圆形，而呈现了一定的变化；$\lambda = 1$ 时，为双向等压条件，巷道围岩的塑性区呈圆形；$\lambda = 0.7$ 时，即垂直和水平应力不相等，此时巷道塑性区不再是圆形，类似于椭圆形；当 $\lambda = 0.5$ 时，塑性区形态沿垂直方向呈对称分布，顶底塑性区深度较小；而 $\lambda = 0.4$ 时，塑性区形态呈现出蝶形分布；但侧压系数较小时，塑性区的破坏范围将发生较大程度的扩张。

同时，采用相同的地质力学参数对不同侧压系数下巷道围岩的塑性区进行了数值计算，计算结果如图 4.10 所示。

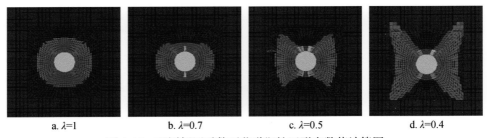

a. $\lambda = 1$　　　　　b. $\lambda = 0.7$　　　　　c. $\lambda = 0.5$　　　　　d. $\lambda = 0.4$

图 4.10　不同侧压系数下巷道塑性区形态数值计算图

对比图 4.9 及图 4.10 可知，理论计算结果与数值计算的塑性区形态高度相似，随侧压系数逐渐减小，塑性区形态同样呈现出了圆形、椭圆形、蝶形、蝶叶扩展的规律；但塑性区尺寸有一定的差别，数值计算结果稍大于理论计算结果。

4.2.2　一次采动影响下留巷塑性区形态特征

与掘进影响阶段相比，受本工作面回采影响，采场周围岩体垂直主应力增大为原始应力值的 2～3 倍，围岩最大主应力、最小主应力差值增大，并造成岩体破坏。截取了一次采动影响阶段滞后工作面 0m、50m、100m、150m、350m 位置处留巷塑性区分布特征，如图 4.11 所示。

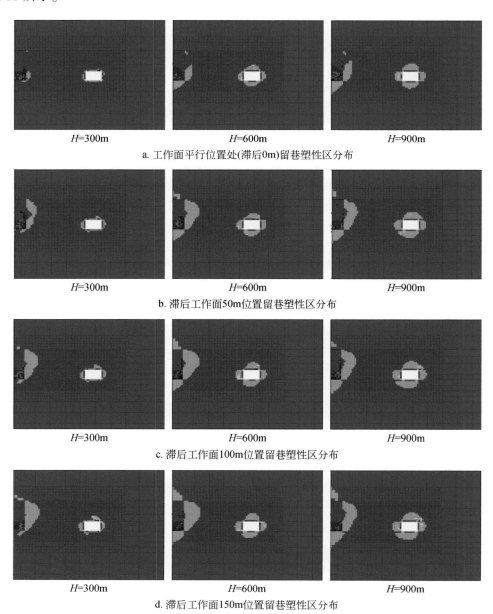

H=300m　　　　　H=600m　　　　　H=900m

a. 工作面平行位置处(滞后0m)留巷塑性区分布

H=300m　　　　　H=600m　　　　　H=900m

b. 滞后工作面50m位置留巷塑性区分布

H=300m　　　　　H=600m　　　　　H=900m

c. 滞后工作面100m位置留巷塑性区分布

H=300m　　　　　H=600m　　　　　H=900m

d. 滞后工作面150m位置留巷塑性区分布

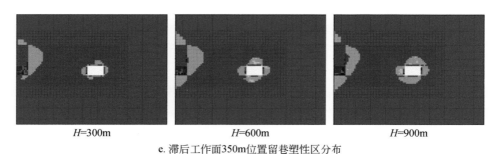

H=300m　　　　　　　　H=600m　　　　　　　　H=900m

e. 滞后工作面350m位置留巷塑性区分布

图4.11　滞后工作面不同位置留巷塑性区分布

由图4.11a知，受一次采动影响，与回采工作面平行位置处的留巷塑性区范围相对巷道掘进影响阶段有所增加。埋深$H=300m$时，顶板及两帮塑性区最大深度为1m，底板塑性区范围为0.5m。埋深$H=600m$时，巷道顶板塑性区形态呈拱形且拱顶向煤壁帮倾斜，塑性区最大深度为2.5m；底板及两帮塑性区最大深度为2m。埋深$H=900m$时，巷道顶、底板塑性区最大深度为3m；两帮塑性区最大深度为2.5m。对比可知，随埋深增加，巷道围岩破坏形式更多表现为剪破坏，且塑性区形态均表现出一定的方向性。

根据图4.11b，在滞后工作面50m位置处，塑性区范围进一步增加。埋深$H=300m$时，巷道两帮塑性区最大深度为1.5m；底板塑性区范围为1m；巷道顶板塑性区最大深度为1.5m。埋深$H=600m$时，巷道正、负帮塑性区最大深度分别为2m、2.5m；顶板塑性区最大深度为3m，形态呈拱形并且拱顶向煤壁帮倾斜；底板塑性区最大深度为2m，最大深度位置出现在巷帮负帮底角位置。埋深$H=900m$时，巷道顶、底板及其负帮塑性区最大深度均达到3m，正帮塑性区最大深度达到2.5m；巷道顶、底板塑性区范围继续向巷道正帮顶角和负帮底角方向扩展。

由图4.11c知，在滞后工作面100m位置处，塑性区范围进一步增加。埋深$H=300m$时，顶板塑性区最大深度达到2m，两帮塑性区最大深度为1.5m；巷道底板主要发生拉破坏，塑性区最大深度为1m。埋深$H=600m$时，巷道顶板塑性区最大深度达到2.5m，塑性区形态呈拱形并且拱顶向煤壁帮倾斜；巷道底板、两帮塑性区最大深度为2.5m。埋深$H=900m$时，巷道顶塑性区最大深度达到3.5m，底板及其两帮塑性区最大深度为3m；巷道顶、底板塑性区范围继续向巷道正帮顶角和负帮底角方向扩展，塑性区呈非对称性。

由图4.11d知，在滞后工作面150m位置处，围岩的塑性区最大深度继续增加。埋深$H=300m$时，顶板、负帮塑性区最大深度均达到2m；巷道底板、正帮塑性区最大深度为1.5m。埋深$H=600m$时，巷道顶板塑性区最大深度均达到3m，塑性区形态呈拱形并且拱顶向煤壁帮倾斜；巷道负帮塑性区最大深度达到3m；巷道底板、正帮塑性区最大深度为2.5m。埋深$H=900m$时，巷道顶板塑性区最大深度为3.5m；底板及其两帮塑性区最大深度也达3m；且巷道顶、底板塑性区范围继续向巷道正帮顶角和负帮底角方向扩展。

根据图4.11e，滞后工作面350m位置与滞后工作面150m位置相比，巷道塑性区基本一致。埋深$H=300m$时，顶板、负帮塑性区最大深度均达到2m；巷道底板、正帮塑性区最大深度为 1.5m。埋深 $H=600$m 时，巷道顶板塑性区最大深度均达到 3m，塑性区形态呈拱形且拱顶向煤壁帮倾斜；巷道负帮塑性区最大深度也达到 3m；巷道底板、正帮塑性区最大深度为 2.5m。埋深 $H=900$m 时，巷道顶板塑性区最大深度为 3.5m；底板及其两帮塑性区最大深度达到 3m；同时，巷道顶、底板塑性区范围继续向巷道正帮顶角和负帮底角方向扩展。

　　综上所述，不同埋深开采条件下，双巷布置留巷受一次采动影响，塑性区变化均表现出滞后性；留巷塑性区范围的扩展主要发生在工作面后方；且埋深越大，留巷塑性区非对称分布的形态越明显。

4.2.3　二次采动影响下巷道超前塑性区形态特征

　　根据前述，受二次采动影响，工作面前方一定范围内留巷围岩区域应力矢量特征发生改变，应力场变化导致巷道塑性区将进一步发生变化；分别截取了工作面前方 10m、20m、30m、100m 位置处留巷塑性区分布图，如图 4.12 所示。

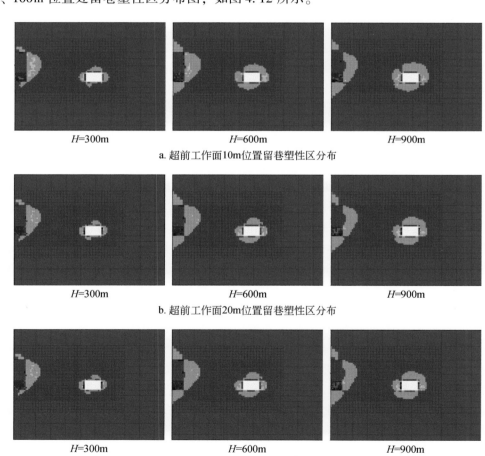

$H=300$m　　　　　　$H=600$m　　　　　　$H=900$m

a. 超前工作面10m位置留巷塑性区分布

$H=300$m　　　　　　$H=600$m　　　　　　$H=900$m

b. 超前工作面20m位置留巷塑性区分布

$H=300$m　　　　　　$H=600$m　　　　　　$H=900$m

c. 超前工作面30m位置留巷塑性区分布

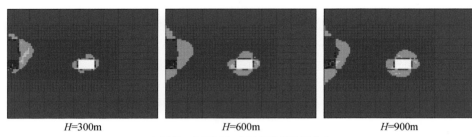

d. 超前工作面100m位置留巷塑性区分布

图 4.12　超前工作面不同位置留巷塑性区分布

由图 4.12a 知，受二次采动影响，在超前工作面 10m 位置，留巷围岩处于高应力作用下，相对一次采动影响稳定阶段，巷道塑性范围进一步扩展。埋深 $H=300\text{m}$ 时，巷道顶板及其两帮塑性区最大深度达到 2.5m，巷道底板塑性区最大深度为 2m。埋深 $H=600\text{m}$ 时，巷道顶板塑性区向巷道两帮方向扩展，尤其是巷道正帮顶角和负帮底角位置，且巷道顶板塑性区最大深度达到 3.5m，底板及其两帮塑性区也达 2.5m。埋深 $H=900\text{m}$ 时，巷道顶板塑性区最大深度为 4m，底板及其两帮塑性区最大深度也达到 3.5m；塑性区形态表现出明显的非对称性，巷道塑性区在巷道正帮顶角和负帮底角位置急剧扩展。

根据图 4.12b，受二次采动影响，超前工作面 20m 处，巷道围岩仍受工作面前方高应力作用，与工作面前方 10m 相比，塑性区范围略有减小；但巷道塑性区形态仍呈明显非对称性。埋深越大，巷道顶板塑性区向煤壁正帮方向偏转越明显，在 $H=900\text{m}$ 时煤壁正帮顶角和负帮底角均出现塑性区连通现象，而 $H=900\text{m}$ 时巷道正帮底角与负帮顶角塑性区并未连通。

由图 4.12c 可知，受二次采动影响，在超前工作面 30m 处，留巷围岩受工作面前方高应力作用减弱，与工作面前方 20m 相比，巷道塑性区范围有所减小。埋深 $H=300\text{m}$ 时，巷道顶板及其两帮塑性区最大深度为 2m，巷道底板塑性区最大深度为 1.5m，围岩破坏形式主要表现为拉破坏和剪破坏。埋深 $H=600\text{m}$ 时，巷道顶板塑性区向巷道两帮方向扩展，塑性区形态表现出明显的非对称性，巷道顶板和负帮塑性区最大深度达到 3m，底板及其正帮塑性区最大深度也达到 2.5m。埋深 $H=900\text{m}$ 时，巷道顶板塑性区最大深度为 3.5m，底板及其两帮塑性区最大深度达到 3m，塑性区呈非对称性。

根据图 4.12d，受二次采动影响，工作面前方 100m 处，留巷塑性区范围及其形态分布与滞后一次回采工作面 350m 位置相比基本相同。埋深 $H=300\text{m}$ 时，巷道顶板及其两帮围岩主要发生拉破坏和剪破坏，巷道顶板、负帮塑性区最大深度均达到 2m，巷道底板和正帮塑性区最大深度为 1.5m。埋深 $H=600\text{m}$ 时，顶板和负帮塑性区最大深度均达到 3m，底板和正帮塑性区最大深度为 2.5m；且巷道顶板塑性区呈拱形并且拱顶向煤壁帮倾斜。埋深 $H=900\text{m}$ 时，巷道顶板塑性区最大深度为 3.5m，底板及其两帮塑性区最大深度达到 3m；而巷道顶、底板塑性区继续向巷道正帮顶角和负帮底角方向扩展，塑性区形态呈明显的非对称性。

综上所述，受二次采动影响，埋深越大，巷道围岩的塑性破坏范围越大，且塑性区均呈明显的非对称性分布特征，与一次采动相比，二次采动后留巷塑性区的分布范围加大，对巷道围岩稳定性的影响更大。

4.2.4　巷道断面形状对围岩塑性区形态的影响

　　为了研究巷道断面形状对围岩塑性区分布形态的影响，以圆形及实际生产中常用的矩形、直墙半圆拱形巷道为研究对象，分别模拟计算了埋深 800m 时不同侧压系数时圆形、矩形、直墙半圆拱形巷道的塑性区分布特征，如图 4.13 所示。

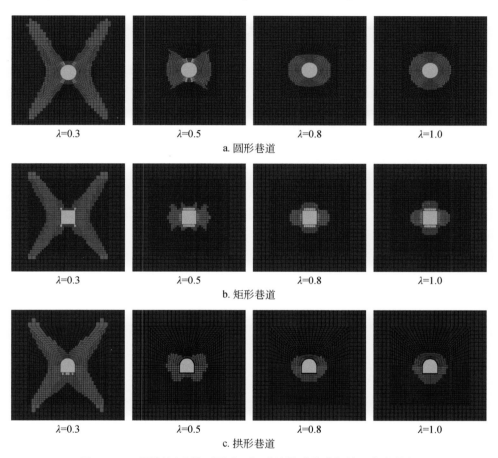

$\lambda=0.3$　　　　　　$\lambda=0.5$　　　　　　$\lambda=0.8$　　　　　　$\lambda=1.0$

a. 圆形巷道

$\lambda=0.3$　　　　　　$\lambda=0.5$　　　　　　$\lambda=0.8$　　　　　　$\lambda=1.0$

b. 矩形巷道

$\lambda=0.3$　　　　　　$\lambda=0.5$　　　　　　$\lambda=0.8$　　　　　　$\lambda=1.0$

c. 拱形巷道

图 4.13　不同侧压系数下圆形、矩形及拱形巷道塑性区分布特征

　　根据图 4.13 可知，侧压系数为 1 时，不同断面形状的巷道塑性区分布特征不尽相同，圆形巷道塑性区呈圆形，矩形巷道塑性区呈"十"字形，而直墙半圆拱形巷道塑性区为近似倒圆锥形。随侧压系数逐渐减小，不同断面形状的巷道围岩塑性区范围逐渐扩大。当侧压系数减小至 0.4 时，圆形巷道围岩形成了蝶形塑性区，且矩形巷道和拱形巷道围岩同样出现了蝶形塑性区。随侧压系数进一步减小至 0.3 时，三种断面形状的巷道围岩塑性区均呈现出蝶形分布，且蝶形塑性区的形态基本一致，蝶叶尺寸大小基本相同。因此，当巷道围岩所处的应力环境满足蝶形塑性区产生的条件，三种断面形状的巷道围岩均会出现蝶形

塑性区；深部开采时，高偏应力场影响下蝶形塑性区的产生具有普遍性。

综上所述，以弹塑性力学中的圆孔应力解和塑性力学中的偏应力理论为基础，利用莫尔-库仑强度准则，推导了非均匀应力场下圆形巷道围岩塑性区边界方程；由于围岩中存在高偏应力差，促使了深部巷道围岩非对称破坏的形成，且高偏应力差越大，深部巷道围岩越易形成非对称破坏。结合塑性区具有的圆形、椭圆形、蝶形三种基本形态特征，研究了深部采动巷道围岩破坏的主要控制因素及其基本性质，揭示了采动巷道围岩破坏形态与稳定性的内在联系。

4.3　深部采动巷道围岩破坏主要控制因素及响应特征

为进一步揭示深部采动巷道围岩破坏形态的关键控制因素及响应特征，结合双向非等压应力条件下的塑性区理论，根据式（4.6）计算获得了在区域应力矢量影响下采动巷道围岩非对称破坏的基本性质，为遏制塑性区恶性扩展提供基本思路。

4.3.1　采动巷道围岩应力型非对称破坏的基本性质

根据前述，由于深部采动巷道围岩应力矢量特征及应力环境的改变，塑性破坏区的位置和破坏深度将产生变化，并呈明显的方向性和突变性，且当巷道所处位置围岩强度改变时，塑性区也会出现一定的变异性。

1. 突变性

根据式（4.6）计算了围岩比 η 与巷道塑性区的关系，如图 4.14 所示；同时，计算统计了相同岩性围压比的敏感性关系，如图 4.15 所示。

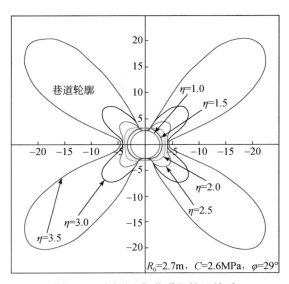

图 4.14　围压比与巷道塑性区关系

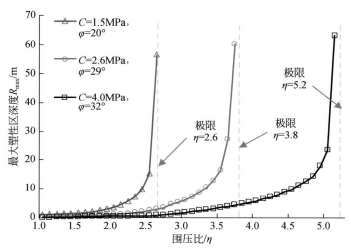

图 4.15　同岩性围压比敏感性关系

根据图 4.14，双向等压条件下（$\eta=1$）为圆形，随 η 增大塑性区扩展成椭圆形并最终演化为蝶形，蝶叶最大长度 $R_{\max}$ 在最大主应力、最小主应力角平分线附近，成蝶后巷道的塑性破坏深度及面积都将骤增，对巷道失稳影响巨大。

由图 4.15 知，蝶叶对 η 的敏感性急剧增加，应力场主应力比值接近或达到临界条件后的微小增量，便能够引起蝶叶尺寸的突变，表现为 $R_{\max}$ 呈指数型增长，曲线呈猛抬头状，即破坏区的恶性扩展，最终趋于无穷大，围岩强度越低成蝶时 η 的敏感性越强。

2. 方向性

由巷道围岩塑性边界方程式（4.6），得到了围岩参数相同时，不同应力方向条件下圆形巷道塑性区形态，如图 4.16 所示。

由图 4.16 知，主应力方向发生变化时蝶形塑性区蝶叶方向随主应力旋转相应角度。当最大主应力方向垂直时，塑性区蝶叶近似倾斜 45°朝顶底板扩展，蝶叶偏移角（β）约为 45°，随最大主应力方向的旋转，蝶叶方向也随之偏转相应的角度，当最大主应力方向与竖直方向夹角为 45°时，蝶叶塑性区位于顶板的正上方，此时 $\beta=0$°。

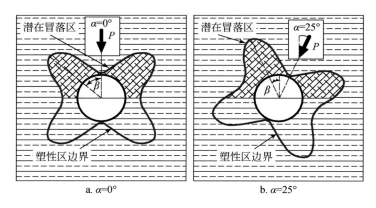

a. $\alpha=0$°　　　　　　　　b. $\alpha=25$°

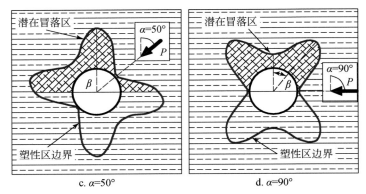

c. $\alpha=50°$ 　　　　d. $\alpha=90°$

图 4.16　塑性区随主应力旋转示意图

$P=20\text{MPa}$, $a=2.0\text{m}$, $C=2.7\text{MPa}$, $\varphi=24°$, $\lambda=0.4$

综上所述，巷道围岩出现蝶形塑性区后蝶叶具有一定的方向性，当最大主应力、最小主应力处于水平垂直方向时蝶叶偏移角在45°附近；当主应力方向发生变化时蝶形塑性区蝶叶方向随主应力旋转相应角度，蝶形塑性区的4个蝶叶位于巷道围岩的不同位置。

选取圆形巷道为研究对象，采用与理论计算相同的围岩条件及应力条件，结合数值计算得到了圆形巷道围岩主应力偏转角度不同时对应的塑性区分布形态，如图 4.17 所示。

由图 4.17 知，随主应力的旋转，巷道塑性区形态未发生变化，仅发生一定旋转，当主应力旋转180°时，塑性区蝶叶也旋转180°，但与未发生偏转的塑性区一致。应力偏转相同角度，理论计算与数值计算规律基本一致，数值计算可获得相同的结论。

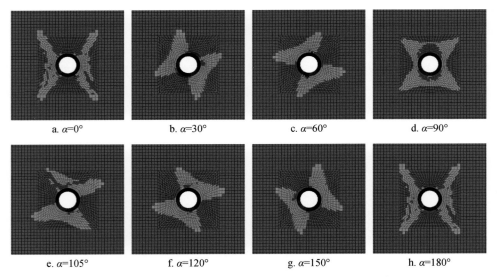

a. $\alpha=0°$　　b. $\alpha=30°$　　c. $\alpha=60°$　　d. $\alpha=90°$

e. $\alpha=105°$　　f. $\alpha=120°$　　g. $\alpha=150°$　　h. $\alpha=180°$

图 4.17　围岩主应力偏转不同角度时圆形巷道塑性区形态图

3. 变异性

受煤层与邻近层强度差异大，或煤层厚度和倾角变化，甚至在向斜轴部发生大角度弯曲等地质条件影响，在煤层不同位置掘进将导致巷道顶板、帮和底板出现不同的破坏形态，模拟得到了不同地质条件下巷道塑性区形态，如图 4.18、图 4.19 所示。

a. 中厚煤层巷道

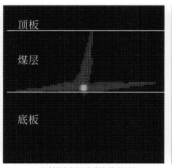

b. 厚煤层沿底掘进巷道

c. 向斜轴部煤巷

图 4.18　蝶叶缺失形态

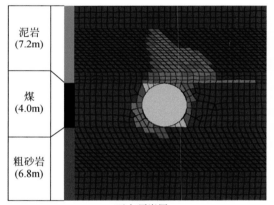

a. 不含硬岩层

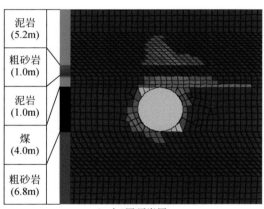

b. 含 1 层硬岩层

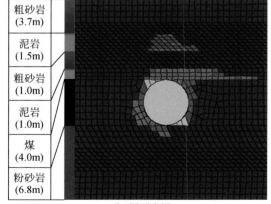

c. 含 2 层硬岩层

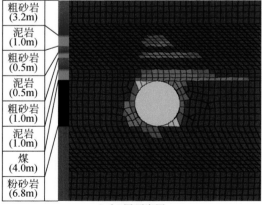

d. 含 3 层硬岩层

图 4.19　巷道不同岩层组合顶板蝶叶塑性区计算结果

$H = 800\text{m}$，$a = 2.0\text{m}$，$\lambda = 0.4$，$\gamma = 25\text{kN/m}^3$，$\beta = 0°$

根据图4.19，蝶形塑性区形成过程中，优先沿强度较小的岩层扩展，厚度较大的高强度岩层可以减小甚至阻止蝶叶的扩展，致使均质围岩中出现的4个蝶叶发生部分缺失，巷道围岩中的蝶叶数量可能减为3个、2个甚至1个。因此，在非均质组合岩体环境中，蝶形塑性区优先沿着厚度较小的岩层扩展，厚度较大的高强度岩层可以减小甚至阻止蝶叶的扩展，塑性区边界形态会产生变异，甚至出现蝶叶缺失现象，但仍符合蝶形塑性区的数学界定，蝶叶仍为巷道围岩的最大破坏深度而且位于2个主应力方向夹角平分线附近。

4.3.2　采动巷道围岩应力型非对称破坏的影响因素

根据非均匀应力场条件下圆形巷道塑性区的边界方程式（4.6）知，影响巷道塑性区深度的因素包括开采条件（含区域应力场 P 和巷道半径 r）和围岩性质（含内聚力 C 和内摩擦角 φ）。为便于分析，取 $P_3 = 7.5\text{MPa}$（300m 采深），利用式（4.1）获得了各因素与塑性区半径之间的关系。

1. 巷道半径

将影响巷道塑性区半径的其他因素固定，变化巷道半径，当巷道塑性区半径从 1m 到 8m 以 1m 间隔变化时，三种不同强度围岩的巷道半径与塑性区半径的变化趋势如图4.20所示。巷道半径与巷道塑性区半径呈线性正相关关系，即随巷道半径的增大，塑性区半径线性增大，其直线斜率由岩石岩性决定，当岩石强度较低时直线斜率较大。

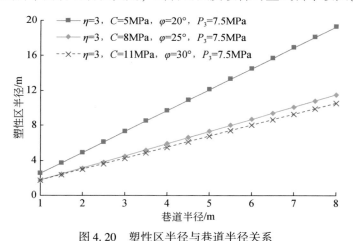

图 4.20　塑性区半径与巷道半径关系

2. 主应力比值

将影响巷道塑性区半径的其他因素和 P_3 固定，变化 P_1 达到改变主应力比值的目的，得到主应力比值与塑性区半径的关系。当主应力比值从 1.0 到 4.0 以 0.2 间隔变化时，三种不同围岩强度的巷道塑性区半径的变化趋势如图4.21所示。

由图4.21可知，主应力比值较小时，三种强度围岩的巷道塑性区半径都很小且数值相近，主应力比值变化对巷道塑性区半径影响不明显；随主应力比值增加，巷道塑性区半径逐渐增加，曲线斜率也逐渐增加；低强度围岩对应曲线在主应力比值达到 2.6 后，曲线

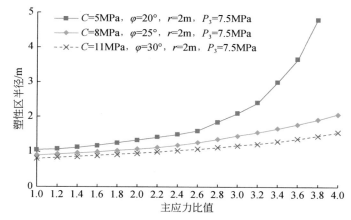

图 4.21　塑性区半径与主应力比值关系

斜率增加幅度较大，巷道塑性区半径随主应力比值迅速增长，可达巷道半径数倍；不同围岩强度巷道塑性区半径与围岩比值关系曲线具有相似的变化趋势，只是围岩强度较大时，出现较大的塑性区半径需更大的主应力比值。

3. 围岩内聚力

巷道围岩内聚力是围岩岩性的重要参数，将影响巷道塑性区半径的其他因素固定，改变围岩内聚力，获得了三种不同主应力比值情况下围岩内聚力与塑性区半径的关系，如图 4.22 所示。由图 4.22 可知，随围岩内聚力增加，巷道围岩强度增加，巷道塑性区半径逐渐减小，曲线斜率逐渐降低；内聚力无限增大时巷道塑性区半径变化趋于平缓逐渐接近巷道半径；主应力比值较大的曲线，塑性区半径减小较大，主应力比值较小，塑性区半径减小不明显。

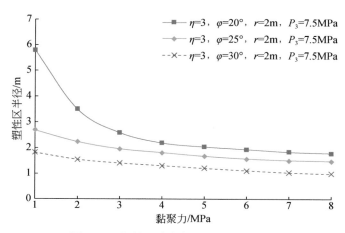

图 4.22　塑性区半径与围岩内聚力关系

4. 围岩内摩擦角

与围岩内聚力相似，巷道围岩内摩擦角也是围岩岩性的重要参数，将影响巷道塑性区半径的其他因素固定，改变围岩内摩擦角，三种不同主应力比值情况下，围岩内摩擦角与塑性区半径的关系如图 4.23 所示。

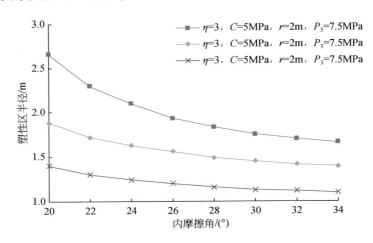

图 4.23　塑性区半径与岩石内摩擦角关系

　　由图 4.23 可知，随围岩内摩擦角的增加巷道围岩强度增加，巷道塑性区半径逐渐减小曲线斜率逐渐降低；内摩擦角无限增大时巷道塑性区半径变化趋于平缓。

　　理论分析可知，当留巷围岩岩性一定时，留巷塑性破坏深度主要取决于留巷围岩应力和留巷半径。其中留巷围岩应力大小主要取决于两方面因素，一方面是初始应力水平，影响因素主要包括：①开采深度，煤层赋存深度直接影响原岩应力的大小；②煤层倾角，煤层倾角对支承压力峰值和应力集中范围有一定的影响，倾角越大，上、下侧煤柱支承压力峰值位置差异越大，从而对留巷围岩应力产生变化。另一方面是工作面采动应力影响因素，主要包括：①工作面长度，在一定范围内，工作面长度越大，整体矿压显现强度越大，最大主应力明显增大；②开采高度，对最大主应力大小、位置影响较大；③煤柱宽度，巷间煤柱宽度不同，导致煤柱应力峰值大小、位置改变，导致留巷围岩应力发生变化。巷道半径对留巷塑性破坏深度的影响可根据巷道断面进行等效计算，如矩形巷道可根据塑性区"等效开挖"的思想，通过其外接圆半径计算，故巷道宽度和高度可作为影响留巷塑性破坏深度的主控因素。

4.4　深部采动巷道围岩破坏控制原理

　　为进一步研究深部采动巷道围岩破坏的控制原理，采用巷道围岩塑性区边界方程获得了采动应力与围岩破坏形态的关系，模拟计算了采动巷道围岩变形与非对称破坏形态的关系，深入分析了窄煤柱巷道的非均匀破坏机理，进而揭示了采动围岩破坏形态与稳定性的内在联系，从空中巷道围岩塑性区形成和发展角度，研究了防止塑性区恶性扩展的大变形回采巷道围岩控制原理。

4.4.1　采动应力与围岩破坏形态关系

利用圆形巷道围岩塑性区的边界方程［式（4.6）］得到了巷道埋深为 800m 时，固定其他参数不变（$\gamma=25\mathrm{kN/m^3}$、$a=2.5\mathrm{m}$、$C=3\mathrm{MPa}$、$\varphi=25°$），不同侧压系数下圆形巷道塑性区分布特征，如图 4.24 所示。

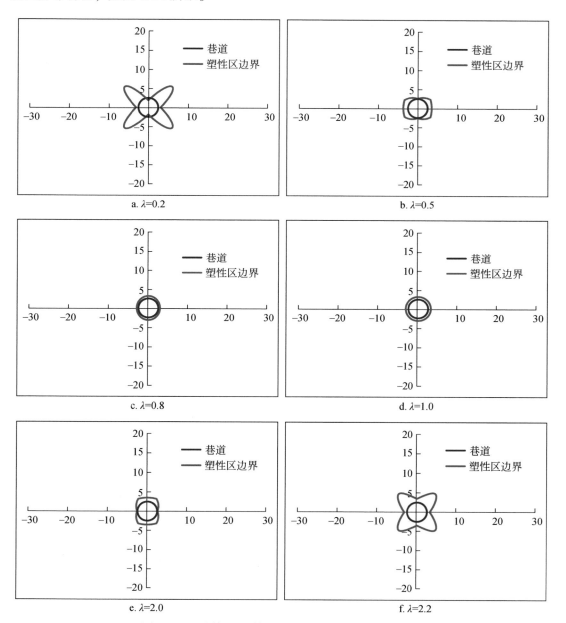

图 4.24　不同侧压系数下圆形巷道蝶形塑性区分布图

由图 4.24 可知，不同侧压系数下，围岩塑性区会呈现不同的分布形态。随侧压系数不断减小，围岩塑性区的四个蝶叶尺寸逐渐增大，围岩塑性区蝶形形态愈发明显。结合前述，测压系数小于 1 时随侧压增加，巷道围岩塑性区逐渐变换为近似椭圆形，当侧压系数继续增加时，围岩塑性区形状从椭圆形向圆形过渡，当侧压系数为 1 时，塑性区形状为圆形。随侧压系数从 1 开始进一步增大时，围岩塑性区形状向椭圆形发展。当侧压系数增加到 2.0 时，围岩又开始形成蝶形塑性区，随侧压系数增大，围岩蝶形塑性区的四个蝶叶尺寸逐渐增大，塑性区蝶形形态愈发明显。因此，当侧压系数 $\lambda \leqslant 0.5$ 或 $\geqslant 2$ 时，巷道围岩会出现蝶形塑性区；当侧压系数 $\lambda = 1$ 时，巷道围岩会出现圆形塑性区；当侧压系数 λ 在 $0.6 \sim 0.9$ 或 $1.1 \sim 1.9$ 时，围岩会出现椭圆形塑性区。

通过上述分析可知，当圆形巷道侧压系数 $\lambda \leqslant 0.5$ 或 $\geqslant 2$ 时，巷道围岩会形成蝶形塑性区。当深部巷道处于非均匀应力场时，应力场的非均匀程度越高，即侧压系数越远离 1，围岩越容易形成蝶形塑性区。对于深部巷道，围岩侧压系数越远离 1，围岩中便会存在较高的偏应力差，而偏应力差与塑性区的尺寸成正比。因此，高主应力差越大，深部巷道围岩越容易形成蝶形塑性区，且蝶形塑性区的尺寸越大。深部巷道受采动影响将造成双向主应力变化，故巷道围岩破坏控制的基本原理为通过一定应力调控使巷道区域围岩应力场的围压比保持在 1 左右，确保围岩塑性区呈椭圆形或者圆形，避免出现蝶形破坏而导致巷道失稳。

4.4.2　采动巷道围岩变形与非对称破坏形态的关系

为分析巷道围岩变形量与围岩蝶形塑性区形态的联系，根据围岩主应力方向分别偏转 40° 和 150° 时巷道围岩的蝶形塑性区形态，结合数值模拟得到了不同塑性区形态下的围岩变形量，绘制了巷道不同位置塑性区尺寸与围岩变形量的关系曲线，如图 4.25 和图 4.26 所示。

根据图 4.25，当巷道围岩主应力偏转 40° 时，巷道围岩蝶形塑性区的四个蝶叶分别位于巷道顶板左侧上方岩层、巷道左帮上部围岩、巷道右帮下部围岩和顶板右侧下部岩层内，因而导致其围岩塑性区尺寸较大，而左侧上方岩层的下沉量、巷道左帮上部围岩和巷道右帮下部围岩的变形量、顶板右侧下部岩层的底鼓量也比巷道其他位置围岩变形量大，巷道围岩变形量和塑性区尺寸呈同步变化的趋势。

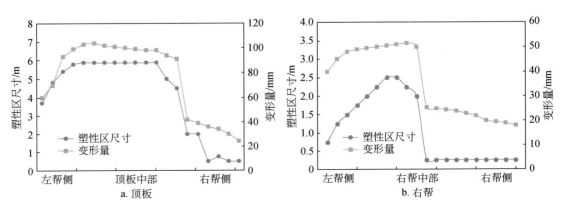

a. 顶板　　　　　　　　　　　　　　　　b. 右帮

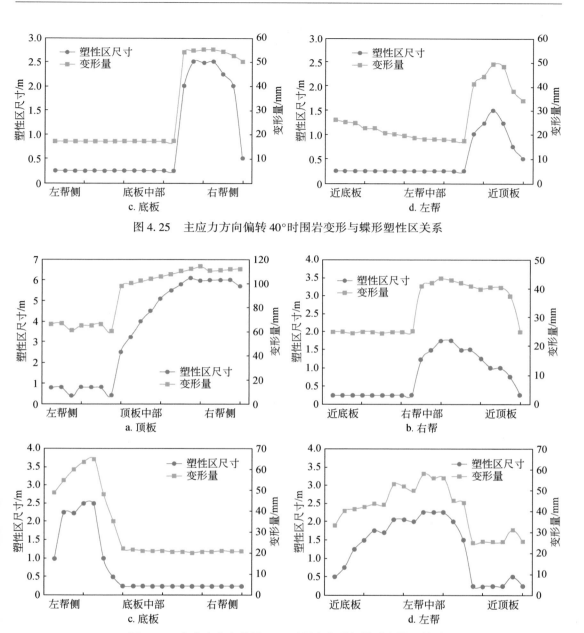

图 4.25　主应力方向偏转 40°时围岩变形与蝶形塑性区关系

图 4.26　主应力方向偏转 150°时围岩变形与蝶形塑性区关系

由图 4.26 知，当围岩主应力方向偏转 150°时，巷道围岩蝶形塑性区的四个蝶叶分别位于巷道顶板右侧上方岩层、巷道右帮上部围岩、巷道左帮下部围岩和顶板左侧下部岩层内，因而导致其围岩塑性区尺寸较大，而右侧上方岩层的下沉量、巷道右帮上部围岩和巷道左帮下部围岩的变形量、顶板左侧下部岩层的底鼓量比巷道其他位置围岩变形量大，巷道围岩变形量和塑性区尺寸同样呈同步变化的趋势。

根据以上两个不同蝶形塑性区分布形态时的 8 组围岩变形与塑性区尺寸关系曲线可

知，无论巷道围岩蝶形塑性区呈现何种分布形态，围岩塑性区尺寸与围岩变形量呈正相关性，塑性区尺寸较大，围岩的变形量较大，巷道围岩蝶形塑性区的分布形态和围岩的总体变形形态基本一致。

4.4.3　窄煤柱采动巷道非均匀变形破坏机理

为揭示窄煤柱巷道的非均匀变形破坏机理，以赵固二矿 11030 工作面窄煤柱尺寸为研究对象，模拟分析了 11030 工作面运输巷围岩主应力大小和方向特征。

由于 11030 工作面运输巷沿 11011 工作面采空区留 8m 煤柱掘进，故 11011 工作面引起的煤柱一侧的应力重新分布，可认为其是 11030 工作面运输巷在形成塑性区破坏前的周边应力状态。据此，以赵固二矿二$_1$煤 11011 工作面为基础，采用 FLAC3D 数值模拟方法研究了 11011 工作面开采后其侧方的主应力分布特征，为分析 11030 工作面运输巷围岩蝶形塑性区分布特征提供力学基础。

1. 主应力分布特征

统计处理了工作面侧方主应力分布特征如图 4.27 所示。由图 4.27a 可知，采空区侧向 6 ~ 18m 范围内围岩应力集中程度最高，最大主应力达 80 ~ 85MPa，约为原岩应力的 4 倍，在该区域布置巷道，对于巷道围岩稳定性极为不利；采空区侧方 6m 以内围岩最大主应力逐渐增加，最大主应力值为 70 ~ 80MPa；采空区侧方 18m 以外的围岩，围岩最大主应力降低，围岩最大主应力值为 60 ~ 70MPa。由图 4.27b 知，最小主应力的分布特征与最大主应力相似，采空区侧方 4 ~ 8m 范围内围岩出现了最小主应力的应力集中，最小主应力值为 30 ~ 35MPa，约为原岩应力的 1.5 倍；而采空区侧方 0 ~ 4m 范围内围岩的最小主应力逐渐降低，围岩最小主应力的最大值为 25 ~ 30MPa；采空区侧方 10m 以外的围岩其最小主应力分布相差不大，基本保持在 15 ~ 20MPa。

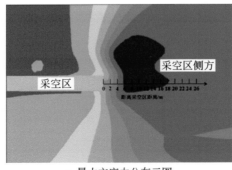

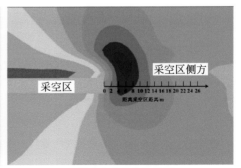

a. 最大主应力分布云图　　　　　　　　b. 最小主应力分布云图

图 4.27　采空区侧向围岩主应力分布云图

因此，赵固二矿 11030 工作面运输巷在采空区侧方 8m 位置围岩内掘进时，即煤柱尺寸为 8m 时，巷道围岩的最大主应力和最小主应力均出现了应力集中现象，围岩极易形成蝶形塑性区而导致失稳破坏。

2. 主应力比值分布特征

根据蝶形塑性区的形成条件可知，当巷道围岩的主应力比值（侧压系数）在小于 0.5 或大于 2 时，围岩便会形成蝶形塑性区。11010 工作面采空区侧向围岩主应力比值的分布云图如图 4.28 所示。

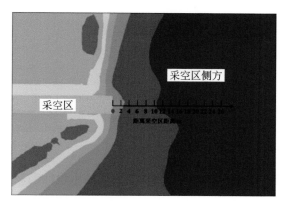

图 4.28　采空区侧向围岩主应力比值分布云图

根据图 4.28，在采空区侧方 0～2m 范围内围岩主应力比值最大，可达 4～6；采空区侧方 4～10m 范围内围岩主应力比值保持较高水平，最大主应力与最小主应力的比值为 2～4；而工作面侧方 10m 以外的围岩主应力比值均小于 2。采空区侧方 10m 范围内的围岩主应力比值均大于 2。因此，11030 工作面运输巷在采空区侧方 8m 位置围岩内掘进，即煤柱尺寸为 8m 时，巷道所处位置围岩的最大主应力与最小主应力比值大于 2，必然导致 11030 工作面运输巷围岩形成蝶形塑性区。

综上分析可知，当 11030 工作面运输巷护巷煤柱尺寸为 8m 时，巷道处于 11011 采空区侧向的高偏应力差值带内，使得巷道所处位置围岩的最大主应力与最小主应力均出现了较为明显的应力集中现象，且最大主应力与最小主应力的比值为 2～4，为 11030 工作面运输巷围岩形成蝶形塑性区提供了必要的应力环境。

利用 FLAC3D 将 11030 工作面运输巷简化为平面应变模型，长×宽×高为 50m×0.5m×40m，根据巷道围岩应力大小和方向的数值模拟结果，模型施加 z 方向体应力 80MPa，x 方向和 y 方向体应力 30MPa，且体应力方向整体旋转 160°，11030 工作面运输巷的塑性区如图 4.29 所示。

由图 4.29 知，巷道围岩形成了蝶形塑性区。蝶形塑性区的四个蝶叶分别位于巷道煤柱侧顶板、煤柱帮煤体、煤壁侧底板岩层及煤壁帮煤体内。同时，四个蝶叶的尺寸也不相同，巷道煤柱侧顶板岩层内的蝶叶尺寸最大，蝶叶塑性区破坏深度为 5m 左右；煤柱帮围岩的蝶叶尺寸大于煤壁帮围岩的蝶叶尺寸，煤柱帮蝶叶塑性区破坏深度约为 2.25m，煤壁帮蝶叶塑性区破坏深度约为 1.5m；煤壁侧底板岩层蝶叶塑性区破坏深度约为 2.5m。

因此，8m 窄煤柱会使巷道所处位置围岩的主应力出现明显的应力集中，形成了高偏应力环境，使得围岩最大主应力与最小主应力的比值高达 4，从而使围岩形成了蝶形塑性

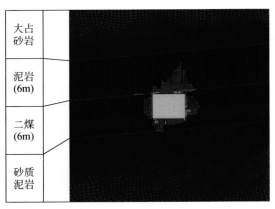

图 4.29　11030 工作面运输巷围岩蝶形塑性区分布形态图

区，并成为 11030 工作面运输巷围岩非均匀变形破坏的本质原因。同时，蝶形塑性区蝶叶具有方向性，而 8m 煤柱会使围岩主应力方向发生约 160° 偏转，造成巷道围岩蝶形塑性区的四个蝶叶分别位于巷道煤柱侧顶板岩层、煤柱帮煤体、煤壁侧底板岩层及煤壁帮煤体内，且蝶叶塑性区所处位置的围岩变形量相比其他位置的围岩变形量较大，最终导致 11030 工作面运输巷围岩呈明显的非均匀变形破坏特征。

4.4.4　采动巷道围岩破坏形态与稳定性内在联系

　　为了分析巷道围岩变形量与围岩塑性区形态的联系，选取保德矿从巷道掘进到回采工作面推进一定距离等不同采动时期的 4 个时间节点，分别读取了各时间节点时巷道顶底板和两帮的塑性区范围及变形量，如图 4.30 和图 4.31 所示。

　　由 4 个不同采动时期的 16 组围岩变形与塑性区关系曲线分析可知，巷道围岩变形量与塑性区尺寸存在正相关关系，巷道围岩塑性区破坏深度大的区域伴随着比较大的围岩变形量，巷道围岩变形和塑性区形态的非对称形态是一致的，较大变形量一侧的围岩塑性区范围较大，较小变形量一侧的围岩塑性区范围较小。

　　综上分析，基于塑性区破坏形态特征，提出以煤柱尺寸、采高等因素控制深部巷道围岩的最大主应力和最小主应力方向。当巷道煤柱尺寸较小时，巷道围岩主应力方向将发生较大偏转；而煤柱尺寸较大时，巷道围岩主应力方向偏转较小；故窄煤柱巷道因煤柱尺寸较小而使巷道围岩的主应力方向发生较大偏转，进而使塑性破坏方位发生大幅变化。从巷道围岩所经历采动区域应力场角度，将影响巷道围岩稳定性的应力状态排序：卸压高应力比值区>卸压低应力比值区>增压低应力比值区>原岩应力比值区，并可据此对巷道布置进行调控。

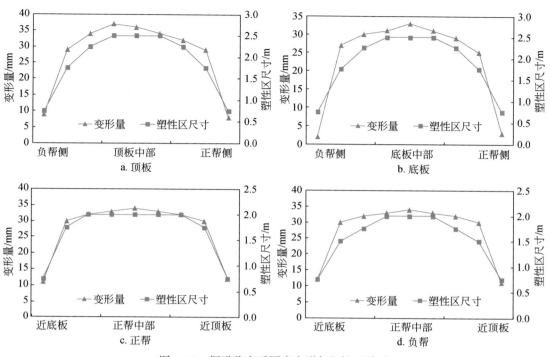

图 4.30　掘进稳定后围岩变形与塑性区关系

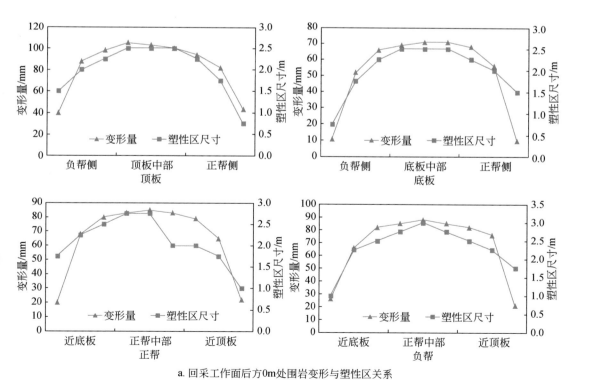

a. 回采工作面后方0m处围岩变形与塑性区关系

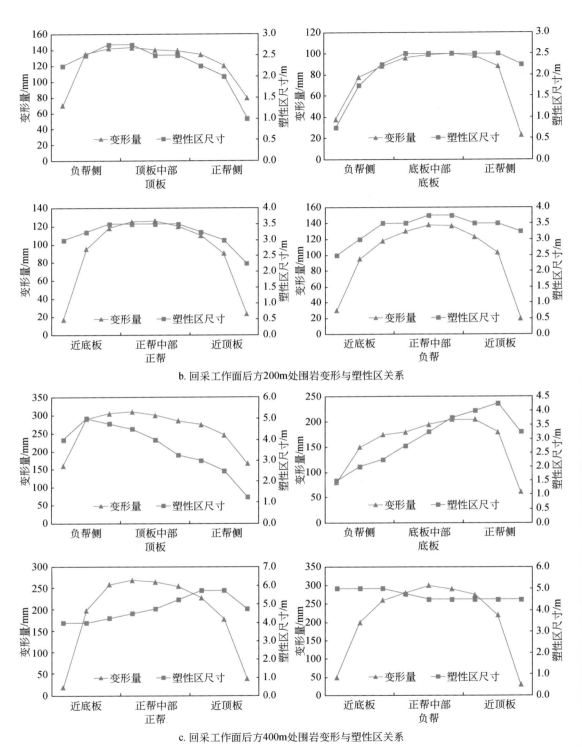

b. 回采工作面后方200m处围岩变形与塑性区关系

c. 回采工作面后方400m处围岩变形与塑性区关系

图 4.31　回采工作面后方 0m、200m、400m 处围岩变形与塑性区关系

4.5　深部采动巷道围岩破坏安全控制关键技术

根据前述，受采动区域应力矢量变化影响，深部巷道围岩极易出现非对称的塑性变形破坏，而依靠现有工程技术条件提高支护阻力改变塑性区范围难以实现，故维护巷道稳定的思路应转化为提出与深部采动巷道围岩相适应的安全工程调控方法，并采用一定的关键技术手段维护塑性区岩体的稳定性，以避免塑性区岩体的破坏失稳引起塑性区的恶性失稳诱发灾害。

4.5.1　深部采动巷道围岩安全工程调控方法

深部采动巷道难以维护实质上就是由于巷道围岩塑性区发生恶性扩展，而防止塑性区出现进一步的恶性扩展，可通过调控煤柱预留尺寸、改变巷道布置等方法实现对深部巷道围岩的应力调控，从而避免塑性区岩体的破坏失稳引起塑性区的恶性失稳。

1. 煤柱预留尺寸调控

为了获得工作面推进后不同煤柱尺寸采动巷道围岩破坏规律，以布尔台矿 2-2 煤为例，模拟了一次开采过程中巷道围岩的破坏形态，工作面推进 1000m 时，采空区中部侧向（距切眼 500m）留巷作为监测面，监测面前后 50m 范围内模型采取局部加密的方法，顶底板及两帮每个单元格 0.5m，模型如图 4.32 所示，掘进阶段留巷破坏如图 4.33 所示。

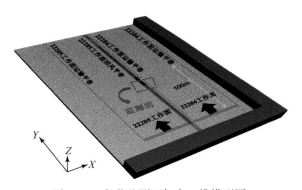

图 4.32　留巷监测面加密三维模型图

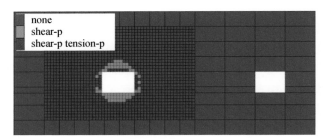

图 4.33　掘进影响阶段留巷围岩塑性区

none. 无破坏；shear-p. 剪切破坏-以前；shear-p tension-p. 剪切破坏-以前 拉伸破坏-以前

根据图 4.33，原岩应力状态下横向应力大于竖向应力且均匀分布，因此，留巷在掘进阶段顶、底板的塑性区范围大于巷道两帮的塑性区范围，留巷塑性区形态呈对称分布特征，顶、底板塑性区均为拱状，最大破坏深度发生在中部，破坏深度为 2m，底板中部塑性破坏深度为 1.5m；两帮塑性区在深度为 1.0 ~ 1.5m。

1) 10m 煤柱留巷各阶段围岩塑性区形态特征

10m 煤柱宽度条件下，工作面推进 1000m 时，滞后工作面 500m 处巷道围岩塑性区分布如图 4.34 所示，二次采动影响阶段留巷围岩塑性区分布如图 4.35 所示。

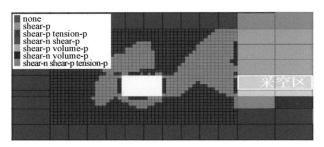

图 4.34　10m 煤柱时工作面推进 1000m 时滞后 500m 处巷道塑性区

none. 无破坏；shear-p. 剪切破坏–以前；shear-p tension-p. 剪切破坏–以前 拉伸破坏–以前；shear-n shear-p. 剪切破坏–现在 剪切破坏–以前；shear-p volume-p. 剪切破坏–以前 充填体屈服–以前；shear-n volume-p. 剪切破坏–现在 充填体屈服–以前；shear-n shear-p tension-p. 剪切破坏–现在 剪切破坏–以前 拉伸破坏–以前。下同

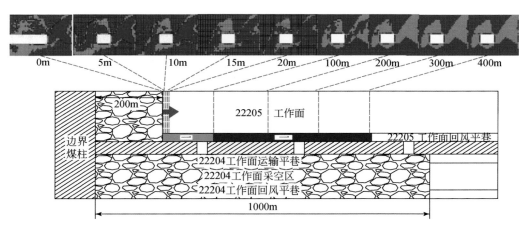

图 4.35　10m 煤柱留巷受二次采动影响各阶段围岩塑性区演化图

由图 4.34 知，监测面处于一次采动影响稳定阶段，随工作面继续推进，留巷围岩塑性区未发生变化，此时顶板及煤壁帮受到侧向采空区影响，应力偏转导致塑性区呈非对称，顶板偏向于煤壁帮扩展，煤壁帮偏向于底板扩展。煤柱较小，应力高度集中，最终导致顶板塑性区已与煤壁帮相连通，顶板塑性区达到了 5.5m；煤壁帮塑性区深度达到了 3.5m，巷道围岩将失稳破坏。

由图 4.35 可知，22205 工作面开采过程中，原留巷受采动影响主要经历了两个阶段的特征：工作面前方 100m 以外，巷道处于二次开采影响范围之外，巷道塑性区破坏范围、形态及塑性区深度与一次采动滞后稳定段相比未发生改变。由工作面前方 20m 内塑性区可知，塑性范围较稳定阶段有了明显的扩展，塑性区非对称分布更加明显；尤其在超前 10m，巷道塑性区深度增加，煤壁帮变化最为明显，且在工作面前方 5m 位置与工作面超前塑性区相连通。

2）20m 煤柱留巷各阶段围岩塑性区形态特征

20m 煤柱宽度条件下，工作面推进 1000m 时，滞后工作面 500m 处巷道围岩塑性区分布如图 4.36 所示，二次采动影响阶段留巷围岩塑性区分布如图 4.37 所示。

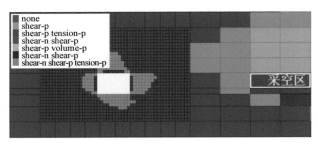

图 4.36　20m 煤柱时工作面推进 1000m 时滞后 500m 处巷道塑性区

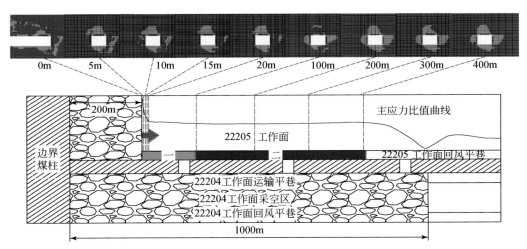

图 4.37　留巷受二次采动影响各阶段围岩塑性区演化图

由图 4.36 知，随工作面继续推进，留巷围岩塑性区不再发生变化，但受到侧向采空区影响，顶板及煤壁帮应力偏转导致非对称塑性区出现，顶板偏向于煤壁帮扩展，煤壁帮偏向于底板扩展。由于煤柱增加，应力集中程度弱化，顶板塑性区为 3.5m，煤壁帮塑性区为 3.5m，煤柱帮塑性区为 6.5m。

由图 4.37 知，22205 工作面开采过程中，原留巷受采动影响主要经历了两个阶段的特征：工作面前方 100m 以外，巷道处于二次开采影响范围之外，巷道塑性区与一次采动滞后稳定段相比未发生改变。工作面前方 20m 内巷道处于二次超前影响剧烈阶段，塑性区非对称分布更加明显，顶板向煤壁帮扩展、底板向煤柱帮扩展明显；尤其是超前

10m，留巷顶、底板及煤壁帮塑性区深度都有所增加，但增加幅度不大，煤柱帮在整个二次开采过程中，塑性区深度没有增加。截面塑性区面积远小于 10m 煤柱时的截面塑性区面积。

3）30m 煤柱留巷各阶段围岩塑性区形态特征

30m 煤柱宽度条件下，工作面推进 1000m 时，滞后工作面 500m 处巷道围岩塑性区分布如图 4.38 所示，二次采动影响阶段留巷围岩塑性区分布如图 4.39 所示。

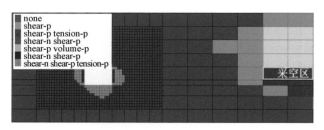

图 4.38　30m 煤柱留巷受一次采动影响围岩塑性区图

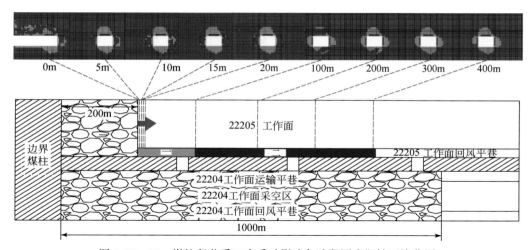

图 4.39　30m 煤柱留巷受二次采动影响各阶段围岩塑性区演化图

由图 4.38 知，监测面处于一次采动影响稳定阶段，随工作面继续推进，留巷围岩塑性区未发生变化，但由于煤柱尺寸进一步增加，应力集中程度进一步弱化，且应力偏转度数减小，故塑性区的非对称现象弱化，顶板及两帮塑性区面积减少，此时顶板塑性区为 3m，煤壁帮塑性区为 2m，煤柱帮塑性区为 2.5m。

由图 4.39 知，22205 工作面开采过程中，工作面前方 100m 以外，巷道处于二次开采影响范围之外，巷道塑性区破坏范围、形态及塑性区深度与一次采动滞后稳定段相比未发生改变。工作面前方 20m 内巷道处于二次超前影响剧烈阶段，但塑性范围扩展有限，塑性区非对称现象未加重；尤其是超前 10m，巷道塑性区深度开始增加，但增加幅度不大，煤柱帮在整个二次开采过程中，塑性区深度没有增加。截面塑性区面积大大小于 10m 煤柱时的截面塑性区面积，也小于 20m 时的截面塑性区面积。

综上所述，不同煤柱留巷受采动影响围压塑性区形态特征均具有明显的阶段性特征，且其阶段规律基本相同；30m 煤柱留巷围岩塑性区受采动影响其围岩明显小于 20m 煤柱，10m 煤柱破坏最严重。

2. 采动巷道布置调控

为尽量减少采动区域应力场对巷道围岩塑性区的影响，合理调控布置巷道位置可最大限度降低主应力比值危险区域，为此根据不同位置处双向应力比值演化特征，基于赵固二矿承压水上瓦斯底抽巷工程背景，设计了三种方案模拟底抽巷选择不同位置布置时的巷道围岩破坏特征，如图 4.40 所示。

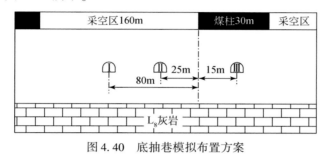

图 4.40　底抽巷模拟布置方案

方案 I 把底抽巷布置在工作面中部即内错 80m 处；方案 II 把底抽巷布置在内错 25m 处；方案 III 把底抽巷布置在两工作面煤柱中部，即外错 15m 处，结合现场实际，在 1 号工作面与 2 号工作面间保留 30m 煤柱，数值计算模型如图 4.41 所示，在原岩应力计算平衡后，先开挖底抽巷，再开挖相应坐标的 1 号工作面，最后开挖相应坐标的 2 号工作面，工作面采用分步开挖滞后充填方式。

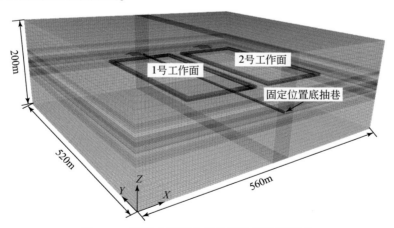

图 4.41　底抽巷不同布置位置数值模拟模型

煤层底板的突水危险性大小和底板中的安全隔水层厚度密切相关，赵固二矿底板岩层中除 L_9 灰岩为透水层外，其余岩层均为隔水性较好的隔水层。故隔水层在采动影响下的扰动破坏直接决定了赵固二矿安全隔水层的厚度，从而影响了工作面和底抽巷底板突水危险性。根据数值计算结果，统计处理了底抽巷不同位置布置时巷道围岩的塑性破坏特征，如图 4.42 所示。

根据图 4.42a，煤层底板无底抽巷时，由于底板岩层主要为泥岩和砂质泥岩，其隔水性虽然较好，但由于其岩性较差，在采动应力场影响下，煤层下方的岩层直接破坏到了 L_9 灰岩层上边界。故当底板岩层中无底抽巷时，煤层底板的原始破坏深度为 15m，由于 L_9 灰岩为透水层，煤层底板的安全隔水层厚度为 10.5m。

当底抽巷内错 80m 布置时，其底板最大破坏处位于距离开切眼 30~40m 的范围内，截取模型中 $y=130m$ 的平面，其底板岩层破坏状况如图 4.42b 所示。此时，底抽巷整体处于工作面采动影响破坏范围内，底抽巷底板破坏深度为 5m，底抽巷的存在并未明显改变工作面的原始底板破坏情况，但由于底抽巷的存在，其底板下方泥岩层中出现了大范围的狭长形破坏，由于 L_9 灰岩为透水层，此时工作面和底抽巷的底板安全隔水层厚度仅剩下 7.3m。

当底抽巷内错 25m 布置时，在其上方两工作面均开采结束后，底抽巷底板最大破坏深度分布在采空区中部，故截取两个工作面都开采完后 $y=260m$ 处的平面，其底板岩层破坏状况如图 4.42c 所示。因此，底抽巷整体处于工作面采动影响破坏范围内，底抽巷底板破坏深度达到了 7m，由于底抽巷的存在，其底板下方 7m 的泥岩内出现了较大范围的破坏，且工作面和底抽巷的底板安全隔水层厚度仅剩余 5.3m。

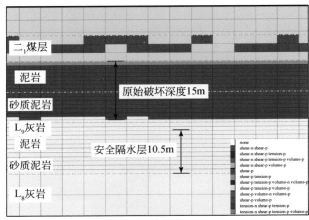

a. 无底抽巷

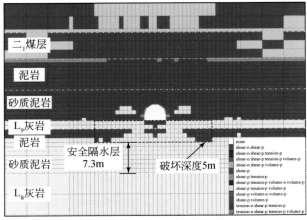

b. 底抽巷内错 80m 时 $y=130m$ 处

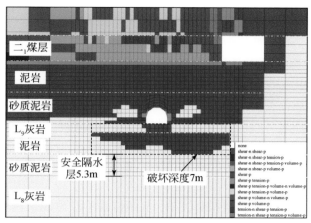

c. 底抽巷内错25m时y=260m处

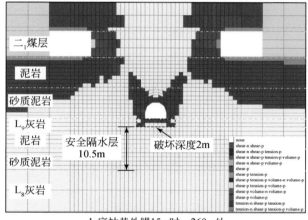

d. 底抽巷外错15m时y=260m处

图 4.42　不同位置布置下底抽巷围岩的塑性破坏特征

none. 无破坏；shear-n she ra p. 剪切破坏–现在 剪切破坏–以前；shear-n shear-p tension-p. 剪切破坏–现在 剪切破坏–以前 拉伸破坏–以前；shear- n shear- p tension- p volume- p. 剪切破坏–现在 剪切破坏–以前 拉伸破坏–以前 充填体屈服–以前；shear-n shear-p volume-p. 剪切破坏–现在 剪切破坏–以前 充填体屈服–以前；shear- p. 剪切破坏–以前；shear- p tension-p. 剪切破坏–以前 拉伸破坏–以前；shear-p tension-p volume-n volume-p. 剪切破坏–以前 拉伸破坏–以前 充填体屈服–现在 充填体屈服–以前；shear-p tension-p volume-p. 剪切破坏–以前 拉伸破坏–以前 充填体屈服–以前；shear-p volume-n volume-p. 剪切破坏–以前 充填体屈服–现在 充填体屈服–以前；shear- p volume- p. 剪切破坏–以前 充填体屈服–以前；tension-n shear-p tension-p. 拉伸破坏–现在 剪切破坏–以前 拉伸破坏–以前；tension-n shear-p tension-p volume-p. 拉伸破坏–现在 剪切破坏–以前 拉伸破坏–以前 充填体屈服–以前。下同

当底抽巷外错 15m 布置时，在其上方两工作面均开采结束后，底抽巷底板最大破坏深度分布在采空区中部，截取了两个工作面均开采结束后，$y=260$m 处的平面，得到底板岩层塑性破坏特征如图 4.42d 所示。此时，底抽巷顶板及两帮围岩中的塑性破坏出现了明显的"蝶形"非均匀分布特征，由于底板岩性比顶板及两帮强，在底板中的塑性破坏呈现出范围较小的"蝶形"非均匀分布特征，但巷道顶板破坏范围并未与两边煤层底板破坏范围相连通，底板的最大破坏深度也仅达到 2m，破坏主要发生在底板 L_9 灰岩透水层中，故底抽巷的围岩破

坏并未影响工作面和底板的安全隔水层厚度，其厚度保持在最佳状态（10.5m）。

　　因此，当底抽巷为内错布置时，采空区下方底抽巷围岩将经历"卸压高应力比值"环境的影响，区别在于，当底抽巷内错80m布置时底抽巷围岩所经历的最差应力比值稍小于内错25m时围岩所经历的最差应力比值，且内错25m布置受两工作面采动影响。当底抽巷处于"卸压低应力比值"环境时，巷道围岩处于"蝶形"非均匀破坏区域，较小的应力改变将造成围岩破坏范围发生较大的改变，最终内错布置时，底抽巷围岩底板将产生较大围岩破坏，使得工作面与底抽巷的有效隔水层厚度大大减小。当底抽巷选择外错15m的布置方案时，底抽巷虽受相邻两个工作面较强烈采动影响，但由于底抽巷布置在煤柱中部下方，相对远离高应力集中区域，底抽巷只受"增压低应力"比值环境影响，巷道顶板岩性较弱且双向应力比值相对较大，故在底抽巷顶板中形成了较大范围的"蝶形"破坏，但由于底板岩性较强且双向应力比值相对较小，底板围岩中仅出现了较小程度的破坏，从而使得工作面和底抽巷的底板安全隔水层厚度保持在最佳状态。故按对底抽巷突水危险性的影响程度对四种应力状态进行排序为：卸压高应力比值区>卸压低应力比值区>增压低应力比值区>原岩应力比值区，按照突水危险性大小对三种布置方案进行排序为：内错25m>内错80m>外错15m。

　　结合赵固二矿实际，可以选择工作面之间留设较大尺寸的煤柱，此时大煤柱中部下方远离高采动应力集中区域，是底抽巷布置的最佳位置，其他位置由于采动影响，应力比值会出现或多或少的增加，从而增加底板巷道围岩塑性破坏范围，增大底板突水危险。

4.5.2　深部采动巷道围岩稳定性控制关键技术

　　由于深部回采巷道围岩受采动影响发生塑性破坏过程中产生的变形多为"给定变形"，受当前支护技术与水平限制，盲目提高支护强度控制围岩变形量收效甚微；而巷道围岩塑性区若发生较大的蝶形塑性扩张，则其塑性区有着破坏深度较大、变形不规则、围岩变形量大等特点，并与其应力环境直接关联，且在应力环境已定的前提下，巷道围岩产生一定塑性区，即巷道有一部分"给定变形"，通过后期人为手段强加控制效果有限，故巷道维护应该由变形控制思路转变为稳定性控制，即保证巷道在正常服务期间不发生冒顶灾害，能正常使用即可。因此，为较好维护蝶形塑性区中的破坏岩体，改善应力环境，支护材料需要满足以下特点：①支护强度，顶板支护体需能够维护住塑性破坏范围内岩体的总重量，在维护破碎围岩稳定、防止发生长期蠕变的同时可以稳定悬吊顶塑性区内岩体的总重量，不会破断。②延伸率，支护材料应具有较好的延伸性，深部回采巷道的围岩变形量较大，若无足够的延伸性，则可能在较大巷道围岩应力水平下发生锚固失效，未能与围岩协调变形而无法持续提供支护力，若顶板支护材料发生大面积破断，则可能诱发巷道冒顶。③长度，具有足够的长度和锚固范围，由于深部回采巷道的塑性区较大，支护体需有足够的长度和足够的锚固范围才可发挥出正常的支护作用。

　　因此，在一定程度上可通过提高支护阻力、应用分段柔性支护技术实现对巷道围岩塑性破坏的控制，从而达到控制深部采动巷道围岩稳定性的目的，保证巷道正常服务。

1. 深部条件下支护阻力对巷道围岩非对称破坏的影响

为研究不同支护阻力对巷道围岩塑性区的影响，以赵固二矿底抽巷为背景，模拟了不同支护阻力下巷道围岩塑性区分布规律如图 4.43 所示。

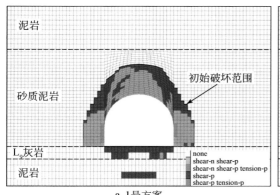

a. 1号方案

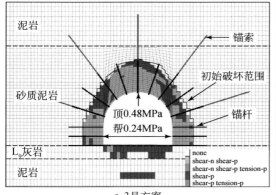

b. 2号方案

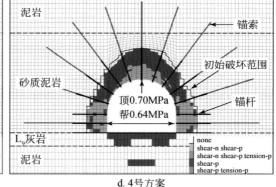

c. 3号方案

d. 4号方案

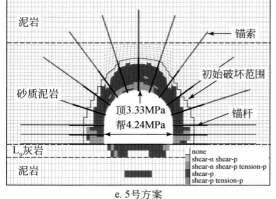

e. 5号方案

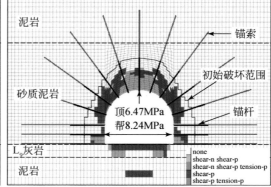

f. 5号方案

图 4.43　深部条件下支护阻力对围岩塑性区的影响

模型初始应力条件为 $s_{zz}=17.75\text{MPa}$，$s_{xx}=s_{yy}=26.625\text{MPa}$，模型中通过使用 cable 单元模拟锚杆索的支护作用，锚杆长 2.4m，锚索长 6m，共设置 6 种支护方案：1 号方案无支护，2 号方案全断面 800mm×800mm 锚杆支护方案，3 号方案 800mm×800mm 锚杆支护方案+5 根锚索支护方案，4 号方案在 3 号方案基础上增加 6 根顶部锚索 2 根帮部锚索，5 号方案在 4 号方案基础上提高锚索支护强度 5 倍，6 号方案在 4 号方案基础上提高锚索支护强度 10 倍。其中锚杆抗拉强度及预紧力设置为 170kN，锚索初始抗拉强度及初始预紧力设置为 560kN。

根据图 4.43，在深部条件下，由于赵固二矿原岩应力场为水平应力主导的构造应力场，巷道围岩塑性区分布呈椭圆形特征，受现有锚杆索强度限制，支护阻力与原岩应力场不在一个量级（$s_{zz}=17.75\text{MPa}$，$s_{xx}=s_{yy}=26.625\text{MPa}$，工程条件下支护阻力 0~2MPa），在支护体作用下塑性破坏范围减小有限且主要为拉伸破坏的减小，而大部分处于剪切破坏的塑性区通过增加锚杆索的数量所提升的支护阻力也有限，并不能明显改变围岩塑性区范围。而当支护体强度提高到与原岩应力场一个量级时才能较为明显地改变巷道围岩塑性区的范围，但在现有工程技术条件下难以达到。因此，深部条件下巷道围岩塑性区是处于"给定破坏"状态的，即深部条件下巷道围岩破坏范围由巷道围岩所在的高应力水平的应力场决定，支护体的支护阻力与原岩应力场相差很远，并不能改变处于剪切破坏的巷道围岩状态，仅能减小或消除巷道表面的拉伸破坏状态。

2. 分段柔性支护技术

锚杆、锚索作为最常用的支护材料被大量使用，锚索承载能力高且可以自由设计支护长度，但由于其延展性低，一般钢绞线锚索的延伸率只有 3.4%，尤其是实际使用中会对其施加较大的预紧力，故最终锚索的实际可用延伸率会更低，仅有 2% 左右，若使用 10m 长的锚索，在实际使用中其最大延伸量可能只有 200mm，显然难以适应深部回采巷道围岩的大变形特征。而圆钢材质和左旋螺纹钢的锚杆，有 15% 甚至更大的延伸率，但受巷道断面尺寸限制，较长整根锚杆不能安装，使得实际使用中的锚杆长度大多不长，一般为 1.8~2.6m，该长度支护体在深部回采巷道中很难有效锚固到塑性区外的稳定岩层并发挥锚固作用。

1）可接长锚杆结构

结合深部回采巷道塑性区较大，需要较长的支护材料且要适应巷道围岩大变形特点而需要较大延伸率的特点，中国矿业大学（北京）马念杰团队通过结构优化，研发出了新型的可接长锚杆。可接长锚杆是一种经特殊形式加工制造的杆体与连接装置、树脂锚固剂、特制螺母、托盘配套，杆体主要材料为螺纹钢，是一种可用于煤矿井下支护的新型锚杆。无纵肋螺纹钢式树脂锚杆金属杆体是由锚尾螺纹、杆体、连接头、连接螺栓组成，其结构如图 4.44 所示。

可接长锚杆杆体（无纵肋螺纹钢式树脂锚杆金属杆体），选用屈服强度大于 335MPa，抗拉强度不小于 490MPa 的无纵肋左旋螺纹钢，杆体的延伸率大于 15%。可接长锚杆力学性能参数见表 4.1。

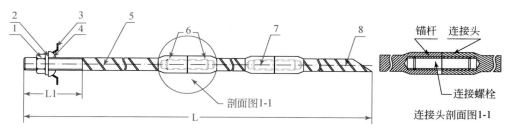

图 4.44　可接长锚杆结构图

1. 端头螺母；2. 塑料垫圈；3. 托盘；4. 球垫；5. 杆体；6. 墩粗接头；7. 连接部；8. 锚头

表 4.1　可接长锚杆力学参数

序号	检验项目	技术要求	检验结果				备注
			01	02	03	04	
1	杆体屈服强度/MPa	≥335	390	385	390		
2	杆体抗拉强度/MPa	≥490	610	610	610		
3	杆体延伸率/%	≥15	32.0	32.0	32.0		
4	杆体尾部螺纹承载力/kN	≥105	195	195	192	194	
5	连接套承载力/kN	≥139	181	186	186	183	
6	锚固力/kN	≥105	175	176	174		

　　该锚杆为采用专用连接头将两段杆体对接成的一种长杆体树脂锚杆，包括杆体、连接头、树脂锚固剂、托板、螺母和减摩垫圈等，其解决了巷道空间不足而不能使用长锚杆的问题，其连接部位强度与杆体相同，且具有比锚索更合理的延伸特性，与围岩协调变形，在围岩变形过程中不破断，持续提供支护阻力，为大变形巷道支护提供了新手段。

　　2）可接长锚杆支护性能研究

　　为了掌握可接长锚杆的支护性能，在实验室进行了锚索和可接长锚杆整体的支护性能试验，选取 Φ15.24mm 锚索、Φ18.8mm 锚索、Φ20mm 长锚杆三种支护材料，长度均为 4000mm，采用的拉拔实验装置如图 4.45 和图 4.46 所示，锚杆拉拔计拉力逐渐增加直至破断，同时记录拉拔计的读数和试验锚杆索杆体的长度。

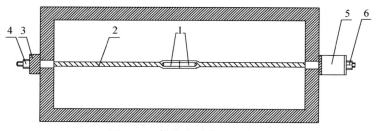

图 4.45　拉拔实验装置示意图

1. 锚杆连接头；2. 锚杆杆体；3. 垫片；4. 实验螺母；5. 锚杆拉拔计；6. 螺母

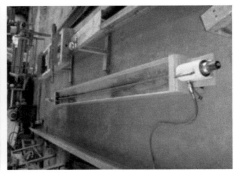

图 4.46　拉拔实验装置照片

绘制了可接长锚杆及锚索拉拔试验曲线，如图 4.47 所示。

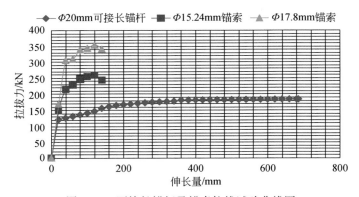

图 4.47　可接长锚杆及锚索拉拔试验曲线图

由图 4.47 知，在三段同为 4000mm 的不同支护材料中，Φ15.24mm 锚索、Φ18.8mm 锚索、Φ20mm 可接长锚杆的最大伸长长度分别为 125mm、135mm、685mm，三者的延伸率分别达到了 3.13%、3.37%、18.12%。从以上试验获得的锚杆和锚索的支护性能看，锚索具有强大的承载能力，在伸长量较小时便达到了其破断载荷而发生破断，而锚杆则不同，长锚杆的承载能力小于锚索，但长锚杆的延伸能力大大优于锚索，延伸能力在锚索的 5 倍以上。

通过对可接长锚杆支护性能研究可知，可接长锚杆承载能力好，同时其延伸率较普通锚索大幅提高，能够适应围岩大变形，保证在围岩变形的过程中不破断，防止塑性区破碎围岩冒落，可代替普通锚索用于冒顶控制支护，为深部巷道围岩控制提供了一种新手段。

加工时先将锚杆杆体镦粗，再在镦粗的杆体内加工内螺纹，两个杆体的连接结构是一段远大于杆体强度的丝柱，这种结构在丝柱直径较小的情况下使得连接处的外接直径也较小。通过该结构的圆滑处理可使整个接长装置的应力集中大大减小，保证了整体的稳定性。

为现场验证可接长锚杆的性能，在保德矿 81306 工作面一号、二号回风平巷顶板通过二次补强进行了传统锚杆索支护与可接长锚杆-普通锚杆协同支护技术三种不同支护强度、不同支护性能方案的工程对比试验，对比分析不同方案（支护强度分别为 0.30MPa、0.44MPa 和 0.67MPa）对巷道顶板下沉量的影响，试验巷道共 900m，每 300m 一段，每种方案试验巷道长度 100m，如图 4.48 所示。

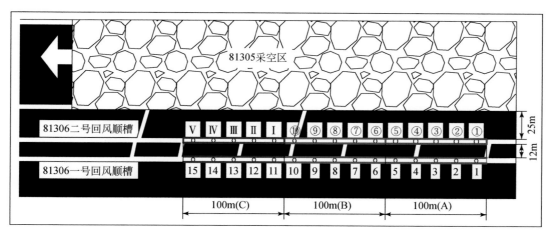

图 4.48　保德煤矿对比试验示意图

Ⅰ、①、1 等序号为测区号，测区范围 20m

方案一为试验巷道顶板的原始支护参数，即采用 2 根 Φ17.8mm×L6500mm 锚索和 4 根 Φ20mm×L2200mm 锚杆，支护强度 0.30MPa；方案二为在试验巷道顶板原始支护参数的基础上，每米巷道顶板补打 3 根 Φ22mm×L8000mm 锚索，即采用 2 根 Φ17.8mm×L6500mm 锚索、4 根 Φ20mm×L2200mm 锚杆和 3 根 Φ22mm×L8000mm 锚索，支护强度 0.67MPa；方案三为在试验巷道顶板原始支护参数的基础上，每米巷道顶板补打 4 根 Φ20mm×L5000mm 长锚杆，即采用 2 根 Φ17.8mm×L6500mm 锚索、4 根 Φ20mm×L2200mm 锚杆和 4 根 Φ20mm×L5000mm 长锚杆，支护强度 0.44MPa。现场实测统计了不同支护方案下顶板下沉量与锚索破断率曲线，如图 4.49 所示。

根据图 4.49，Φ17.8mm 锚索在试验巷道的破断率分别达到了 58.5%、64.5%、35%，Φ22mm 锚索在试验巷道的破断率为 14.7%，可接长锚杆在试验巷道的破断率为 1.75%。随顶板下沉量逐步增大，锚索破断率逐渐提高，在顶板下沉量小于 300mm 时，锚索的破断较少，仅有个别锚索发生了破断，顶板下沉大于 300mm 时，锚索破断率有了明显的提高，最大能够达到 70% 以上。可接长锚杆的破断率远远小于锚索，Φ22mm 锚索的破断率相比 Φ17.8mm 的锚索要低，但根据锚索固有延伸能力判断，此时未发生破断的 Φ22mm 锚索也已发生了其他形式的失效，或锚固失效被整体拉出，或由于顶板应力过度集中和顶板破碎被整体拉进顶板。

试验结果表明，对于大变形回采巷道，在相同的较大围岩变形量条件下，可接长锚杆和锚索的破断率悬殊，可接长锚杆的破断率远低于锚索，锚索的破断率在顶板下沉量为 200mm 时便达到 10%，而此时可接长锚杆仅有 1 根破断失效，在顶板持续下沉的过程中，锚索不断破断，最大的破断率能够在 75% 以上，而可接长锚杆的最大破断率在 3% 左右。因此，锚索的工程延伸能力未能满足回采巷道围岩大变形的特征，可接长锚杆能够适应这

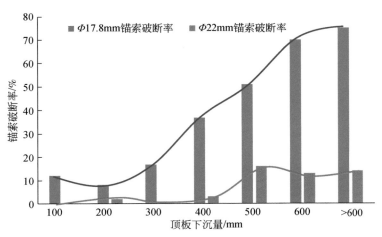

图 4.49　顶板下沉量与锚索破断率关系

种困难条件下的大变形回采巷道，能够有效抑制巷道围岩塑性区的恶性扩展，防止由于围岩塑性区恶性扩展引起的塑性区破碎岩体冒落，消除冒顶隐患。

结合实验室实验可知，可接长锚杆的延伸率远大于锚索材料且在大延伸率的情况下能保持较强的支护阻力，故使用接长锚杆在保证围岩大变形的同时还能保证不破断，从而提供持续的支护阻力维护破碎岩石的稳定性，尤其在顶板支护中能够最大限度地防止破碎岩石的冒落，为深部条件下受双向不等压应力影响的回采巷道发生"蝶形"不均匀塑性破坏的支护提供了新方法。

第5章　深部高强度开采扰动采场围岩失稳机理与控制

采深加大后，针对采场围岩破坏的隐蔽性、突发性和难以预测性等特点，研究了深部高强度大扰动开采覆岩结构理论与采场围岩失稳机理，从工作面远场角度，构建了深井采场覆岩空间结构模型，将煤层上方岩层分为覆岩空间内、外结构两部分，覆岩空间内结构由裂断岩梁组成，其垮落、变形或失稳过程是采场矿压显现的主要力源。基于覆岩内外空间结构模型，研究了宏观力学结构特征及其演化规律，得出了有无"内应力场"两种条件下采动应力分布形态；从工作面近场角度，揭示了深部高强度开采扰动下采场围岩失稳的尺度效应机理，分析了动静载条件下煤体的力学特性，研究得出采动煤体存在初始损伤、密集损伤和破坏三个阶段，揭示了煤体裂纹的产生和最大水平主应力卸荷密切相关，卸荷幅度越大，煤体损伤越严重；研究了深井采场能量聚集、转移和耗散机理，得到了煤壁损伤与能量释放梯度间的对应关系，研究得到了基于工作面支架位态识别的顶板灾害预警方法及深部采场围岩失稳安全控制技术。

5.1　深井采场覆岩与宏观力学结构特征及演化规律

通过建立深井采场空间覆岩结构模型，研究得到了采场空间应力分布、结构发育及其力学特征，以及采动时上覆岩层的运动和矿压显现规律，得到了"裂断拱"和"应力拱"结构演化规律以及采动应力与覆岩空间结构演化的相关性。

5.1.1　深部采场覆岩结构影响因素及宏观力学结构特征

煤层开采后，采动空间周围原始应力场将重新分布。相关煤和岩层在重新分布的应力场作用下产生运动或受到不同程度的破坏。采动空间一定范围内覆岩依次断裂，形成三维"拱形"空间结构。

影响覆岩破坏高度的因素有很多，但主要因素是上覆岩层岩性、煤层倾角、煤层开采高度、工作面几何参数、采煤方法、工作面推进速度、时间过程、顶板管理方法八方面。由于顶板管理方法基本采用全部垮落法，因此分别对覆岩岩性、煤层开采高度、煤层倾角、工作面几何参数、采煤方法、工作面推进速度六个因素对覆岩破坏高度进行了灰关联分析。

通过构建影响采场覆岩结构六大因素敏感度分析矩阵，认为覆岩结构裂隙带包含覆岩结构裂断岩层带与裂隙岩层带。开采方法及煤层厚度一定时，覆岩结构裂断带主要与工作面宽度有关，工作面宽度决定断裂带高度。岩层裂隙发育程度与覆岩岩性密切相关，即岩性硬度与裂隙发育成反比。因此，覆岩结构裂隙带包括由工作面宽度决定的裂断带和由覆岩岩性决定的裂隙岩层带。即从上覆岩层破坏范围来看，对上覆岩层破坏发育影响程度由大到小依次为覆岩岩性、工作面宽度、煤层开采高度、采煤方法、推进速度、煤层倾角。

1）"裂断拱"力学结构特征及演化规律

"裂断拱"内岩层对采场矿压显现起主导作用，因此研究"裂断拱"的力学结构特征对分析采场结构稳定具有重要意义。

工作面开采过程分两个阶段：非充分采动阶段，即工作面推进距离 L_x < 工作面宽度 L_0；充分采动阶段，即工作面推进距离 L_x > 工作面宽度 L_0。

在非充分采动阶段，采场覆岩空间结构高度随工作面推进总体上呈线性发展，在推进方向上不断向前发展，在空间上不断向上发展，空间结构高度约为已采空区短边跨度的一半。但这一发展规律是有条件的，前述分析得到采场覆岩空间结构主要是由工作面宽度决定的，工作面宽度一定时，覆岩空间结构最大发展高度一定。当工作面推进距离未达到工作面宽度时，空间覆岩结构发育高度与工作面推进长度有关，当工作面推进距离达到工作面宽度后，空间覆岩结构发育高度约为工作面宽度的一半，即在采空区区域"见方"之前，空间覆岩结构发育高度随工作面推进而增大，当采空区区域"见方"后空间覆岩结构发育高度发展到该工作面宽度条件下的最大高度。

"裂断拱"由裂断岩梁组成，范围内覆岩是采场明显矿压显现的主要力源；"裂断拱"在采场覆岩中形似半椭球体，长轴拱基位于工作面两侧煤体上第一岩梁裂断位置，拱顶位于坚硬岩层中，即"支托层"，高度大约为工作面宽度的一半；"裂断拱"在采场推进过程中，推进方向不断向前发展，空间上发展到极限高度（$S_g = L_0/2$）后基本保持稳定。

2）"应力拱"力学特征及演化规律

"应力拱"内岩层承担并传递上覆岩层载荷，是最主要的承载体。"裂断拱"结构位于"应力拱"内卸压区，当"应力拱"内覆岩结构失衡时，有可能发生冲击地压等重大灾害事故。因此，有必要认清"应力拱"发展动态演化过程。

假设采场覆岩结构共有岩层 k 层，第 $n+1$ 层为支托层，"裂断拱"内第 i 层岩梁裂断后，原作用在其上的覆岩载荷传递到"裂断拱"外侧。如图 5.1 所示，"裂断拱"外第 i 层岩梁单位长度承担的载荷为

$$q_i = q_{1(k-i)} + q_{2(k-i)} = \gamma \cdot H_i \cdot L_i + \gamma \cdot H_i = \gamma \cdot H_i(1 + L_i) \tag{5.1}$$

式中，$q_{1(k-i)}$、$q_{2(k-i)}$ 分别为"裂断拱"内、外第 i 层岩梁承受载荷；H_i 为第 i 层岩梁埋深；L_i 为第 i 层岩梁裂断长度；γ 为岩层容重。

岩梁发生拉伸破坏，在裂断位置边缘会产生大量张拉裂隙，同时所受载荷瞬时增大，极易造成裂断位置处岩梁强度降低，采动应力高峰向外侧转移（图 5.2a），埋深较大矿井中易出现此种情况。若岩梁强度足以支承"裂断拱"内传递过来的载荷，且不发生破坏，则采动应力高峰在裂断位置处，见图 5.2b，埋深较浅矿井易出现此种情况。

"应力拱"作用宽度 $L_{stress} = L_0 + 2S_e$；空间发育高度 $H_{stress} = L_0/2 + H_{n+1}$。

"应力拱"分布状态与覆岩岩性、覆岩结构密切相关，岩层抵抗破坏能力和承载上覆载荷能力与岩性及强度成正比。为更好地认识"应力拱"，并与现场开采条件紧密结合，将覆岩结构分为四种类型：坚硬-坚硬型（JYJY）、坚硬-软弱型（JYRR）、软弱-坚硬型（RRJY）、软弱-软弱型（RRRR），如图 5.3 所示。

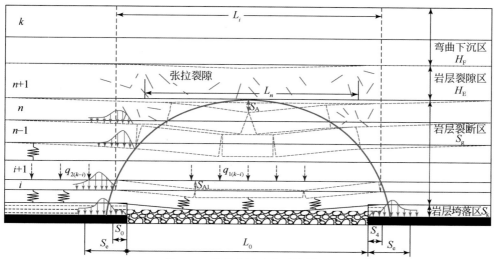

图 5.1　拱外岩梁应力计算模型

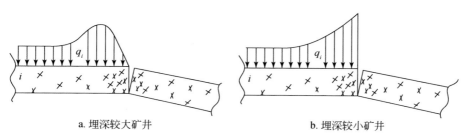

a. 埋深较大矿井　　　　　　　　　　　b. 埋深较小矿井

图 5.2　岩梁采动应力分布

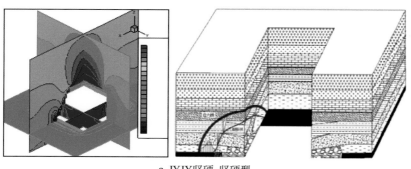

a. JYJY坚硬-坚硬型

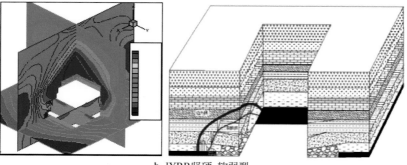

b. JYRR坚硬-软弱型

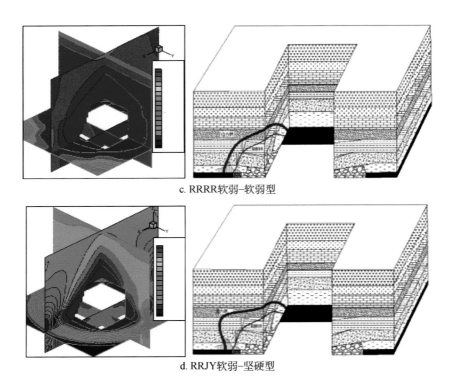

c. RRRR软弱-软弱型

d. RRJY软弱-坚硬型

图 5.3　覆岩结构的四种类型"应力拱"分布形态图

"应力拱"是反映岩层之间应力传递关系的一组环状应力包络线，位置是应力高峰连接线，它的位置决定了"外应力场"范围，揭示了采场"裂断拱"外上覆岩层作用力传递到工作面围岩的范围。采场覆岩岩性决定了"应力拱"形状，坚硬-坚硬型、软弱-软弱型、软弱-坚硬型上限点偏向采场，呈"⌒"形；坚硬-软弱型"应力拱"呈"⌂"形。"裂断拱"是反映采动所形成的覆岩空间结构运动演化状态，它是由对采场矿压显现有明显作用的"裂断拱"内裂断岩梁组成，边界线由各岩梁裂断线连接而成，"裂断拱"是采场"内应力场"的力源。

采场覆岩岩性决定了"应力拱"在覆岩结构中的发育形态，但在采场推进方向上始终存在着"四层空间"，即采空压实区、卸压壳、应力壳、原始应力区四个区域，如图 5.4 所示。根据煤体变形条件，可将煤体从煤壁开始向深部分为四个区域，即松动破裂区、塑性强化区、弹性变形区、原岩状态区。松动破裂区即常说的"内应力场"，区内煤体已被裂隙切割成块体状，越靠近煤壁越严重，其内聚力和内摩擦角有所降低，煤体强度明显削弱，区内煤体应力低于原岩应力，故也称为"卸压区"。塑性强化区内煤体呈塑性状态，但具有较高的承载能力。弹性变形区内煤体在采动应力作用下仍处于弹性变形状态，应力大于原岩应力。原岩状态区内煤体基本没有受到采场开采影响，煤体处于原岩状态。

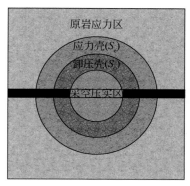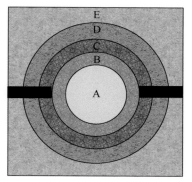

图 5.4　采场"四层空间"结构力学模型

A. 采空压实区；B. 松动破裂区；C. 塑性强化区；D. 弹性变形区；E. 原岩状态区

5.1.2　深部开采采动应力分布及演化规律

　　煤层开采后，覆岩产生裂断破坏，这种破坏并不是无限制地向上发展，而是在到达一定高度时停止，形成"裂断拱"，"裂断拱"以上的岩梁不仅与拱内的岩梁存在力的联系，而且与两端的拱基存在力的联系，在开采宽度较小的情况下，如果拱上方有刚度较大的岩梁，即"支托层"，则该岩梁挠度很小，"裂断拱"上方的岩梁将作用力传递至两侧煤壁上方的岩体中，这时"裂断拱"内岩梁不受上覆岩层压力的作用，如图 5.5a 所示。

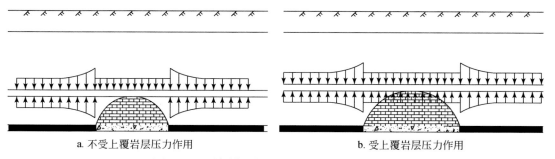

a. 不受上覆岩层压力作用　　　　　　　　　b. 受上覆岩层压力作用

图 5.5　"裂断拱"与上覆岩层压力作用示意图

　　如果"裂断拱"上方"支托层"刚度较小，即该岩梁挠度很大，工作面在采场见方后继续推进，在上覆岩层作用下，"支托层"将逐渐弯曲，一部分沉降至"裂断拱"内岩梁上，此时作用力将分为两部分，一部分传递至两侧煤壁上方的岩体中，另一部分由拱内岩梁承担，如图 5.5b 所示。

1. 采场见方时采动应力分布范围

　　通过前面研究分析知，采场煤壁前方采动应力影响范围在采场推进距离达到工作面宽度时发展到最大，随采场继续推进，煤壁前方采动应力影响范围基本保持不变。

建立模型如图 5.6 所示，当采场推进距离达到工作面宽度后，采场上覆岩层在自重作用下，在采场四周形成一个宽为 S_x 的压力增高带，在忽略采空区矸石承载重量前提下，建立方程如下：

$$(2L_0 \cdot S_x + 2C_x \mid_{=L_0} \cdot S_x + 2 \cdot S_x^2) \cdot (K_\alpha - 1) \cdot \gamma \cdot H$$

$$= L_0 \cdot C_x \mid_{=L_0} \cdot \gamma \cdot H - \frac{1}{2}\pi\left(\frac{1}{2}L_0\right) \cdot (H_g) \cdot \gamma_g \cdot C_x \mid_{=L_0} \tag{5.2}$$

式中，K_α 为应力集中系数的平均值；H_g 为采场 "应力拱" 高度，m；S_x 为压力增高带宽度，m。

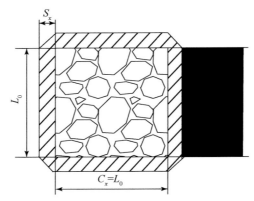

图 5.6　采动应力分布范围在采场见方时示意图

化简式（5.2）得

$$S_x^2 + 2L_0 \cdot S_x - \frac{L_0^2 H - \frac{1}{4}\pi L_0^2 H_g}{2(K_\alpha - 1)H} = 0 \tag{5.3}$$

解方程得

$$S_x = \frac{-2L_0 \pm \sqrt{4L_0^2 + 2\dfrac{L_0^2 H - \frac{1}{4}\pi L_0^2 H_g}{(K_\alpha - 1)H}}}{2} \tag{5.4}$$

化简得

$$S_x \approx \left(\sqrt{1 + \frac{4H - \pi H_g}{8(K_\alpha - 1)H}} - 1\right)L_0 \tag{5.5}$$

2. 采场继续推进（$C_x > L_0$）采动应力分布范围

采场上覆岩层产生载荷由受采动影响区域（采动应力变化区域）煤体承担，工作面推进距离达到工作面宽度时此阶段最大。工作面推进距离超过工作面宽度后，若继续推进，此时采场上覆岩层重量将由两侧煤体承担，因此两侧采动应力数值应增大，煤体破坏范围相应增大，其力学分布如图 5.7 所示。

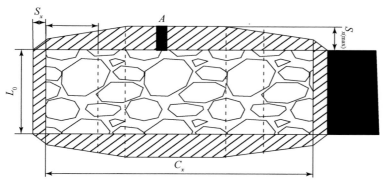

图 5.7　采动应力分布范围后方稳定状态示意图

1) "支托层"刚度较大，"裂断拱"上覆岩层载荷由两侧煤体承担时

$$(2L_A \cdot S_{x(\max)}) \cdot (K'_\alpha - 1) \cdot \gamma \cdot H = L_0 \cdot L_A \cdot \gamma \cdot H - \frac{1}{2}\pi\left(\frac{1}{2}L_0\right) \cdot H_g \cdot \gamma_g \cdot L_A \quad (5.6)$$

$$S_{x(\max)} = \frac{L_0(4H - \pi H_g)}{8(K'_\alpha - 1)H} \quad (5.7)$$

式中，K'_α 为应力集中系数的均值最大值；$S_{x(\max)}$ 为采动应力分布范围最大值，m；H_g 为结构拱高度，m；L_A 为来压结束时的岩梁跨度，m；γ_g 为结构拱岩梁容重，N/m³。

2) "支托层"刚度较小，上覆岩层部分荷载作用在拱内岩梁时

$$(2L_A \cdot S_{x(\max)}) \cdot (K'_\alpha - 1) \cdot \gamma \cdot H = L_0 \cdot L_A \cdot \gamma \cdot H - Q^1_拱 \quad (5.8)$$

$$Q^1_拱 > \frac{1}{2}\pi\left(\frac{1}{2}L_0\right) \cdot (H_g) \cdot \gamma_g \cdot L_A \quad (5.9)$$

此时应力高峰位置将减小。式中，$Q^1_拱 = \dfrac{L_0 H_g}{2\gamma H}$ 为常数。

3. "内应力场"分布理论分析

采动应力演化阶段 Ⅲ，即"裂断拱"下岩梁端部发生裂断后，采动应力分布分为两部分：断裂线与煤壁之间由"裂断拱"内裂断岩层决定的"内应力场"和断裂线外侧由"应力拱"内覆岩载荷决定的"外应力场"，如图 5.8 所示。

"内应力场"计算的依据是沿采空区四周煤体上"内应力场"范围内分布的垂直采动应力等于工作面初次来压前夕基本顶岩梁（板）的重量。

"裂断拱"形成后，采场动态结构力学模型达到平衡状态，"内、外应力场"分布范围保持稳定，此时，根据图 5.9，列平衡方程如下：

$$\frac{\sigma_{y\max}}{K_{\max}\gamma H} = \frac{\dfrac{S_0}{2}}{S_1} \quad (5.10)$$

$$\sigma_{y\max} = \frac{S_0 \cdot K_{\max}\gamma H}{2S_1} \quad (5.11)$$

式中，$\sigma_{y\max}$ 为内应力场垂直方向应力最大值，MPa；S_0 为"内应力场"范围，m；$K_{\max}$ 为应

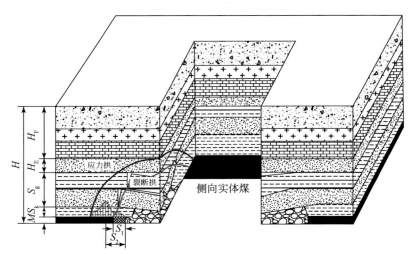

图 5.8 采场力学模型示意图

力集中系数；H 为采深，m；S_1 为采动应力高峰位置距煤壁的距离，m；γ 为岩层容重，kN/m³。

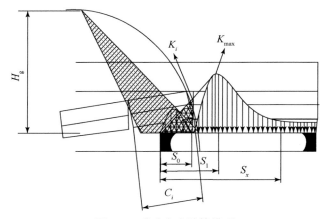

图 5.9 采动应力计算模型

$$\frac{1}{2}\sigma_{ymax} \cdot S_0 = \frac{1}{2}\frac{H_g \cdot C_i \cdot \gamma}{2} \quad (5.12)$$

式中，S_0 为"内应力场"范围，m；C_i 为基本顶岩梁周期来压步距，m；γ 为岩层容重，kN/m³。

将式（5.11）代入式（5.12）得"内应力场"范围：

$$S_0 = \sqrt{\frac{2C_i \cdot H_g \cdot S_1}{K_{max}H}} \quad (5.13)$$

4. "内应力场"范围扩展机理

从煤壁开始向外，煤体由双向压缩、一向卸压的失衡状态逐渐过渡到三向压缩的平衡状态，在过渡过程中，水平侧压力逐渐增大，煤体破坏程度逐渐降低。假设煤体孔隙率为 n，垂直压力 σ，水平侧压力 $P=f(n, \sigma)$，由于"内应力场"范围内煤体所受垂直压力 σ 基本保持不变，因而可以根据判断孔隙率变化规律来间接分析水平侧压力变化。

由图 5.9 知，未压缩前单位长度内"内应力场"范围煤体体积：

$$V_0 = h \cdot S_1 \tag{5.14}$$

压缩后单位长度内"内应力场"范围煤体积：

$$V_1 = \frac{(h - \varepsilon + h) \cdot (S_1 + \xi)}{2} = \frac{(2h - \varepsilon) \cdot (S_1 + \xi)}{2} \tag{5.15}$$

则前后"内应力场"煤体体积变化：

$$\Delta V = V_1 - V_0 = \frac{(2h - \varepsilon) \cdot (S_1 + \xi)}{2} - h \cdot S_1 = h \cdot \xi - \frac{\varepsilon}{2} \cdot S_1 - \frac{\varepsilon}{2} \cdot \xi \tag{5.16}$$

$$\varepsilon = \xi \cdot \tan\theta \tag{5.17}$$

则：

$$\Delta V = h \cdot \xi - \frac{S_1}{2}\xi \cdot \tan\theta - \frac{\xi^2}{2} \cdot \tan\theta \approx \xi\left(h - \frac{S_1}{2} \cdot \tan\theta\right) \tag{5.18}$$

1）$\Delta V > 0$ 时

"内应力场"范围煤体体积增大，这是孔隙率增大形成的结果。此时，"内、外应力场"交界处煤体水平力降低，煤体继续失衡，造成"内应力场"范围扩展。

2）$\Delta V < 0$ 时

"内应力场"范围煤体体积减小，这是煤体压缩，孔隙率降低形成的结果。此时，"内、外应力场"交界处煤体水平力增大，煤体平衡态保持不变，"内应力场"范围基本不变。

3）$\Delta V = 0$ 时

"内应力场"范围煤体体积不变，即煤体孔隙率不变。煤体平衡态保持不变，"内应力场"范围基本不变。

5.1.3　覆岩结构与采动应力演化关系研究

采动应力场的形成和稳定是一个与采动条件相关，由相应岩层运动的发展和稳定直接关联的发展过程。

1. "内、外应力场"形成条件

工作面开挖后，首先打破了煤壁附近煤体原岩应力平衡状态，导致应力场重新调整，由三向应力平衡状态变为二向应力失衡状态，产生高集中应力，当集中应力未超过煤体的损伤阈值时，煤体内不会发生损伤破坏现象，处于稳定状态，即采动应力峰值位于煤壁附近，如图 5.10a 所示。

若因工作面开挖形成上覆岩层运动而产生的高集中应力超过煤体损伤强度时，煤体产生损伤破坏，内部裂隙贯通，形成大裂纹，煤体的力学性质恶化，强度降低，损伤严重时

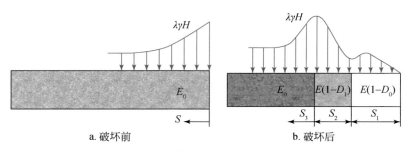

a. 破坏前　　　　　　　　　　b. 破坏后

图 5.10　煤壁损伤破坏应力分布

E_0 为初始弹性模量；E 为弹性模量；D_0 为内应力场范围损伤变量；D_1 为外应力场范围损伤变量；S_1 为内应力场范围；S_2 为外应力场范围；S_3 为弹性区范围

产生破裂块体，煤体被挤出，此时煤体块体间相互之间的结构作用使得它仍处于稳定状态，这部分区域称为"损伤破裂区"。

随着采场继续推进，上覆岩层运动稳定前始终处于不平衡状态，造成煤体应力扰动。从煤体损伤角度出发，工作面侧煤体变形破坏区域可以分为三种：损伤破裂区（S_1）、损伤扩展区（S_2）、损伤潜在发育区（S_3）。从煤体应力场角度出发，工作面侧煤体破坏区域可以分为："内应力场"（S_1）、"外应力场"（S_2+S_3），如图 5.10b 所示。

2. 采动应力显现的机械模拟研究

采动后，上覆岩层形成的空间力学结构是采场岩层控制研究的重点。采场采动应力的发展变化与上覆岩层运动之间的关系以及来压时刻支架与围岩（顶板）间相互作用的关系，是解决采场矿压及其控制问题的基础。采场采动应力发展变化及其影响因素的复杂性和现场实际研究中采场上覆岩层运动的不可见性，这都给采场矿压的理论研究带来了极大的困难。受到现场观测研究中测点布置及观测手段的制约，难以对随采场推进过程中采动应力动态发展变化情况做全面连续的测定。

3. 采动应力演化规律模拟

煤层与岩层采动前，一般在自重应力、构造运动作用力等作用下，处于三向受力的原始平衡状态。煤层及岩层采动后，由于支承条件的改变，原始结构的平衡开始打破，各岩层边界上的作用力及分布于各点上的应力随之改变。煤矿开采过程实际上是对煤层原始赋存条件的扰动过程，煤矿开采引起围岩应力的重新分布，形成采动应力场。采动应力场的研究是矿山开采中的一个核心和最基本的问题。煤层采出后，在围岩应力重新分布的范围内，作用在煤层、岩层和矸石上的垂直压力即为"采动应力"。

采动应力分布范围包括高于和低于原始应力的整个区间。在单一重力应力场条件下，采场围岩上的采动应力主要来源于上覆岩层的重量。利用机械模拟实验台仿真不同结构力学模型条件下采动应力的发展变化规律。

采场覆岩结构类型是极其复杂的，因采动条件不同、岩性不同而不同，但对采场采动应力演化有明显影响的上覆岩层范围是一定的，将其分为"单岩梁结构"、"双岩梁结构"和"多岩梁结构"三种。下面着重分析不同采场覆岩结构在开采过程中，煤层采动应力演化规律。

煤层及对采场矿压有明显影响的上覆岩层结构用橡胶块按照一定排列顺序布置在模型架

上，采用"积木式"连接成型，每层胶结块与胶结块间排紧，使其成为层状体。基本顶岩梁裂断位置及其来压步距根据调整电磁铁机构的位置来人为控制。在走向方向上，对采场矿压显现有明显影响的力学结构主要有"单岩梁"和"双岩梁"两种，其作用过程主要通过升降机构来调整；在倾向方向上，采场力学结构为"多岩梁"拱形结构，煤层通过人造泡沫来仿真。采动应力显现和采集是根据嵌在橡胶块间的应力传感器来测定，共布置 112 组。

1）"单岩梁"采场结构采动应力演化实验

机械物理模拟中煤层和岩层用橡胶块交错排列在模型架上，采用"积木式"连接成型，共计 14 层，其中加载层 4 层。调整电磁铁机构位置来模拟采场推进过程中基本顶岩梁裂断和运动力学过程。模型架台总长度为 4000mm，为去除边界效应，模型两侧各留下 800mm 的煤柱，工作面由左向右开采，最大开采长度是 2400mm，模拟基本顶一次初次来压和三次周期来压裂断过程。模型布置如图 5.11 所示。

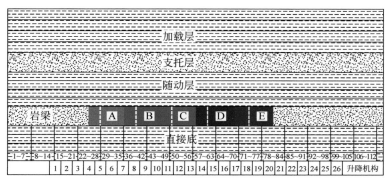

a. 设计图

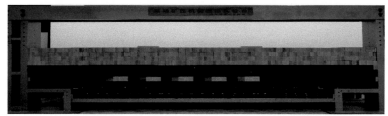

b. 模型图

图 5.11　"单岩梁结构"模型图

调整 5～11 号升降机位置，对电磁铁 A、B、C 放电，实现工作面初次来压；调整 12～14 号升降机位置，对电磁铁 D 放电，实现第一次周期来压；调整 15～17 号升降机位置，对电磁铁 E 放电，实现第二次周期来压。通过监测工作面前方不同位置处应力变化发现，工作面初始开挖时，采场应力场发生转移，煤壁前方 5m 位置处应力缓慢增高至 25MPa；推进距离为 40m，即初次来压时，弹性应力高峰值位于煤壁前方 9.5m 处，大小为 31.1MPa，应力集中系数为 1.73；推进距离为 60m，第一次周期来压时，弹性应力高峰值位于煤壁前方 9m 处，为 29.8MPa，应力集中系数为 1.66；推进距离为 80m，第二次周期来压时，弹性应力高峰值位于煤壁前方 9m 处，为 29.3MPa，应力集中系数为 1.63。试验过程如图 5.12 所示，采动过程煤壁前方测得的采动应力曲线如图 5.13 所示。

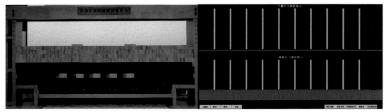

a. 模型初始位态(状态Ⅰ)

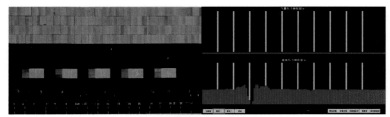

b. 初始开挖(状态Ⅱ)

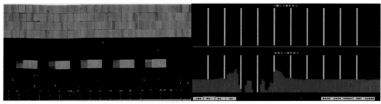

c. 初次来压前夕(状态Ⅲ)

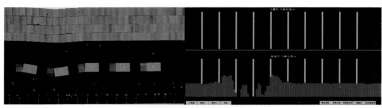

d. 初次来压过程(状态Ⅳ)

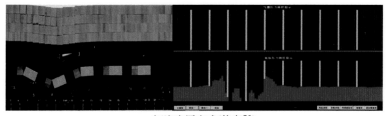

e. 初次来压完成(状态Ⅴ)

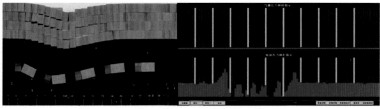

f. 第一次周期来压前夕(状态Ⅵ)

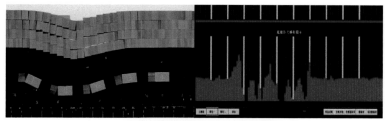

g. 第一次周期来压完成(状态Ⅶ)

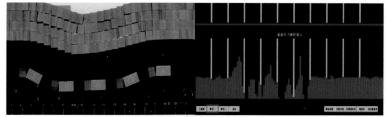

h. 第二次周期来压前夕(状态Ⅷ)

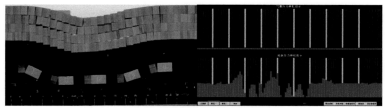

i. 第二次周期来压完成(状态Ⅸ)

图 5.12　"单岩梁结构"物理模拟过程图

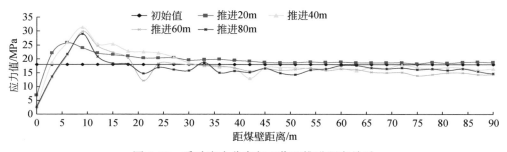

图 5.13　采动应力分布与工作面推进距离关系

2)"双岩梁"采场结构采动应力演化实验

模型布置如图 5.14 所示。

调整 9～14 号升降机位置,对第一岩梁电磁铁 A、B、C 放电,实现工作面第一岩梁初次裂断;调整 15 号升降机位置,对第二岩梁电磁铁 A、B、C 放电,实现工作面第二岩梁初次裂断;调整 16～18 号升降机位置,对第一岩梁电磁铁 D 放电,实现第一岩梁第一次周期来压;调整 19 号升降机位置,对第二岩梁电磁铁 D 放电,实现第二岩梁第一次周期来压。通过监测工作面前方不同位置处应力变化发现,工作面由开切眼开始,推进距离

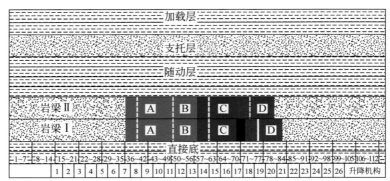

a. 设计图

b. 模型图

图 5.14　"双岩梁结构"模型图

至第一岩梁初次裂断时，煤壁前方 12m 处应力缓慢增高至 39.5MPa，应力集中系数为 1.98；第二岩梁初次裂断时，弹性应力高峰值位于煤壁前方 12m 处，但峰值稍微降低至 36.5MPa，应力集中系数为 1.83；工作面继续推进，第一岩梁周期来压时，弹性应力高峰值位于煤壁前方 12m 处，为 35.8MPa，应力集中系数为 1.79；第二岩梁周期来压时，弹性应力高峰值位置基本不变，数值为 35.2MPa，应力集中系数为 1.76。试验过程如图 5.15 所示，采动过程煤壁前方测得的采动应力曲线如图 5.16 所示。

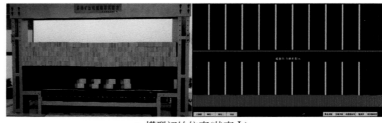

a. 模型初始位态(状态Ⅰ)

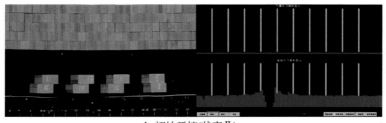

b. 初始开挖(状态Ⅱ)

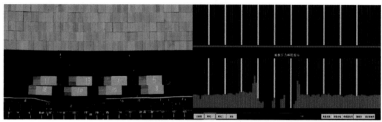

c. 岩梁Ⅰ-A-B-C裂断前夕(状态Ⅲ)

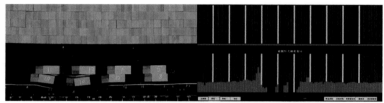

d. 岩梁Ⅰ-A-B-C裂断(状态Ⅳ)

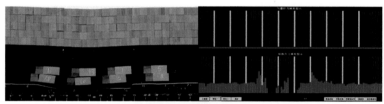

e. 岩梁Ⅱ-A-B-C裂断(状态Ⅴ)

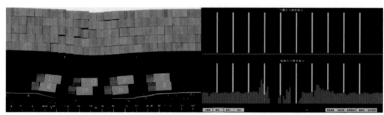

f. 岩梁Ⅰ-D裂断(状态Ⅵ)

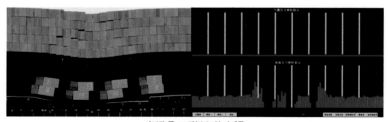

g. 岩梁Ⅱ-D裂断(状态Ⅶ)

图 5.15　"双岩梁结构"物理模拟过程图

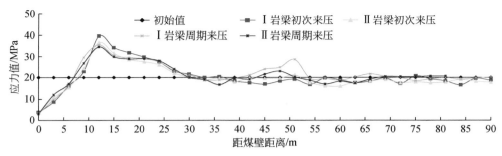

图 5.16　采动应力分布与工作面推进距离关系

3)"裂断拱"采场结构采动应力演化实验

实验台煤层和覆岩结构体采用硬度较大的橡胶块模拟，不能较好地对煤层破坏变形、采动应力逐渐变化过程进行仿真。为较逼真地模拟覆岩结构力学模型与采动应力演化的关系，对机械模拟实验台进行改进：垮落矸石和一定范围内煤体用泡沫碎体代替，仿真上覆岩层裂断后，采空区矸石压实过程，以及煤壁破坏突出过程（图 5.17）。限于实验室条件，实验仅进行了三岩梁拱结构仿真。

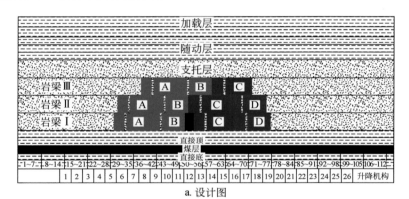

图 5.17　"裂断拱结构"力学模型图

模拟工作面宽度 100m，垮落带高度 10m，采空区域已经充满泡沫碎体，为模拟覆岩回转裂断过程中煤壁采动应力发展变化规律，依次对三岩梁进行放电操作。

第一岩梁电磁铁 A、B、C 放电后，由于第二岩梁承载起其上覆岩层重量，载荷向两侧传递，两侧煤体承受较大作用力，发生应力转移，弹性应力高峰位置在煤壁内 10m 位置处，大小为 29MPa，应力集中系数为 1.81；第一岩梁裂断部分作用在泡沫碎体上，应力传感器监测到采空区域应力大小平均为 0 ~ 0.2MPa。

第二岩梁电磁铁 A、B、C 放电后，此时两侧煤体承载的载荷减小，减小范围为第二岩梁裂断部分，因此弹性应力高峰数值应降低，监测得到大小为 28MPa，应力集中系数为 1.75；采空区域应力大小平均为 0.4MPa。

第三岩梁电磁铁 A、B、C 放电后，"裂断拱"结构形成，两侧煤体弹性应力高峰值为 27.5MPa，应力集中系数为 1.72；采空区域应力大小平均为 0.8MPa。

"裂断拱"形成后，拱上岩层由于没有裂断空间不再裂断，而是逐渐下沉，经过一段时间，采场覆岩最终稳定，拱上岩层载荷部分作用在"裂断拱"内，部分传递到两侧，监测到两侧煤体应力高峰值为 27.2MPa，应力集中系数为 1.7；采空区域应力大小为 1.0MPa。

综上分析，弹性应力高峰值在岩梁逐次裂断过程中小幅度降低，裂断线为界外侧煤体采动应力随岩梁裂断逐次升高，岩梁裂断完成直至覆岩稳定后，该范围内采动应力不断降低。试验过程如图 5.18 所示，采动应力演化与覆岩运动关系如图 5.19 所示。

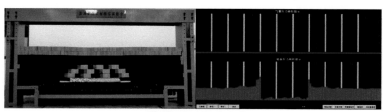

a. 模型初始开挖(状态Ⅱ)

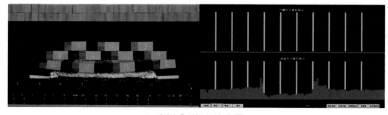

b. 岩梁Ⅰ裂断(状态Ⅲ)

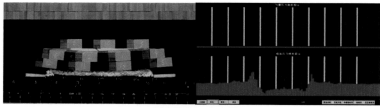

c. 岩梁Ⅱ裂断(状态Ⅳ)

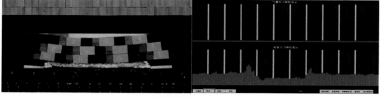

d. 岩梁Ⅲ裂断(状态Ⅴ)

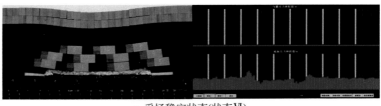

e. 采场稳定状态(状态Ⅵ)

图 5.18　"裂断拱结构"物理模拟过程图

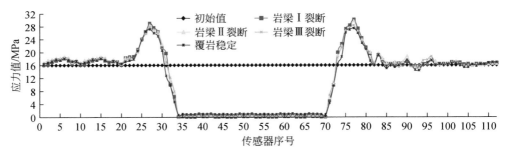

图 5.19　采动应力演化与覆岩运动关系

4. 覆岩结构失稳与采动应力演化关系

在采动形成的"内应力场"范围内，煤层已遭到不同程度的破坏；"外应力场"范围，即原采动应力的高峰区域已向采场外侧转移。因此，在"内应力场"范围内开掘和维护的巷道围岩应力大小由采动波及的岩层范围内岩层载荷决定。如果采动波及的范围内岩层运动趋于稳定，则在"内应力场"范围内采掘活动所受应力将非常小。因此，有必要对"内、外应力场"所涉及的运动岩层范围及其运动发展情况进行研究分析，如图 5.20 所示。

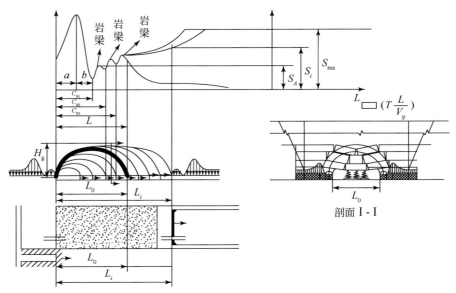

图 5.20　采动影响下采动应力演化过程

通过模拟仿真知，采动应力分布范围包括高于和低于原始应力的整个区间。实验台目前仅能模拟单一重力条件，其采场围岩上的采动应力主要来源于上覆岩层的重量，从采场推进开始，根据采场覆岩结构发育过程，采动应力的发展变化可分为两大阶段，具体可分为四小阶段。

1）"裂断拱"发育形成阶段

阶段Ⅰ：煤壁弹性阶段——始终保持对上覆岩层支承能力。在初采阶段，从切眼开始，随着采场不断推进，采空区悬露空间不断加大，原采动区域煤体承担的上覆岩层载荷，通过岩梁传递到两侧煤壁上，煤壁上所承受的载荷将逐渐增加，这时煤壁处于弹性阶段，由于应力集中，采动应力的峰值在煤壁边缘。

阶段Ⅱ：煤壁损伤碎裂破坏——弹性应力高峰向外转移，煤壁支承能力大幅度降低。煤层开挖后，打破原有的三维力学平衡状态，卸压后其力学参数将受到削弱，因而其支承能力将降低。煤壁附近煤体因采场继续推进，原采动区域煤体承担的上覆岩层载荷易超过煤壁所承受的载荷极限，造成损伤碎裂破坏。此时，为继续保持推进过程中采场上覆岩层阶段稳定平衡状态，煤壁外侧未破坏或破坏较轻煤体将承担上覆岩层载荷，导致弹性应力高峰将向外转移。

阶段Ⅲ："内、外应力场"形成阶段。采动区域悬露空间达到一定范围，即推进方向上悬露长度达到覆岩第一岩梁裂断位置时第一次来压，此时以断裂线为界将采动应力分布明显分为两部分，即断裂线与煤壁之间由"裂断拱"内裂断岩梁决定的"内应力场"和断裂线外侧由"应力拱"内覆岩载荷决定的"外应力场"。随着"裂断拱"内岩梁逐次裂断，"内应力场"所承受的覆岩载荷逐渐增大，这一作用过程直至"裂断拱"形成；由"应力拱"决定的"外应力场"因原作用于其上的"裂断拱"内未断裂岩梁裂断，作用载荷减小，因此弹性应力高峰阶段性幅度降低，呈现内（"内应力场"）大（范围、峰值）外（"外应力场"）小（峰值）规律，表现为波动性起伏变化。

2）"裂断拱"发育稳定阶段

阶段Ⅳ："内应力场"消逝阶段。"裂断拱"形成后，"内、外应力场"达到理想稳定状态。上部"支托层"受其所承载载荷作用发生弯曲，部分重量作用于"裂断拱"内裂断岩梁上，导致"内应力场"受载继续加大，范围内煤体破坏加剧（实验表现为泡沫碎体持续挤出），承载能力大幅度降低；"外应力场"范围内煤体受载降低，因范围内煤体受扰动较小，破坏幅度也较小，承载能力几乎不变，弹性应力高峰值继续降低。

综合分析，采动应力发展演化过程与以"岩层运动为中心"的采场动态结构力学模型形成发展过程紧密相连。结构力学模型产生、发展、稳定过程与采动应力演化过程如图 5.21 所示。

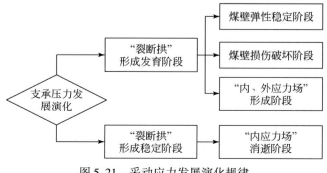

图 5.21　采动应力发展演化规律

5.2　深部高强度开采扰动下围岩失稳及控制机理

分析了动静载条件下煤体的力学特性，认为动态峰值强度与煤壁稳定性存在较好的一致性关系，更能准确反映采动影响下细微节理构造和缺陷对煤壁稳定性的影响程度，进一步建立了采动损伤数值模型，得出煤体裂纹的产生和最大水平主应力卸荷密切相关，卸荷幅度越大，煤体损伤越严重，研究了工作面能量聚集、转移和耗散机理，基于对煤壁前方能量场进行模拟和反演，得到了煤壁损伤与能量释放间的对应关系。

5.2.1　采场围岩动静载失稳机理

1. 煤样静载稳定性分析

在阳煤一矿、二矿、新景矿和五矿分别对煤层取样，所取的煤岩样应至少达到标准规格要求，可适当增大，取样后必须用保鲜膜或蜡封闭好，各种试样应做好编号，以便区分。按国家相关标准进行了物理力学性质试验。煤层的物理力学性质测定包括 15 号煤的单向抗压强度、单向抗拉强度、弹性模量、泊松比、剪应力、内摩擦角等。15 号煤层物理力学性质测试结果如表 5.1 和表 5.2 所示。

表 5.1　15 号煤试样抗压强度、变形模量测试

煤样来源 （阳煤）	试块尺寸		破坏载荷 /kN	抗压强度 /MPa	变形模量 /GPa	泊松比
	直径/mm	高度/mm				
一矿	51	99	24.10	12.76	1.07	0.26
二矿	49.6	101.5	25.01	11.81	2.0	0.297
新景矿	49.6	101.6	21.99	11.2	1.67	0.29
五矿	49.6	100.2	20.92	10.65	1.45	0.29

表 5.2　15 号煤试样抗拉强度测试结果

煤样来源 （阳煤）	试块尺寸		破坏载荷 /kN	抗拉强度 /MPa
	直径/mm	高度/mm		
一矿	51.0	29.1	1.39	0.60
二矿	49.6	26.5	1.70	0.82
新景矿	49.6	25.3	1.49	0.73
五矿	49.6	25.4	1.49	0.75

15 号煤层试样的物理性质测试结果如表 5.1 所示，15 号煤层抗剪强度曲线如图 5.22 所示。

基于上述矿井 15 号煤物理力学性质，建立双轴压缩数值试验模型，将裂隙置于模型内，在 PFC2D 中，颗粒的接触本构模型主要有接触刚度模型、滑动模型和连接模型三种。煤岩样试验一般采用连接模型，颗粒通过定义切向和法向连接强度连接起来，当颗粒连接

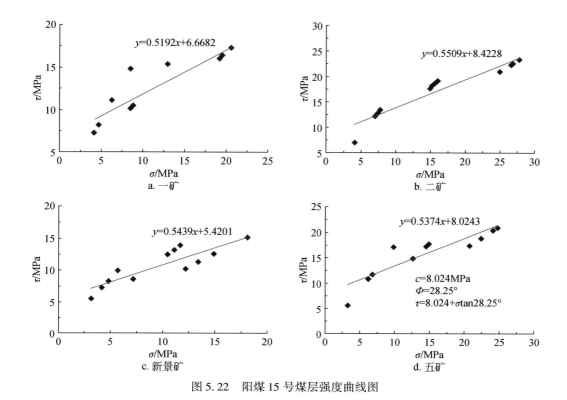

图 5.22　阳煤 15 号煤层强度曲线图

受到的切向应力超过切向连接强度，连接断裂，若此时颗粒仍旧保持接触，切向连接强度被置为残余值；当颗粒连接受到的法向应力超过法向连接强度，连接断裂，不管颗粒是否保持接触，法向连接强度被置为零。

设定围压 $P_0 = 5.0\text{MPa}$，在试样内部分别预置雁形、丁字形、交叉和交错裂隙，如图 5.23 所示。从细观力学特征出发，通过离散颗粒间的接触关系来研究宏观复杂条件下的煤岩体断裂问题。

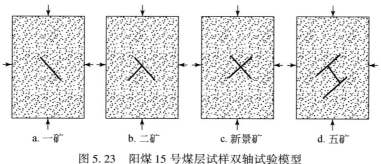

图 5.23　阳煤 15 号煤层试样双轴试验模型

图 5.24 为阳煤 15 号煤层试样双轴破坏特征，对于单一裂隙的一矿煤样来讲，煤样的预置裂隙两端首先产生翼裂隙，然后次生裂隙在两个相邻端开始扩展，并且相向生长，最

终产生破坏，如图 5.24a 所示。对于二矿、新景矿和五矿煤样来讲，由于预置裂隙较多，模型首先在初始裂隙端部产生更多的翼裂隙，然后预置裂隙内部产生数个张拉次生裂隙，这些次生裂隙与翼裂隙贯通造成煤样破坏，如图 5.24b ~ d 所示。阳煤 15 号煤层试样单轴破坏曲线如图 5.25 所示。

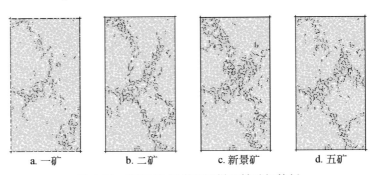

a. 一矿　　　　　b. 二矿　　　　　c. 新景矿　　　　　d. 五矿

图 5.24　阳煤 15 号煤层试样双轴破坏特征

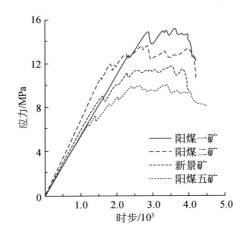

图 5.25　阳煤 15 号煤层试样单轴破坏曲线

2. 煤体动载稳定性分析

煤样动载稳定性分析采用霍普金森（SHPB）装置来实现，SHPB 装置由动力系统、撞击杆、输入杆、输出杆、吸收杆和测量记录系统组成，被测试样夹在输入杆和输出杆之间。按照一维应力波假设，在压缩试验中，应力波应当以无耗散的方式传播，为了保证该装置试验结果的精确度，在输入杆和输出杆的中间位置均贴好应变片，但不夹试件，做输入杆与输出杆的对心碰撞。从理论上讲，入射波应当完全透射到输出杆上，没有反射，入射波与透射波应当完全一致。

在压杆实验中，输入杆、输出杆与撞击杆的材料相同、截面积也相同。按一维应力波理论和撞击面力的平衡条件，可以得到压杆的最大应变，撞击速度波，然后进一步进行换算。

将采集的 4 个矿的试验数据分别生成煤样动载作用下应力–应变曲线，并将其放入同一坐标系中进行比较，如图 5.26 所示。

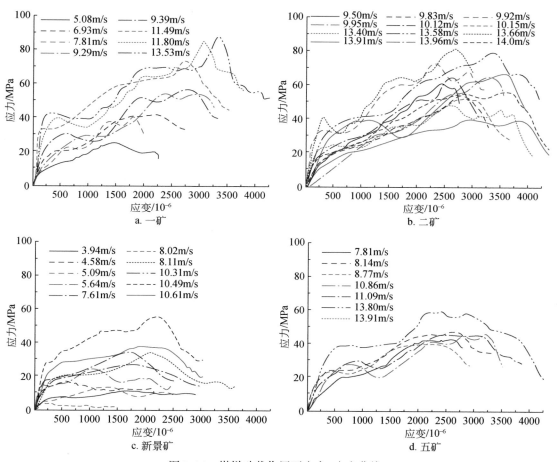

图 5.26　煤样动载作用下应力-应变曲线

　　随着加载速率的增加，上述四对矿井煤样的动态抗压强度均明显提高，而且数值也愈加发散，分析认为在高速冲击荷载作用下，煤样内部的细微节理构造和缺陷都能表露出来，一定程度上增加了测试结果的离散性。

　　在加载速率进一步增加的情况下，动态抗压强度均明显提高，当应变率较低时，增长明显而且较为稳定；而当达到较高的应变率时，煤样的抗压强度数据呈现一定的离散性。说明煤样在较高速率加载时其力学性能具有一定的不稳定性，这与煤样的松散构造密切相关（汪海波等，2019）。新景矿煤样均质性最高，动载曲线离散性最小，而五矿煤样节理裂隙发育，离散性最大，这也和常规物理力学测试结果相吻合。

　　图 5.27a 和 b 分别为煤样峰值应力和峰值应变随应变率变化趋势示意图，随着应变率的增大，上述四个矿的 15 号煤样峰值应力和峰值应变均呈对数递增关系。但在任一应变率下，无论是峰值应变还是峰值应力，一矿煤样>二矿煤样>新景矿煤样>五矿煤样。在工作面回采过程中，一矿工作面煤壁稳定性要优于其他矿井，其中五矿工作面煤壁稳定性最差，这也在实际开采实践中得到了验证。

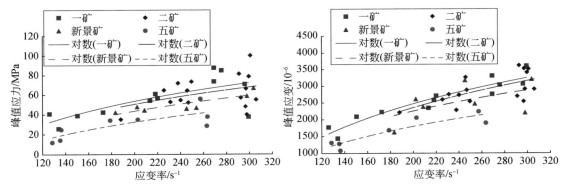

图 5.27　煤样峰值应力/应变随应变率变化趋势图

通过对一矿、二矿、新景矿和五矿等 20 多个工作面长周期的煤壁片帮观测，得出其煤壁保持稳定性的合理割煤高度分别为 5.5m、5.2m、4.5m 和 3m。根据对上述四对矿井煤样的静、动载试验结果得出的动、静载荷与煤壁稳定性的关系如图 5.28 所示。

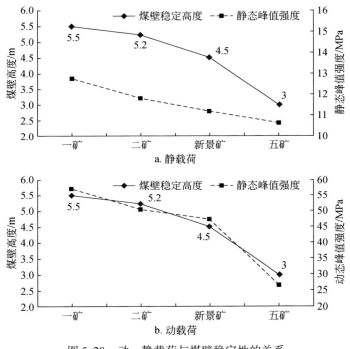

图 5.28　动、静载荷与煤壁稳定性的关系

从图 5.28 可以看出，煤样强度与煤壁稳定性密切相关，煤样强度越高，其所在煤层工作面煤壁保持稳定，必要的割煤高度就越大。但根据动、静载作用分析认为，动载试验得出的峰值强度与煤壁稳定性几乎存在一致性关系，更能较好地反映煤壁稳定性状况。

煤岩体力学性能不同于常规人造工程材料，它具有非均质、天然节理的特点。对于煤岩体等天然材料来讲，在分析其损伤或破碎特征时，一定要考虑到其动态力学响应性能，而非单纯依靠静态加载试验数据。

5.2.2　采场围岩损伤演化过程

根据断裂力学原理，建立的采场煤壁裂纹模型如图 5.29 所示。

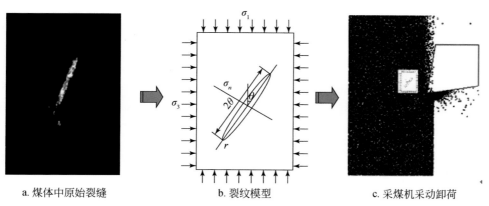

a. 煤体中原始裂缝　　　　　　b. 裂纹模型　　　　　　c. 采煤机采动卸荷

图 5.29　煤壁裂纹的压剪模型图

设裂纹长度为 $2a$，σ_1 和 σ_3 分别为裂纹所在单元体上的最大主应力和最小主应力，裂纹长轴方向与最小主应力方向夹角为 θ，σ_n 和 τ 分别为裂纹面上的法向应力和剪应力。当 $\sigma_n > 0$ 时，裂纹处于压剪状态；当 $\sigma_n < 0$ 时，裂纹处于拉剪状态；当 $\sigma_n = 0$ 时，裂纹处于纯剪状态。则有

$$\sigma_n = \frac{\sigma_1 + \sigma_3}{2} - \frac{\sigma_1 - \sigma_3}{2}\cos2\theta \tag{5.19}$$

$$\tau = \frac{\sigma_1 - \sigma_3}{2}\sin2\theta \tag{5.20}$$

由于超前支承压力作用，采场煤壁往往处于压剪复合应力状态，设 μ 为裂纹面间的摩擦因数，裂纹失稳扩展的有效剪应力为

$$\tau' = \tau - u\sigma_n \tag{5.21}$$

即：

$$\tau' = \frac{1}{2}(\sigma_1 - \sigma_3)\sin2\theta - \frac{u}{2}\left[(\sigma_1 + \sigma_3) - (\sigma_1 - \sigma_3)\cos2\theta\right] \tag{5.22}$$

随着工作面的循环推进，新鲜暴露的煤壁沿水平方向卸荷，导致煤壁内隐伏直线型裂纹沿平行于最大主应力的方向进一步扩展并贯通，裂缝属 Ⅰ、Ⅱ 复合型裂纹扩展。设翼裂纹长度为 l_1，法向力合力为 Z，则沿最小主应力卸荷时 Ⅰ、Ⅱ 型裂纹应力强度因子 K_{I}、K_{II} 分别为

$$K_{\mathrm{I}} = Z\frac{\cos\theta}{\sqrt{\pi l_1}} - \sigma_3\sqrt{\pi l_1} \tag{5.23}$$

$$K_{\mathrm{II}} = Z\frac{\sin\theta}{\sqrt{\pi l_1}} \tag{5.24}$$

　　如果沿最小主应力 σ_3 卸荷不断减小，强度因子 K_I 将增大。根据相关研究，K_I、K_{II} 满足 $\lambda K_I + K_{II} = K_{IC}$，$\lambda$ 为压剪系数，K_{IC} 为煤岩的断裂韧性。若 $f(K_I，K_{II}) > K_{IC}$，裂纹将扩展。由于工作面脆性煤体主要为 I 型开裂，暂不考虑 II 型断裂。则有

$$K_I = \frac{2\alpha\tau'\cos\theta}{\sqrt{\pi l_1}} - \sigma_3\sqrt{\pi l_1} \tag{5.25}$$

　　假设翼裂纹所受法向力为 z，且 $z = \tau'\cos\theta$，则单位厚度裂纹面上承受的法向合力为

$$Z = \int Az\mathrm{d}S \tag{5.26}$$

$$Z = \int AZ\mathrm{d}S = \tau'\cos\theta \cdot h = h\cos\theta \cdot [(\sigma_1 - \sigma_3)\sin\theta\cos\theta - u(\sigma_1\sin^2\theta + \sigma_3\cos^2\theta)] \tag{5.27}$$

式中，S 为裂纹表面积，设裂纹贯通长度为 h，根据叠加原理，得到劈裂裂纹强度因子 K_I 表达式为

$$K_I = \frac{Z}{\sqrt{\pi h}} - \sigma_3\sqrt{\pi h} \tag{5.28}$$

　　由于 $K_I \geqslant K_{IC}$，则有

$$\sigma_1 \geqslant L = \frac{K_{IC}\sqrt{\pi L}}{L(\sin\theta\cos^2\theta - u\sin^2\theta\cos\theta)^2} + \sigma_3\frac{\pi + (\sin\theta\cos^2\theta + u\cos^3\theta)}{\sin\theta\cos^2\theta - u\sin^2\theta\cos\theta} \tag{5.29}$$

　　岩体在围压的卸荷作用下导致裂隙的进一步扩展，从而得到劈裂煤体贯通长度 L 表达式：

$$L = \frac{\pi K_{IC}^2}{\sigma_1^2(\sin\theta\cos^2\theta - u\sin^2\theta\cos\theta)^2} \tag{5.30}$$

　　从式（5.30）可以看出，裂纹贯通长度 L 与最大主应力 σ_1 的卸荷幅度、断裂韧性 K_{IC}、裂隙与最小主应力夹角 θ，裂纹面间的摩擦因数 μ 等密切相关，其中，断裂韧性 K_{IC} 和最大主应力 σ_1 卸荷幅度以及裂隙与最小主应力夹角 θ 越大，裂纹扩展长度越大。

　　以潞安新疆公司一矿为例，所处矿区受天山纬向构造带的影响，在新近纪晚期经喜马拉雅运动改造，形成现煤田中部隆起被剥蚀，即现在的西山倾伏背斜，致使煤田呈现西部封闭，东部开放的"马蹄形"煤田格局，在煤田内发育有次一级北东-南西走向和近东西走向的断层，进一步切割了煤田的整体形态。

　　该矿位于西山倾伏背斜南翼，煤田内构造形态主要受燕山运动及喜马拉雅运动的影响，除了褶皱外，还有断裂。褶皱主要是西山倾伏背斜，断裂构造主要为 F_1 和 F_2 逆断层，属构造应力作用下的高应力影响区域。4 号煤层单轴抗压强度达 35.1MPa，抗拉强度仅为 1.59MPa，属典型的脆性硬煤层。地应力测试结果表明（表 5.3），该区域水平应力占主导，最大水平主应力远高于垂直主应力，平均侧压系数约为 1.5，局部甚至达到 2。

　　该矿 5242 工作面主采 4 号煤层，埋深 400m，在工作面上顺槽靠近工作面煤体侧布置 6 个不同深度的钻孔应力计，监测其超前支承压力分布，如图 5.30 所示。根据地应力测试和超前支承压力监测结果，利用非连续介质力学方法中的颗粒离散元法（PFC2D）建立煤体的采动损伤数值模型，然后通过对采场煤体在承压和卸荷条件下的应力环境变化过程进行拟合从而建立分阶段加载程序流，通过颗粒间平行连接断裂来模拟煤体内部损伤。

表 5.3　潞新矿区地应力测试结果（水压致裂法）

序号	测点位置	埋深 H/m	最大水平主应力 σ_H/MPa	垂直主应力 σ_V/MPa	最小水平主应力 σ_h/MPa	最大水平主应力方向
1	东轨延伸东部车场	301	7.53	10.97	5.6	N53.1°E
2	5141 运输巷甩车场	338	8.46	9.18	4.8	N22.5°E
3	东轨延伸巷 BK11 钻孔附近	365	9.13	15.17	8.1	N78.6°E
4	5243 回风巷	356	8.89	16.22	8.64	N8.2°W
5	450 轨道下山	454	11.34	16.53	9.13	N19.8°W
	平均	362.8	9.07	13.6	7.25	

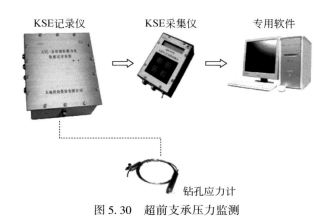

图 5.30　超前支承压力监测

　　在 PFC 中，颗粒中的连接往往有两种形式，即接触连接和平行连接，接触连接只能传递力，而平行连接能同时传递力矩。在平行连接模型中，一旦连接断裂，接触刚度会立即降低，不仅会对邻近的颗粒产生影响，材料的宏观刚度也会受到影响，因此对于煤和岩石类的材料而言，采用平行连接模型会更加接近材料的物理力学特性，如图 5.31 所示。

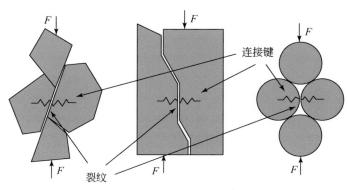

图 5.31　连接键断裂示意图

数值试验中，为完全模拟现场应力环境变化过程，加载系统中垂直应力 S_{yy} 取于现场实测的超前支承压力数据，模拟工作面推进采取分阶段加（卸）载，根据地应力测试成果，设置围压 $S_{xx}=1.5S_{yy}$，侧压系数取各地应力测点的平均值，即 $\lambda=1.5$，围压（最大水平主应力）变动趋势与超前支承压力一致，如图 5.32 所示。

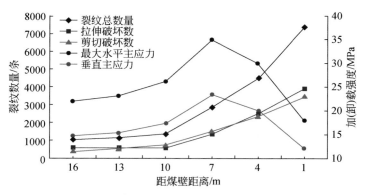

图 5.32　加（卸）载作用下煤样破坏过程

加（卸）载作用下煤样破坏过程和损伤特征如图 5.33 和图 5.34 所示，综合分析认为，煤体裂纹的产生与采动影响密切相关，但两者并非正相关关系。煤样裂纹的产生存在三个阶段：当煤体进入采动影响区后，裂纹开始产生，即煤体出现初始损伤；当煤体处于超前支承压力和最大水平主应力峰值区域时，裂纹大量产生，损伤进入新阶段；当煤体应力达到峰值并开始卸荷后，试件裂纹开始急速产生，证明煤体出现了破坏。研究还表明，卸荷过程裂纹的产生和最大水平主应力卸荷密切相关，卸荷幅度越大，煤体损伤越严重。

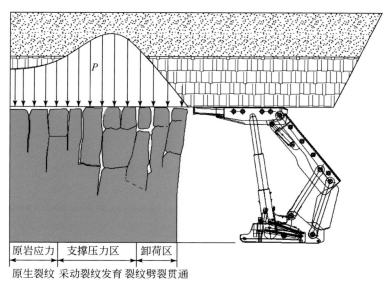

图 5.33　工作面脆性煤体煤壁卸荷裂纹扩容和发展过程

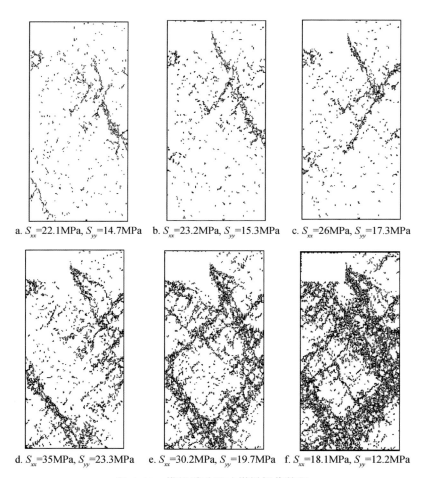

a. S_{xx}=22.1MPa, S_{yy}=14.7MPa　　b. S_{xx}=23.2MPa, S_{yy}=15.3MPa　　c. S_{xx}=26MPa, S_{yy}=17.3MPa

d. S_{xx}=35MPa, S_{yy}=23.3MPa　　e. S_{xx}=30.2MPa, S_{yy}=19.7MPa　　f. S_{xx}=18.1MPa, S_{yy}=12.2MPa

图 5.34　模拟采动影响煤样损伤特征

5.2.3　深部开采顶板断裂特征分析

深井超长工作面往往推进速度快，对覆岩扰动大，矿压显现强烈，以寺家庄矿 15106 工作面为例，该工作面埋深 500～600m，开采 15 号煤层，煤层厚度 3.6～6.4m，平均厚度 5.0m，硬度系数 f=1～2。该工作面属高瓦斯、小煤柱孤岛、大采高超长工作面，工作面斜长 286.2m，走向长 1810.6m，工作面两侧均为 7.0m 宽小煤柱，矿压显现强烈。15106 工作面采高 5.0m，采用 ZY12000/30/68D 型液压支架，中心距 1.75m，最大支撑高度 6.8m，工作阻力 12000kN。工作面回采期间的绝对瓦斯涌出量为 189m³/min，其中邻近层瓦斯涌出量为 144m³/min，工作面共有 5 条巷道，分别为进风巷、工作面底板岩石预抽巷、高抽巷、工作面低位抽放巷、回风巷。

该工作面为超长孤岛自动化大采高工作面，工作面斜长 286m，工作面倾斜方向 166 台支架压力分布如图 5.35 所示，工作面矿压显现特征呈现典型的"双峰"分布。工作面存在的两个峰值压力区域，其核心区域分别位于工作面中上部 40～100 号与工作面下部 100～140 号支架区域内，且工作面上部区域周期来压强度与影响范围明显高于下部区域，其表现为矿压显现强烈，顶板较破碎。

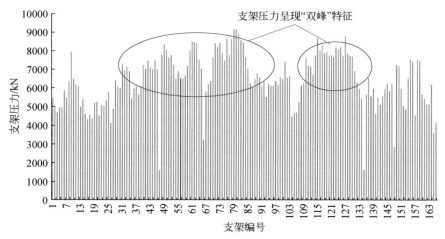

图 5.35　工作面倾斜方向支架压力分布图

工作面无论从支架压力还是煤壁片帮漏顶均在工作面中部两个区域比较密集，如图 5.36a 所示。初步分析是由于超长工作面条件下，工作面中部老顶并非一次性折断，而是在工作面倾向方向分区域折断，并呈铰接状态，工作面瓦斯不均衡涌出呈现周期性状态，如图 5.36b 所示，每次瓦斯超限持续 2～3 天时间，分析认为是工作面老顶垮落，覆岩或邻近层瓦斯大规模涌出所致。

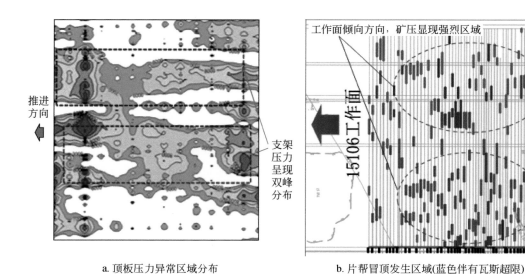

a. 顶板压力异常区域分布　　　　　　b. 片帮冒顶发生区域(蓝色伴有瓦斯超限)

图 5.36　工作面推进过程中顶板状况分布特征

结合远场结构失稳与近场顶板垮落的动力学机理，可得出工作面矿压显现与采空区来压的时序、机制和联动效应。图 5.37 为寺家庄 15106 智能化工作面顶板来压模式识别示意图，从该图可以清晰看出，在 135m 推采长度范围内，工作面经历了 4 次大范围的周期来压。第一次和第二次周期来压除了伴有大范围的支架安全阀开启、煤壁片帮漏顶外，还出现了弥漫性的瓦斯超限，这是老顶关键层垮落，邻近层瓦斯涌出所致。寺家庄矿工作面瓦斯来源 80% 为邻近层瓦斯，瓦斯超限和顶板垮落联动性也充分说明了寺家庄矿治理瓦斯超限的根源在于预测并控制顶板的大面积垮落。

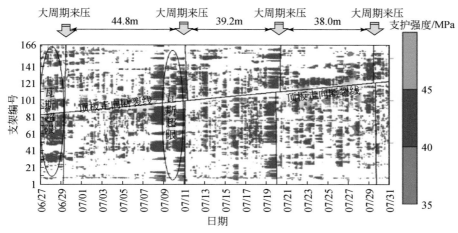

图 5.37　工作面推进过程中顶板来压强度模式识别示意图

15106 孤岛超长工作面来压呈现工作面整体性大周期来压与区域性小周期来压并存特点，从来压强度与范围角度来看，大周期来压明显区别于小周期来压。大周期来压步距平均约为 40m，工作面约每隔 10d 产生一次大周期来压，持续时间 3~4d，持续长度范围约为 12m。大周期来压时往往矿压显现强烈，安全阀大量开启，支架工作阻力普遍超过 10000kN。大周期来压之间可能间隔矿压显现不太强烈的小周期来压，步距在 10m 左右。初步分析认为，大周期来压是超长工作面覆岩中上位坚硬厚岩层大范围（基本上是工作面全长区域）周期性破断造成，小周期来压是工作面上覆下位基本顶较大范围（工作面中部区域或者工作面全长区域）周期性破断造成。通过模式识别，可以准确对工作面大的周期来压进行判识并做到早期预警，在即将来压时降低开采强度，加强通风，避免瓦斯大规模弥漫性超限。

寺家庄矿为高瓦斯矿井，为了确保安全生产，矿井对瓦斯监测及预警设置了警戒值。4~8 月上隅角瓦斯浓度监测曲线如图 5.38 所示。15106 工作面 2018 年 4 月 5 日开始回采，15106 工作面上隅角瓦斯 2018 年 4 月、5 月、6 月、7 月、8 月超出矿井规定界值时间（T_c）分别为 0.835h、5.565h、31.105h、13.104h、2.806h，6 月瓦斯最严重，7 月其次。上隅角瓦斯浓度濒临超限（0.7%~0.8%）时间分别为 105.191h、73.111h、31.472h、14.829h。经分析认为，工作面在初采后，于 6 月累计推进接近 300m，该尺寸和工作面倾向长度相当，也就是工作面达到了第一次"见方"时，其覆岩垮落范围同时达到最高值，邻近层瓦斯和卸压带瓦斯持续性涌出，造成瓦斯阶段性超限。

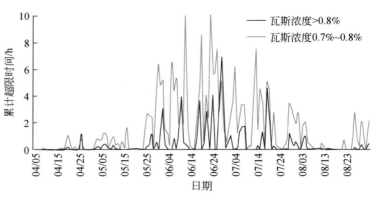

图 5.38　15106 工作面上隅角瓦斯浓度变化特征

　　15106 工作面瓦斯超限与周期来压之间关系紧密，基本上每次大周期来压时均伴随有瓦斯超限，且周期来压持续时间与瓦斯超限时间呈现一致性增减关系，如图 5.39 所示。瓦斯超限起于工作面周期来压开始时，其超限严重程度与工作面矿压显现程度呈现一致性关系。当工作面来压结束时，工作面瓦斯超限基本上结束。

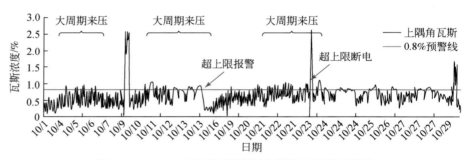

图 5.39　15106 工作面瓦斯超限与周期来压关系分析

　　基于寺家庄矿 15106 大采高超长孤岛工作面开采实践，从煤壁片帮、顶板垮落、瓦斯不均衡涌出等角度对超长工作面异常矿压显现与瓦斯涌出关系进行了分析。认为深井超长孤岛工作面矿压显现呈现典型的"双峰"分布，工作面中部老顶并非一次性折断，而是在倾向方向分区域折断，并呈铰接状态；工作面来压呈现整体性大周期来压与区域性小周期来压并存特点，从来压强度与范围看，大周期来压是上覆上位坚硬厚岩层大范围失稳所致，小周期来压是工作面上覆下位基本顶周期性破断造成；工作面推进过程中瓦斯不均衡涌出也呈现周期性状态，每次大周期来压时均伴随有瓦斯超限，且周期来压持续时间与瓦斯超限时间呈现一致性增减关系。

5.2.4　采场围岩失稳控制主要指标

　　由于煤层赋存条件的复杂性，工作面顶板灾害发生的深层机理难以全面掌握，预警指标则更加难以确定，有多少种致灾因素就有多少种预警指标。单纯通过分析致灾因素进而确定预警指标来控制顶板灾害，困难重重。

液压支架是大采高综采的核心设备，受高强度快速推进影响，支架外载处在一个动态变化过程中，对于应用较多的两柱式综采液压支架，如果平衡千斤顶的作用未能有效发挥，会影响支架的支撑效率，即出现"高射炮"或"低头"等极端受力环境下位态特征，如图 5.40 所示。

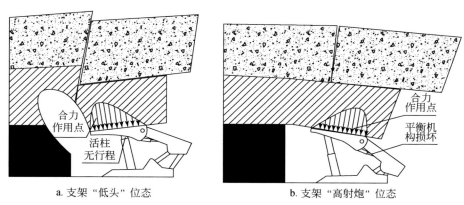

a. 支架"低头"位态　　　　　　　　　　b. 支架"高射炮"位态

图 5.40　大采高综采支架极端受力环境位态特征

当煤壁出现片帮漏顶导致端面距过大，或工作面上方存在煤柱等集中载荷作用，使得外载合力作用点位于立柱前方，超出平衡千斤顶活塞腔调节能力，会出现立柱安全阀持续开启，出现立柱没有行程等切顶压架事故，如图 5.40a 所示。若顶板为坚硬顶板或淋水使得顶板出现早期离层，循环推进过程中，顶板的逐步下沉使得支架顶梁尾端先接顶。平衡千斤顶受拉而使环形腔受压。在平衡千斤顶环形腔不起作用或能力不够的情况下，顶板的循环下沉将造成顶梁的持续抬头，形成"高射炮"状态，引起支护质量的恶化。

高强度采场支架外载处于剧烈的动态变化过程中，国内普通矿压监测仅可满足支架压力监测的日常需要，实现顶板灾害的智能化、实时监控与预警非常紧迫。支架外载虽处在一个动态变化的过程中，其灾变前的荷载特征和支撑效率可通过支架位态的变化过程反演出来。

如图 5.41 可知，支架的承载能力很大程度上取决于顶板合力作用点的位置及大小。两柱掩护式综采液压支架的平衡机构是以支架底座做固定杆，前连杆、后连杆和掩护梁三个活动杆所组成的四连杆机构。对支架四连杆机构进行运动形式分析，建立坐标系，如图 5.42 所示，l_1、φ_1 分别为后连杆的长度和倾角，l_3、φ_3 分别为前连杆的长度和倾角，l_2、φ_2 分别为掩护梁的长度和倾角，四连杆机构封闭矢量方程的复数形式如下：

$$l_1 e^{i\varphi_1} + l_2 e^{i\varphi_2} = l_3 e^{i\varphi_3} + l_4 \tag{5.31}$$

应用欧拉公式将式（5.31）的实部和虚部分离，得

$$\begin{cases} l_1\cos\varphi_1 + l_2\cos\varphi_2 = l_4 + l_3\cos\varphi_3 \\ l_1\sin\varphi_1 + l_2\sin\varphi_2 = l_3\sin\varphi_3 \end{cases} \tag{5.32}$$

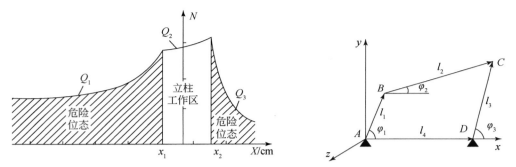

图 5.41　支架承载能力与合理作用点分布位置　　图 5.42　基于支架四连杆结构的活柱长度计算模型

设掩护梁和顶梁铰接点坐标为 $P(x_p, y_p)$，则 P 点的矢径为

$$P = l_1 e^{i\varphi_1} + (l_2 + l_5) e^{i\varphi_2} \tag{5.33}$$

若掩护梁和顶梁倾角已知，结合支架结构参数，以 A 点为坐标原点，可分别获得立柱与顶梁和底座的铰接点相对位置坐标 $H(x_H, y_H)$ 与 $G(x_G, y_G)$，即

$$H(x_H, y_H): \begin{cases} x_H = l_4 + l_7 \\ y_H = y_A \end{cases} \quad G(x_G, y_G): \begin{cases} x_G = x_P + l_6 \cos\theta_1 \\ y_G = y_P + l_6 \sin\theta_1 \end{cases} \tag{5.34}$$

式中，l_5 为支架掩护梁上分别与前四连杆和顶梁两个铰接点之间距离；l_6 为支架顶梁上分别与活柱和掩护梁两个铰接点之间距离；l_7 为支架底座上分别与活柱和前四连杆之间距离，则活柱 G_H 的长度为

$$|G_H| = \sqrt{(x_G - x_H)^2 + (y_G - y_H)^2} \tag{5.35}$$

通过顶梁和掩护梁倾角两个位态指标结合支架四连杆参数，即可获得任何条件下支架的活柱长度值。

工作面顶板灾害的预警指标类型主要有三种，顶梁掩护梁夹角可以反映支架位态尺度，活柱伸缩量指标可以反映支架位移尺度，支架的载荷状况一定程度上可以反映合力作用点位置及大小。

1）位态指标

由于支架四连杆结构运动的唯一性，最能反映支架位态的参量为掩护梁和顶梁倾角及其之间的夹角，针对不同型号支架，可对掩护梁和顶梁设置相应的位态变化区间，如图 5.43a 所示。

2）位移指标

反映顶板下沉速度及位移量的关键指标即为活柱伸缩量，根据采高变化范围可设置相应的预警阈值，如图 5.43b 所示，若已知支架的结构参数，通过监测支架的位态指标便可获得活柱伸缩量值。

3）载荷指标

顶板载荷大小和合力作用点位置不易获得，但通过监测支架立柱和平衡千斤顶的压力并结合支架的位态参数可以反算出支架合力作用点及大小以及平衡千斤顶所处的受拉或受压工作区间。

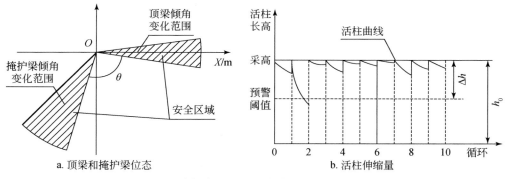

图 5.43　支架位态和活柱伸缩量预警方法示意图

支架作为承受采场上覆岩层载荷的主要载体，单靠一个或一类指标往往难以评价顶板灾害的风险，因此需要建立评价指标体系。支架状态是采场围岩运动的综合反映，将支架状态参量分为压力、位移和位态三类指标；从现场实测角度进一步细化为立柱和平衡千斤顶压力监测、顶梁和掩护梁倾角监测等指标；在上述细化的基础上，能够反映支架状态的三个关键预警指标便显现出来，即外载合力大小及作用点、活柱伸缩量、掩护梁和顶梁倾角等，如图 5.44 所示。

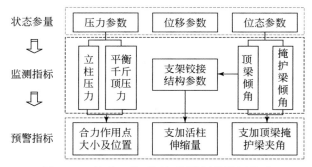

图 5.44　综采工作面压架预警评价指标体系

根据前述压架机理分析，支架压力和位态是采场围岩活动的综合反映，支架工作状态主要取决于活柱下缩量、位态、合力作用点及大小三类指标。通过监测支架位态参数不仅能获得位态指标，根据前述支架四连杆位态模型引入时间变量 t，即可得到任意时间段内支架活柱伸缩量和平衡千斤顶悬伸长度以及单位时间内顶板下沉速度 v。若再通过时间变量和相应的立柱与平衡千斤顶压力监测对应起来，则能够实现对支架压力、位移与位态的"三位一体"监测，上述指标既有内在联系又相互独立，完全能够通过支架工况来反演顶板危险状况并实现早期预警。

5.3　深部采场围岩控制技术

基于对深部采场顶板灾害事故特征和机理分析，研究了顶板合力作用点位置及大小与支架支撑能力的关系，提出了基于支架位态识别的预警指标体系与方法；针对深井开采"三高一扰动"条件下围岩控制难题，提出了针对近场的定向水压致裂控顶和远场的深孔爆破大范围卸压等应力环境优化技术。

5.3.1　围岩稳定性监测预警技术

开发了一套用于综采支架活柱伸缩量和多位态监测的顶板灾害预警系统，该系统包括支架顶梁、掩护梁和底座倾角传感器及数据连接线、系统主机等（图 5.45）；通过存储器接收支架顶梁和掩护梁及底座倾角传感器实时倾角数据；将上述倾角数据与支架具体结构参数作为初始信息，通过单片机进行运算，除获得四连杆位态信息外，还得到掩护梁、顶梁、立柱及底座各铰接点位置坐标，同时也可得到准确的立柱长度值，将该值和正常工况支架立柱长度进行比较，即可得到活柱下缩量值。

现场试验在阳煤集团新元矿 9103 大采高工作面进行，显示分站每两秒采集一次各传感器数据，然后计算出当前的压力值和倾角。软件将新采集的物理量与之前的测量值进行比较，若大于某一阈值，就把当前的物理量进行存储。上位机收到多个不同位置角度物理量后通过计算得出支架当前的活柱长度，然后通过比较得出上一个时间段的活柱伸缩量。系统将测量的多个物理量同一帧数据上传，实现了压力、角度变化的绝对同步测量，不但能进行工作面与支架的矿压分析，还可综合得出支架的压力、多位态等工况指标，实现顶板灾害的准确、及时预警。

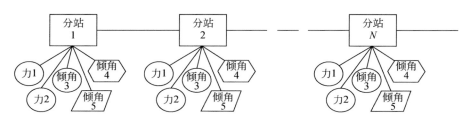

图 5.45　顶板灾害监测系统结构

1. 液压支架左柱压力；2. 液压支架右柱压力；3. 液压支架底座角度；
4. 液压支架掩护梁角度；5. 液压支架四连杆角度

倾角传感器有数据变化（0.2°）就立即上传数据到 SD 卡采集器，SD 卡采集器接收到倾角传感器就立即结合支架铰接点坐标换算活柱伸缩量。若长时间无数据变化，倾角传感器就 5min 上传一次数据。

图 5.46 为 12 月 15～22 日系统连续记录的部分监测数据。从图中可以看出，支架底座和顶梁倾角接近 0°，与近水平煤层赋存状况相吻合；部分区域支架有低头和抬头现象，当支架出现降架动作时，四连杆和掩护梁角度均出现了相应幅度的变化，系统整体灵敏度较高，和现场开采状况相吻合。

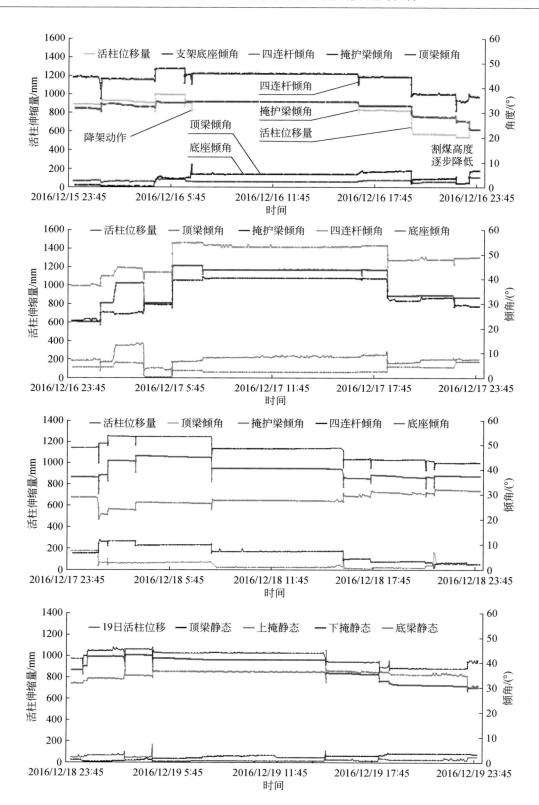

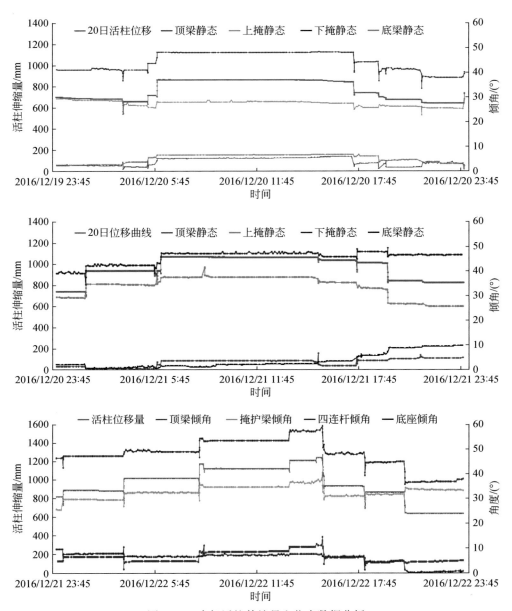

图 5.46　支架活柱伸缩量和位态数据分析

5.3.2　近场覆岩定向水压致裂控顶技术

水压致裂技术 1947 年在美国堪萨斯州试验成功，起初主要作为油、气井增产增注的主要措施，现已广泛用于低渗透油气田工程，水利水电工程、地热资源开采、核废料储存、地应力测量等领域，以及用于解释和研究地下注浆工程、火成岩的侵入过程。水力压裂技术能够有效控制坚硬难垮顶板，技术性能稳定、可靠、精度高的设备与仪器是控顶能否成功的关键。

以元宝湾煤矿 6105 工作面为现场，该工作面推进长度 835m，宽度 240m，煤层倾角 4°，煤层厚度 2.7~5.2m，平均 3.5m，顶板属坚硬难垮顶板。水压致裂采用的设备与仪器主要包括 KZ54 型预制横向切槽钻头、跨式膨胀型目的段封隔器、高压注水压裂设备；配套仪器主要包括用于观察切槽效果的矿用电子钻孔窥视仪，使跨式膨胀型封隔器膨胀封孔的手动泵及储能器，用于监测及评价注水压裂过程的水压采集仪及数据处理软件。压裂使用 3BZ7.1/66 型高压注水泵，如图 5.47 所示。

图 5.47　3BZ7.1/66 型高压水泵

根据水压致裂孔设计，并考虑到工作面实际情况，在回风顺槽内布置了 22 组钻孔；在运输顺槽内布置了 6 组钻孔，具体水压致裂孔布置图如图 5.48 所示，具体每个孔的致裂情况见表 5.4 所示。

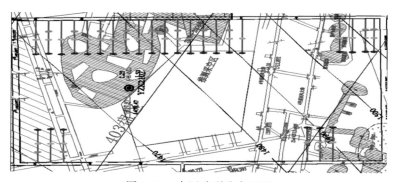

图 5.48　水压致裂孔布置图

表 5.4　钻孔水压致裂情况分析

组别	孔号	倾角/(°)	孔深/m	封孔长度/m	最大泵压/MPa	终止泵压/MPa	水量/m³	时间/min
第四组	1	40	42	15	36	23	1.53	15
				33	55	25	1.82	15
第五组	1	40	42	10	60	20	1.89	15
				34	36	19	1.54	15
	2	25	63	15	35	19	1.49	15
				43	30	20	1.40	15
	3	15	58	23	50	25	1.72	15
第六组	1	40	42	10	45	18	1.60	15
				37	50	21	1.70	15
	2	25	63	15	35	19	1.59	16
				43	50	18	1.69	14
第七组	1	40	42	10	27	15	0.87	11
				37	50	21	2.2	20
	2	25	63	15	29	16	0.93	12
				51	32	18	1.23	13
	3	15	58	23	25	20	0.82	10
第八组	1	40	42	10	35	19	1.57	15
				37	40	22	1.61	15
	2	25	63	15	34	19	1.57	16
				51	40	20	1.59	15
第九组	2	25	63	15	45	20	1.60	15
				54	55	20	1.71	16
	3	15	58	23	45	22	1.62	15
第十组	1	40	42	10	47	21	1.68	15
				30	60	25	1.80	17
	2	25	63	15	45	19	1.59	14
				51	57	23	1.78	16
第十一组	1	40	42	10	40	20	1.7	15
				29	56	23	1.78	15
	2	25	63	15	45	20	1.62	15
				51	60	21	1.78	16
	3	15	58	23	45	19	1.59	14

续表

组别	孔号	倾角/(°)	孔深/m	封孔长度/m	最大泵压/MPa	终止泵压/MPa	水量/m³	时间/min
第十二组	1	40	42	10	50	21	1.69	15
				30	55	21	1.71	15
	2	25	63	15	45	20	1.60	15
				51	58	21	1.77	15
第十三组	1	40	42	10	45	20	1.60	15
				39	55	21	1.70	16
	2	25	63	15	45	20	1.59	15
				46	55	21	1.72	15
第十五组	1	40	42	16	40	19	1.60	15
				35	55	21	1.76	16
	2	25	63	15	45	20	1.62	15
				54	50	21	1.76	16
第十七组	2	25	63	15	45	20	1.59	15
				49	50	20	1.70	15
	3	15	58	23	40	19	1.62	15
第十八组	1	40	42	10	37	21	1.66	15
				39	50	25	1.77	16
	2	25	63	15	40	19	1.59	15
				50	55	21	1.78	15
第十九组	1	40	42	10	40	20	1.60	15
				35	50	21	1.77	16
	2	25	63	15	45	20	1.61	14
				49	55	21	1.78	15
	3	15	58	23	45	19	1.59	15

利用水力压裂数据采集仪实时监测泵压随时间的变化过程，可对压裂过程进行诊断和分析，从而分析坚硬难垮顶板水力压裂特点。从图 5.49 可以看出，有些压裂在裂缝起裂后，裂缝能够在相对恒定压力的作用下不断扩展，曲线呈现极其紧密的锯齿状，表明裂缝每次都以近乎相同并且相对较小的尺寸不断扩展；有些压裂过程，曲线呈现波浪形，在压裂过程中压力有升有降，可能是岩层的不均匀性或者是岩层的渗透率不同导致的，也可能是裂缝扩展过程中遇到了原生裂隙或结构面所致，或是局部应力场发生变化引起的；还有一些压裂过程刚开始以比较大的相对恒定的压力扩展，后来在较低的压力值保持恒定，这是因为本致裂孔和邻近水压致裂孔之间裂隙贯通，导致水压致裂达到一个稳定的状态。

水压致裂过程中能观测到隔壁孔、煤帮、巷道顶板的渗水情况，这说明水压致裂在顶板内产生了新的裂隙并将裂隙进行了导通，并且与水压致裂范围相符合。

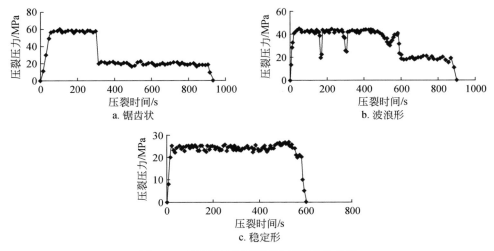

图 5.49　致裂过程中泵压随时间变化曲线

5.3.3　远场深孔爆破大范围卸压技术

深孔卸压爆破作用只发生在介质内部，没有爆破自由面，主要利用炸药爆破的内部作用，炸药埋设需要保证一定的安全深度，深孔卸压爆破一般采用柱状延长药包。炸药爆炸发生内部作用时，除形成爆炸空腔外，将自爆源中心向外依次形成压缩粉碎区、破裂区和震动区。元宝湾矿 6105 工作面顶板处理高度的确定按如下计算：6 号煤按平均厚度 3.5m 计算，$H_c = 3.5$m（割煤高），设顶板崩落厚度为 H_x，岩石碎胀系数为 $\xi = 1.27$，为保证冒落顶板能完全充填采空区，有如下公式成立：

$$H_x \cdot \xi = H_c + H_x \tag{5.36}$$

计算得 $H_x = 12.9$m。

因此，顶板弱化处理后，垮落高度达到 12.9m 以上时，即可以对采空区产生较好的充填效果，6 号煤与 4 号煤层间距平均为 16m，为避免局部区域炮孔底部与 4 煤老空区贯通在爆破时发生安全事故，经分析确定炮孔深度为 13m，倾角 60°，根据深孔爆破封孔长度不得低于 1/3 孔深的规定，设计封孔深度为 5m。

装药不耦合系数是指当炮孔直径大于药卷直径时炮孔直径与药卷直径的比值，其对爆破后炮孔周围的破坏范围有一定的影响。根据现有炸药的情况，确定元宝湾煤矿 6105 工作面切眼内深孔爆破所用炸药为煤矿三级许用粉状乳化炸药，药卷直径为 50mm。

随着装药不耦合系数的增大，炮孔孔壁所受压力减小，但孔壁受压时间增加。已有研究表明当压力过大时，炮孔周围的压碎区范围扩大且裂纹容易分岔，将消耗大量的能量，不利于增加径向主裂纹长度。因此，应适当加大装药不耦合系数，减小孔壁压力，增加受压时间，以便减少压碎区和裂纹分岔对能量的消耗，最终达到增大裂隙圈范围的目的。如

表 5.5 所示，为了确定合理的炮孔直径，通过模拟不同装药不耦合系数条件下炮孔周围裂隙区范围的大小来研究装药不耦合系数对爆破后破坏范围的影响。

表 5.5　深孔爆破大范围卸压技术模拟方案

方案	方案一	方案二	方案三	方案四
药卷直径/mm	50	50	50	50
炮孔直径/mm	60	65	75	85
装药不耦合系数	1.2	1.3	1.5	1.7

当药卷直径为 50mm，炮孔直径为 60mm，装药不耦合系数为 1.2 时，炸药起爆后炮孔周围的破坏情况如图 5.50 所示。

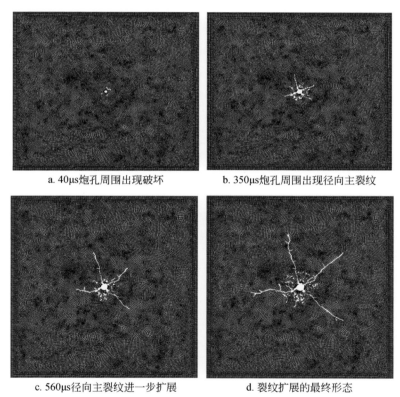

a. 40μs炮孔周围出现破坏　　　　　b. 350μs炮孔周围出现径向主裂纹

c. 560μs径向主裂纹进一步扩展　　　　　d. 裂纹扩展的最终形态

图 5.50　不耦合系数为 1.2 时炮孔周围破坏情况

通过以上分析可知，当装药不耦合系数较小时爆破后炮孔周围的次生裂纹较多，主裂纹的分岔较多。随着装药不耦合系数的增加，炮孔周围的次生裂纹减少，主裂纹的分岔减少，但主裂纹的扩展长度增加，炮孔裂隙区半径随装药不耦合系数的变化情况如表 5.6 所示。

表 5.6　裂隙区半径与装药不耦合系数的关系

装药不耦合系数	1.2	1.3	1.5	1.7
裂隙区半径/m	2.4	2.64	3.02	3.18

综上所述，当装药不耦合系数较小（在 1.7 以下）时，随着装药不耦合系数的增加，炮孔周围裂隙区半径增加。可见，在药卷直径一定时适当增大炮孔直径有利于充分利用炸药能量，扩大炮孔周围的破坏范围，结合元宝湾煤矿现有钻孔机具的实际条件，选用直径为 65mm 的钻头，装药不耦合系数为 1.3，而此时裂隙区半径为 2.64m，因此确定现场炮孔间距为 5m。

在 4 号煤层三条老巷布置了三个钻场，其中第一个钻场实施 10 组钻孔，第二、三个钻场各实施 17 组钻孔，共 44 组，钻孔布置图如图 5.51 所示；每组三个钻孔，编号为 1 号、2 号、3 号，钻孔孔径为 65mm，钻孔布置剖面图如图 5.52 所示，布置参数如表 5.7 所示。

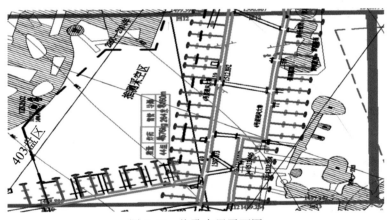

图 5.51　炮孔布置平面图

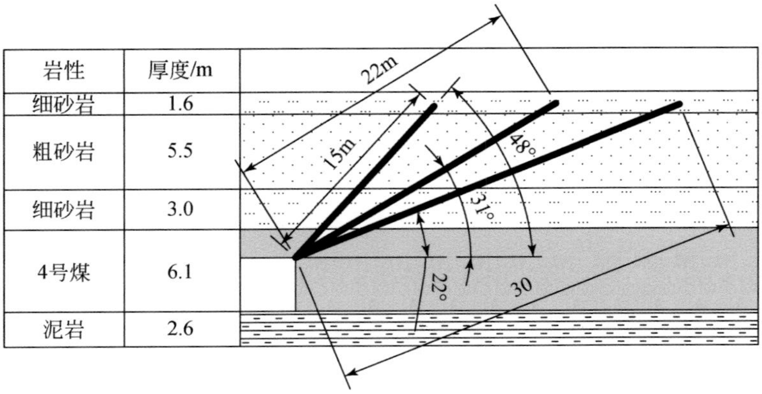

图 5.52　炮孔布置剖面图

切眼内炮眼为单排眼、"一"字形倾向布置，眼距为 5m，共 49 个孔，炮眼距采空区侧煤帮 2.5m，炮眼深度为 13m，封孔 5m，孔径 65mm，仰角 60°，与切眼方向平行；另在工作面上下隅角各布置 2 个钻孔。炸药采用煤矿许用炸药（3 号粉状乳化炸药），规格为 $\Phi50mm\times500mm$，质量 1kg/卷，每孔装药量 10 卷计 10kg。

爆破实施完毕后，通过现场观测发现，切眼内爆破孔之间的拉裂线明显，炮孔与炮孔之间被爆破产生的裂隙贯通，如图 5.53 所示，深孔弱化破坏了 6105 工作面顶板的结构，卸压效果明显。

表 5.7　爆破炮孔参数表

编号	斜长/m	垂高/m	水平投影长度/m	仰角/(°)	装药长度/m	装药量/kg	封孔长度/m	导爆索长度/m	雷管数量
1 号	15	11.2	10.0	48	10.0	20	5.0	32	2 发
2 号	22	11.2	18.8	31	14.5	29	7.5	47	2 发
3 号	30	11.2	27.8	22	20.0	40	10.0	65	2 发
合计	67	—	—	—	44.5	89	22.5	144	6 发

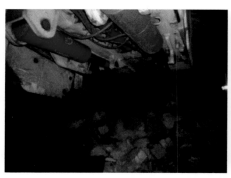 

图 5.53　6105 工作面采空区内顶板垮落情况

第6章 深部含瓦斯煤力学–渗流响应与增渗关键技术

随着我国煤矿开采逐渐向深部延伸,深部矿井存在的煤层瓦斯含量高、地应力高、煤层透气性差等特点开始显现,严重威胁着深部煤层的安全开采（袁亮等,2015）。因此,摸清深部采动含瓦斯煤体力学–渗流特性并提出增渗技术原理和方法,对于高效抽采深部煤体瓦斯、保证深部煤层安全开采具有重要意义。本章综合采用理论分析、实验室实验和工程应用相结合的方法,从微观与宏观两个尺度,研究了深部煤体孔隙结构特征,获得了深部煤体结构的瓦斯响应规律与煤体弱化机制,揭示了深部采动含瓦斯煤体力学–渗流响应规律,提出了深部低透气性煤层增渗技术原理和方法,并在现场进行了工程应用,取得了较好的效果。

6.1 煤体孔隙结构特征

煤是一种极其复杂的多尺度孔隙结构介质,发育的多尺度孔隙–裂隙系统是其重要的结构特征。煤体内复杂的孔隙结构是瓦斯赋存的场所和运移的通道,煤的孔隙结构特征影响着煤储层瓦斯的吸附、解吸能力和扩散、渗流特性。因此,研究煤的多尺度孔隙结构特征与煤层瓦斯运移规律对瓦斯的治理与抽采具有重要意义。本节首先通过扫描电镜获得了煤的孔隙率等孔隙结构特征,接着利用自行研制的煤体应力加载系统结合工业 CT 设备,对煤吸附甲烷的过程进行重构,获得了煤吸附甲烷应力分布三维数据。

针对实验煤样的表面特征,采用日立 S-4800 型扫描电子显微镜对煤样表面进行抓捕扫描,得到了细观微米尺度煤内部孔隙结构特征参数,并采用瓦斯吸附过程 CT 实验系统对煤样吸附甲烷过程进行动态扫描。针对该实验,研制了煤体应力加载系统。应力加载系统主要包括应变传输线路、轴向应力承载罐体、轴向加载活塞、上下加压头以及液压泵。

分别对不同放大倍数的煤样电镜扫描图片进行处理,孔隙率及分形维数如表 6.1 所示。放大倍数为 5000 的测试结果如图 6.1 所示,计算得到孔隙率为 20.0591%,分形维数为 1.749。对不同煤样,不同埋深进行测试可以看出寺河、余吾煤样表面结构平整,孔隙清晰可见,埋深超过 450m 以后,其孔隙发育越复杂,表面越粗糙。不同参数倍数的分形维数计算结果分别为 1.749、1.728、1.591、1.614,平均值为 1.671;孔隙率的计算结果分别为 20.0591%、20.9279%、18.7478%、14.7975%,平均值为 18.6331%。

表 6.1 分形维数与孔隙率计算结果

参数倍数	5000	10000	20000	30000	平均
分形维数	1.749	1.728	1.591	1.614	1.671
孔隙率/%	20.0591	20.9279	18.7478	14.7975	18.6331

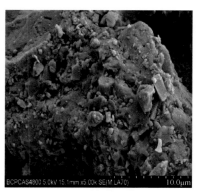

图 6.1　扫描电镜测试结果图

由扫描图像应变分布及每个 CT 扫描时间段内各点应变值可以发现：煤在实际吸附过程中每点在每个时间段的应变并不一定是正值，而是各种情况均会出现（如正、负、零），只是所有煤粒总的应变值为正，总体上呈膨胀变形。

煤样中煤粒的变形有的是正的、有的是负的，说明煤粒的应变在平面上产生了拉伸。瓦斯气体在煤体中吸附后，能够较大程度地改变煤的力学性质，而且煤粒的变形在煤体中是非均质的。这种非均质与煤体中的骨架和孔隙、裂隙分布有关；从更细观的角度看与煤的镜质组、惰质组等成分对瓦斯的吸附能力有关（魏建平等，2014b）；从更微观的角度看与煤样中的分子及其表面官能团和瓦斯相互作用能不同有关。根据计算得到的应变值矩阵可得到煤样对于吸附 CH_4 的应变值矢量和与压力值的关系，在时间上，煤在吸附 CH_4 的过程中应变的增加速度大体上随着气体压力的降低而逐渐减小，最后趋于平衡（图 6.2），即应变的变化速度也是非均匀的，而且总体上是膨胀的，这与实测的应变以及前人的研究结果一致。

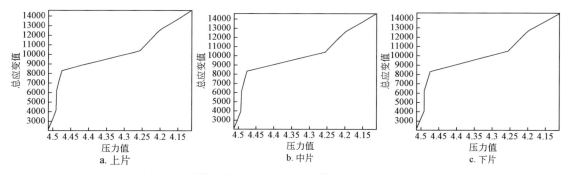

图 6.2　煤样吸附过程中对应压力值的总应变值分布图

6.2　深部煤体结构的瓦斯响应规律与煤体弱化机制

煤体内部存在着大量的孔裂隙结构，孔裂隙表面对孔隙气体产生吸附作用（魏建平等，2014b)。煤体在吸附解吸气体时会产生膨胀收缩变形，孔隙气体压力越大，煤体的变形量越大。同时，游离气体会对煤体孔裂隙壁产生拉应力，如果气体所产生的拉伸载荷大于孔裂隙的抗拉强度，那么孔裂隙就会不断地扩展破坏，从而影响煤体强度，致使其稳定性降低。因此，考虑深部开采条件下，不同煤体结构的瓦斯运移等相应规律与煤体弱化机制尤为重要。本书采用瓦斯压力卸放煤体变形实验系统，获得型煤和原煤的吸附–卸放变形曲线，并通过计算得到了煤体吸附变形随时间变化的关系曲线，进而理论揭示了瓦斯气体对深部煤体蚀损机理及强度弱化机制。

6.2.1　瓦斯压力卸放煤体变形实验研究

瓦斯压力卸放煤体变形实验系统由抽真空系统、注气系统、数据采集系统、瓦斯压力快速卸放系统组成，如图 6.3 所示。

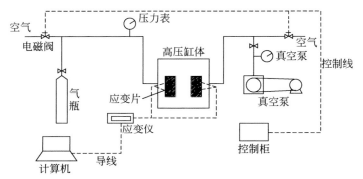

图 6.3　瓦斯压力卸放煤体变形实验系统示意图

瓦斯压力快速卸放实验系统的主体是高压缸体（图 6.4）。该高压缸体为立方体，正前方安装有可供观察用的玻璃视窗，上下两个侧面开有通孔，由此引出导线，连接内外导线，左右两个侧面开有进、出气口，本次实验设计为对称快速卸压，放气时左右两侧同时进行。

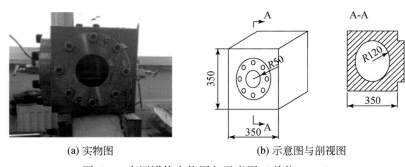

(a) 实物图　　　　　　　　(b) 示意图与剖视图

图 6.4　高压罐体实物图与示意图（单位：mm）

　　实验样品分别取自大淑村、马兰、寺河、余吾煤矿，为不同埋深同种变质程度（均为烟煤）的煤样，大淑村、余吾、马兰、寺河煤样的埋深分别为 730m、517m、435m、420m。其中，大淑村矿和余吾矿为突出矿井，马兰矿和余吾矿为高瓦斯矿井。依据国家标准《煤的工业分析方法》（GB/T 212—2008）对其所含成分进行了工业分析测定，测定的结果见表6.2。

表 6.2　不同烟煤煤样工业分析参数表

煤样	煤质	水分/%	灰分/%	挥发分/%	固定碳/%
大淑村	烟煤	0.61	7.50	13.02	80.87
余吾	烟煤	0.97	15.81	10.77	72.45
马兰	烟煤	0.64	14.38	22.90	62.08
寺河	烟煤	1.30	17.68	7.39	73.63

　　分别对大淑村、寺河、马兰、余吾矿的煤样进行以 0.5MPa 为压力梯度，循环充气吸附然后突然对称快速卸压放气的变形实验研究。从图 6.5 可以看出，在整个充气吸附与突然对称快速卸压放气的过程中，各煤样的纵向、横向应变趋势大体一致，且在整个过程中纵向应变总体上大于横向应变。在不同压力下，对煤样进行突然对称快速卸压时，表现为快速上升阶段和平缓上升至稳定阶段。在卸压过程初期，煤体外气体压力迅速降低，造成煤体内外高压力梯度，致使煤体内吸附的瓦斯气体迅速解吸，引起煤体收缩变形，应变曲线快速上升。随着解吸的进行，煤体内外压力梯度减小，煤体收缩变形速率降低，最后趋于一个稳定的状态。

　　原煤在突然对称瞬时卸压过程中，与型煤相比出现下降、快速上升、平稳上升至稳定三个阶段。当罐体内高压气体快速排出时，原煤出现膨胀变形，应变曲线下降（蔡美峰等，2002）。这是因为当高压气体快速排出时，煤体所受围压迅速减小，致使煤体应力状态发生改变，弹性变形迅速恢复，且孔隙内的高压气体无法快速释放，造成煤体有效应力迅速减小，所以煤体出现膨胀变形，应变曲线下降。经过对原煤与型煤全过程应变特性的分析，可以得到如图 6.6 所示的原煤与型煤全过程应变曲线示意图。

　　若将煤体吸附气体时发生的纵向变形（垂直层理方向的应变）用 ε_1 表示，横向应变（平行层理方向的应变）用 ε_2 表示，煤体的体积应变 ε_V 由以下推导而来。

　　设煤样初始直径为 d，高为 h，体积为 V，单位均为 mm，则变形之后的直径变化量为 $d\varepsilon_1$、高变化量为 $h\varepsilon_1$、体积变化量为 $V\varepsilon_V$，则有

$$V + V\varepsilon_V = \pi(d + d\varepsilon_2)^2(h + h\varepsilon_1)/4 \tag{6.1}$$

即

$$V(1 + \varepsilon_V) = \pi d^2 h(1 + \varepsilon_2)^2(1 + \varepsilon_1)/4 \tag{6.2}$$

由于

$$V = \pi d^2 h/4 \tag{6.3}$$

将式（6.3）代入式（6.2）中，则有

$$\varepsilon_V = \varepsilon_2^2 + \varepsilon_2^2 \varepsilon_1 + 2\varepsilon_2 \varepsilon_1 + 2\varepsilon_2 + \varepsilon_1 \qquad (6.4)$$

由于ε_1、ε_2数值较小，因此式（6.4）可简化为

$$\varepsilon_V = \varepsilon_1 + 2\varepsilon_2 \qquad (6.5)$$

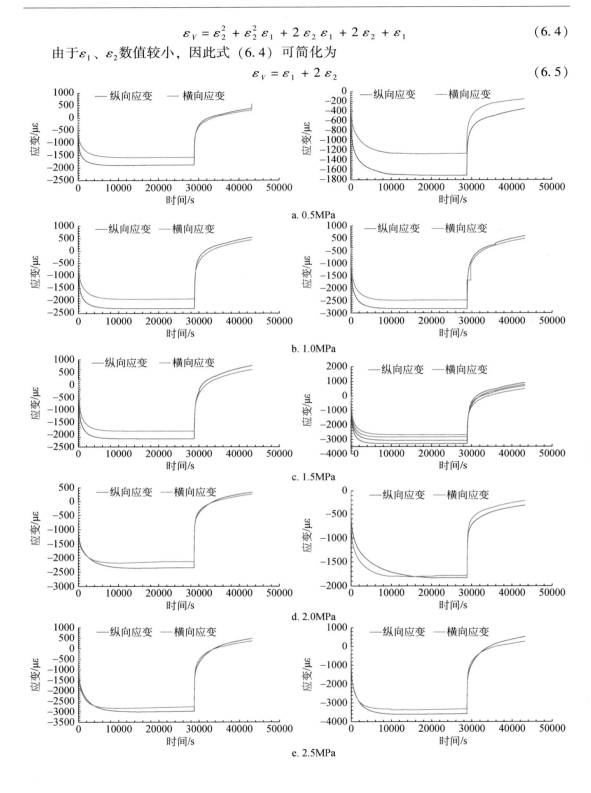

a. 0.5MPa

b. 1.0MPa

c. 1.5MPa

d. 2.0MPa

e. 2.5MPa

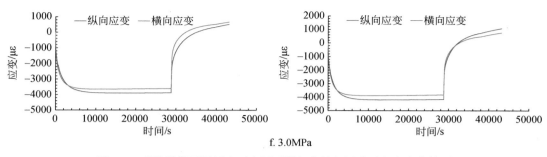

图 6.5 型煤煤样不同压力下充压吸附与突然卸压全过程应变曲线图

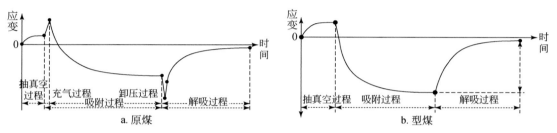

图 6.6 原煤与型煤全过程应变曲线示意图

　　将大淑村、寺河、马兰型煤煤样吸附瓦斯的动态应变曲线按照六个阶段充气时的对应应变和时间起始点记为 0 进行处理分析，则得到了各矿型煤煤样纵向应变、横向应变、体积应变与时间的曲线关系，如图 6.7 所示。观察并对比不同煤样曲线，发现煤体吸附瓦斯产生的纵向应变、横向应变以及计算得到的体积应变随时间的变化均呈现出先快速下降然后缓慢下降直至达到稳定状态的趋势。在不同的气体吸附压力条件下，纵向应变和横向应变的变化速率均随时间的增大而减小。

　　对大淑村、寺河、马兰型煤对称快速瓦斯压力卸放解吸的应变变形曲线进行处理，将各段开始卸压时的应变与时间的值记为 0。型煤煤样在瓦斯压力卸放过程中（图 6.8），其纵向、横向应变与体积应变具有相同的变化趋势。同一气体压力，煤体解吸收缩变形随时间的延长逐渐趋于稳定，收缩变形速率随时间增加而变小（康红普，1994）。

6.2.2 瓦斯气体对深部煤体的蚀损及强度弱化机制

1. 瓦斯对煤体变形机理

　　煤是具有较大比表面积的高分子聚合物。当煤体内处于真空状态时，煤体内孔隙表面暴露，内部分子受到相邻分子作用力从而处于平衡状态，而孔隙表面层分子平衡状态打破，受到垂直指向煤体内分子的引力，具有向内运动趋势，因此表面层分子与本体相分子存在势能差，即为表面自由能。在瓦斯压力作用下，瓦斯吸附降低了煤体孔隙表面的自由能，致使孔隙表面层膨胀；在较高瓦斯压力下，瓦斯能量高于分子间键能，瓦斯分子楔开并进入与其直径相当的煤物质大分子间，使煤物质大分子发生微观断裂，致使煤体膨胀变形。

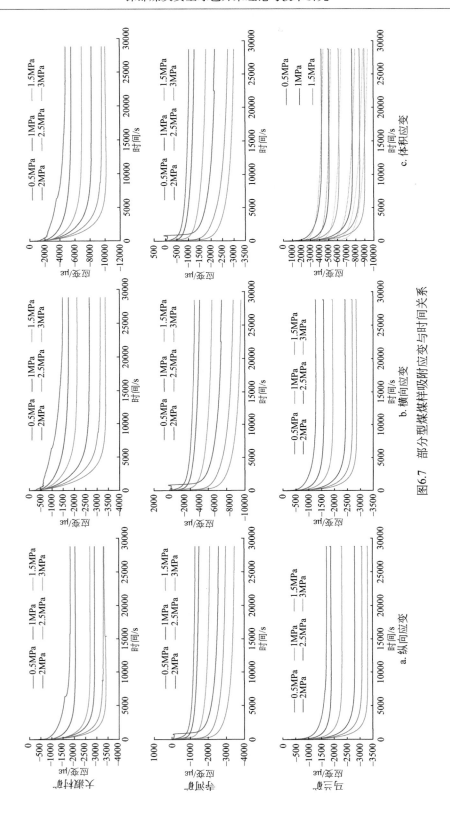

图6.7 部分型煤煤样吸附应变与时间关系

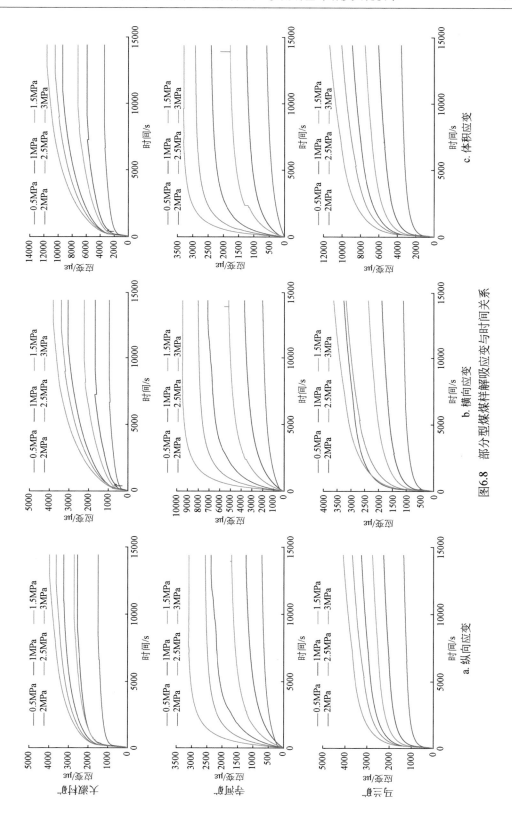

图6.8　部分型煤煤样解吸应变与时间关系

在真空状态下，煤体中分子达到平衡状态时，煤体内孔隙表面层分子距本体相分子距离 r_1 小于本体相内分子间距 r（图6.9a）。根据能量最低原理可知，能量越低越稳定，因此，煤体孔隙表面层分子需要通过吸附其他物质降低表面能，这便是煤体瓦斯吸附的动力来源。当瓦斯被煤体吸附并达到平衡之后，煤体表面自由能降低，孔隙表面层分子受到瓦斯分子引力作用，导致其距本体相分子距离由 r_1 增大为 r_2（图6.9b）。通常状况下，气体与固体分子间作用力相比固体分子间作用力较小，即 $r_2<r$。因此，煤体内孔隙吸附瓦斯后，其表面层厚度增加 r_2-r_1。此外，游离瓦斯产生的瓦斯压力 p 阻止孔隙沿其表面外法线方向变形，阻碍孔隙体积变小，促使煤体变形朝本体相内部发生，因而当煤体吸附瓦斯时，煤体将产生膨胀变形。

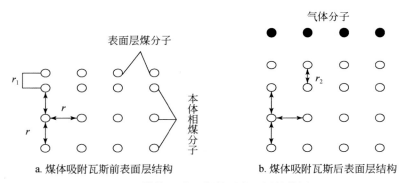

a. 煤体吸附瓦斯前表面层结构　　　　b. 煤体吸附瓦斯后表面层结构

图6.9　煤体吸附瓦斯前后表面层结构图

2. 煤体吸附变形对力学性质的影响

1）煤体有效应力

根据煤体受力状态分析，吸附膨胀变形主要由内向变形和外向变形两部分组成。外向变形是部分膨胀变形转化为膨胀应力，直接影响了煤体有效应力大小；内向变形是剩余膨胀变形方向指向裂隙，从而减小裂隙体积。外向变形和内向变形如图6.10所示。

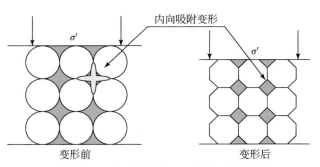

变形前　　　　　　　　变形后

图6.10　煤吸附膨胀变形模式示意图

假设煤体骨架应力关系如图6.11所示，根据应变叠加原理在 x 轴方向上可得

$$\varepsilon_x = \frac{\sigma_x}{E} - \mu\frac{\sigma_y}{E} - \mu\frac{\sigma_z}{E} = \frac{1}{E}\left[\sigma_x - \mu(\sigma_y + \sigma_z)\right] \tag{6.6}$$

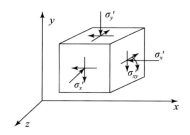

图 6.11　煤体骨架应力关系示意图

根据式（6.6）便可得到在 y 轴和 z 轴方向上的关系：

$$\varepsilon_y = \frac{\sigma_y}{E} - \mu \frac{\sigma_x}{E} - \mu \frac{\sigma_z}{E} = \frac{1}{E}[\sigma_y - \mu(\sigma_x + \sigma_z)] \tag{6.7}$$

$$\varepsilon_z = \frac{\sigma_z}{E} - \mu \frac{\sigma_x}{E} - \mu \frac{\sigma_y}{E} = \frac{1}{E}[\sigma_z - \mu(\sigma_x + \sigma_y)] \tag{6.8}$$

根据广义胡克定律（三维），可用下式描述应力与应变之间的关系：

$$\begin{cases} \varepsilon_x = \frac{1}{E}[\sigma_x - \mu(\sigma_y + \sigma_z)] \\[2mm] \varepsilon_y = \frac{1}{E}[\sigma_y - \mu(\sigma_x + \sigma_z)] \\[2mm] \varepsilon_z = \frac{1}{E}[\sigma_z - \mu(\sigma_y + \sigma_x)] \\[2mm] \gamma_{xy} = \frac{\tau_{xy}}{G} = \frac{2(1+\mu)}{E}\tau_{xy} \\[2mm] \gamma_{yz} = \frac{\tau_{yz}}{G} = \frac{2(1+\mu)}{E}\tau_{yz} \\[2mm] \gamma_{zx} = \frac{\tau_{zx}}{G} = \frac{2(1+\mu)}{E}\tau_{zx} \\[2mm] \varepsilon_v = \frac{1-2\mu}{E}(\sigma'_x + \sigma'_y + \sigma'_z) = \frac{\sigma'_m}{K} \end{cases} \tag{6.9}$$

式中，ε_x、ε_y、ε_z、γ_{xy}、γ_{yz}、γ_{zx} 为整体变形的应变分量；σ_x、σ_y、σ_z、τ_{xy}、τ_{yz}、τ_{zx} 为煤体有效应力分量，Pa；σ'_m 为煤体有效应力平均值，等于 $(\sigma'_x+\sigma'_y+\sigma'_z)$ /3，Pa；E、K 为煤体弹性模量和体积模量，$K=E/[3(1-2\mu)]$，Pa；μ 为煤体泊松比，一般取 0.2 ~ 0.3；G 为煤体剪切模量，Pa。

煤体吸附瓦斯使煤粒骨架发生膨胀变形，孔隙率、裂隙体积和渗透率减小，而煤体解吸瓦斯使煤颗粒骨架发生收缩变形，孔隙率、裂隙体积和渗透率增大。两种孔隙变化同时进行，外向变形量与内向变形量之和是裂隙体积的变化量，其影响孔隙率和渗透率。可用孔隙率和渗透率表示外向变形和内向变形，其数学表达式如下：

$$\begin{cases} \Delta V_n = -(\Delta V_v + \Delta V_p) \\ \varphi = f(\varepsilon_v, \varepsilon_p) \\ k = g(\varepsilon_v, \varepsilon_p) \end{cases} \tag{6.10}$$

式中，ΔV_{n}为裂隙体积变形前后增量；ΔV_{v}为骨架体积变化量；ΔV_{p}为内向吸附变形量；φ为孔隙率；k为渗透率；ε_{v}为内向吸附膨胀应变量；ε_{p}为外向吸附变形应变量。

当煤体吸附瓦斯时存在膨胀应力，利用饱和土的有效应力、总应力和孔隙压力计算煤体有效应力，其中孔隙压力需进行修正，得到的煤体有效应力计算公式为

$$\begin{cases} \sigma'_x = \sigma_x - \alpha p \\ \sigma'_y = \sigma_y - \alpha p \\ \sigma'_z = \sigma_z - \alpha p \end{cases} \tag{6.11}$$

式中，σ_x、σ_y、σ_z为总应力分量；α为孔隙压力修正系数；p为孔隙压力。

2）煤体吸附膨胀应力

煤体吸附系统组成包括3部分，分别是煤基质、游离态气体和吸附态气体，如图6.12所示。

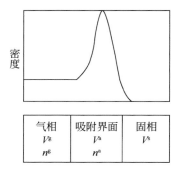

图 6.12　煤体吸附气-固界面模型

根据表面物理化学原理，煤的比表面积和分子间引力越大，其表面张力越大，吸附气体能力越大。煤体吸附瓦斯气体后，煤体内分子间引力减弱，体积膨胀。煤体表面超量计算式为

$$\Pi = \frac{Q}{V_m S} \tag{6.12}$$

式中，Q为气体吸附量，$\mathrm{m^3/t}$；V_m为摩尔体积，$\mathrm{m^3/mol}$；S为比表面积，$\mathrm{m^2/t}$。

当煤体吸附瓦斯达平衡状态时，根据Gibbs（吉布斯）二维吸附膜理论，得到自由能表达式为

$$\pi = - \,\mathrm{d}\gamma = \gamma_0 - \gamma_1 = \int_0^p \Pi R T \,\mathrm{dln}p \tag{6.13}$$

式中，γ_0为真空下煤体表面张力，$\mathrm{N/m}$；γ_1为煤体吸附瓦斯后表面张力，$\mathrm{N/m}$；R为摩尔气体常数，$R=8.3143\mathrm{J/(mol \cdot K)}$；$T$为温度，$\mathrm{K}$；$p$为平衡压力，$\mathrm{Pa}$。

等温状态下，煤体瓦斯吸附平衡方程表示为

$$Q = \frac{abp}{1 + bp} \tag{6.14}$$

将式（6.14）代入式（6.12）可得

$$\Pi = \frac{Q}{V_m S} = \frac{\dfrac{abp}{1+bp}}{V_m S} = \frac{abp}{V_m S(1+bp)} \tag{6.15}$$

将式（6.15）代入式（6.13）可得

$$\pi = \int_0^p \Pi RT \mathrm{d}\ln p = \int_0^p \frac{RTabp}{V_m S(1+bp)} \cdot \frac{1}{p}\mathrm{d}p = \frac{RTa\ln(1+bp)}{V_m S} \tag{6.16}$$

煤体在吸附瓦斯后，表面自由能降低，产生膨胀变形。当煤体受到外力约束时，膨胀变形转为膨胀应力，即表面张力作用下做的功转变为煤体弹性势能。假设煤体吸附瓦斯过程中温度不变，并符合朗缪尔单分子层吸附模型；煤体为各向同性的弹性介质体，且煤体孔隙结构物理模型如图 6.13 所示。

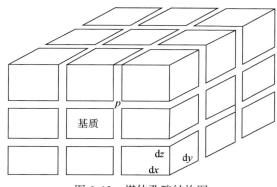

图 6.13　煤体孔隙结构图

根据弹性力学原理，煤体各向吸附膨胀应力及膨胀变形相同，即

$$\begin{cases} \sigma = \sigma_x = \sigma_y = \sigma_z \\ \varepsilon = \varepsilon_x = \varepsilon_y = \varepsilon_z \end{cases} \tag{6.17}$$

在微单元体 $\mathrm{d}x$–$\mathrm{d}y$–$\mathrm{d}z$ 中，所储存的膨胀变形能为

$$E = \frac{1}{2}\sigma \mathrm{d}y\mathrm{d}z \times \varepsilon \mathrm{d}x + \frac{1}{2}\sigma \mathrm{d}x\mathrm{d}z \times \varepsilon \mathrm{d}y + \frac{1}{2}\sigma \mathrm{d}y\mathrm{d}x \times \varepsilon \mathrm{d}z = \frac{3}{2}\varepsilon\sigma \mathrm{d}x\mathrm{d}y\mathrm{d}z \tag{6.18}$$

表面压力所做的功为

$$W = \pi \mathrm{d}x' \times \varepsilon \mathrm{d}x + \pi \mathrm{d}y' \times \varepsilon \mathrm{d}y + \pi \mathrm{d}z' \times \varepsilon \mathrm{d}z = \pi\varepsilon(\mathrm{d}x\mathrm{d}x' + \mathrm{d}y\mathrm{d}y' + \mathrm{d}z\mathrm{d}z') \tag{6.19}$$

由能量守恒可知，表面压力所做的功完全转化为膨胀变形能，即

$$\frac{3}{2}\varepsilon\sigma \mathrm{d}x\mathrm{d}y\mathrm{d}z = \pi\varepsilon(\mathrm{d}x\mathrm{d}x' + \mathrm{d}y\mathrm{d}y' + \mathrm{d}z\mathrm{d}z') \tag{6.20}$$

该微单元内孔隙总表面表达式为

$$\mathrm{d}x\mathrm{d}x' + \mathrm{d}y\mathrm{d}y' + \mathrm{d}z\mathrm{d}z' = S\rho_v \mathrm{d}x\mathrm{d}y\mathrm{d}z \tag{6.21}$$

式中，ρ_v 为煤体微单元密度。

由式（6.20）和式（6.21）可得

$$\sigma = \frac{2\pi S\rho_v(\mathrm{d}x\mathrm{d}x' + \mathrm{d}y\mathrm{d}y' + \mathrm{d}z\mathrm{d}z')}{3\mathrm{d}x\mathrm{d}y\mathrm{d}z} = \frac{2\pi S\rho_v \mathrm{d}x\mathrm{d}y\mathrm{d}z}{3\mathrm{d}x\mathrm{d}y\mathrm{d}z} = \frac{2\pi S\rho_v}{3} \tag{6.22}$$

根据胡克定律：

$$\sigma = 3K\varepsilon \tag{6.23}$$

将式 (6.23) 代入式 (6.22) 得

$$\varepsilon = \frac{2\pi S \rho_v}{9K} \tag{6.24}$$

煤体单分子层朗缪尔吸附面积公式为

$$S = \frac{aA N_{A}}{V_m} \tag{6.25}$$

式中，a 为吸附常数；A 为瓦斯分子截面积，m^2；N_A 为阿伏伽德罗常数。

将式 (6.16) 和式 (6.25) 代入式 (6.24) 得

$$\varepsilon = \frac{2a \rho_v RT\ln(1 + bp)}{9 V_m K} \tag{6.26}$$

将式 (6.26) 代入式 (6.23) 便可得到煤体吸附膨胀应力：

$$\sigma = \frac{2a \rho_v RTE\ln(1 + bp)}{9 V_m K} = \frac{2a \rho_v RT(1 - 2\mu)\ln(1 + bp)}{3 V_m} \tag{6.27}$$

3) 煤体瓦斯吸附有效应力计算

煤体吸附瓦斯后，产生膨胀应力，有效应力发生改变。根据有效应力定义，在考虑煤体瓦斯吸附膨胀应力条件下，其可以用下式来表示：

$$\sigma'_e = \sigma_e - \sigma - \varphi p \tag{6.28}$$

式中，σ_e 为总应力，Pa；σ 为膨胀应力，Pa；φ 为孔隙率，%；p 为孔隙压力，Pa。

因煤体孔隙压力对煤体有效应力影响较小，可以忽略不计，式 (6.28) 可简化为

$$\sigma'_e = \sigma_e - \sigma \tag{6.29}$$

根据式 (6.27) 和式 (6.29) 可得各方向分量有效应力表达式：

$$\begin{cases} \sigma'_x = \sigma_x - \sigma = \sigma_x - \dfrac{2a \rho_v RT(1 - 2\mu)\ln(1 + bp)}{3 V_m} \\[2mm] \sigma'_y = \sigma_y - \sigma = \sigma_y - \dfrac{2a \rho_v RT(1 - 2\mu)\ln(1 + bp)}{3 V_m} \\[2mm] \sigma'_z = \sigma_z - \sigma = \sigma_z - \dfrac{2a \rho_v RT(1 - 2\mu)\ln(1 + bp)}{3 V_m} \end{cases} \tag{6.30}$$

将式 (6.29) 代入式 (6.11)，便可得到修正系数 α 的表达式：

$$\alpha = \frac{2a \rho_v RT(1 - 2\mu)\ln(1 + bp)}{3 V_m p} \tag{6.31}$$

由式 (6.31) 可以看出，当煤体内孔隙压力增大时，煤体有效应力减小，致使煤体强度降低，使煤体更加容易破碎，增加了发生煤与瓦斯突出事故的危险性。

3. 瓦斯对煤体蚀损机理

1) 瓦斯作用下裂隙扩展机理

煤体内部存在大量的孔裂隙结构，在瓦斯压力作用下，孔隙瓦斯向煤体微裂隙内部移动，迅速进入微裂隙尖端并在微裂隙壁上产生作用力 P，表现为拉应力，产生类似于楔子的"撬动"作用，对煤体内裂隙造成变形破坏，从而使煤体内微裂隙进一步发育扩展，如

图 6.14 所示。

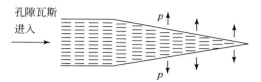

孔隙瓦斯
进入

图 6.14　瓦斯对裂隙壁拉应力作用示意图

根据 Terzaghi 有效应力原理可得

$$\sigma'_{ij} = \sigma_{ij} - ap\,\delta_{ij} \tag{6.32}$$

式中，σ_{ij} 为总应力张量；σ'_{ij} 为有效应力张量；a 为等效孔隙压力系数，$0<a<1$。

若煤体透气性较好，其孔裂隙发育，此时等效孔隙压力系数 $a=1$，根据有效应力原理便可知煤体的受力为

$$[a] - a[p] = \begin{bmatrix} \sigma \\ p \end{bmatrix} - \begin{bmatrix} p \\ p \end{bmatrix} = \begin{bmatrix} \sigma - p \\ 0 \end{bmatrix} \tag{6.33}$$

从式（6.33）可以看出，当煤体内孔裂隙存在瓦斯压力时，孔隙瓦斯进入煤体内孔裂隙产生“撬动”作用并引起裂纹面间摩擦作用减弱，从而孔隙瓦斯所产生的作用力引起煤体内部原有应力与范德瓦耳斯力之间平衡状态的改变，为了达到新的平衡状态，变化所产生的能量通过煤体膨胀变形释放，导致裂隙扩展、强度降低。

2）瓦斯对煤体的拉伸破坏

由上述有效应力公式可以看出，在瓦斯压力作用下，煤体产生拉伸膨胀变形，当瓦斯压力达到一定值时，有效应力变为有效拉应力。根据岩石损伤力学理论，由于煤体内孔裂隙的扩展、贯通引起煤体强度下降最终造成煤体破坏，在孔裂隙尖端孔隙瓦斯压力会产生拉应力集中现象，若这种集中拉应力大于煤体的有效抗拉强度，那么在这种集中拉应力作用下煤体发生破坏。

根据 Griffith（格里菲斯）准则，假设煤体内部孔隙形状为椭圆孔，其长轴半径为 a，短轴半径为 b，孔隙内瓦斯压力为 p，如图 6.15 所示。如果煤体孔隙内的最大拉应力大于煤体抗拉强度，那么在拉应力的作用下煤体孔裂隙发生扩展，扩展方向以最大拉应力位置确定。

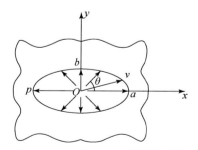

图 6.15　椭圆孔受力情况示意图

根据复变函数解法对应力状态进行分析，切向应力表达式为（压应力为正）

$$(\sigma_\theta)_{\rho=1} = p \frac{3\ m^2 - 2m\cos2\theta - 1}{m^2 - 2m\cos2\theta + 1} \tag{6.34}$$

式中，θ 为向量夹角；ρ 为向量长度，孔边位置为 1；m 为常数，$m = \dfrac{a-b}{a+b}$。

从而可得最大应力、最小应力分别为（压应力为正）

$$\sigma_{\max} = (\sigma_\theta)_{\theta=0} = \frac{1+3m}{m-1}p = \left(1 - \frac{2a}{b}\right)p \tag{6.35}$$

$$\sigma_{\min} = (\sigma_\theta)_{\theta=\frac{\pi}{2}} = \frac{3m-1}{m+1}p = \left(1 - \frac{2a}{b}\right)p \tag{6.36}$$

由式（6.35）和式（6.36）可以看出，在长轴顶端出现最大拉应力 $\sigma_{\max}$，其大小与椭圆长轴半径和短轴半径比值成正比；在短轴顶端出现最小拉应力 $\sigma_{\min}$，其大小与椭圆短轴半径和长轴半径比值成正比。由于最大拉应力出现于椭圆孔长轴顶端位置，因此裂隙的扩展方向将会沿长轴顶端方向即最大拉应力方向延伸变化，从而导致孔隙椭圆孔长轴增大，短轴几乎无变化，致使长短轴半径比值 a/b 增大，所以拉应力随之变大，煤体孔裂隙进一步扩展，最终煤体发生变形破坏。

3）瓦斯对煤体蚀损机理

根据表面物理化学理论，范德瓦耳斯引力存在于任意的两个裂隙表面间。当两个裂隙表面处于真空状态时，煤体内裂隙面之间范德瓦耳斯力处于平衡，此时，裂隙面间的吸引能表示为

$$E = \frac{1}{12\Pi} \cdot \frac{H}{X^2} \tag{6.37}$$

式中，E 为裂隙面间的吸引能；X 为裂隙间距；H 为 Hamaker（哈马克）常数。

当煤体内孔裂隙中进入瓦斯气体并开始吸附，裂隙面间的平衡状态被打破，范德瓦耳斯力降低，此时，裂隙面间的吸引能表示为

$$E' = \frac{1}{12\Pi} \cdot \frac{(\sqrt{H_1} - \sqrt{H_2})^2}{X^2} \tag{6.38}$$

式中，E' 为吸附瓦斯后裂隙面间的吸引能；H_1 为煤体的 Hamaker 常数；H_2 为瓦斯的 Hamaker 常数。

从式（6.38）中可以看出，煤体孔裂隙在吸附瓦斯气体后，造成原有平衡状态的改变，并达到新的平衡状态，同时裂隙面间的吸引能发生变化。所引起的变化能量转化为煤体的膨胀变形能，由式（4.40）和式（4.41）可得煤体吸附瓦斯后的膨胀变形能为

$$\Delta E = E - E' = \frac{1}{12\Pi} \cdot \frac{(2\sqrt{H_1 H_2} - H_2)}{X^2} \tag{6.39}$$

Hamaker 常数受物质极化率与密度影响，对于相同的煤样来说，其 Hamaker 常数为一定值，而瓦斯的 Hamaker 常数与其孔隙瓦斯压力相关。对于固体和气体来说，固体的 H 值总是大于气体的 H 值，即 $H_1 > H_2$。因此，将式（6.39）简化后可得

$$\Delta E = \alpha p \frac{K_1 - K_2 \alpha p}{X^2} \tag{6.40}$$

式中，α 为瓦斯极化率；p 为瓦斯压力，MPa；K_1、K_2 为常数。

对式（6.40）中 p 求偏导后得

$$\frac{\partial \Delta E}{\partial p} = \frac{\alpha(K_1 - 2\alpha p K_2)}{X^2} \tag{6.41}$$

从式（6.41）中可以看出，当煤体孔裂隙内吸附瓦斯后，原平衡状态发生变化，产生膨胀变形现象，且其膨胀变形能随着瓦斯压力的增大而增大。同时煤体吸附瓦斯压力越大，煤体的有效应力越小，煤体强度越低，致使其抵抗破坏的能力越弱，对煤体的蚀损破坏特性越明显。

6.3 深部含瓦斯煤体的基本力学特性和本构关系

深部煤炭在开采过程中均经历反复的加载–卸荷过程，主要表现为与开挖方向一致的水平应力卸除，而垂直应力陡增，并由三维受力状态逐渐过渡为二维受力状态。以往对常规三轴压缩试验研究较多，对深部煤体开采扰动的复合加卸载过程鲜有研究。本研究通过设置不同的加卸载条件模拟深部煤体受力情况，对比分析常规三轴加载、卸围压、复合加卸载等不同应力路径下煤的力学特征，揭示深部开采扰动煤体力学特性演化规律，并建立考虑含水率的分段式煤体损伤统计本构模型。

6.3.1 常规三轴加载深部含瓦斯煤力学特性

本研究运用 TAW-2000 岩石三轴试验机进行了标准煤样（$\Phi 50\text{mm} \times L100\text{mm}$）常规三轴加载下深部含瓦斯煤力学特性研究，煤样采集自屯留矿 3#煤。试验先以 0.05MPa/s 加载速率加轴压和围压至静水压力状态，之后进行不同围压下的三轴压缩试验，围压分别为 2、4、6、8MPa，然后以 0.5MPa/s 加载速率加轴压至煤样破坏，试验方案如表 6.3，得到了常规三轴加载条件下煤样的应力–应变特征、强度特征及破坏特征。

表6.3 不同围压下常规三轴压缩试验方案

应力路径	编号	直径/高度/mm	围压/MPa	加载速率/（MPa/s）
常规三轴	CSZ-1	49.8/100.2	2	0.5
	CSZ-2	49.8/100.8	4	0.5
	CSZ-3	49.9/101.0	6	0.5
	CSZ-4	49.9/99.5	8	0.5

1. 应力–应变特征

通过试验，以主应力差为纵坐标，得到常规三轴加载不同围压下的三轴应力–应变曲线（图6.16），从煤样的变形破坏曲线可以看出，其变形破坏先后经历弹性、塑性屈服和破坏过程。煤样在初始压缩时发生线性体积压缩，在经历塑性变形屈服过程后，煤样轴向应力达到峰值，随后煤样破坏。

常规三轴压缩试验中，随着围压的增大，煤样的脆性降低，塑性增强，但仍属于脆性破坏。围压对煤样变形影响较大，随着围压增加，煤样的弹性压缩变形增大，轴向变形增大。

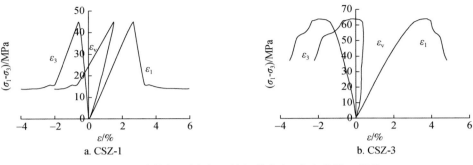

a. CSZ-1   b. CSZ-3

图 6.16　不同围压下常规三轴加载应力-应变曲线（部分）

在达到峰值应力前，材料出现扩容现象，在应力-应变曲线上表现为体积应变的回转。围压为 2、4、6、8MPa 时，体积回转应力分别为 24.0、44.3、54.0、61.6MPa，体积回转应力比（体积回转应力与峰值应力相比）分别为 79.7%、98.7%、84.4%、87.7%。总体上看，高围压使体积回转应力比增大，究其原因，高围压导致轴向压缩行程较大，且对扩容有抑制作用。

2. 强度特征

通过试验研究，得到煤样三轴压缩试验的力学参数，如表 6.4 所示。从表中可以看出，煤样在侧向存在一定围压时峰值强度更大，且煤样强度随围压的增加而增大。

表 6.4　不同围压下常规三轴压缩试验结果

编号	直径/高度/mm	围压/MPa	破坏强度/MPa	体积回转应力/MPa	应力比/%
CSZ-1	49.8/100.2	2	30.1	24.0	79.7
CSZ-2	49.7/100.8	4	44.9	44.3	98.7
CSZ-3	49.9/101.0	6	64.0	54.0	84.4
CSZ-4	49.9/99.5	8	70.2	61.6	87.7

利用 Coulomb 强度准则（蔡美峰等，2002）描述正应力与剪应力关系。根据上述试验测试结果，采用双直线型强度曲线，得到煤的强度曲线。

当围压较低时（2MPa、4MPa），描述剪应力与正应力关系，表达式为

$$\tau = 2.62 + \sigma\tan50° \tag{6.42}$$

当围压较高时（围压为 6MPa、8MPa），描述剪应力与正应力关系，表达式为

$$\tau = 13.26 + \sigma\tan30° \tag{6.43}$$

研究表明煤在低围压下和高围压下表现出不同的强度特征，高围压使峰值强度增大，内聚力增大，内摩擦角减小。由破断角公式知，破断角随内摩擦角的减小而减小。

3. 破坏特征

　　通过研究发现，低围压（围压2MPa、4MPa）三轴压缩下煤试样破断角随围压的增大而减小；三轴压缩试验中，除围压2MPa时煤样破断角为66°，其余围压条件下，破坏后的煤样无单一明显剪切面。从变形及破坏特征（图6.17）可以看出，围压越大，变形越大，破坏程度越强烈。三轴压缩试验煤样破坏数据发现的抗压与抗剪强度随着围压的增大而增大；恒速加载条件下，围压越大，煤体发生损伤扩容及峰值破坏所需的时间越长。

a. 围压2MPa　　　　　b. 围压4MPa　　　　　c. 围压6MPa　　　　　d. 围压8MPa

图6.17　常规三轴压缩试验煤样破坏照片

6.3.2　卸围压条件下深部含瓦斯煤力学特性

　　本研究针对卸围压条件下深部瓦斯煤力学特性开展了恒轴压卸围压试验，试验仪器及煤样同6.3.1节。首先以0.05MPa/s加载速率加轴压和围压至静水压力状态，模拟深部煤体所受应力状态，以0.5MPa/s加载速率加轴压至预定值30MPa（大于煤的单轴抗压强度），然后以一定速率降围压至煤样破坏，为了考察不同卸载速率对煤样破坏的影响，设置卸载速率分别为0.012MPa/s、0.024MPa/s，具体试验方案如表6.5所示。得到了深部煤体卸围压条件下煤体的应力-应变及强度、破坏特征，较之常规三轴加载条件下煤体的力学特性，表现出较大的差异性，为摸清深部煤体受采动影响力学特性奠定一定的基础。

表6.5　卸围压条件下深部含瓦斯煤力学特性试验方案

应力路径	编号	直径/高度/mm	围压/MPa	加载速率/（MPa/s）	卸围压速/（MPa/s）
卸围压	XWY-1	49.9/100.2	4	0.5	0.012
	XWY-2	49.8/100.6	4	0.5	0.024
	XWY-3	49.9/101.1	6	0.5	0.012
	XWY-4	49.9/100.4	8	0.5	0.012

1. 应力-应变特征

　　卸围压试验研究中采用恒定轴压卸围压路径。恒定轴压不变开始卸围压，岩石力学试验机对煤样持续压缩，当围压降低至一定范围时，轴向应力急剧呈斜直线下降，煤样迅速发生破坏，应力-应变曲线也能够看出恒轴压卸围压试验导致煤样发生迅速和强烈的破坏。

　　通过对比研究发现，恒轴压卸围压试验的应力–应变曲线与常规三轴加载有明显不同（图6.18）。轴压在围压卸到一定值时，急剧下降，说明煤样突然失去承载能力，破坏瞬时发生；而轴向应变先线性增加（低围压还伴有塑性）至预定应力水平，随后卸围压，此过程轴向应变曲线呈水平状态，至煤样破坏时，曲线表现为直线下降（应力下降，应变增加）。初始围压不同，应变差异明显。随着初始围压的增加，XWY-1、XWY-3、XWY-4煤样的轴向压缩变形呈增大趋势。卸载速率不同，应变也有所不同。卸载速率越快，煤样破坏时的围压较高，裂隙没有充分的时间扩展，应变越小；与XWY-1相比，XWY-2的轴向变形较小。深部煤体较之浅部煤体，受开采扰动条件下，围压卸载速率要大于浅部煤体，煤体失稳迅速，裂隙较浅部来说，没有充分时间发育扩展。

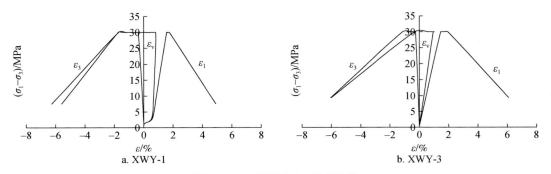

图6.18　卸围压应力–应变曲线

2. 强度特征

　　用割线模量（轴向应力差与轴向应变之比）和割线泊松比（侧向应变的绝对值与轴向应变之比）来代替弹性模量和泊松比，研究煤样破坏过程的应力–应变特性。峰值点割线模量和割线泊松比随围压变化如图6.19所示。

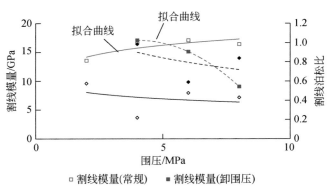

图6.19　峰值点割线模量和割线泊松比随围压变化曲线

　　常规三轴加载试验中，从整体上看，在峰值强度时，割线模量随围压的增加呈增大趋势，割线泊松比随围压的增加呈减小趋势，说明高围压对煤样的扩容有抑制作用。在卸围压下，煤样破坏时的割线泊松比随初始围压的增加而减小；煤样破坏时的割线模量随初始围压增加而减小，即深部开采扰动下，煤样越易失稳破坏。

在初始围压相同的情况下，相比常规三轴试验，卸围压试验中峰值点割线模量降低，卸围压更容易导致煤样发生破坏，破坏程度也更为强烈。卸围压试验中峰值点割线泊松比相对常规三轴试验增大，说明卸围压下，煤样破坏时的侧向应变较大。

在卸围压试验中，不同初始围压及不同速率下，煤样破坏的难易程度不同。为了更好地描述，引入卸围压效应系数 f，该值能够较真实地反映煤样在卸围压条件下破坏的难易程度。卸围压效应系数（吕有厂和秦虎，2012）表示为

$$f = \frac{\sigma_{3b} - \sigma_{3c}}{\sigma_{3b}} \qquad (6.44)$$

式中，f 为卸围压效应系数；σ_{3b} 为初始围压；σ_{3c} 为煤样破坏时围压。卸围压效应系数如表 6.6 所示。

表 6.6　不同初始围压条件卸围压效应系数

编号	σ_{3b}/MPa	σ_{3c}/MPa	$(\sigma_{3b}-\sigma_{3c})$ /MPa	f
XWY-1	4	0.62	3.18	0.84
XWY-2	4	0.95	3.05	0.76
XWY-3	6	2.04	3.96	0.66
XWY-4	8	3.95	4.05	0.51

通过表 6.6 可以看出，随着初始围压的增加，煤样破坏时的围压增大，而煤样的卸围压效应系数减小，即初始围压越高，煤样越容易失稳破坏，这与上述高初始围压下割线模量的降低结果一致；通过围压为 4MPa 时的两组不同速率的卸围压效应系数分析，卸围压速率越快，煤样的卸围压效应系数越小，即卸围压速率越快越容易破坏。由此更加可以看出，深部开采扰动条件下，煤体较之浅部更容易发生破坏。

3. 破坏特征

与常规三轴试验相比，在初始围压相同的情况，煤样在卸围压时的破坏更强烈，曲线呈现出斜直线下降，且破坏后的侧向应变较大，而对轴向应变影响不明显。从破坏特征看，卸围压试验中，破坏后的煤样无明显剪切面，同时伴有张性和剪性破坏，且破坏程度强烈，随着初始围压的增加，破坏表现出延性特征。相比常规三轴压缩试验，煤样破碎程度更大。

研究表明，在卸围压下，煤样破坏时的割线泊松比随初始围压的增加而减小，煤样破坏时的割线模量随初始围压增加而减小。在初始围压相同的情况下，相比常规三轴试验，卸围压试验中峰值点割线模量较低，煤样更容易破坏；卸围压试验中的峰值点割线泊松比相比常规三轴试验较大，说明煤样卸围压破坏时对侧向应变的影响较大。通过卸围压效应系数分析发现，初始围压越高和卸围压速率越大，煤样的卸围压效应系数减小，煤样越易失稳破坏，这与高围压下割线模量降低相一致。

6.3.3 复合加卸载条件下深部含瓦斯煤力学特性

在深部采动过程中，采动煤体既承受较大的垂向应力集中作用，又在水平方向上形成应力解除，存在强烈的卸荷效应，本研究结合深部煤体采动扰动，开展了复合加卸载条件（边加载边卸载）煤体力学特性探索，试验仪器及煤样同 6.3.1 节。首先加轴压和围压至 $\sigma_1 = \sigma_3$ 的静水压力状态后，之后模拟受采动影响条件，加轴压的同时卸围压至煤样破坏。

1. 应力–应变特征

通过加卸载试验条件下煤的应力–应变曲线（图 6.20），在加轴压不变开始卸围压初始阶段轴向变形呈线性增加，当围压降低至一定值时，煤样接近破坏，在此阶段存在一个振荡平台阶段，轴向变形呈近似水平增加，随后轴向应力急剧呈斜直线下降，煤样迅速发生破坏，应力–应变曲线也可以说明煤样的破坏瞬间具有突然性。

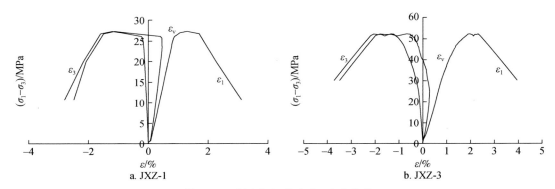

图 6.20　复合加卸载应力–应变曲线

加卸载条件下，煤的抗压强度随初始围压的增加而增大，同时，初始围压越大，煤样的压缩行程越长，破坏时的轴向变形更大。与常规三轴不同的是，在变形破坏过程，有一个缓冲期，即在临近破坏时存在振荡平台阶段，破坏时变形更大。从图中主应力差–轴向变形曲线看，曲线的斜率随初始围压的增加而增大，即变形模量随初始围压的增加而增大。与常规三轴试验相比，相同初始围压条件下，煤样在加卸载试验中侧向变形相对较大。深部煤体较浅部煤体，围压的增大使其轴向压缩行程变长，一旦受采动扰动卸除围压，轴向变形较大，表现出强烈的扩容特征。

2. 强度特征

通过对比常规三轴和加卸载试验下煤的力学性质，用变形模量 E 和泊松比 μ 来描述试件的应力–应变状态，E_{50}、μ_{50} 分别为主应力差为峰值强度的 50% 变形模量和泊松比，煤样破坏时的变形模量和泊松比用 E_c、μ_c 表示。计算如式（6.45）（蔡美峰等，2002）：

$$\begin{cases} E = (\sigma_1 - 2\mu\sigma_3)/\varepsilon_1 \\ \mu = \varepsilon_3/\varepsilon_1 \end{cases} \tag{6.45}$$

研究表明，与常规三轴试验相比，复合加卸载条件下，相同初始围压下，抗压强度降低；弹性阶段，两种方案下的变形模量和泊松比相差不大，加卸载试验变形模量略低于常规三轴试验。相同初始围压下，加卸载试验条件下变形模量 E_c 有较大降幅，侧胀系数 μ_c 是常规三轴试验的 2 ~ 3 倍，变形模量差 $E_{50} - E_c$ 有较大增加。与常规三轴试验相比，在复合加卸载试验中，试样经历了较长的损伤过程，变形模量不断降低，试样破坏时的变形模量与弹性阶段变形模量差值较大，在加卸载试验中的泊松比差 $\mu_c - \mu_{50}$ 均有较大增加，约为常规三轴试验的 2 ~ 10 倍，表明在复合加卸载试验中，试样侧向变形占主导地位，相比轴向变形，煤样破坏时的侧向变形变化值更大，试样破坏时的 μ_c 与弹性阶段 μ_{50} 相比有较大幅度增加。

利用由轴向应力和侧向应力表示的 Mohr-Coulomb 准则，如式（6.46）：

$$\sigma_1 = b + k\sigma_3 \tag{6.46}$$

式中，b、k 为强度系数，可用内聚力和内摩擦角来表示。

利用斜率 k 和截距 b 计算内摩擦角 φ 和内聚力 C 采用如下公式：

$$\varphi = \arcsin \frac{k - 1}{k + 1} \tag{6.47}$$

$$C = \frac{b(1 - \sin\varphi)}{2\cos\varphi} \tag{6.48}$$

通过拟合得到常规三轴、复合加卸载试验轴向应力与围压关系曲线。相同初始围压，与常规三轴试验相比，加卸载条件下煤体抗压强度降低，内摩擦角增加，内聚力降低，其中内摩擦角增加了 29.1%，内聚力减小了 35.5%。

3. 破坏特征

复合加卸载条件下煤样的破坏照片与常规三轴试验和卸围压试验相比，加卸载条件下煤样的破坏以张性破坏为主，无明显光滑破裂面，观察发现，由于煤样的侧向变形较大，煤样更为破碎（图 6.21）。随着初始围压的增大，煤样的变形越大，即卸载速率相同时深部煤体较浅部煤体采动时煤体破坏更大。对比 JXZ-3 和 JXZ-4，初始围压均为 8MPa，卸围压速率分别为 0.024MPa/s 和 0.012MPa/s，JXZ-4 破坏更强烈，由此可见，卸围压速率越慢，煤样的变形破坏程度越大。

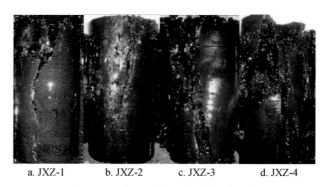

a. JXZ-1　　　b. JXZ-2　　　c. JXZ-3　　　d. JXZ-4

图 6.21　加卸载试验煤样破坏照片

6.3.4　深部含水–瓦斯煤体的力学特性与本构关系

水分对煤体力学性质的影响十分显著，以往研究中多以干燥型煤来进行试验，而现场煤体大多含有一定的水分，或者外力措施引起水分的变化，而型煤与原煤力学性质研究较少，因此本研究开展了型煤与原煤不同含水率条件下的力学性质试验研究，并推导了考虑含水率的分段式煤体损伤统计本构模型。

本试验研究分为 4 组，每组包含 5 种不同含水率煤样，共进行 20 次单轴压缩试验。为了消除试件个体差异所带来的误差，在相同含水率（近似相等）条件下，原煤煤样和型煤煤样均进行了两次重复试验。原煤煤样的含水率范围为 0 ~ 2.905%，型煤煤样的含水率范围为 0 ~ 11.333%。单轴压缩试验采用位移控制方式加载。加载速率选定为 0.5mm/min，连续加载直至煤样完全破坏。

1. 深部矿井不同含水率单轴压缩应力–应变特征

通过对比不同含水率原煤煤样和型煤煤样的应力–应变曲线试验结果（图 6.22）可知，煤样两次试验峰前应力–应变曲线具有较好的相似性。煤体的主要力学特性参数由应力–应变峰前曲线决定，可认为不同含水率的原煤和型煤煤样的单轴压缩试验具有可重复性。

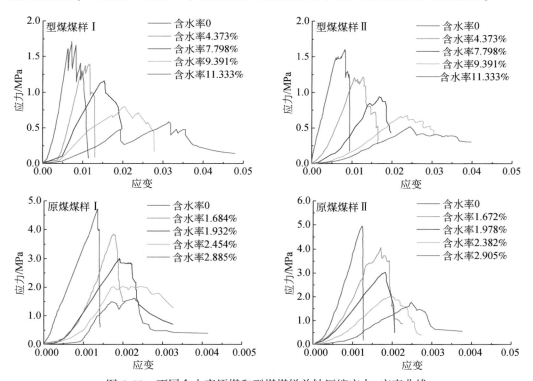

图 6.22　不同含水率原煤和型煤煤样单轴压缩应力–应变曲线

两种煤样的力学变形特征随着含水率变化的趋势相同。随着含水率的增大，煤样的抗压强度降低，弹性模量减小，峰值应变增大。例如，Ⅰ 组原煤煤样含水率由 0 增至

2.885%，抗压强度由 4.71MPa 降至 1.61MPa，峰值应变由 0.00135 增至 0.00226；Ⅰ组型煤煤样含水率由 0 增至 11.167%，抗压强度由 1.71MPa 降至 0.58MPa，峰值应变由 0.00717 增至 0.0314。

试验结果表明：随着含水率增大，原煤煤样和型煤煤样应力–应变曲线均呈现压密阶段增长，弹性阶段缩短，屈服阶段更加显著的规律。含水率的增大使得煤体的峰后应力跌落速度变缓，应力–应变曲线出现多级跌落平台。

2. 含水率与煤体的力学特性关系

根据不同含水率原煤和型煤煤样单轴压缩试验测定数据，可得不同含水率的原煤煤样和型煤煤样的抗压强度、峰值应变、弹性模量和泊松比 4 种力学特性参数。煤体的抗压强度与含水率满足负线性函数关系，峰值应变与含水率满足正线性函数关系，弹性模量和含水率满足负指数函数关系，泊松比与含水率满足正线性关系。由拟合结果可知，两种煤样可采用相同函数关系进行拟合，且均具有较好的拟合度。

两种煤样含水率与力学参数可采用相同函数关系进行拟合。抗压强度与含水率符合负线性函数关系，峰值应变与含水率符合正线性函数关系，弹性模量和含水率符合负指数函数关系，泊松比与含水率满足正线性关系。

3. 煤样的破坏形式和损伤机理分析

煤样的力学性质随着含水率的变化而改变，不同含水率的煤样加载破坏后其破坏形态也有所不同。对不同含水率的原煤和型煤煤样破坏形态进行了拍照记录，并对煤样破坏形态进行素描分析，得到不同含水率的原煤煤样的破坏形态图及素描图（图 6.23）。

a. 干燥　　b. 1.684%　　c. 1.932%　　d. 2.454%　　e. 2.885%

图 6.23　不同含水率原煤煤样宏观破坏形态及素描图

根据试验结果可知，干燥煤样、含水率 1.684%、含水率 1.932% 煤样以剪切形式破坏，煤样破坏后出现单一剪切裂纹。含水率 2.454% 和含水率 2.885% 煤样以拉伸–剪切组合形式破坏，煤样破坏后出现明显的拉伸主裂纹和多条剪切分叉裂纹。可知，当原煤煤样的含水率低于 2% 时破坏形式为剪切破坏，含水率高于 2% 时破坏形式为拉伸–剪切组合破坏，随着含水率的增大，煤样破坏后产生的裂纹数目增多，形态趋于复杂。

型煤煤样由于具有更好的均质性，破坏后产生的裂纹分布形态较原煤煤样简单。干燥煤样以剪切形式破坏，破坏后出现明显的剪切裂纹；含水率 4.438%、7.698% 煤样以拉伸形式破坏，破坏后出现 1 条和 2 条拉伸裂纹；含水率 9.403%、11.250% 煤样以拉伸–剪切组合形式破坏，破坏后裂纹形态复杂。

综上可知，随着含水率的增大，受外载荷的作用破坏后，原煤煤样依次表现为剪切破坏、拉伸–剪切组合破坏，型煤煤样表现为剪切破坏、拉伸破坏、拉伸–剪切组合破坏。结合水引起的初始损伤作用和自由水导致的加载过程的叠加损伤作用，两者共同作用加剧了受载煤体的破坏。

4. 分段式煤体损伤本构模型建立

损伤统计方法一般是从岩石微元强度随机分布的事实出发，假设岩石微元强度服从某一分布，从而导出岩石损伤本构方程。由于不同含水率的煤体单轴压缩的应力–应变曲线的压密阶段较为明显，采用传统的连续损伤本构模型所得理论曲线与试验曲线拟合程度较差（赵红鹤等，2015）。本模型将不同含水率煤体单轴压缩应力–应变曲线分为压密阶段和后续损伤扩展阶段，建立了分段式损伤本构模型。

根据 Lematre 假说，有效应力等于受损材料的变形，即受损材料的应变关系可以用无损时的形式表示，只需将名义应力 $[\sigma]$ 用有效应力 $[\sigma^*]$ 替换。由于幂函数分布形式较为简单，能够简化运算并较好地反映煤体损伤，假设煤体微元强度服从幂函数分布，其概率密度函数为

$$P(F) = \frac{m}{F_0}\left(\frac{F}{F_0}\right)^{m-1} \tag{6.49}$$

式中，$P(F)$ 为岩石微元强度分布函数；F 为微元强度随机分布变量；m 和 F_0 为分布参数，反映煤体对外载荷的响应特征。

由于微元破坏的随机性，当加载到一定应力水平达到微元强度 F 时，已经破坏的微元数目为

$$n = \int_0^F NP(x)\,\mathrm{d}x = N\left(\frac{F}{F_0}\right)^m \tag{6.50}$$

式中，n 为某应力水平下已经破坏的微元数目；N 为总微元数目。

定义某应力水平下已经破坏的微元数目 n 和微元总数目 N 的比值，即有

$$D' = \frac{n}{N} = \left(\frac{F}{F_0}\right)^m \tag{6.51}$$

通常认为微元单位破坏后失去了承载能力，而事实上微元破坏后承载能力虽有所降低，但是仍能够承受部分压应力和剪应力，因此在本构关系中引入一个能够反映微元单位仍承受一部分力的修正系数 a（取值 0~1），即某一应力水平真正失去承载能力的微元单元个数为 a_n，重新对损伤变量进行定义，其表达式为

$$D = a\left(\frac{F}{F_0}\right)^m \tag{6.52}$$

将损伤变量表达式代入损伤本构方程可得，煤体在弹（线）性、屈服和破坏阶段应力–应变服从基于幂函数分布的损伤统计本构模型，表达式为

$$\sigma = E\varepsilon\left[1 - a\left(\frac{F}{F_0}\right)^m\right] \tag{6.53}$$

联立得到分段式煤体损伤本构模型：

$$\sigma = \begin{cases} \sigma_A \left(\varepsilon/\varepsilon_A \right)^2 & \varepsilon < \varepsilon_A \\ \sigma_A + E(\varepsilon - \varepsilon_A) \left[1 - \alpha \left(\dfrac{F}{F_0} \right)^m \right] & \varepsilon \geqslant \varepsilon_A \end{cases} \tag{6.54}$$

DP 强度准则是考虑静水压力影响的广义上的 Mises 屈服破坏准则，它计入了中间主应力影响，又考虑了静水压力的作用，形式简单，在岩土力学与工程中广泛应用。

通过运算得到不同含水率的原煤煤样和型煤煤样的分段式损伤本构模型：

$$m = \frac{\sigma_{c0} - cw - \sigma_A}{E_0 \exp(-ew)(\varepsilon_{c0} + dw - \varepsilon_A) - (\sigma_{c0} - cw - \sigma_A)} \tag{6.55}$$

$$\sigma = \begin{cases} \sigma_A \left(\varepsilon/\varepsilon_A \right)^2 & \varepsilon < \varepsilon_A \\ \sigma_A + E_0 \exp(-ew)(\varepsilon - \varepsilon_A) \left(1 - \dfrac{1}{m+1} \left[\dfrac{\varepsilon - \varepsilon_A}{\varepsilon_{c0} + dw - \varepsilon_A} \right]^m \right) & \varepsilon \geqslant \varepsilon_A \end{cases} \tag{6.56}$$

式中，m 为分布参数，反映煤体对外载荷的响应特征；σ、ε 分别为单轴压缩的应力和应变；σ_A、ε_A 分别为压密阶段最大应力和最大应变；σ_{c0} 为抗压强度；ε_{c0} 为峰值应变；E_0 为弹性模量；c，d，e 为拟合参数；w 为水分含量。

5. 深部含瓦斯煤体本构模型验证

运用 Yao 等（2015）推导的考虑含水率影响的煤体损伤统计模型同样对本试验结果进行计算，并将两种模型的拟合结果进行对比分析。对于原煤/型煤煤样，本研究理论模型曲线和试验所测曲线基本吻合。而 Yao 等模型拟合曲线在峰值前与试验曲线偏差较大，仅能反映煤体峰值强度和峰后应力–应变曲线的变化趋势，本模型具有更好的适用性。传统的连续损伤本构模型由于在初始压密阶段就产生较大偏差，导致模型计算曲线与含水煤体应力–应变曲线拟合度差。分段式煤体损伤统计本构模型，压密阶段和后续阶段分开表示，从弹性（线性）阶段开始考虑煤体的损伤，克服了与试验曲线峰前偏离较大的问题（胡昕等，2007；Yao et al.，2015），拟合度高，更加适用于分析不同含水率条件下煤体单轴压缩应力–应变问题。

对比原煤和型煤煤样拟合结果（图 6.24）发现，在压密和弹性（线性）阶段，本模

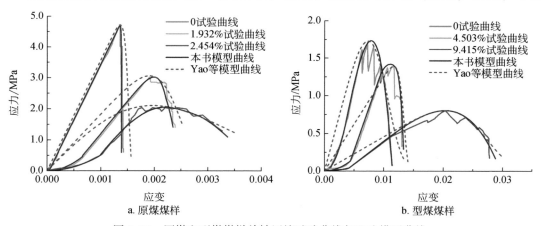

图 6.24　原煤和型煤煤样单轴压缩试验曲线与理论模型曲线

型对于两种煤样试验结果均有较好的拟合度，在屈服和破坏阶段，模型对于原煤煤样数据拟合程度更高，此现象是因为两种煤样发生损伤和破坏机理不同。型煤煤样主要靠煤颗粒间的摩擦力承载（刘星光，2013），当外载荷大于煤颗粒间的摩擦力，煤样产生滑移裂纹并发展，最终发生破坏。原煤煤样内部煤体主要依靠黏结力连接，当外载荷大于黏结力时，煤体内部裂隙孔隙发展为微裂纹，并扩展和连通，最后形成宏观裂纹导致煤样破坏。水分主要通过降低煤体间的黏结力使得原煤煤样强度降低，降低煤粒间摩擦力使得型煤煤样强度降低。由于煤体内部的黏结力大于摩擦力，不同含水率的原煤煤样的强度一般要大于型煤煤样。此研究表明，在工程设计上考虑含水率对煤体全应力–应变过程力学性质的影响时，宜采用原煤煤样进行力学试验，若仅分析弹性阶段煤体的力学特性随含水率的变化规律，可考虑采用型煤煤样替代原煤煤样进行试验。

6.4　深部采动含瓦斯煤变形破裂过程的瓦斯渗流规律

煤层瓦斯渗流特性是影响瓦斯抽采效果的主控因素。受地应力及煤体裂隙发育各向异性影响，深部煤层的渗透率也具有各向异性，同时采动煤体的损伤破裂状态也会影响瓦斯渗流规律。本研究利用自主搭建的煤岩瓦斯渗透率测试系统测定了不同方向煤样渗透率随围压的变化情况，获得了煤渗透率各向异性特征；然后利用受载含瓦斯煤体渗流特性试验平台，开展常规三轴加载和复合加卸载应力路径下含瓦斯煤渗流特性试验，重点研究孔隙压力、卸载起始围压、卸载起始轴压以及应力路径对含瓦斯煤体渗透率的影响，获得了深部采动含瓦斯煤变形破裂过程的渗流规律。

6.4.1　煤渗透率各向异性特征试验研究

本研究所用煤样取自山西阳泉新景矿8#煤层西一正巷、北三副巷和北七副巷，所采集大块煤样层理发育完好，无夹矸，无明显外生裂隙。井下取样时记录大块煤各端面的方向和取样地点的煤层产状。升井后对煤块进行封蜡处理，托运回试验室。分别沿垂直方向、巷道轴向和巷道轴向垂直方向钻取不同方向的50mm×100mm的柱状煤样。试验设备采用中国矿业大学（北京）自主研制的煤岩渗透率测试系统，该设备可以模拟不同孔隙压力、不同围压和不同温度条件下煤样的气体渗透特性。装置主要由应力加载系统、试件夹持系统、孔隙压力控制系统、数据采集系统、真空抽取系统和恒温水浴控制系统等组成。

1. 煤渗透率的各向异性

煤岩体的渗透率不是一个恒定不变的常量，而是不同外加载荷以及瓦斯压力作用下的变量，是一个与煤岩体有效应力有关的函数。在流固耦合的研究中，充分考虑外加载荷及瓦斯压力的作用，以围压作为自变量，建立起渗透率随围压变化的函数关系，如图6.25a～c所示。

用较大方向渗透率与较小方向渗透率的比值定义渗透率各向异性系数，比值越大，说明渗透率各向异性越显著。由此定义建立起西一正巷、北三副巷、北七副巷的走向/竖直、倾向/竖直、走向/倾向三组渗透率各向异性系数与围压的关系，如图6.25d～f所示。

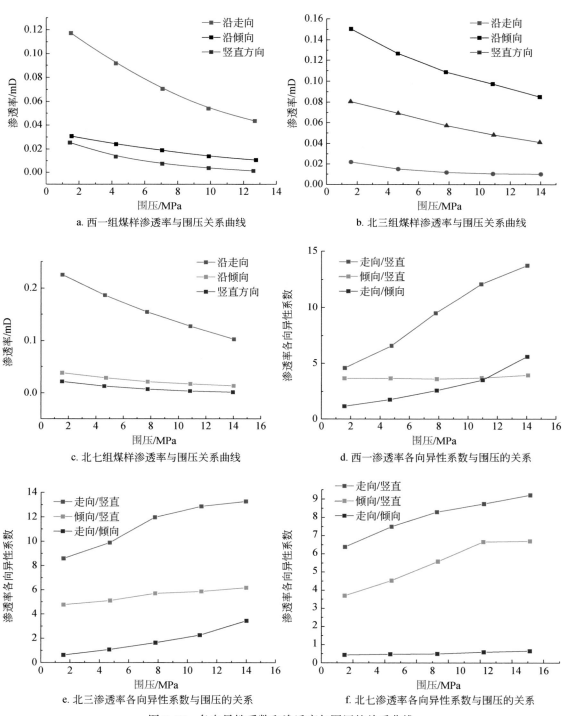

a. 西一组煤样渗透率与围压关系曲线

b. 北三组煤样渗透率与围压关系曲线

c. 北七组煤样渗透率与围压关系曲线

d. 西一渗透率各向异性系数与围压的关系

e. 北三渗透率各向异性系数与围压的关系

f. 北七渗透率各向异性系数与围压的关系

图 6.25 各向异性系数和渗透率与围压的关系曲线

通过图 6.25a ~ c 渗透率随围压变化关系曲线分析得出，三组试验煤样的渗透率整体随着围压的升高呈负指数下降，而且围压 10 ~ 12MPa 渗透率下降速率高于围压 12 ~ 14MPa 阶段，三组煤样都有较明显的各向异性，沿煤层走向方向煤样渗透率最大，倾向次之，竖直方向最小。

通过图 6.25d ~ f 渗透率各向异性系数与围压的关系分析得出，围压越高，煤样渗透率的各向异性越显著，三组煤样走向/竖直各向异性系数最大，倾向/竖直次之，走向/倾向最小。

2. 煤渗透率应力敏感性的各向异性

煤渗透率的应力敏感性可由应力敏感性系数表示，从图 6.25a ~ c 中可以看出，不同方向煤样渗透率随围压的变化幅度不同，说明不同方向煤样渗透率的应力敏感性有差异。通过分析，得到各个煤样渗透率的应力敏感性系数，如表 6.7 所示。

表 6.7　煤渗透率应力敏感系数拟合结果

分组	取样方向	应力敏感系数	拟合度/%
西一正巷	沿煤层走向	0.21	99.93
	沿煤层倾向	0.26	99.77
	沿竖直方向	0.61	99.97
北三副巷	沿煤层走向	0.15	99.93
	沿煤层倾向	0.20	99.96
	沿竖直方向	0.66	99.95
北七副巷	沿煤层走向	0.19	99.30
	沿煤层倾向	0.25	99.81
	沿竖直方向	0.49	99.62

从表 6.7 中可以看出，三个取样地点煤样渗透的应力敏感性具有横观各向同性，即沿煤层走向和沿煤层倾向煤样渗透率的应力敏感性系数接近各向同性，但水平方向和竖直方向煤样渗透率的应力敏感性系数具有各向异性，且水平方向煤样渗透率的应力敏感性系数大于水平方向。

采用德国 Zeiss EVO18 扫描电镜对各煤样表面进行了观测，以北三副巷为例，沿走向煤样表面有宽度较大的裂隙存在，沿倾向煤样表面也有裂隙，但宽度较小，而沿竖直方向煤样表面裂隙不发育。研究表明：煤体表面裂隙宽度与取样方向有关，孔隙率与裂隙宽度呈正比例关系，孔隙率按取样方向由大到小顺序为走向>倾向>竖向，煤渗透率应力敏感性系数具有各向异性的原因是杨氏模量和孔隙率具有各向异性。

6.4.2　常规三轴加载深部含瓦斯煤渗流规律

本研究基于受载含瓦斯煤体渗流特性试验装置试验平台，该装置由三轴压力室、应力加卸载系统、孔隙压力控制系统、数据采集系统、恒温水浴、真空脱气系统和其他辅助装置等组成。制备 $\Phi 50\text{mm} \times L100\text{mm}$ 标准原煤煤样，采用稳态法进行渗透率的测试，开展不同应力路径下的含瓦斯煤渗流特性试验。

常规三轴加载试验方案：首先按照三向等压状态逐级施加三轴应力（$\sigma_1 = \sigma_2 = \sigma_3$）直至预定应力（$\sigma_1' = \sigma_2' = \sigma_3' = 6$、$8$、$10\text{MPa}$），进气端孔隙压力 p_1 分别为 0.6、1.0、1.4、1.8MPa，出气端孔隙压力为大气压，然后保持围压不变、以 0.1MPa/step 的递增速率逐级施加轴向载荷直至煤样破坏，每当轴向压力增至整数值时，进行一次瓦斯渗流试验；共计试验 12 组。

1. 孔隙压力对深部煤样渗透率的影响规律

结合常规三轴加载渗流试验数据，得到固定轴压和围压、改变进气端孔隙压力时的煤样渗透率与进气端孔隙压力之间关系，如图 6.26 所示。

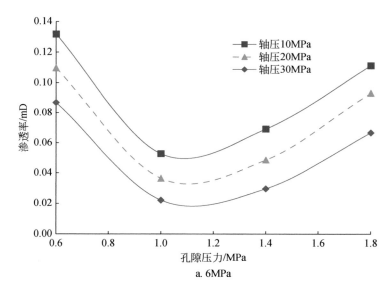

a. 6MPa

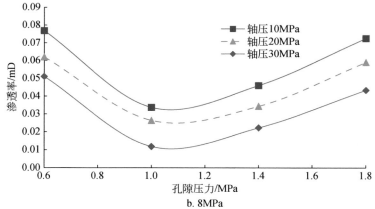

b. 8MPa

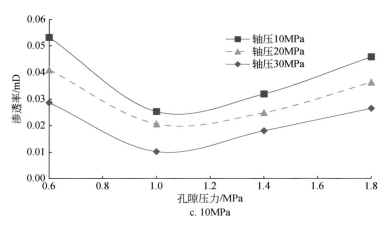

图 6.26　不同预定围压孔隙压力与渗透率关系曲线

研究表明，固定轴向应力与围压时，煤样渗透率随着进气端孔隙压力的升高，大致呈现"V"字形变化规律。数据回归分析，得到孔隙压力 p_1 和渗透率 k 之间关系的拟合表达式，从式中可以看出存在一极值点，这是煤体的吸附膨胀效应、Klinkenberg 效应和孔隙压力压缩效应三种作用机制竞争的结果。对加载试验数据回归分析，得到孔隙压力 p_1 和渗透率 k 之间关系的拟合表达式：

$$k = a_1 p_1^2 + a_2 p_1 + a_3 \tag{6.57}$$

式中，a_1、a_2、a_3 均为拟合系数。

2. 围压对深部煤样渗透率的影响规律

通过分析试验数据，可以得到进气端孔隙压力 p_1 分别为 0.6、1.0、1.4、1.8MPa，轴压 σ_1 分别为 10、20、30MPa 时，围压 σ_3 与渗透率 k 之间的关系曲线。分析图中的不同孔隙压力条件下围压和渗透率的关系曲线可以看出，渗透率随着围压的增大而呈现指数函数规律性下降，一般关系表达式如下：

$$k = b_1 e^{b_2 \sigma_3} \tag{6.58}$$

式中，b_1、b_2 为拟合系数。

研究表明，围压的增减能够改变煤样中孔隙裂隙等空间结构的体积大小，从而影响瓦斯有效流动通道的宽窄程度，进一步引起煤样渗透率的升降变化。在相同轴向载荷条件下，由于围压的增大，煤样所受径向约束力越大，径向变形就越小，瓦斯流动空间闭合程度也就越大，瓦斯流动越困难，煤样渗透率就越低；相反，围压越小时，煤样径向约束力越小，径向变形就越大，瓦斯流动阻力也越小，煤样渗透率就会越高。

3. 轴向应力对深部煤样渗透率的影响规律

煤样轴向应力-轴向应变-渗透率变化曲线如图 6.27 所示（以进气端孔隙压力为 0.6MPa、预定围压为 6MPa 条件下的渗流试验数据为例）。研究发现，第 I 阶段（煤样压密阶段），随着煤样轴向应变的持续增加，煤样渗透率呈迅速降低趋势。第 II 阶段（线弹性阶段），随着轴向应力的继续增大，煤样渗透率持续降低，但减小趋势较第 I 阶段有所放缓，可能是煤样中裂纹进一步闭合所致，而当裂纹闭合至一定程度后，煤样渗透率逐渐趋于稳定而且趋近于最小值。当煤样进入到第Ⅲ阶段（屈服阶段），煤样的瓦斯渗透率由减小趋势过渡为增大趋势，该阶段内煤样内微裂隙开始发育，瓦斯流动通道开始较第Ⅱ阶段有所畅通，但渗透率增大趋势较为缓和，由此可知微裂纹的发育是渐变的积累过程，并非一蹴而就。当轴压超过煤样的三轴抗压强度之后，进入第Ⅳ阶段，煤样失稳破坏，煤样强度迅速降低，由于煤样内宏观裂隙已经比较发育，煤样渗透率呈现快速升高趋势。随着煤样逐渐进入第Ⅴ阶段，煤样的承载能力趋于稳定，进入残余强度阶段，煤样所受轴压变化不大，在热缩管和围压的约束之下，微裂纹的扩展较第Ⅳ阶段速度有所变慢，所以煤样渗透率虽继续增大但增大趋势变缓。

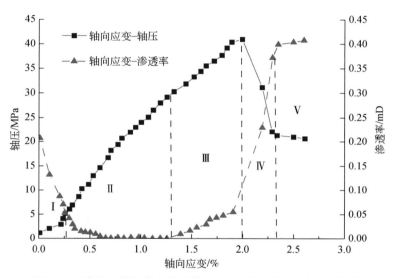

图 6.27　常规三轴加载条件下轴向应力–轴向应变–渗透率曲线

4. 煤样体积应变对深部煤样渗透率的影响规律

在常规三轴加载试验中，煤样在屈服强度后，其径向变形的减小幅度大于轴向变形的增加幅度，煤样体积应变开始变小。以进气端孔隙压力为 0.6MPa、预定围压为 6MPa 为例，以屈服强度为分界点，分析煤样屈服强度前后渗透率变化规律，屈服强度前后煤样体积应变与煤样渗透率间的关系曲线分别如图 6.28a、b 所示。拟合数据可以发现，在屈服强度前后，煤样体积应变与煤样渗透率均呈指数函数关系变化，具体为

$$k = 0.2727\mathrm{e}^{-12.998\varepsilon_\mathrm{v}} \quad (R^2 = 0.969) \tag{6.59}$$

$$k = 0.1147\mathrm{e}^{-2.475\varepsilon_\mathrm{v}} \quad (R^2 = 0.743) \tag{6.60}$$

煤样在屈服强度前后的渗透率变化具有区间性，在屈服强度前，呈现减小趋势，而屈服强度之后则呈现增加趋势。分析其原因可知，在屈服强度前，随着轴压的持续增加，煤样中微孔隙、微裂隙逐渐闭合，煤样的体积应变逐渐增大，煤样宏观上处于压缩状态，煤样中有效瓦斯流动通道变窄，因而煤样渗透率表现为逐渐下降。在屈服强度之后、峰值强度之前，随着煤样发生塑性变形，煤样中新生微裂隙出现、原有微裂隙扩

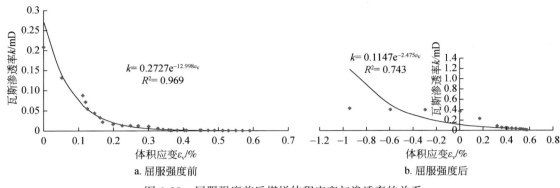

图 6.28　屈服强度前后煤样体积应变与渗透率的关系

展，煤样体积应变有所减小，因而煤样渗透率表现为稍微提高。在峰值强度之后，由于煤样发生了失稳破坏，煤样的体积应变由正向负转变，煤样体积膨胀明显，微裂隙通道相互贯通，瓦斯渗透率加速增大。总而言之，在全应力–应变过程中，随着轴向应力的增加，煤样体积应变呈现先增大后减小的趋势，对应着煤样体积呈现先压缩后膨胀的变化规律，渗透率则表现为先减小而后增大；因而，体积应变的变化能够在一定程度上反映煤样渗透率的演变过程。

6.4.3　复合加卸载对深部含瓦斯煤渗流规律

　　煤体变形破裂效应主要表现为钻孔周围煤体应力的重新分布，导致钻孔周围煤体中瓦斯运移通道的空间变化，从而影响瓦斯运移。渗流试验过程中，不同的孔隙压力、轴压和围压组合，会造成煤样中孔隙、裂隙的闭合或扩展，进而导致煤样渗透率不同程度的改变。前边章节探讨了常规三轴加载深部含瓦斯煤渗流规律，本节在此基础上重点从轴向应力–轴向应变–渗透率演变规律、不同应力路径变化、卸载起始围压和孔隙压力等方面出发，深入探讨复合加卸载应力路径下煤样渗透率的作用机制。

　　试验首先按照三向等压状态逐级施加三轴应力（$\sigma_1 = \sigma_2 = \sigma_3$）直至预定应力（$\sigma_2' = \sigma_2' = \sigma_3' = 6$、8、10MPa），进气端孔隙压力 p_1 分别为 0.6、1、1.4MPa，出气端孔隙压力为大气压；接着保持围压不变，以 0.1MPa/step 的加载速率加载轴压 σ_1 分别至卸载起始轴压值 $\sigma_1' = 10$、20、30MPa；然后以 0.1MPa/step 的加载速率连续施加轴向载荷，同时以 0.1MPa/step 的卸载速度连续卸载围压（σ_2 和 σ_3），直至围压降至 2MPa 后停止卸载围压，但仍继续加载轴压直至煤样进入残余强度阶段；每当轴压加载至整数值时，进行一次瓦斯渗流试验；共计试验 27 组。具体的试验方案见表 6.8 所列，其中卸载起始围压代表着开始卸载围压时的起始围压，卸载起始轴压则为开始卸载围压时的轴向应力。

表 6.8　煤体复合加卸载试验方案

进气端孔隙压力 p_1/MPa	卸载起始围压 σ_3'/MPa	卸载起始轴压 σ_1'/MPa	煤样编号
0.6	6	10、20、30	B1、B2、B3
	8	10、20、30	B4、B5、B6
	10	10、20、30	B7、B8、B9
1.0	6	10、20、30	B10、B11、B12
	8	10、20、30	B13、B14、B15
	10	10、20、30	B16、B17、B18
1.4	6	10、20、30	B19、B20、B21
	8	10、20、30	B22、B23、B24
	10	10、20、30	B25、B26、B27

1. 轴向应力-轴向应变-渗透率演变规律

复合加卸载含瓦斯煤渗流试验（以进气端孔隙压力为 0.6MPa、卸载起始轴压为 10MPa 为例），其轴向应力-轴向应变-渗透率曲线如图 6.29 所示。根据煤样轴向应力-轴向应变-渗透率的演变规律，类比于常规三轴加载渗流试验，可以将煤样的复合加卸载过程同样分为 5 个阶段，得到复合加卸载条件下轴向应力-应变-渗透率演变规律：压密阶段随着三向应力的持续增大，煤样内原生孔隙-裂隙被逐渐压密，瓦斯流动通道变窄，渗透率急速下降；弹性变形阶段随着轴压的不断增大，轴向应变呈现线性增长，煤体内原生孔隙、裂隙仍然处于压缩状态，瓦斯流动通道变窄的幅度缩小，渗透率下降趋势趋缓，煤样此时渗透率很小，几乎为零；屈服阶段煤样内原生裂隙扩展、新生裂隙出现，煤样开始出现屈服变形，渗透率有所回升，但渗透率增加的幅度相对较小；峰后软化阶段煤样在轴向应力、围压和孔隙压力的作用下，当主应力差超过峰值强度后，煤样抗压强度开始降低，随后进入峰后软化阶段，由于瓦斯流动宏观网络通道已然形成，煤样渗透率增大趋势较为明显；残余强度阶段：进入该阶段后，煤样所承受的轴向应力较为稳定，但煤样的轴向应变仍呈现增大趋势，渗透率的变化呈现增大趋势但趋于平缓。

2. 常规三轴加载和复合加卸载路径下渗透率变化规律差异

为了深入探讨两种加载路径下渗透率变化的差异性，开展了常规三轴加载含瓦斯煤渗流试验及复合加卸载条件下煤样瓦斯渗流试验对比试验。常规三轴加载含瓦斯煤渗流试验（进气端孔隙压力为 0.6MPa，试验进行 3 组），应力加载初期，煤样处于静水压力条件；当围压达到预定值（6、8、10MPa）后，保持围压不变，持续加载轴向应力，直至煤样破坏变形。复合加卸载条件下煤样瓦斯渗流试验进行 3 组，进气端孔隙压力为 0.6MPa，卸载起始围压为 6MPa，卸载起始轴压分别为 10、20、30MPa。

对比发现，孔隙压力和围压一定时，虽然卸围压之前两种渗流试验的应力路径一致，但卸围压后两种试验的应力路径明显不同，从应力变化的角度可以推断，两种应力路径下

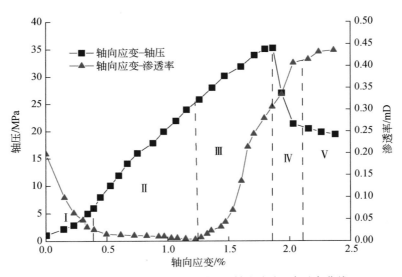

图 6.29　复合加卸载下轴向应力–轴向应变–渗透率曲线

渗透率的差异可能与卸载起始轴压的大小有关。

　　为了验证上述推断并进一步对比分析两种不同应力路径下渗透率的差异，同时考虑到煤样的非均质性和差异性以及试验的不可重复性，选取了 4 组试验数据加以对比，其中常规三轴加载渗流试验 1 组，其余组为复合加卸载渗流试验（包括 3 组，分别对应着不同的卸载起始轴压 10、20、30MPa），4 组试验的进气端孔隙压力大小均为 0.6MPa，卸载起始围压均为 6MPa 且初始渗透率（定义为轴压和围压均为 1MPa 时所测得的渗透率）相差不大，其中常规三轴加载试验所用煤样初始渗透率为 0.2085mD，而复合加卸载试验所用煤样初始渗透率分别为 0.1997mD、0.1975mD、0.1986mD。对比不同加卸载条件下轴向应力–轴向应变–渗透率曲线可以发现：

　　（1）无论是常规三轴加载还是复合加卸载应力路径，随着轴向应变的持续增大，煤样渗透率均呈现先减小后增大的变化规律；复合加卸载条件下卸载围压引起煤样屈服后渗透率的增加量较常规三轴加载煤样屈服后渗透率的增加量更大，由此说明卸围压使得煤样的渗透率变化更大，也印证了煤层卸压对煤层渗透率的提高作用。

　　（2）复合加卸载条件下随着卸载起始轴压增大，引起煤样体积压缩，使得瓦斯流动通道宽度变窄，煤样渗透率减小；围压的减小则会使得煤样内孔隙裂隙扩展，进而导致煤样渗透率的提高；渗透率的变化与加轴压引起煤样渗透率的降低和卸围压引起煤样渗透率的增大密不可分。

　　分析进气端孔隙压力为 0.6MPa、预定围压为 6MPa、不同卸载起始轴压条件下煤样加卸载阶段的轴压–渗透率，绘制如图 6.30 所示的变化曲线，从图中明显看出卸载起始轴压的改变引起的加卸载阶段煤样渗透率差异性演变。卸载起始轴压为 10MPa 时煤样处于线弹性阶段的初期，此时加卸载阶段渗透率降低的趋势并未改变；卸载起始轴压为 20MPa 时，煤样处于线弹性阶段的后期，加载轴压引起煤样渗透率的减小量略小于卸载围压引起煤样渗透率的增加量，因而煤样在加卸载阶段表现为渗透率的略微提高；卸载起始轴压为 30MPa 时，煤样处于屈服阶段的初期，加载轴压引起煤样渗透率的减小量远小于卸载围压引起煤样渗透率的增加量，煤样在加卸载阶段表现为渗透率的大幅增加。

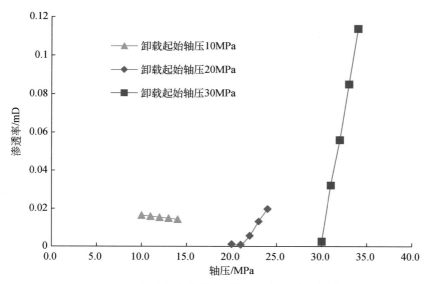

图 6.30　复合加卸载阶段煤样轴压–渗透率曲线

3. 卸载起始围压及孔隙压力对渗透率的影响规律

常规三轴加载试验过程中，在轴压和进气端孔隙压力相同的条件下，煤样渗透率随着围压的升高呈指数函数规律性下降。分析复合加卸载含瓦斯煤渗流试验结果，得到进气端孔隙压力 $p_1 = 0.6$、1.0、1.4MPa，卸载起始轴压 $\sigma_1' = 10$、20、30MPa 时，卸载起始围压 σ_3' 与卸载起始时刻渗透率 k' 之间的关系曲线。研究表明，复合加卸载含瓦斯煤渗流试验中，卸载起始围压越高意味着煤样卸围压前的压缩程度更大，煤样内孔隙裂隙结构的闭合程度越高，煤样在卸围压起始时刻的渗透率也越低，故而煤样卸载起始时刻的渗透率随着卸载起始围压的增大而呈现下降趋势。复合加卸载条件下孔隙压力对渗透率的作用机制同样也与瓦斯吸附膨胀效应、Klinkenberg 效应和孔隙压力压缩效应等因素息息相关。复合加卸载含瓦斯煤渗流试验过程中的峰值强度是表征煤样失稳破坏的关键指标。煤样失稳破坏后，会形成宏观裂隙网络，极有利于渗透率的提高，引起煤样渗透率的急剧变化。复合加卸载煤样在相同卸载起始围压和卸载起始轴压条件下的峰值强度 σ_1 随着进气端孔隙压力 p_1 的变化曲线如图 6.31 所示，在复合加卸载应力路径下，相同的卸载起始围压和卸载起始轴压时，随着孔隙压力的升高，煤样峰值强度会逐渐降低，进而导致煤样失稳破坏的加速出现，从而缩短了煤样渗透率发生剧烈改变的时间。

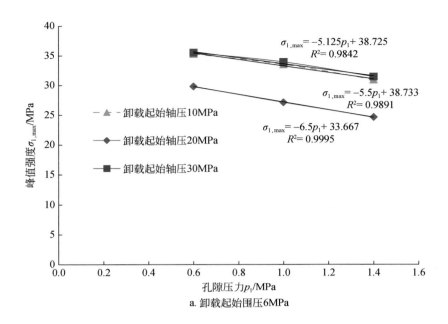

a. 卸载起始围压6MPa

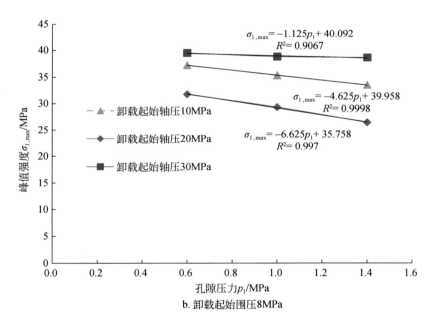

b. 卸载起始围压8MPa

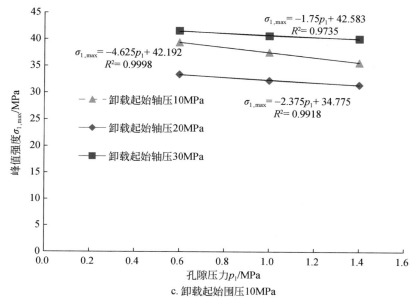

c. 卸载起始围压10MPa

图 6.31　不同卸载起始围压峰值强度-进气端孔隙压力关系曲线

6.5　深部开采瓦斯低透煤层增渗关键技术

在进入深部开采以后,随着采深的增加,地应力增大、瓦斯压力迅速增加、煤层透气性差,如何提高深部开采条件下煤体的透气性成为瓦斯治理与抽采的首要问题。因此,本研究提出了深部开采低透气性煤层增渗的关键控制参数,结合实际提出了适用于低透气性深部煤层的三种增渗技术方案,并在现场进行工程应用,取得了良好的抽采效果。

6.5.1　深部开采低透气性煤层增渗控制参数

本节针对采动卸压增渗技术、基于渗透率各向异性的瓦斯预抽增渗技术和水力冲孔强化增渗技术等三种常见有效的增渗技术,分析其关键控制参数。

1. 采动卸压增渗技术

1)煤样采动应力

受采动影响,工作面前方一定范围内的煤体原始应力不再是恒定值,出现增压与卸压现象。可划分为原始应力区、支承压力区和卸压区。工作面前方煤体在铅直方向承受的荷载可表示为

$$\sigma_1 = K\gamma H \tag{6.61}$$

式中,K 代表应力集中系数;γ 为容重;H 为开采深度。

支承压力峰值点的水平应力可表示为

$$\sigma_2 = \sigma_3 = \frac{\sigma_1}{5\beta} \tag{6.62}$$

β 为相关应力集中系数，在卸压区铅直应力表现为单压残余强度状态（R'_c），水平应力降为 0。铅直应力与水平应力都处于动态变化过程当中，由于变化过程的复杂性，两者的动态关系还需深入研究。

2）采动煤体变形破坏与渗透特征

（1）压缩变形阶段

煤体在初始压缩阶段时，符合弹性变形的广义胡克定律：

$$\sigma_{ij} = \lambda\delta_{ij}e + 2\mu\varepsilon_{ij} \tag{6.63}$$

煤体骨架在初始压缩阶段的有效应力遵循修正的 Terzaghi 有效应力规律：

$$\begin{cases} \sigma_{ij} = \sigma'_{ij} + \alpha\delta_{ij} \\ \alpha = a_1 - a_2\theta + a_3p - a_4\theta p \end{cases} \tag{6.64}$$

式中，σ_{ij} 为应力张力；e 为体积变形；ε_{ij} 为应变张量；λ、μ 为拉梅常数；p 为孔隙压；δ_{ij} 为 Kronecker 函数；θ 为体积应力；α 由实验室测得。

（2）压剪破坏

工作面前方煤体随着工作面推进铅直方向应力不断增大，当应力集中系数达到最大值，在应力峰值附近发生压剪破坏，此时，压剪破坏由于支承压力大于煤体的屈服极限而发生，破坏的力学准则为

$$\tau = C + \sigma\tan\varphi \tag{6.65}$$

其中，τ 为煤岩体抗剪强度；σ 为剪切破坏面上正应力；φ、C 分别为煤岩体抗剪内摩擦角和内聚力。此时煤岩体剪切面与最小主应力的夹角即次生裂隙扩展方向。

在压剪破坏前后，煤体次生裂隙有一定发育，但发育较为缓慢。从裂隙网络看，此阶段裂隙网络局部连通性较好，因此瓦斯涌出量有一定程度增加，但由于尚未形成宏观的区域网络，区域之间裂隙的连通不畅，因此瓦斯涌出量增加程度有限。

（3）卸载破坏

研究表明，在卸压过程，煤体破坏表现为滑移破坏，其临界应力可以表示为

$$\sigma_1 = \frac{\dfrac{\sigma_2\sin2\theta}{2} - \mu\left(\sigma_3 - \dfrac{8G_0\gamma}{k+1}\right)\cos^2\theta - 2(\tau_c + \mu\sigma_{1m}\sin^2\theta)}{\cos\theta\sin\theta + \mu\cos^2\theta} \tag{6.66}$$

从作用机理看，煤体卸围压相当于增加一个拉应力，拉应力方向与煤体水平应力 $\sigma_2 = \sigma_3$ 方向相反，而此时铅直应力下降至原岩应力水平以下。煤体水平方向和铅直方向两个方向的同时卸压导致了煤体的卸载滑移破坏。之后，铅直应力保持残余应力状态，水平应力逐渐降为 0（至煤壁处）。轴压卸载至拉应力过程，微裂隙发生失稳扩展：

$$\sigma_3 = \frac{\sqrt{3}K_r\sec\theta_1 + 2\sqrt{\pi c}\,[\tau_c\sec\theta_1 + \sigma_1\sin\theta_1(\mu\tan\theta_1 - 1)]}{2\sqrt{\pi c}\,(\mu\cos\theta_1 + \sin\theta_1)} \tag{6.67}$$

式中，σ_{1m} 为卸载起始轴向应力；μ 为煤岩摩擦因数；τ_c 为内聚力；G_0 为煤岩的剪切模量；$\gamma = b/c$，c、b 分别为裂隙的半长轴和半短轴（椭圆形）；θ 为裂隙与主应力方向的夹角；θ_1 为初始发生失稳扩展的方位角；K_r 为断裂韧变。

当煤体处于水平应力和铅直应力同时卸压的状态下，煤体往往发生宏观失稳的滑移破坏状态，此时裂隙迅速扩展，形成宏观的相互贯通的裂隙通道，为瓦斯提供了良好的运移通道，瓦斯涌出量急剧增加，在以往的研究中也得到证实，并称之为突跳现象。发生滑移破坏的煤体为工作面前方煤体卸压瓦斯抽采提供了瓦斯源，使钻孔卸压瓦斯抽采在实际上成为可能。

2. 基于渗透率各向异性的瓦斯预抽增渗技术控制参数

煤层渗透率优势方向的主要影响因素是有效应力和初始渗透率的各向异性。有效应力是地应力和瓦斯压力的差应力，地应力具有各向异性而瓦斯压力可视为各向同性，地应力的各向异性是影响煤层渗透率各向异性的主要因素之一。煤层裂隙结构对其渗透率也有着较大的影响，初始渗透率的各向异性反映了煤层裂隙结构的各向异性，同一块煤样在相同条件下测定渗透率，渗透压力的方向如果与煤样的裂隙面垂直，则渗透率最小；渗透压力的方向如果与煤样的裂隙面平行，则渗透率最大。煤层走向方向渗透率大于煤层倾向方向渗透率。基于煤层渗透率各向异性特征，在试验地点煤层布置试验抽采钻孔考察了钻孔布孔方位对顺层钻孔预抽瓦斯效果的影响，研究发现影响瓦斯预抽增渗技术的关键是合理确定布孔方位，钻孔轴向与煤层走向夹角越大，抽采流量越大。

通过合理调整顺层钻孔方位，可以提高单孔瓦斯抽采量和累积瓦斯抽采量，缩短本煤层瓦斯预抽期，减少本煤层瓦斯预抽钻孔的布置数量，节省钻孔施工成本，降低工作面回采过程中的瓦斯涌出量，加快工作面回采进度，对保障工作面安全回采和提高回采效率具有重要意义。

3. 水力冲孔强化增渗技术

采用水力冲孔技术关键一环就是确定合理的水力冲孔布孔间距 L，钻孔布孔间距过密，增加成本，钻孔间距过大，会形成应力集中和抽放盲区，无法消除采掘工作面的突出危险性，因此，我们需要确定合理的水力冲孔布孔间距，充分考虑水力冲孔的卸压范围和有效抽放半径。理论上来说，单孔冲煤量越大，抽放钻孔孔径扩大倍数越大，措施的卸压增渗效果越好，但考虑到喷嘴有效射程、有效压力、冲孔时间的限制以及防止冲孔后煤层内存在空洞，单孔不宜过大。

同时，还要考虑水力冲孔需要高压水泵提供合适的水压和流量，水压过高会对高压管路造成损坏，水压过低，达不到预期效果；因此高压水泵的出水压力要稍高于理论计算的水射流的破煤压力。

6.5.2　低透气性煤层增渗关键技术方法应用

本节针对采动卸压增渗及预抽技术、基于渗透率各向异性的瓦斯增渗预抽技术和水力冲孔强化增渗技术等三种常见有效的增渗技术进行应用，取得了良好的效果。

1. 煤体采动卸压增渗及预抽技术

为了对采煤工作面前方煤体卸压区钻孔卸压瓦斯抽采量进行定量计算，首先对有效钻孔长度进行定义。有效钻孔长度是指作用在卸压区内的钻孔长度（图 6.32）。图中 L 为钻孔长度；L_e为有效钻孔长度；A_e为有效钻孔宽度；α为钻孔与垂直煤壁方向夹角，简称偏角；A为钻孔沿巷道方向投影长度；B为卸压区宽度；S为采煤工作面长度的$1/2$。

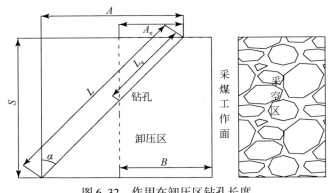

图 6.32　作用在卸压区钻孔长度

工作面前方卸压瓦斯抽采量与有效钻孔长度及有效钻孔的作用时间有关。为了使钻孔在失效前尽可能多地抽采卸压区瓦斯，要增大有效钻孔作用范围，延长钻孔卸压瓦斯抽采时间。有效钻孔长度可以用式（6.68）计算：

$$\begin{cases} L_e = A_e / \sin\alpha \\ \sin\alpha = A / \sqrt{A^2 + S^2} \end{cases} \tag{6.68}$$

随着采煤工作面的不断向前推进，有效钻孔长度处于动态变化过程，不同偏角下的钻孔卸压瓦斯抽采动态过程不尽相同，因此需要根据有效钻孔长度的变化对卸压瓦斯抽采量进行定量分析。

设V为卸压瓦斯抽采量；P为失效距离（钻孔失效时孔口至工作面距离）；Q_m为单位有效钻孔长度瓦斯抽采流量；N为回采进度。由此可以分为失效距离小于卸压区宽度（$P<B$）时，失效距离等于卸压区宽度（$P=B$）时，失效距离大于卸压区宽度（$P>B$）时三种情况进行研究。

（1）当失效距离小于卸压区宽度时（$P<B$），可能会产生$A=0$（$\alpha=0°$，即钻孔与煤壁垂直）、$0<A\leqslant P$、$P<A\leqslant B$、$A>B$四种情况，综合考虑可得到失效距离小于卸压区宽度时的卸压瓦斯抽采量计算公式，通过计算，$P<A\leqslant B$时与$A>B$时卸压瓦斯抽采量有相同的表达式。

$$\begin{cases} V = \dfrac{B-P}{N} L Q_m & (A=0) \\[2mm] V = \dfrac{A+2(B-P)}{2N} \sqrt{A^2+S^2}\, Q_m & (0<A\leqslant P) \\[2mm] V = \dfrac{2AB-P^2}{2NA} \sqrt{A^2+S^2}\, Q_m & (A>P) \end{cases} \tag{6.69}$$

从理论上说，单孔卸压瓦斯抽采量随偏角的增大而增大，但实践中应考虑工程技术等因素进行具体分析。

（2）当失效距离等于卸压区宽度（$P=B$）时，可能会产生$A=0$（$\alpha=0°$，即钻孔与煤

壁垂直）、$0<A \leq B$、$A>B$ 三种情况，当失效距离等于卸压区宽度时，卸压瓦斯抽采量为

$$
\begin{cases}
V = 0 & (A = 0) \\
V = \dfrac{A}{2N}\sqrt{A^2 + S^2}\, Q_m & (0 < A \leq B) \\
V = \dfrac{2AB - B^2}{2NA}\sqrt{A^2 + S^2}\, Q_m & (A > B)
\end{cases}
\tag{6.70}
$$

当失效距离等于卸压区宽度时，随 A 值的变化，钻孔卸压瓦斯抽采量发生变化。$A=0$时，钻孔未起到卸压瓦斯抽采作用，$V=0$；$0<A \leq B$ 时，随着工作面的推进，钻孔逐渐进入卸压区范围，有效钻孔宽度 A_e 逐渐增大至 B，卸压瓦斯抽采量也不断增大；$A>B$ 时，随着采煤工作面的推进，有效钻孔宽度逐渐增大至卸压区宽度，继续回采距离 $A-B$ 后，钻孔失效。

（3）当失效距离大于卸压区宽度（$P>B$）时，可能会产生 $A \leq P - B$、$P-B<A \leq P$、$A>P$ 三种情况，当失效距离大于卸压区宽度时，卸压瓦斯抽采量经过计算为

$$
\begin{cases}
V = 0 & (A \leq P - B) \\
V = \dfrac{(A - P + B)^2}{2NA}\sqrt{A^2 + S^2}\, Q_m & (P - B < A \leq P) \\
V = \dfrac{2A - 2PB + B^2}{2NA}\sqrt{A^2 + S^2}\, Q_m & (A > P)
\end{cases}
\tag{6.71}
$$

$A \leq P - B$ 时，钻孔未起到卸压瓦斯抽采作用，$V=0$；$P-B<A \leq P$ 时，随 A 值的增大，有效钻孔宽度逐渐增大至卸压区宽度，钻孔卸压瓦斯抽采量也逐渐增大；$A>P$ 时，随着工作面的推进，有效钻孔宽度增大至卸压区宽度，继续回采距离 $A-P$ 后，钻孔失效。在失效距离大于卸压区宽度时，垂直煤壁钻孔或钻孔偏角较小时，完全未起到卸压瓦斯抽采作用。

余吾矿 N2105 工作面现场调研表明，本煤层钻孔失效距离约 3m，工作面前方煤体卸压区宽度为 4.5m，钻孔在卸压区内实际作用宽度仅为 1.5m，未完全起到抽采工作面前方煤体卸压瓦斯作用。根据统计分析，该工作面本煤层钻孔卸压瓦斯流量约为 $0.9\mathrm{m^3/min}$。该采煤工作面长 283m，回采进度为 4.3m/d，本煤层钻孔在进风顺槽和回风顺槽同时双向施工，钻孔长度为 141.5m。不同偏角下单孔卸压瓦斯抽采量（V）（图 6.33）显示，若钻孔偏角为 21.4°，单孔卸压瓦斯抽采量为 $1430.6\mathrm{m^3}$，相比原垂直煤壁钻孔（$\alpha = 0°$）单孔卸压瓦斯抽采量 $452.1\mathrm{m^3}$ 增加 $978.5\mathrm{m^3}$，约为原来的 3.2 倍。可以看出，随着偏角 α 增大，钻孔卸压瓦斯抽采量增大，具体表现为：初始阶段瓦斯抽采量增加较快，随着偏角增大，瓦斯抽采量增加趋于缓慢。虽然卸压瓦斯抽采量随着偏角增大而增大，但最大偏角还受实际条件限制。

与原煤层垂直钻孔瓦斯抽采量相比，一定偏角下的钻孔瓦斯抽采实际增加量应综合考虑两个因素：一是卸压瓦斯抽采量的增加；二是盲区卸压瓦斯抽采量的减少。其中，第一部分因素包括达到设计深度的钻孔卸压瓦斯抽采量和未达到设计深度的钻孔卸压瓦斯抽采量，这就要考虑钻孔成孔率的影响。为了对盲区卸压瓦斯抽采减少量进行量化，根据盲区总面积和单个钻孔所占盲区面积，可计算出一定面积盲区内的钻孔数量，继而计算出盲区减少的卸压瓦斯抽采量。

余吾矿 N2105 工作面回风顺槽长 2400m，垂直煤壁钻孔卸压瓦斯抽采量为 $452.1\mathrm{m^3}$，

钻孔间距 2.5m，假设未达到设计深度的钻孔实际深度平均为 141.5m，考虑钻孔成孔率及盲区的不同偏角下的卸压瓦斯抽采总量，在偏角较小时，考虑钻孔成孔率及盲区的不同偏角下的卸压瓦斯抽采量随偏角的增大迅速增大，随着偏角的继续增大，卸压瓦斯抽采增加量逐渐减小，在偏角为 17.5° 时，卸压瓦斯抽采量达到最大值，偏角大于 17.5°，卸压瓦斯抽采量开始下降（图 6.34）。

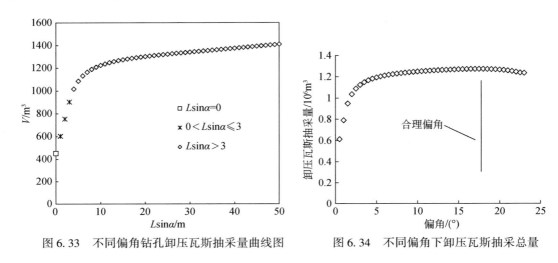

图 6.33　不同偏角钻孔卸压瓦斯抽采量曲线图　　　　图 6.34　不同偏角下卸压瓦斯抽采总量

2. 基于渗透率各向异性的瓦斯预抽增渗技术

1）试验钻孔布置方案

基于渗透率各向异性的瓦斯预抽增渗技术现场试验在阳泉矿区新景矿 8# 煤层西一正巷、北三副巷、北七副巷实施。新景矿 8# 煤层西一正巷试验钻孔布置方案如图 6.35a 所示，从图中可以看出，1#、2# 和 3# 钻孔与煤层走向的夹角较大（>70°），其余钻孔与煤层等高线的夹角较小。研究结果表明，渗透率优势方向通常与煤层走向平行，钻孔与煤层走向的夹角越大则抽采流量越高。因此，理论上 1# ~ 3# 钻孔的抽采流量最大，4# ~ 6# 钻孔、7# ~ 9# 钻孔和 10# ~ 12# 钻孔的抽采流量应该较为接近，13# ~ 15# 钻孔的抽采流量最小。8# 煤层西一正巷试验各钻孔在钻进完成后均采用聚氨酯封孔，封孔长度为 8m，采用长度为 2m 的抽采管，每个孔封 3 段。由于施工原因，1# 孔在打钻完成后的第三天封孔，塌孔严重，导致 1# 孔未能顺利封孔，其他均正常封孔；10# 孔打钻遇矸，未能顺利完成；12# 孔打钻遇矸，未能顺利完成；13# 孔打钻遇矸，未能顺利完成；15# 孔打钻遇矸，未能顺利完成，8# 煤层西一正巷本煤层有效方位考察钻孔共 10 个。

新景矿 8# 煤层北三副巷试验钻孔布置如图 6.35b 所示。根据钻孔轴向与巷道轴向的不同夹角布置五组钻孔，各组钻孔轴向与巷道轴向的夹角分别为 30°、60°、90°、120° 和 150°，每组钻孔间距 30m。每组布置两个钻孔，长 80m，垂距为 10m。150° 组钻孔最左侧钻孔开孔位置距 8128 工作面停采线 126m，该钻孔距 30° 组最右侧钻孔 256.2m。钻孔垂向开孔位置与矿方日常开孔位置一致，封孔长度亦与矿方日常封孔长度保持一致。从图中可以看出，13#、14# 和 15# 钻孔与煤层走向接近垂直，1# ~ 6# 钻孔与煤层走向的夹角较大

（>60°），7#～12#钻孔与煤层走向的夹角较小（<30°）。研究结果表明，渗透率优势方向通常与煤层走向平行，钻孔与煤层走向的夹角越大则抽采流量越高。因此，理论上 13#～15#钻孔的抽采流量最大，1#～3#钻孔和4#～6#钻孔的抽采流量应该较为接近，7#～9#和10#～12#钻孔的抽采流量最小。8#煤层北三副巷试验钻孔各钻孔在钻进完成后均采用两堵一注式封孔方法，封孔长度为18m。由于施工原因，1#孔、2#孔、3#孔、4#孔采用聚氨酯封孔，封孔长度8m，8#煤层北三副巷本煤层有效方位考察钻孔15个。

新景矿8#煤层北七副巷试验钻孔布置方案示意图如图6.35c所示，预设在北七副巷本煤层方向布置五组方位钻孔，为有效对比试验结果，每组钻孔布置三个有效钻孔，每组钻孔内的有效钻孔间垂距为10m；各组钻孔与煤壁夹角分别为30°、60°、90°、120°和150°，五组钻孔的开口总跨度量化为巷道长度约为186m，各钻孔长度为70m，其中1#孔的开孔位置距离西一副巷70m处。各孔的具体开孔高度以及倾角结合煤层夹矸条件以及现场条件确定。从图中可以看出，1#～3#钻孔与煤层走向接近垂直，4#～6#钻孔与煤层走向的夹角较大（>70°），7#～9#钻孔与煤层走向的夹角在45°左右，10#～15#钻孔与煤层走向的夹角较小，小于30°。根据6.4.1节研究结果，渗透率优势方向通常与煤层走向平行，钻孔与煤层走向的夹角越大则抽采流量越高。因此，理论上1#～3#钻孔的抽采流量最大，4#～6#钻孔的抽采流量次之，7#～9#钻孔的抽采流量再次之，10#～12#和13#～14#钻孔的抽采流量最小。8#煤层北七副巷试验钻孔各钻孔在钻进完成后均采用两堵一注式封孔方法，封孔长度为18m，8#煤层北三副巷本煤层有效方位考察钻孔共15个。

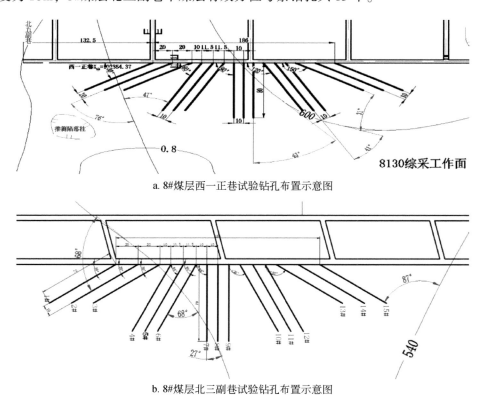

a. 8#煤层西一正巷试验钻孔布置示意图

b. 8#煤层北三副巷试验钻孔布置示意图

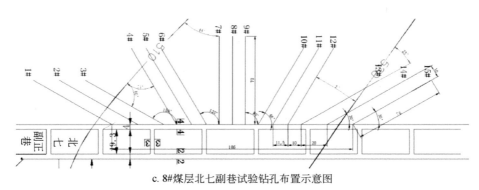

c. 8#煤层北七副巷试验钻孔布置示意图

图 6.35　试验煤层不同巷道位置钻孔布置示意图

2）试验结果分析

西一正巷、北三副巷、北七副巷试验钻孔单孔纯瓦斯流量随抽采时间变化情况如图 6.36 所示。

可以发现，总体上钻孔与煤层夹角越大，钻孔抽采流量越大。对于西一正巷的试验钻孔，30°钻孔（1#～3#钻孔）与煤层走向的夹角最大（>70°），因此这一组钻孔的抽采流量也最大。60°（4#～6#钻孔）、90°（7#～9#钻孔）和 120°（10#～12#钻孔）与煤层走向的夹角比较接近但比 30°钻孔（1#～3#钻孔）小，因此这三组钻孔的抽采流量也比较接近且比 30°钻孔（1#～3#钻孔）小。150°钻孔（13#～15#钻孔）与煤层走向的夹角最小，因此这一组钻孔的抽采流量最小。

对于北三副巷，150°钻孔（13#～15#钻孔）与煤层走向接近垂直，1#～6#钻孔与煤层走向的夹角较大（>60°），7#～12#钻孔与煤层走向的夹角较小（<30°）。北三副巷钻孔的抽采流量也符合这种关系：150°钻孔（13#～15#钻孔）>30°钻孔（1#～3#钻孔）>60°钻孔（4#～6#钻孔）>90°钻孔（7#～9#钻孔）>120°钻孔（10#～12#钻孔）。

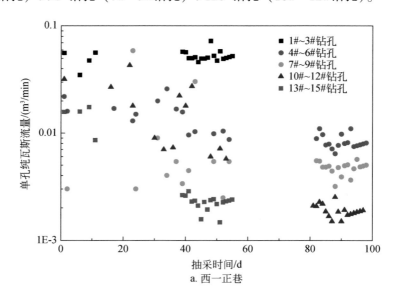

a. 西一正巷

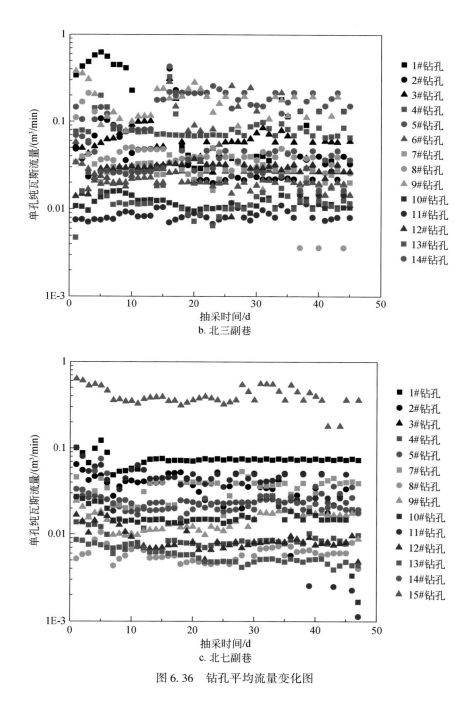

图 6.36　钻孔平均流量变化图

对于北七副巷，30°钻孔（1#～3#钻孔）与煤层走向接近垂直（80°），60°钻孔（4#～6#钻孔）与煤层走向的夹角较大（>70°），90°钻孔（7#～9#钻孔）与煤层走向的夹角在 45°左右，120°钻孔（10#～12#钻孔）和 150°钻孔（13#～15#钻孔）与煤层走向的夹角较小，小于30°。在抽采的前十天，抽采流量与钻孔方位的关系符合这种关系，但抽采进行至十天以后，30°钻孔（1#~3#钻孔）的流量出现了衰减，衰减至低于60°（4#~6#钻孔）和90°钻孔（7#~9#钻孔）的流量，但仍然大于120°（10#~12#钻孔）和150°钻孔（13#~15#钻孔）的抽采流量。

西一正巷、北三副巷和北七副巷试验钻孔抽采结果表明，利用煤层渗透率的优势方向，通过合理布置抽采钻孔方位，可以有效提高单孔瓦斯抽采量。以北三副巷为例，与煤层走向夹角最大钻孔的单孔抽采纯瓦斯流量达到 $0.15m^3/min$，而与煤层走向夹角最小钻孔的单孔抽采纯瓦斯流量仅为 $0.015m^3/min$，仅为前者的1/10，而与切眼平行布置钻孔（新景矿常用的本煤层瓦斯预抽钻孔布置方式）的单孔抽采纯瓦斯流量是 $0.025m^3/min$，仅为最大流量的1/6。因此通过合理布置钻孔抽采方位可以显著提高钻孔的单孔抽采量和相同时间段内的累积抽采量。

本研究通过在试验地点煤层布置试验抽采钻孔考察了钻孔布孔方位对顺层钻孔预抽瓦斯效果的影响，发现布孔方位对钻孔抽采流量有显著影响，印证试验地点煤层渗透率具有各向异性。总体上，钻孔轴向与煤层走向夹角越大，抽采流量越大，煤层走向方向渗透率大于煤层倾向方向渗透率。通过合理调整顺层钻孔方位，可以提高单孔瓦斯抽采量和累积瓦斯抽采量，缩短本煤层瓦斯预抽期，减少本煤层瓦斯预抽钻孔的布置数量，节省钻孔施工成本，降低工作面回采过程中的瓦斯涌出量，加快工作面回采进度，对保障工作面安全回采和提高回采效率具有重要意义。

3. 水力冲孔增渗技术方法

1）试验区概况

本煤层水力扩孔技术的试验矿井为隶属中东部地区的安阳鑫龙煤业（集团）红岭煤矿。红岭煤矿为高瓦斯矿井，主采2-1煤层，本煤层水力扩孔技术试验工作面为15采区1507工作面，试验区段煤层平均倾角为18°，煤层平均厚度为7m，实测最大瓦斯含量为 $7.42m^3/t$，实测最大煤的坚固性系数为0.63，煤体结构较为完整，煤层透气性系数为 $0.563m^2/(MPa^2 \cdot d)$，钻孔瓦斯流量衰减系数为 $0.077d^{-1}$。

2）本煤层水力扩孔效果分析

（1）扩孔钻孔周围煤体应力分布规律

根据煤层实际赋存条件，模拟计算得到钻孔半径为0.042m的普通抽采钻孔和出煤量为0.4t/m（即扩孔后钻孔半径为0.304m）的扩孔钻孔，完孔时刻周围煤体径向应力和切向应力分布规律分别如图6.37和图6.38所示，在钻孔扩孔完成之后，扩孔钻孔周围煤体的径向应力峰值由扩孔前的13.23MPa降低到扩孔后的12.45MPa，钻孔周围煤体所受切向应力峰值向远离钻孔的方向转移，切向应力峰值距钻孔壁面的距离由0.44m扩大至1.63m，说明水力扩孔技术的实施直接扩大了抽采钻孔的卸压范围。从钻孔孔壁到切向峰值应力处的区域，煤体依次位于残余强度区和塑性软化区，该区域内煤体裂隙比较发育，煤体透气性较好，煤体吸附态瓦斯将出现较大规模解吸，并向钻孔汇集，从而形成持续的抽采瓦斯源；钻孔卸压范围越大，孔周煤体卸压增渗效果则越明显。

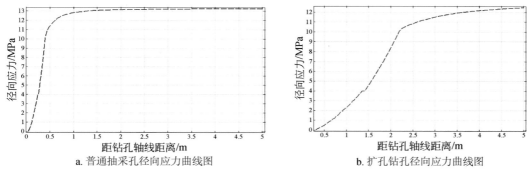

a. 普通抽采孔径向应力曲线图　　　　　b. 扩孔钻孔径向应力曲线图

图 6.37　不同类型钻孔周围煤体径向应力分布对比图

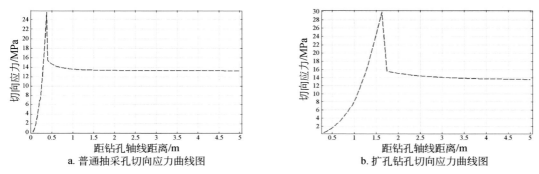

a. 普通抽采孔切向应力曲线图　　　　　b. 扩孔钻孔切向应力曲线图

图 6.38　不同类型钻孔周围煤体切向应力分布对比图

（2）扩孔钻孔周围煤层瓦斯含量分布规律

钻孔周围煤体由于开挖效应导致原岩应力重新分布，形成次生应力，造成钻孔周围不同区域内煤体裂隙空间体积的差异分布；由于瓦斯流动通道宽窄程度的变化，煤层渗透率随之也发生演变；随着时间的推移，钻孔周围煤体内瓦斯不断被抽出，但因不同区域煤体渗透率的差异，瓦斯解吸–扩散–渗流的能力也存在着区域性的不同，最终体现为抽采不同时间后，钻孔周围煤体不同区域内煤层残存瓦斯含量的高低有别。

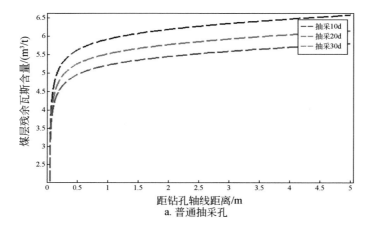

a. 普通抽采孔

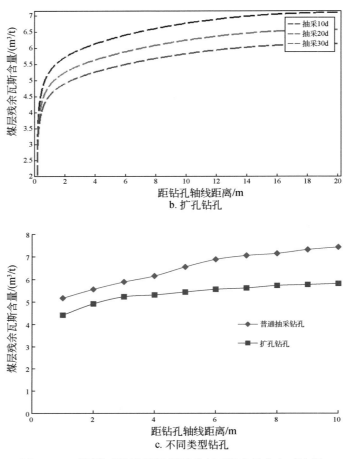

图 6.39　不同类型钻孔周围煤层残存瓦斯含量分布对比图

　　图 6.39a、b 分别为普通抽采钻孔和扩孔钻孔各自抽采 10、20、30d 时的煤层残余瓦斯含量分布规律,周围煤层残余瓦斯含量随抽采时间均发生不同程度的下降,扩孔钻孔较普通抽采孔下降程度更大、范围更广;以抽采 30d 为例,距普通抽采孔 2.8m 范围内的煤层瓦斯含量下降幅度超过 25%,由 $7.42m^3/t$ 降为 $5.57m^3/t$;距扩孔钻孔 7m 范围的煤层残余瓦斯含量下降幅度较为明显,距扩孔钻孔 6.8m 处煤层残余瓦斯含量下降为 $5.57m^3/t$。由此说明经过水力扩孔后的钻孔,钻孔周围煤层卸压范围大幅增加,煤层透气性提高效果显著。

　　现场实测普通抽采钻孔和扩孔钻孔周围煤层残存瓦斯含量如图 6.39c 所示,从图中可以看出,普通抽采钻孔较扩孔钻孔,距钻孔轴线相同距离处的煤层残余瓦斯含量要大;与图 6.39a、b 中数据相比,实测煤层残存瓦斯含量与数值模拟数据相差不大,如距钻孔轴线距离为 1m 处,普通抽采钻孔的实测煤层残余瓦斯含量为 $5.17m^3/t$,模拟结果为 $5.21m^3/t$;距钻孔轴线距离为 1m 处,扩孔钻孔的实测煤层残余瓦斯含量为 $4.42m^3/t$,而模拟结果为 $4.47m^3/t$。研究表明,扩孔钻孔周围煤层残余瓦斯含量随着距钻孔轴线距离的增加而逐渐增大,较普通抽采钻孔下降幅度更大;数值模拟结果和现场考察结果的对比结果，验证了本煤层水力扩孔技术的有效性和抽采钻孔煤体瓦斯流固耦合模型的正确性。

（3）扩孔前后钻孔瓦斯流量变化规律

根据抽采钻孔瓦斯流量衰减情况（表6.9）可以发现，普通抽采钻孔中各孔瓦斯流量衰减系数分别为 $0.026d^{-1}$、$0.029d^{-1}$、$0.046d^{-1}$，平均为 $0.034d^{-1}$；而扩孔钻孔中各孔瓦斯流量衰减系数分别为 $0.007d^{-1}$、$0.014d^{-1}$、$0.013d^{-1}$、$0.007d^{-1}$，平均为 $0.010d^{-1}$。扩孔钻孔平均瓦斯流量衰减系数为普通钻孔的 0.294 倍，说明抽采钻孔经水力扩孔之后，钻孔瓦斯流量衰减系数减小，其原因在于水力扩孔促进钻孔周围煤体卸压增渗，煤体内孔隙裂隙等有效流动通道得到扩展，从而使得远处煤体中的瓦斯能够顺利汇聚到钻孔之中，形成持续稳定的瓦斯流动，因而扩孔钻孔瓦斯流量衰减系数较小。

表 6.9　不同类型钻孔瓦斯抽采量对比

孔号	钻孔类型	月瓦斯抽采量/m^3
1	扩孔钻孔	2946
2	扩孔钻孔	1328
8	扩孔钻孔	2326
11	扩孔钻孔	2022
3	扩孔钻孔周围抽采钻孔	8109
4	扩孔钻孔周围抽采钻孔	7471
9	扩孔钻孔周围抽采钻孔	4966
10	扩孔钻孔周围抽采钻孔	3237
242	普通抽采钻孔	2027
243	普通抽采钻孔	2968
253	普通抽采钻孔	3332
258	普通抽采钻孔	2640

第7章 深部开采地下水系统损伤规律
与保护关键技术

我国煤炭规模化开采中地下水资源保护一直是绿色开采面临的科学难题，也是我国深部煤炭开采亟待解决的问题。煤炭开采中引发地下含水层破坏，导致大量地下水渗流并形成矿井涌水，破坏了地下水原始的补–径–排关系，损伤了原生态地下水系统和区域地下水循环关系。而深部开采与浅部开采相比，采动覆岩结构中含水层增多，原态地下水补、径、排结构更加复杂。我国中东部矿区主采煤层多为石炭系—二叠系煤层，煤炭开采深度相对较深，而西部矿区主采煤层多为侏罗系煤层，煤炭开采深度相对较浅。中东部矿区和西部矿区相比，含煤岩系及采动覆岩岩性组合和含水层结构存在显著差异性，西部矿区深部开采实际临界深度相对较浅。因此，随着开采深度增加，中东部矿区和西部矿区都面临着深部开采中出现的地下水系统破坏问题。

掌握深部开采中地下水系统损伤规律是解决地下水资源保护的基本理论问题，最大限度地降低煤炭开采中对地下水系统补–径–排原态关系的损伤是实现地下水资源保护的技术难点。本章通过简单对比我国中东部和西部矿区的水文地质结构，系统总结分析规模开采中地下含水层的失水模式和地下水系统影响规律，研究开采对地下水系统补、径、排循环关系的扰动规律，按照地下水系统的"原态"基本关系，提出地下水系统保护工艺与关键技术。

7.1 深部开采地下水系统损伤机理与变化规律

矿区水文地质结构是地下水系统补–径–排原态关系的综合表征，开采煤层与地下水系统的关系是研究采动对地下水系统影响规律的基础。尽管中东部矿区与西部矿区相比，开采深度相对较大，但由于都处于深部开采状态，掌握地下水系统损伤过程和失水规律成为解决深部开采地下水保护的关键。

7.1.1 深部开采水文地质结构特征

1. 中东部深部开采水文地质结构特征

中东部矿区深部开采水文地质结构研究是以中部的阳煤一矿、阳煤二矿、淮南谢桥矿，东部的枣矿滨湖煤矿、济宁王楼煤矿、滕州东大煤矿为对象，通过归纳分析采动覆岩的含水层结构和补–径–排基本关系，提取中东部深部开采水文地质结构特征。概括划分为4~5组含水层与隔水层的结构。

（1）中部矿区主采煤层埋深400~800m，煤厚0.5~8m。主要含水层多为第四系松散含水层、二叠系砂岩含水层、太原组灰岩含水层、奥陶系灰岩含水层。其中煤层顶板的砂岩含水层、底板太原组灰岩为煤层开采直接充水水源，第四系、奥陶系灰岩为间接充水水源，主要水害威胁为底板太原组灰岩、奥陶系灰岩（图7.1a）。

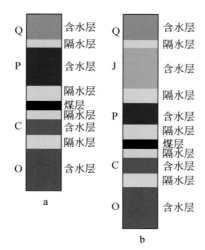

图 7.1　中东部煤层开采水文地质结构特征

Q. 第四纪地层；J. 侏罗纪地层；C. 石炭纪地层；P. 二叠纪地层；O. 奥陶纪地层

（2）东部矿区主采煤层也是石炭系—二叠系煤层，埋深600~1100m，煤厚0.2~3m。主要含水层多为第四系松散潜水含水层、侏罗系砂砾岩含水层、二叠系砂岩含水层、太原组灰岩含水层、奥陶系灰岩含水层。直接充水水源与间接充水水源与中部矿区相似，部分矿区侏罗系砂砾岩含水层也为直接充水水源（图7.1b）。

在中东部矿区，水文地质结构主要为两种类型，一种为两层含水层+两层隔水层+煤层+两层含水层+两层隔水层（简称22M22）；另一种为三层含水层+三层隔水层+煤层+二层含水层+两层隔水层（简称33M32）。因此，开采煤层M底板含水层结构对安全开采尤其重要。

2. 西部深部开采水文地质结构特征

以鄂尔多斯盆地的侏罗纪煤田为例，总结了神府东胜和宁东两个典型矿区水文地质结构，按煤层埋深及与含水层空间位置关系，分为三种结构类型（图7.2）。

（1）浅埋深薄基岩裂隙–厚松散孔隙含水层结构（图7.2a）。该结构类型煤层上覆包含两类含水层，松散孔隙含水层及侏罗系基岩裂隙含水层，其中松散含水层较厚，基岩含水层较薄，典型矿区为神府东胜煤田的神东、神府、榆神矿区等，煤层埋深一般小于300m。

（2）中埋深厚基岩裂隙–松散孔隙含水层结构（图7.2b）。该结构类型煤层上覆包含两类含水层，松散孔隙含水层及侏罗系基岩裂隙含水层，其中松散孔隙含水层较薄，基岩裂隙含水层较厚，典型矿区为宁东煤田的鸳鸯湖、马家滩矿区等，煤层埋深一般位于250~500m。

（3）大埋深松散孔隙–巨厚复合基岩裂隙含水层结构（图7.2c）。该结构类型煤层上覆包含三类含水层，松散孔隙含水层、白垩系及侏罗系基岩裂隙含水层，其中松散孔隙含水层较薄，基岩裂隙含水层巨厚，典型矿井为神府东胜煤田的呼吉尔特矿区、新街矿区、塔然高勒矿区等，煤层埋深普遍较大，多位于400~700m，最深近千米。

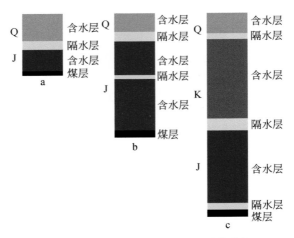

图7.2　西部煤层开采水文地质结构特征

Q. 第四纪地层；K. 石炭纪地层；J. 侏罗纪地层

在西部矿区，除浅埋藏煤层的两层含水层与一层隔水层结构（21M，或a型）外，中深部埋藏煤层的上覆含水层结构主要为三层含水层与三层隔水层共存的"三含–三隔"型（32M，或b型）、三层含水层和两层隔水层共存的"三含–两隔"结构（33M，或c型）。煤层埋深普遍较大，且采动覆岩结构复杂和含水层厚度相对增加，导致开采深部状态出现的临界深度较小，如新街矿区、塔然高勒矿区、宁东矿区的典型矿深部临界深度仅为500m左右，煤炭规模开采中地下水系统的损伤变化显得尤为重要。

7.1.2　深部开采地下水系统损伤机理

综合我国中东部矿区和西部矿区水文地质结构四种类型（22M22、33M32、32M、33M），西部矿区的32M、33M对地下水系统影响较大，特别是"三含–两隔"型（32M）结构显得尤为脆弱。以鄂尔多斯盆地侏罗纪煤田为例，系统收集和整理了区内导水裂隙带高度实测值（表7.1），不同开采方式实测结果表明，综放开采平均采高约9m，采深532m，采宽172m，导水裂隙带高度179m，采裂比为19.37；综采平均采高约4.28m，采深258m，采宽264m，导水裂隙带高度85m，采裂比20.89。由于该区采动覆岩多为中硬岩–软岩层，随着采深增大，导水裂隙带高度有变大趋势，而放采与综采相比，随着采深增大导水裂隙带高度增加趋势明显，而裂采比变化趋势相同，开采深度无显著影响。因此，与综采采裂比相近（表7.1）。

表 7.1　鄂尔多斯盆地侏罗纪煤田导水裂隙带高度实测值

编号	煤田	矿区名称	煤矿工作面	开采方式	采高/m	采深/m	采宽/m	导高/m	裂采比	覆岩强度
1	黄陇煤田	彬长	大佛寺 40106 工作面	综放	11.5	460	180	192.12	17.12	中硬
2			大佛寺 40108 工作面	综放	11.22	391.5	180	189.05	16.85	中硬
3			高家堡矿 41101 面	综放	4.36	983.8	120	88.03	20.19	中硬
4			雅店煤矿	综放	12.6	420.2	200	214.2	17	中硬
5			下沟矿 ZF2801 工作面	综放	9.9	330	93.4	125.81	13.53	中硬
6			下沟矿 ZF2803 工作面	综放	8.7	330	96.2	97.47	11.2	中硬
7			下沟矿 ZF2804 工作面	综放	8.9	330	95	149.48	16.8	中硬
8			亭南煤矿 204 工作面	综放	6	575	200	135.23	22.54	中硬
9			亭南煤矿 304 工作面	综放	9.1	529.5	204	254.04	27.92	中硬
10			胡家河矿 401101 面	综放	10.1	608.4	175	225.43	22.32	中硬
11			火石咀矿 8712 工作面	综放	10	628.16	200	220	22	中硬
12		焦坪	玉华矿 1405 工作面	综放	8	450	165	156	19.5	中硬
13			下石节矿 223 工作面	综放	7	620	240	187.4	26.77	中硬
14		永陇	崔木煤矿 21301 工作面	综放	12	553.22	196	239.12	19.93	软弱
15			崔木煤矿 21303 工作面	综放	8.2	576.89	202.5	190.51	23.23	软弱
16			崔木煤矿 21305 工作面	综放	10.86	694.83	150	230.97	21.27	软弱
17			郭家河矿 1305 工作面	综放	14.8	573.5	235	164	11.08	软弱
18		黄陵	黄陵一矿 603 工作面	综采	2.6	305	200	65.5	25.2	中硬
19	宁东煤田	鸳鸯湖	红柳矿 1121 工作面	综采	5.3	330	302	62.5	11.8	中硬
20			灵新矿 I3314 工作面	综采	2.45	120	180	56.03	20.8	中硬
21			灵新矿 051505 工作面	综采	2.75	250	280	57.35	22.94	中硬
22		马家滩	金凤矿 011802 工作面	综采	4.6	500	280	63.12	13.72	中硬
23			梅花井 112203 工作面	综采	2.7	215	250	43.45	16.09	中硬
24	神府东胜煤田	神东	转龙湾矿 23103 工作面	综采	4.5	250	260	92.06	20.46	软弱
25			乌兰木伦矿 12403 面	综采	2.4	125	300	62.89	25.46	中硬
26			补连塔矿 12406 工作面	综采	4.5	200	290	89.5	20.43	中硬
27			补连塔矿 31401 工作面	综采	4.4	247	265	153.95	34.98	中硬
28		神府	张家峁矿 15204 工作面	综采	6	89.7	300	69.17	11.5	中硬
29			大柳塔 52306 工作面	综采	7.3	175	300	137.32	18.8	中硬
30		榆神	金鸡滩矿 12-2 上 101 面	综采	5.5	260	300	109.72	19.95	软弱
31		呼吉尔特	巴彦高勒 311101 面	综放	5.72	620	260	126	23.78	中硬
32		榆横	榆阳煤矿 2304 工作面	综采	3.5	188	200	96.3	27.5	中硬

由该区不同水文地质结构分析可知，a 型和 c 型水文地质结构，随采深增大，裂采比呈增大趋势，b 型水文地质结构随采深增大裂采比呈下降趋势（图 7.3 和图 7.4）。

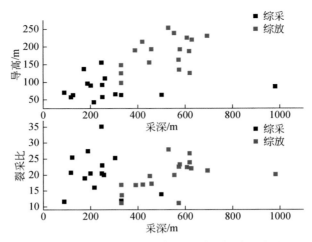

图 7.3　不同采煤工艺下导高和裂采比与采深关系图

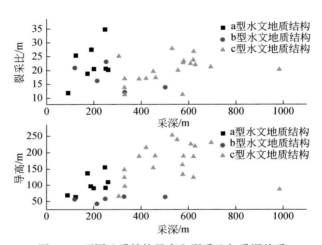

图 7.4　不同地质结构导高和裂采比与采深关系

对于 a 型水文地质结构，根据"两带"发育实测值，导水裂隙带高度主要有两种模式（图 7.5）。其中①型为导高直接发育至松散含水层甚至地表，②型为导高未发育至松散层，导高至松散层底部一般为 20~60m。对应 32M、33M 型水文地质结构，导水裂隙带高度模式为②型，导高未发育至松散层，b 型导高至松散层底部多为 100~300m，c 型导高至松散层底部距离 150~400m。

根据王双明院士的研究成果，煤层开采过程中，不仅产生自下而上发育的"上行裂隙带"（导水裂隙带），还产生自上而下发育的"下行裂隙带"，如图 7.6 所示。下行裂隙深度一般为采高的 2 倍左右，上行导水裂隙和下行裂隙未贯通，并且具有 3~5 倍采厚的安全带厚度，不会导致明显的潜水流失。从水文地质学角度考虑，将鄂尔多斯盆地侏罗纪煤田开采类型分为两类，一类为开采会引起潜水流失，影响地表生态，如神东、神府矿区的转龙湾、乌兰木伦、补连塔、张家峁、大柳塔等矿；二类为开采不会引起潜水流失，地表生态不受影响。

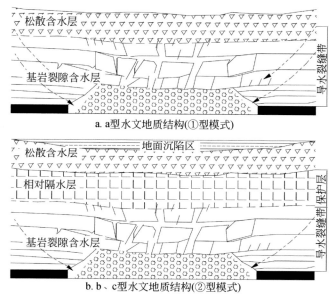

a. a型水文地质结构(①型模式)

b. b、c型水文地质结构(②型模式)

图 7.5 不同水文地质结构导水裂隙带发育模式

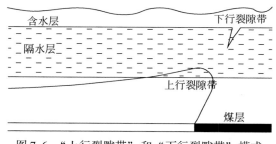

图 7.6 "上行裂隙带"和"下行裂隙带"模式

7.1.3 深部开采地下水系统的失水模式

采煤活动导致围岩含水、导水能力的变异是地下水动力变化的根本原因。目前,采矿与地下水研究的相关学者对采动覆岩破坏有较为一致的认识,以经典的采矿"覆岩分带"理论为研究基础,认为煤层开采后采动覆岩由下至上依次分为冒落带、裂隙带和弯曲带。其中,冒落带与裂隙带由于极强的导水能力,被合称为导水裂隙带,采动导水裂隙由于极强的导水能力,是引起含水层失水的控制因素。基于深部矿区地质及水文地质条件,结合西部矿区深部高强度开采覆岩失稳特征与变化规律,分析煤层开采形成的导水裂隙带与上覆含隔水层组的空间位置关系,可建立不同的地下水系统失水模式。

1. 浅部煤层两带破坏侧向直接失水型

大量煤层开采实践与研究测试成果显示,浅部煤层(<300m)开采采动导水裂隙带突

破隔水保护层（如侏罗纪煤田榆神府矿区的离石组黄土与保德组红土层，宁东矿区古近系砂质黏土岩隔水层）直接发育至地表，为"两带型"（冒落带、裂隙带）覆岩破坏模式，近地表的松散含水层由于导水裂隙直接揭露，地下水沿导水裂隙带直接进入采掘空间，如图 7.7 中的含水层 1 与含水层 2，工作面顶部含水层导水裂隙直接揭露后被迅速疏干，含水层地下水以侧向漏失为主，形成了典型的"两带侧向型"失水模式，这种失水模式主要集中在西部侏罗纪煤田的薄基岩浅部煤层区。

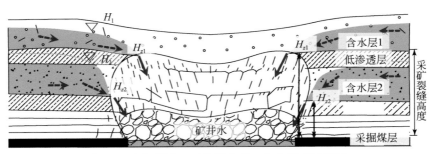

图 7.7　浅部煤层"两带侧向型"失水模式示意图

2. 中深煤层三带破坏侧向与垂向复合失水型

主采煤层埋深相对较大（250~500m）的中深部矿区（如马家滩、鸳鸯湖、榆神等），采动覆岩一般为"三带型"破坏模式，当导水裂隙带发育至基岩内部或隔水关键层底部，即位于弯曲带内松散水层与导水裂隙带之间余留一定厚度的保护层，如图 7.8 所示，一方面，由于含水层 2 被"导水裂隙带"揭露地下水大量漏失，在导水裂隙内地下水被迅速疏干，含水层 2 以侧向漏失为主；另一方面，由于弯曲带内含水层 1 与导水裂隙带内的含水层 2 间的水力梯度加大，加剧了含水层间的流体在压力梯度的作用下向采空区的垂向流动，出现含水层 1 沿保护层的垂向失水，因此，煤层覆岩主要含水层发生侧向和垂向上的双重流失。李涛等（2017）采用水-电相似模拟技术，测试得出当采后有效隔水层为 42.6m 离石黄土或 21.0m 保德红土时，潜水才不会显著漏失。可见中深煤层开采易形成典型的"三带破坏侧向与垂向复合"失水模式。

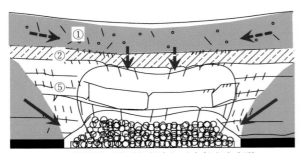
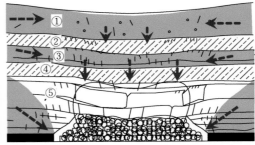

a. 中深煤层三带破坏侧向与垂向复合失水型　　　　b. 深部煤层三带破坏复合隔水保护微失水型

图 7.8　中、深部煤层地下水系统失水模式示意图

①松散含水层组；②主隔水层；③基岩含水层 1；④亚隔水层；⑤基岩含水层 2

3. 深部煤层复合隔水保护微失水型

主采煤层埋深相对大（>400m）的深部矿区，如图 7.8 所示，采动覆岩一般为"三带型"破坏模式，采动导水裂隙发育至煤层顶板基岩含水层，上部余留主、亚两个隔水保护层（表 7.2），采动裂隙直接揭露的基岩含水层沿导水裂隙直接失水，而亚隔水保护层上部的基岩含水层间接越流失水，而近地表的松散含水层由于存在亚隔水保护层与主隔水保护层保护，地下水越流漏失微弱，易形成复合隔水保护微失水模式。

表 7.2　主要隔水保护层

煤层埋深类型	隔水保护层		区域
浅部煤层区与中深部煤层区	主隔水保护层	由第四系离石组的黄土和新近系保德组红土共同组成的黏土隔水层	榆神府矿区
	亚隔水保护层	侏罗系安定组地层以含泥岩、砂质泥灰岩沉积为主，厚度稳定，一般划分为相对隔水层	
深部煤层区	主隔水保护层	古近系砂质黏土岩隔水层	宁东矿区、呼吉尔特等
	亚隔水保护层	直罗组底部砂岩含水层顶板隔水层	

因此，中深部煤层开采主要存在三带破坏侧向与垂向复失水型，以及复合隔水保护微失水型两种模式。

7.1.4　典型矿井深部煤层开采地下水失水规律

对典型矿井深部煤层开采的地下水失水规律采用 COMSOL 数值分析方法，为了便于分析与数据处理，将识别得出的导水裂隙带范围概化成倒梯形，梯形各面定义为零水压力边界，在失水模型中分别对梯形各面进行达西流速积分，积分可得出来自导水裂隙侧面和顶面各含水层的地下水流失量，建立工作面尺度上含水层地下水失水分析模型。分别以榆树湾、小壕兔井田为案例，模拟分析 2 种模式失水规律，为了削弱模型边界效应影响和直观分析，采煤工作面走向上的模型尺度为 100m，模型宽度设置为 3000m。

1. 中深侧向与垂向复合流失型

榆树湾煤矿位于陕北能源基地榆神矿区中南部，主采 2-2 煤层，均厚 11.62m，开采深度约 296m，根据矿井工作面地质结构，模型中定义基岩厚约 133m，风化基岩层 30m，土层 120m，松散层 10m，首次开采煤层厚度约为 5m，实际测试得出的导水裂隙最大发育高度为 130m（师本强，2011），未发育至土层；相似材料模拟得出当采高为 7m 时，导水裂隙最大发育高度为 168m（王悦等，2014），导水裂隙已揭露风化层，发育至土层内部，与松散层之间余留一定厚度的保护层，均为侧向与垂向复合失水模式。

如图 7.9a 和表 7.3 所示，含水层地下水以侧向失水为主，分层开采时（采高 5m），导水裂隙高度为 130m 时，导水裂隙发育至直罗组与延安组基岩含水层内部，基岩含水层以导水裂隙为中心形成明显的地下水降落区，地表松散含水层由于土层的保护（土层厚度 120m），地下水流场基本未发生变化，含水层失水总量为 83.47m³/h，其中侧向失水量约为 73.62m³/h，顶部含水层（含风化基岩含水层、土层与松散含水层）地下水的垂向越流漏失量约为 9.85m³/h。

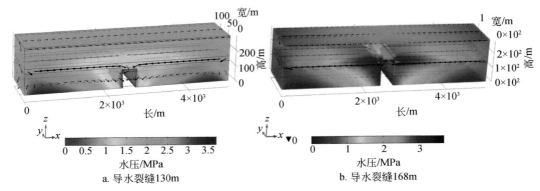

a. 导水裂缝130m　　　　　　　　b. 导水裂缝168m

图 7.9　榆树湾煤矿工作面尺度含水层失水模拟云图

表 7.3　含水层失水量

导高/m	揭露层位	失水模式	失水量/(m³/h)		
			顶部	侧向	总失水量
130	基岩含水层	侧向与垂向复合失水	9.85	73.62	83.47
168	风化基岩含水层		14.68	105.88	120.56

如图 7.9b 和表 7.3 所示，一次采全高时，当导水裂隙高度为 168m 时，由于导水裂隙直接贯通基岩含水层，发育至风化基岩含水层底部，失水总量增加至 120.56m³/h，其中基岩含水层与风化基岩含水层侧向失水量 105.88m³/h，由于风化基岩含水层与近地表松散含水层间的水力梯度增加，导水裂隙顶部的含水层地下水的越流漏失量增加至 14.68m³/h，导致地表松散含水层地下水流场发生了明显变化，在工作面顶部地下水流向逆转。

可见中深煤层开采覆岩含水层为侧向与垂向复合流失模式，且以侧向失水为主，但是随着导水裂隙带高度的增加，余留保护层厚度减少，含水层层间水力梯度的增加导致垂向的越流量增加，根据相关文献分析成果，榆树湾煤矿在基岩厚度较大、隔水土层较厚的浅埋煤层中采用分层开采，已实现保水开采。可见通过限高、分层开采抑制导水裂隙发育高度是实现"控水采煤"的一项重要措施。

2. 深部复合隔水保护微流失型

小壕兔一号井田位于陕北能源基地榆神矿区深部，主采 1-2 号煤层，均厚 4.8m，埋深大于 400m，煤层上覆松散含水层（25m）、离石与新保德组隔水土层（48m）、洛河组基岩含水层（66m）、安定组亚隔水土层（136m），以及直罗组与延安组基岩含水层（132m），按照矿区 23 倍裂采比分析，1-2 号煤层采动导水裂隙带高度约 110.4m，发育至直罗组与延安组基岩含水层顶部，未揭露安定组亚隔水土层，其失水模式属于复合隔水保护微流失型。

如图 7.10 所示，小壕兔一号井田综放开采 1-2 号煤层时，导水裂隙带发育至直罗组与延安组基岩含水层内部，采动对该基岩含水层流场影响较大，基岩含水层以导水裂隙为中心形成较为明显的降落漏斗，由于安定组与离石、保德组隔水层复合保护，近地表松散含水层地下水流场基本未发生变化（图 7.10c）；如表 7.4 所示，含水层总失水总量为 21.87m³/h，其中直罗组与延安组含水层侧向的失水量为 18.60m³/h，顶部洛河组基岩含水层与松散含水层垂向越流失水量仅为 3.27m³/h，失水量小，流场影响小。

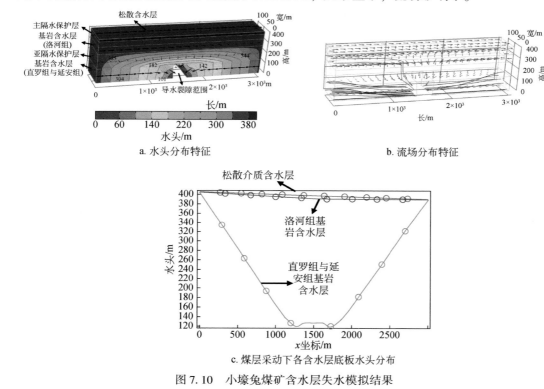

a. 水头分布特征　　　　　　　　　　　　b. 流场分布特征

c. 煤层采动下各含水层底板水头分布

图 7.10　小壕兔煤矿含水层失水模拟结果

表 7.4　小壕兔煤矿含水层失水量

揭露层位	失水模式	失水量/（m³/h）		
		顶部	侧向	总量
亚隔水保护层下部	复合保护微流失型	3.27	18.60	21.87

可见深部煤层开采覆岩含水层为复合隔水保护微流失型失水模式，近地表松散含水层采动影响极小，基本为天然保水型煤层开采。

7.2　深部开采对地下水系统的影响规律

数值模拟方法较解析法或其他评价方法来讲，能够较全面充分地刻画含水层的内部结构特点和模拟比较复杂含水层系统边界及其他一般解析方法难以处理的水文地质问题。针对深部开采对地下水系统的影响规律，在地下水流动系统模拟平台的基础上，通过数值化处理采掘扰动对地下水环境的影响要素，来建立采煤对地下水系统影响程度的模型。

7.2.1　地下水系统模型

选取鄂尔多斯盆地呼吉尔特矿区沙拉吉达井田，建立地下水系统模型，分析深部开采时对地下水系统的影响。该区属于薄松散孔隙–巨厚复合基岩裂隙含水层结构特征，计划主采 3-1 煤层，厚度 5.3~8.1m，平均 6.2m。地表被厚约 30m 的第四系风积沙覆盖，潜水水位埋深约 2m。潜水含水层主要由第四系萨拉乌苏组冲湖积层和风积层等松散岩类地层组成，承压水含水层由白垩系志丹群碎屑岩类地层组成。井田地表为鄂尔多斯市饮用水水源地保护区，已建成水源井 51 眼，取水井井深 150m 左右，主取水层位为第四系上更新统萨拉乌苏组松散岩类孔隙含水层。采用群井开采暗管输送的方式，开采规模 10 万 t/d。

通过收集水源地及井田内地质钻孔，将研究区含水层结构进行了三维剖分分层，在垂向上把地表孔隙含水层、砂岩裂隙含水层与 3-1 煤之间垂向上共剖分了五个单元层。构建模拟区的三维地质模型，根据降雨入渗研究成果，大气降水净补给系数取 $\alpha = 0.34$，降雨量取多年平均值。蒸发是孔隙含水层主要排泄形式之一，在风积沙区，一般临界蒸发深度为 4m，水位埋深小于 4m 的区段，通过线性插值来计算不同深度的蒸发量。井田距离水文地质单元的天然边界较远，根据孔隙含水层天然流场特征，其主体地下水水流方向为西北–东南向，区内水位变幅极小，因而模拟区西北与东南边界以实测水位为准定义为一类水头边界，两侧与地下水径流方向平行，定义为二类零通量边界。

由于沙拉吉达井田地表为正常供水的水源地（2013 年开始供水），为了对比分析煤层开采形成的导水裂隙带对孔隙含水系统的影响，采用如下预测评价方案：

（1）预测无采掘活动时，水源地取水时区内孔隙含水层地下水流场变化趋势与特征。

（2）预测地面沉陷影响下，孔隙含水层初始流场特征。其中水源地取水规模设定为 10 万 m^3/d，井田范围内地表与孔隙含水层高程降低 4.8m。

（3）预测不同冒裂带发育高度情况下（水源地同时取水），分工况模拟不同导水裂隙带高度下研究区地下水变化情况（水层水位、水均衡）。

（4）综合对比分析与评价采煤对地下水系统影响程度。

具体预测方案，根据冒裂带发育的不同高度，将模型 3–1 煤层顶板以上延安组砂岩裂隙含水层与直罗组隔水层细化为 8 个分层，如图 7.11 所示。

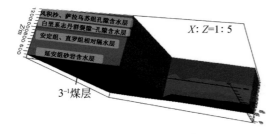
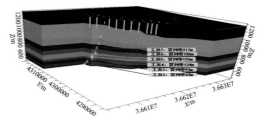

a. 沙拉吉达井田三维地质模型　　　　　　　b. 不同工况下井田三维地质模型

图 7.11　鄂尔多斯沙拉吉达井田地下水系统三维模型图

当冒裂带发育到某一高度，在井田边界范围内该层位水位下降至该层位底板标高以下，而在平面上冒裂带发育边界部位水位高度等于该层位底板标高，以此为约束条件，计算模拟孔隙含水层地下水的变化特征。其他源汇项输入在各工况计算中不变，如表 7.5 所示。

表 7.5 预测方案设计表

工况	冒采比	3-1 煤层采厚/m	冒裂带高度/m	井田边界外扩范围 （塌陷角按 75°）/m	冒裂带发育层位	地面沉陷值/m	水源地取水
工况 0	0	0	0	0	—	0	是
工况 1	0	6.2	0	0	—	4.8	是
工况 2	10	6.2	62	28.91	延安组	4.8	是
工况 3	15	6.2	93	43.37	延安组	4.8	是
工况 4	20	6.2	124	57.82	直罗组	4.8	是
工况 5	25	6.2	155	72.28	直罗组	4.8	是

注：冒采比是指冒裂带高度与煤层采厚的比值。

7.2.2 深部开采对地下水流场影响

1. 水源地取水对地下水流场影响预测（工况 0）

水源地大量抽采孔隙含水层水，势必会造成区内孔隙含水层水位降低。为了预测水源地取水对孔隙含水层水位的影响，根据水源地取水孔实际位置设置抽水井，以模型校正后的天然流场为初始水头，进行非稳定模拟，预测流场变化。另外在井田中部虚拟设置一个水位监测孔，绘制该监测孔水位历时曲线。

从模拟结果可以看出，在工况 0 的条件下，流场分布较之初始流场，研究区水位逐渐下降明显，在井田南部已形成一定范围内的降落漏斗。从监测孔水位历时曲线可知，当水源地取水 1800 天（5 年）后监测点水位变化极小，水位基本无变化，水位平均降至 +1279m 左右，水位平均降深约为 5.4m，即说明孔隙含水层流场在取水后 5 年基本达到稳定。

通过对工况 0 进行稳定流模拟，得出研究区水源地取水形成孔隙含水层流场的变化趋势与最终状态，从模拟结果可以看出，在工况 0 的条件下流场分布最终状态较之初始流场，由于水源地取水研究区水位下降明显，形成了较为明显的降落漏斗，大约在取水 5 年后，流场达到动态平衡，井田范围内的平均水位降低约 5.4m。

2. 地面沉陷对地下水流场影响预测（工况 1）

工况 1 通过将井田范围内地表与孔隙含水层高程降低 4.8m，如图 7.12 所示，在水源地取水的条件下，通过稳定流模拟进一步预测孔隙含水层流场变化特征。

在水源地不取水的情况下，孔隙含水层埋深大多小于 3m，地面沉陷 4.8m，地面沉陷区易产生地表积水，井田内潜水蒸发转变为水面蒸发，强烈的水面蒸发，致使水位进一步降低，孔隙含水层水资源大量损失。

目前水源地大规模取水，根据对工况 0 水源地取水条件下孔隙含水层的流场预测分析，水源地正常取水约 5 年后，流场达到稳定，由于水源地取水造成井田范围水位平均降深达 5.4m，大于 4.8m 的地面沉陷值，且地面沉陷形成的范围与深度是逐步扩展的，因此地表不会形成地面积水。

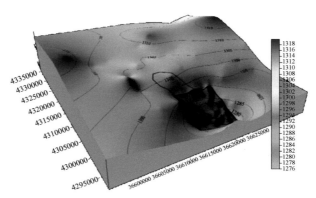

图 7.12　工况 1 地面标高等值线图

地面沉陷 4.8m，平面距离：垂向距离 = 1：30

在水源地取水及地面沉陷的条件下（图 7.13），井田内水位平均降深 5.42m，较之无沉陷时，井田水位附加平均降幅为 0.02m，井田范围外水位基本无变化，井田周边由于地面沉陷埋深相对减少，潜水蒸发量稍有增加，表明水源地取水是井田水位下降的主要原因，地面沉陷对流场变化影响极小。

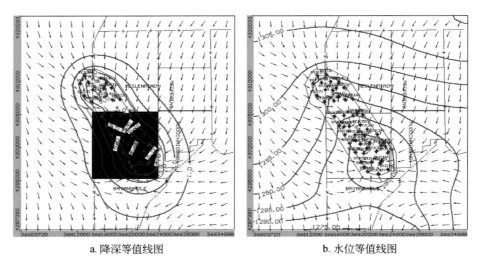

a. 降深等值线图　　　　　　　　　　b. 水位等值线图

图 7.13　工况 1 条件下孔隙含水层流场分布特征

3. 导水裂隙对地下水流场影响预测（工况 2 ~ 工况 5）

工况 2 ~ 工况 5 的模拟均采用稳定流进行计算，预测不同冒裂带高度下，采煤形成冒裂带对孔隙含水层地下水流场的最大影响程度。

工况 2 中冒裂带高度 62m，流场预测结果如图 7.14 所示。

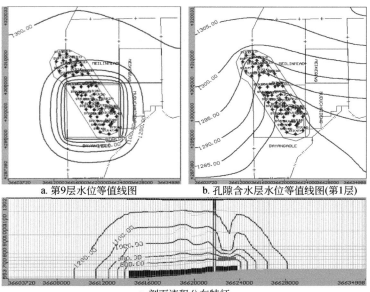

a. 第9层水位等值线图　　　　　b. 孔隙含水层水位等值线图(第1层)

c. 剖面流程分布特征

图 7.14　工况 2 地下水流场分布特征

工况 3 中冒裂带高度 93m，流场预测结果如图 7.15 所示。

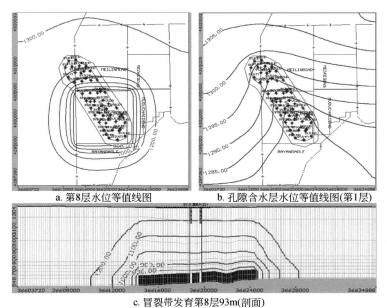

a. 第8层水位等值线图　　　　　b. 孔隙含水层水位等值线图(第1层)

c. 冒裂带发育第8层93m(剖面)

图 7.15　工况 3 地下水流场分布特征

工况 4 中冒裂带高度 124m，同时在模型第 7 层位井田边界处设置一类水头内部边界，水头高度等于该层底板标高。流场预测结果如图 7.16 所示。

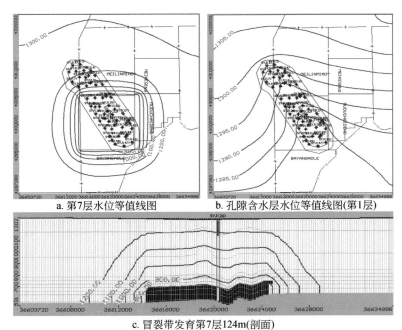

a. 第7层水位等值线图　　　　　　b. 孔隙含水层水位等值线图(第1层)

c. 冒裂带发育第7层124m(剖面)

图 7.16　工况 4 地下水流场分布特征

工况 5 中冒裂带高度 146m，在模型第 6 层位井田边界处设置一类水头内部边界，水头高度等于该层底板标高。流场预测结果如图 7.17 所示。

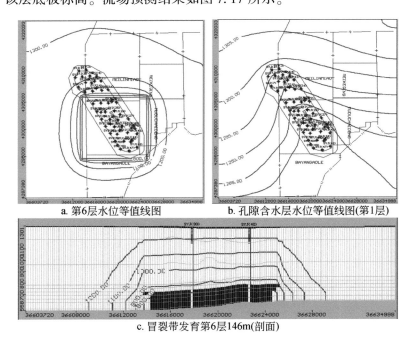

a. 第6层水位等值线图　　　　　　b. 孔隙含水层水位等值线图(第1层)

c. 冒裂带发育第6层146m(剖面)

图 7.17　工况 5 地下水流场分布特征

综合工况 2～工况 5 模拟预测，可知孔隙含水层流场受水源地取水影响较大，水源地大规模的取水使孔隙含水层水位平均下降了 5.4m。当冒裂带高度发育至白垩纪地层层位，导水裂隙带形成的导水通道对砂岩含水层流场影响较大，形成明显的降落漏斗，但对孔隙含水层流场影响极小，其流场基本无变化，最大水位附加降深约为 0.42m（工况 5）。

7.2.3　深部开采对地下水系统均衡影响

通过模拟预测，不同工况下孔隙含水层的水均衡情况如表 7.6 所示。

表 7.6　孔隙含水层地下水均衡计算统计表

工况	冒裂带高度/m	水位降幅/m	(水位降幅/含水层厚度)/%	降雨补给量/(m³/d)	侧向补给量/(m³/d)	侧向排泄量/(m³/d)	蒸发量/(m³/d)	侧向补给总量/(m³/d)	含水层补给增量/(m³/d)	(补给增量/侧向补给量)/%	备注
水源地未取水	0	0	0	369316.7	26032	81954	313387	72777	0	0	未取水、无采掘
工况 0	0	0	0	369316.7	26762	77504	220583	97094	0	0	取水、无采掘
工况 1	0	-0.02	-0.02	369316.7	26762	77504	220583	97094	0	0	取水、沉陷 4.8m
工况 2	62	-0.15	-0.12	369316.7	26810	76886	215238	98593	1499	1.54%	冒裂带发育至延安组
工况 3	93	-0.22	-0.17	369316.7	26812	76684	212754	98953	1859	1.91%	冒裂带发育至延安组
工况 4	124	-0.24	-0.18	369316.7	26813	76682	212726	98965	1871	1.93%	冒裂带发育至直罗组
工况 5	155	-0.25	-0.19	369316.7	26813	76662	212466	99127	2033	2.09%	冒裂带发育至直罗组

从预测结果可以看出，随着冒裂带高度增加（工况 2～工况 5），水源地取水的孔隙含水层侧向补给量基本无变化。孔隙含水层补给增量主要来源是袭夺了侧向排泄减量与潜水蒸发的减量，因而采煤对含水层水均衡影响不大。

7.2.4　深部开采对地下水影响评价

不同工况采煤对孔隙含水层地下水水位影响程度如图 7.18、图 7.19 所示：随着冒裂带高度的增加（工况 2～工况 5），砂岩含水层水位下降明显，但水源地取水的孔隙含水层水位降低不明显。孔隙含水层与砂岩含水层之间水力梯度增加，使层间越流量增加，孔隙含水层水位有所降低，如冒裂带高度为 155m 时（工况 5），导水裂隙带发育至直罗组相对隔水层的中部，孔隙含水层水位降低了 0.25m，孔隙含水层平均厚度约为 130m，水位降低幅度仅为 0.19%，表明采煤对孔隙含水层流场影响程度很小。

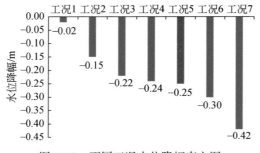

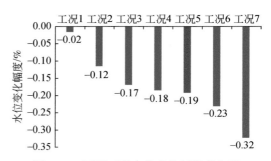

图 7.18　不同工况水位降幅直方图　　　　　图 7.19　不同工况水位变化幅度直方图

　　综合以上预测结果，孔隙含水层流场受水源地取水影响大，水源地大规模的取水使井田内孔隙含水层水位平均下降了 5.4m。而采煤对孔隙含水层地下水影响如图 7.20 和图 7.21 所示：随着冒裂带高度的增加（工况 1～工况 5），水源地取水的孔隙含水层侧向补给量有所增加。孔隙含水层与砂岩含水层之间水力梯度增加，使层间越流量增加，孔隙含水层水位有所降低，侧向补给孔隙含水层水量有所增加。冒裂带高度为 146m 时（工况 5），即导水裂隙带发育至直罗组相对隔水层的中部，由于孔隙含水层水位降低了 0.25m，侧向补给孔隙含水层水量较无导水裂隙带时增加了 2033m³/d，增加幅度仅为 2.09%，因而说明孔隙含水层流场受水源地取水控制明显，采煤对孔隙含水层水均衡影响程度很小。

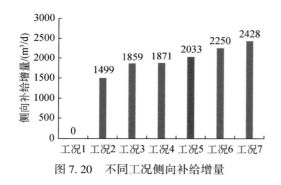

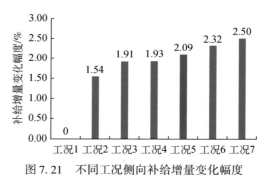

图 7.20　不同工况侧向补给增量　　　　　图 7.21　不同工况侧向补给增量变化幅度

7.3　深部开采地下水系统保护关键技术

7.3.1　深部开采地下水系统保护原理

1. 深部开采的地下水系统特点

　　研究表明，采用以超大工作面为标志的现代开采工艺时，采动覆岩形成渗流性良好的导水裂隙带，影响了地下水原始水平径流和垂直渗漏状态。如以补连塔井田 32201 工作面

（长 3800m，宽 240m）开采前后地下水流场变化为例，采前大部分区域地下潜水原始水位在 30m 以上，为了回采工作面安全，采前疏放了采动影响区地下水，剩余含水层厚 0～10.25m，平均 6.41m，含水层厚度平均减小 4.54m，局部区域地下水被全部疏干。回采工作面推进过程中，采动裂隙逐步发育→向上贯通→普遍发育并趋于稳定，形成裂采比 12～18 倍的导水裂隙带（图 7.22）。

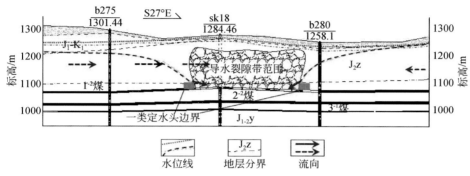

图 7.22　补连塔 32201 工作面导水裂隙带及地下水位变化

煤炭开采增加了采动覆岩渗流特性，通过导水裂隙带导通松散层含水层与采空区，含水层渗流导致区域地下水流场重新分布，形成以采场区域为地下水聚集地、导水裂隙区（带）为渗流中心的地下水漏斗。地下水位下降引起地表生态问题，且随着采动范围增加，地下水漏斗区域和地表生态影响范围增加。

2. 深部仿生开采保护原理

按照维护原态地下水系统的目标，以影响地下水和地表生态变化的关键因素——水为核心，基于"三水"（土壤水、松散层孔隙水和基岩裂隙水）的"原态"特征，着眼"采矿生态系统"内部协调，通过构筑"隔离层"，隔断地下开采对地表生态的影响，有效释放基岩裂隙水和定向汇集利用大气降水资源，仿生重构开采生态系统的"原生"基本关系，实现开采生态系统的"原态"可持续演化，简称仿生开采。利用仿生开采原理（图7.23），一是可基本保持原态"生态水位"和地下水与地表土壤和植被的"原生"基本关系，保护原态地下水和地表生态；二是控制地下水定向汇集，有效利用了基岩裂隙水和大气降水资源；三是降低了地下水→矿井水转化过程的污染风险和地表生态的开采损伤作用。即通过煤-水仿生共采对地下水和地表生态的显著保护与控制作用，实现开采生态系统中煤炭开采与生态生产的内在协调和系统可持续。

仿生开采方法主要包括：一是通过在导水裂隙带和含水层间重构隔离层，维持浅部地下水（土壤水、松散层孔隙水）补-径-排循环"原态"关系，同时释放开采裂隙带所在岩层的基岩裂隙水；二是通过控制保护区域（即隔离层重构区域）范围和调整裂隙带的导水高度，引导区域地下水向汇集区域聚集（即非隔离层重构区域）和向地下水库流动；三是通过汇集区域导水通道参数（导水裂隙高度和渗透性）的工程调控及地下水库泄水量调整，控制第四系松散含水层的地下水位变化，保持"原态生态水位"。

"仿生开采"技术体系基于采矿生态系统，着眼整个开采区域和地下水单元，采用开

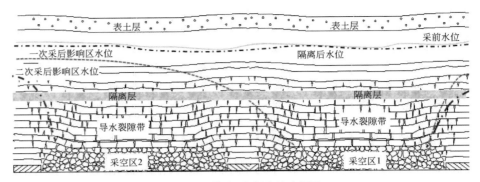

图 7.23　仿生开采原理示意图

采区域分区设计、分层隔离重构、参数仿生调控等技术，调整开采区域地下水平衡，确保浅部地下水与地表生态的"原态"关系和开采生态系统中水资源的有效利用。

7.3.2　仿生开采工艺模拟研究

为确认仿生开采技术的可行性，采用数值模拟方法（模拟软件为 UDEC 离散元）对麦垛山矿 2 煤开采时不同隔离层建造位置条件下采动覆岩变形运移规律进行分析，从而为优选隔离层建造位置提供理论依据。

1. 模拟方案及物理模型

设置 4 种模拟工况：①无人工干预；②导水裂隙带顶部建立隔离层；③导水裂隙带中部建立隔离层；④冒落带顶部建立隔离层。其中，隔离层建造厚度参考"三下规范"中保护层厚度，取 3 倍采高。

选取麦垛山煤矿 11 采区 110202 工作面（图 7.24），以工作面走向为剖面建立二维地质模型，模型岩性、各种主要岩性厚度参考 2004、2104、2204、2304、2404、2504、2604、2704、2804 号钻孔综合柱状图。模型走向长度设为 200m，垂向长度为 150m，2 号煤厚 2.9m，埋深 420m。

图 7.24　麦垛山 110202 工作面平面图

模拟岩层物理力学参数选取依据《麦垛山煤矿 11 采区水文地质补充勘探报告》和《鸳鸯湖矿区麦垛山井田煤炭勘探地质报告》等成果（表 7.7）。

表7.7 模型煤岩层物理力学参数

岩性	厚度/m	密度/(kg/m³)	体积模量/MPa	剪切模量/MPa	内聚力/MPa	抗拉强度/MPa	内摩擦角/(°)
粗粒砂岩	135	2240	6117	4028	4.56	2.64	34
2煤	2.9	1350	758	391	1.68	0.27	39
中粒砂岩	36	2300	13075	10218	4.5	1.14	40
细粒砂岩	26	2070	41667	9892	3.17	5.39	35
中粒砂岩	54	2300	13075	10218	4.5	1.14	40
粉砂岩	33	2450	14833	7648	5.32	1.75	36
6煤	3.2	1350	758	391	1.68	0.27	39
粉砂岩	20	2510	28512	8805	6.06	2.85	37

根据麦垛山煤矿570m深度现场测试结果总结地应力分布特点如下：

（1）主控应力为水平应力，最大值29.16MPa，几乎垂直于褶皱断层走向，属于水平挤压构造的残余应力。

（2）最小水平应力约为最大水平应力的45.16%，为13.17MPa，最大垂直应力约为最大水平应力的52.62%，为15.34MPa。为了利于数学计算，本次数值模拟的模型边界条件均做以下假设，如图7.25所示。

①模型上边界，应力边界，根据岩体自重应力分布，在模型上部边界施加压力 σ_{yy} 用于等效模型上部岩层的自重载荷：

$$\sigma_{yy} = \gamma \cdot H \tag{7.1}$$

式中，σ_{yy} 为模型上边界所受的竖直应力，MPa；γ 为上覆岩层平均体积力，kN/m³；H 为上覆岩层厚度，m。

由式（7.1）计算得出模型上边界所受的竖直应力为8.15MPa。

②模型左、右边界，水平方向施加水平约束。

③模型下边界，水平、垂直方向施加固定约束。

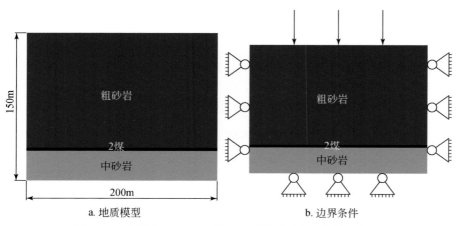

a. 地质模型　　　　　　　　b. 边界条件

图7.25 麦垛山110202工作面地质模型及边界条件示意图

根据麦垛山煤矿 570m 深度地应力测试成果赋予模型的初始应力条件:

①赋予模型中所有单元水平应力值为 29.16MPa, 据此进行初始迭代平衡;

②赋予模型中所有单元自上而下按 0.027MPa/m 的梯度递增的铅直应力求解, 获取地应力模型;

③赋予模型中所有单元 Z 方向水平应力值为 13.17MPa 求解, 获取地应力模型。

岩层本构模型采用莫尔-库仑模型, 节理模型采用库仑滑移模型。将模型中所有单元在第一阶段产生的位移和速率清零。至此, 模型建立完毕, 可根据实际情况对模型进行开挖处理。

莫尔-库仑弹塑性模型是 UDEC 中岩石的基本破坏准则, 在这里对应的是剪切破坏的线性破坏面。

根据试验目的, 模拟 2 号煤层开采时导水裂隙带发育高度, 选择开挖 30m、60m、90m、120m、150m 步距, 进行模型计算。

2. 开采扰动特点及工艺设计

模型开挖结束后塑性区分布如图 7.26 所示。由图可以看出, 覆岩破坏形态基本为 "拱形" 结构。冒落带高度为 17.4m, 冒高比为 6; 导水裂隙带高度为 61m 左右, 裂采比为 21。

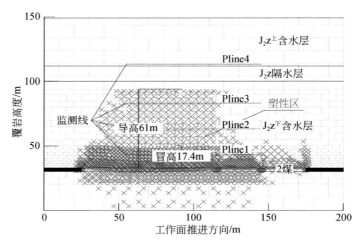

图 7.26　麦垛山 110202 工作面模型开挖塑性区图

通过原始状态下塑性区分布图确定隔离层构建位置 (图 7.27), 通过原始状态下对比工作面推进时塑性区分布、覆岩应力、覆岩位移等变化, 确定隔离层合适建造位置。隔离层力学参数取煤参数的 0.8 倍, 如表 7.8 所示。

表 7.8　数值实验模型隔离层物理力学参数

岩性	厚度/m	密度/(kg/m³)	体积模量/MPa	剪切模量/MPa	内聚力/MPa	抗拉强度/MPa	内摩擦角/(°)
隔离层	8.6	1080	606.4	312.8	1.344	0.216	31.2
2 煤	2.9	1350	758	391	1.68	0.27	39

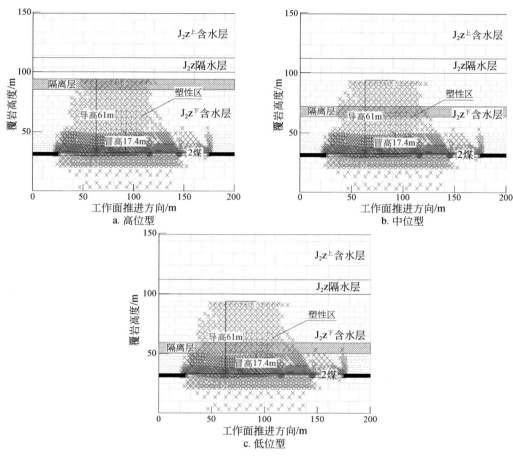

图 7.27　不同隔离层高度下麦垛山 110202 工作面模型开挖塑性区图

　　数值模拟开挖结束后塑性区分布如图 7.28 所示。由图可以看出，构建隔离层之后两带高度无变化，但塑性区范围变化明显。底部加隔离层与未加隔离层塑性区范围接近，顶部加隔离层之后塑性区变宽，中部加隔离层之后塑性区变宽，且出现非连续现象。

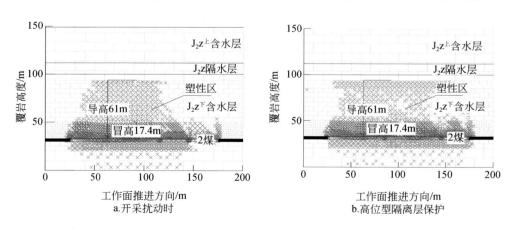

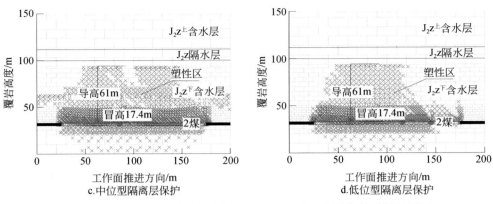

图 7.28　不同隔离层高度下麦垛山 110202 工作面覆岩塑性破坏特征图

监测垂向位移变化表明（表 7.9），位于冒落带内的监测线 1，中部加隔离层位移大于上部加隔离层，下部加隔离层与未加隔离层变化不大，从岩层损伤角度考虑，下部加隔离层效果>上部加隔离层>中部加隔离层；位于裂隙带内的监测线 2、监测线 3，中部加隔离层位移≥上部加隔离层，下部加隔离层与未加隔离层变化不大，从岩层损伤角度考虑，下部加隔离层效果>上部加隔离层>中部加隔离层；位于弯曲带内的监测线 4，中部加隔离层位移>下部加隔离层>上部加隔离层大于未加隔离层，从岩层损伤角度考虑，上部加隔离层效果>下部加隔离层>中部加隔离层。

表 7.9　监测线垂向位移变化

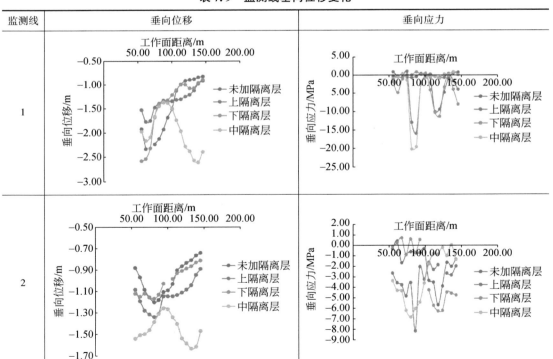

监测线	垂向位移	垂向应力
3		
4		

同时，监测垂向应力变化趋势显示，位于冒落带内的监测线 1，中部加隔离层垂向应力变化>上部加隔离层，下部加隔离层与未加隔离层变化不大，从岩层损伤角度考虑，下部加隔离层效果>上部加隔离层>中部加隔离层；位于裂隙带内的监测线 2、监测线 3，中部加隔离层应力=上部加隔离层，与其余两种工况结果相反；位于弯曲带内的监测线 4，中部加隔离层应力=上部加隔离层，下部加隔离层>未加隔离层。

综合塑性区分布、监测线垂向位移、垂向应力变化等指标，从对岩层损伤较小考虑，下部建隔离层>上部建隔离层>中部建隔离层。从对隔离层注浆方面考虑，下部隔离层所建位置位于冒落带上方，冒落带岩层空隙较大，浆液大部分会流向冒落带内，隔离层注浆效果较差。因此，综合考虑，选择导水裂隙带上方作为隔离层构建位置。

监测线垂向位移（开挖 150m 之后）如表 7.10 所示。

表 7.10　监测线垂向应力变化

监测线	位移变化特征	应力变化特征
1	中>上；下与未加变化不大	中>上；下与未加变化不大
2	中>上；下与未加变化不大	中≈上；下与未加变化不大，与其余工况趋势相反
3	中≈上>下>未加	中≈上；下>未加，与其余工况趋势相反
4	中>下>上>未加	中≈上；下>未加

7.3.3　仿生开采技术体系与关键技术

仿生开采技术体系是基于采矿生态系统，着眼整个开采区域和地下水单元，采用开采区域分区设计、分层隔离重构、参数仿生调控等技术，调整开采区域地下水平衡，确保浅部地下水与地表生态的"原态"关系和开采生态系统中水资源的有效利用。技术体系涵盖开采区域设计、隔离重构、仿生调控三大部分（图 7.29）。

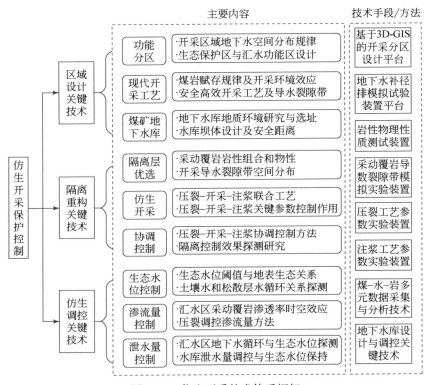

图 7.29　仿生开采技术体系框架

1. 导水裂隙带隔离与控制技术

基于仿生开采原理，采用水平压裂-工作面回采-隔离层注浆的联合工艺，在地下含水层与导水裂隙带间重构阻隔地下水下渗的隔离层，控制"原态"地下水流场形态和补-径-排关系，同时释放基岩裂隙水并加以利用。

1）隔离层选择

隔离层参数主要是高度与岩性组合。其中，当导水裂隙带高度（H_l）低于受保护含水层高度（H_m）且距离较远时，隔离层选择在导水裂隙带顶部位置（$H_l \gg H_m$）；当 $H_l > H_m$，隔离层选择在导水裂隙带上部且满足距受保护含水层的安全距离位置 ΔH；当 $H_l \approx H_m$，隔离层选择在导水裂隙带中且低于受保护含水层下安全距离的位置。隔离层的岩性组合宜选可压性好和隔离性有利的岩性层，有助于形成网状裂隙，阻碍采动裂隙向上发育，增大注浆控制强度，提高隔离效果。

2）压−采−注工艺

该工艺是基于超大工作面和顶板全部垮落法开采工艺，将工作面回采与地表（或地下）压裂和注浆工艺相结合，按照一定的周期异步循环实施，分别完成隔离层压裂、工作面回采、隔离层注浆（简称压−采−注），形成阻断含水层地下水向导水裂隙带渗流的隔离层（图 7.30）。

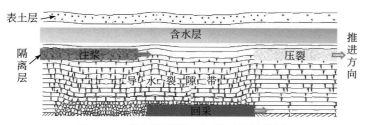

图 7.30　仿生开采压−采−注工艺示意图

压裂阶段采用的压裂工艺与装备选择综合考虑高效率、环保性和经济性。依据压裂可控半径和长度布设压裂井，其压裂控制区域 $S(W_y \times L_y)$ 和高度应满足：

$$\begin{cases} W_y \geqslant W_g + 2H_1 \tan\theta \\ L_y \leqslant n \times L_g \\ H_d \leqslant H_g \leqslant H_x - \Delta H \end{cases} \tag{7.2}$$

式中，W_g 和 L_g 分别为回采工作面宽度和水平压裂井控制长度；n 为沿工作面推进方向的设计压裂井数；H_x 为含水层高度，m；H_d 为导水裂隙带高度，m；H_g 为隔离层高度，m；H_1 为导水裂隙带高度，m；ΔH 为安全控制距离，m。

回采阶段形成了导水裂隙带高度相对稳定的裂隙发育区，为确保压裂的隔离层与导水裂隙带的连通性和注浆阻断控制效果，隔离层高度按式（7.2）优选；注浆阶段是通过向压裂控制的水平隔离层中压裂裂隙注浆并驱动浆液向邻近导水裂隙带指定层位流动，浆液凝固后形成柔性隔离层。浆液要求流动性好、有黏性和无污染，且在固化后具有一定的柔韧性，确保隔离层承压功能。

压−采−注联合工艺是按一定的周期在空间上分段，时间上异步，分段循环往复实施。周期来压步距与时间是同步协调控制的关键参数。实施中按照早期来压、匀速推进、快速注浆的原则协同推进，注浆时间选择在采动顶板垮落后当导水裂隙带初步形成时，确保开采安全和防渗流效果。

3）动态监测评价

按照采前−采中−采后全过程监测要求，采用地表水文钻孔观测法、井下矿井水流量观测法、井下钻孔观测法等，开展采前本底、采中导水裂隙带渗流、采后隔离效果的监测，分析评价隔离和保护含水层效果。

2. 地下水资源汇集与调控技术

西部生态修复研究表明，大气降水是西部地区稀缺的水资源补给渠道，大面积的开采沉陷和裂隙提高了地表层土壤渗流和大气降水汇聚能力，大气降水向地下含水层的渗流量增加。如以每年降水量 300～400mm 计算，井田面积为 100km² 的矿区（如大柳塔井田），地下渗流量占 35%，每年可有 1000 万～1400 万 t 大气降水渗入含水层，按照传统开采模式直接渗入采空区，不仅生态水位难以保持"原态"，同时流经采空区的地下水还需净化处理，降低了地下水库的集水效率和可调控性。该技术依托导水裂隙带隔离与控制关键技术，调控开采地下水漏斗范围和地下水变化梯度，维持开采区域生态水位和地下水洁净收集利用。

1）分区分层设计

分区分层设计重点是基于矿区 3D-GIS 开采地质和水文地质模型，确定地下水流场凸区和煤层赋存较高区域为保护区，凹区与煤层赋存较低区域为地下水汇集区，开采导水裂隙带和采空区为地下水导水和储存区（或地下水库）（图 7.31）；分层设计是在保护区根据采动覆岩组合及物性特点和开采导水裂隙带与含水层的空间关系，优选隔离带层位，实现隔离层上确保含水层地下水不下渗和层下最大限度地"释放"基岩裂隙水；隔离带是保护区与汇水区的导水裂隙带之间相互封闭的采动覆岩带。其宽度 W_y（m）满足：

$$W_y = (H_l + \Delta H)\tan\theta + \Delta L \tag{7.3}$$

式中，θ 为开采沉陷角；ΔL 为水平安全距离，m，根据隔离带岩性及地下水库坝体要求综合确定。

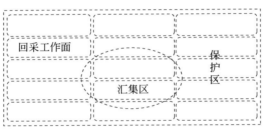

图 7.31　地下水汇集控制

2）分区回采与功能重构

分区回采与功能重构主要包括保护区隔离和汇水区重构。前者是在保护区域内，采用前述的压-采-注工艺，确保含水层地下水不渗流，最大限度地维持地下水位"原态"位置和地表生态原始功能，利用地表层开采裂隙对土壤的疏松作用，提高大气降水渗流作用；后者是在汇水区域内，采用安全高效开采方法，形成均匀发育的导水裂隙带，采用垂直压裂方法贯通（图 7.32）导水裂隙带与保护含水层，且根据开采区域大气降水和含水层地下水可供给量和地表生态要求，确定垂直压裂控制参数和汇水区能力。

3）地下水监测与调控

通过长期实时的大气降水、地下水、矿井水流量、地下水库监控数据采集，综合分析评价开采区域地下水保护效果、大气降水汇集量和地下水库可补给量；地下水调控则是根据"原态"地下水位要求和大气降水渗流量等约束参数，适时调整地下水库泄流量，且满足：

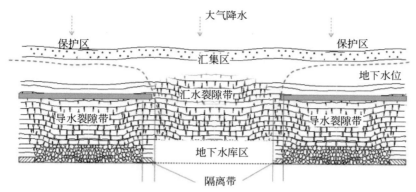

图 7.32　地下水汇水区剖面及仿生控制

$$
\begin{cases}
V_s \simeq V_d \\
H_d(x, y) \simeq H_s(x, y), \ V_d \leqslant V_{kh} \\
V_{kh} = \int \simeq f(x, y, z)\,\mathrm{d}x\mathrm{d}y\mathrm{d}z
\end{cases}
\tag{7.4}
$$

式中，V_s 为地下水库泄水量；V_d 为开采区域大气降水渗流量；V_{kh} 为开采区域汇水量；H_d 为实际观测地下水高度；H_s 为"原态"水位高度；$f(x, y, z)$ 为水位变化函数。

7.4　仿生开采技术模拟试验研究

7.4.1　相似物理模拟试验平台设计

　　深部煤层开采仿生开采技术相似试验平台系统依据实际钻孔柱状图和室内试验结果，遵循相似理论和相似准则，符合几何相似性、材料强度相似性和结构相似性特点，制作与现场相似模型，然后模拟深部煤层开采。试验包括模型制作、试验准备和开采监测三个阶段。

　　深部开采仿生开采技术相似模拟试验平台系统由五个部分组成：①试验材料配制系统；②模型框架加载系统；③水压控制系统；④柔性隔离层注浆控制系统；⑤电脑数据采集系统。其中，试验材料配制采用模块化材料，该材料由两部分组成，即块体材料及胶结材料，分别满足原岩的弹性模量、抗剪强度、抗拉强度等的相似；模型框架加载系统与传统的二维相似模拟试验基本一致，此处不再赘述；水压控制系统主要通过压力储能器、多参数巡回检测仪（UM-70），实现试验模型水压加载控制；柔性隔离层注浆控制系统具备水压致裂和压裂后注浆功能；电脑数据采集系统主要采集和记录试验过程中变形、位移、流量和水压数据。

7.4.2　相似物理试验模型设计

　　结合麦垛山煤矿水文地质条件及试验相关要求，选取 2502 号钻孔，地表标高

1401.39m, 直罗组下段粗粒砂岩含水层水位标高为 1304.11m, 含水层水位标高距离 2 号煤层底板高度 403.92m, 粗粒砂岩底部水压力为 3.7MPa。设计采深为 491.2m, 模拟煤层厚度 3.2m, 根据相似理论及相似条件, 结合麦垛山煤矿原型实际矿井的开采深度和开采条件, 考虑模型两侧边界影响, 煤柱预留宽度按 63m, 设计走向开采长度 250m, 模型规格设计为长 2.5m、宽 0.2m。模型顶板覆岩层重量采用施加模型表面力来替代。

1. 相似材料选择依据

基于相似理论基本原理, 结合现场实际开采及试验模型平台搭建情况, 综合考虑以往相似试验模型的不足, 以骨架结构物作为模型主体材料, 以胶结物作为骨架主体间的黏结材料, 骨架结构物和黏结物的内聚力、内摩擦角、抗折强度等力学参数均满足相似理论, 黏结物采用不同配比的黏结材料用于模拟地层中的软弱–坚硬岩层等不同岩性, 用云母片模拟各岩层之间的层理面。根据相似比以及模型中煤层及覆岩层顶板物理力学性质参数, 结合相似材料试件的物理力学性质测试成果选取不同配方和配比的相似材料。

2. 相似材料力学参数

根据地层实际物理力学参数及几何相似比, 试验中相似材料力学参数详见表 7.11。

表 7.11 原岩与相似材料力学参数

岩层岩性	原岩/MPa			相似材料/kPa		
	单向抗压强度	抗拉强度	原岩内聚力	单向抗压强度	抗拉强度	原岩内聚力
粗粒砂岩	10.04	0.57	4.16	52.29	2.97	21.67
粉砂岩	23.57	1.12	2.04	122.74	5.83	10.63
粗粒砂岩	10.83	0.62	0.95	56.42	3.23	4.95
隔离层	10.83	0.62	0.95	56.42	3.23	4.95
粗粒砂岩	10.83	0.62	0.95	56.42	3.23	4.95
中粒砂岩	32.57	1.61	3.59	169.62	8.39	18.70
粉砂岩	30.93	1.26	4.51	161.11	6.56	23.49
泥岩	2.31	0.22	0.43	12.05	1.16	2.24
粉砂岩	21.80	1.85	2.52	113.54	9.62	13.13
2 号煤	3.96	0.27	0.88	20.63	1.41	4.58

7.4.3 仿生开采相似模拟试验结果分析

仿生开采保护采动覆岩的原岩赋存状态、地下水系统原态补径排关系。此次模拟和分析重点是隔离层建立完毕后, 进入采空区的地下水的渗流量减少情况。

1. 开采扰动覆岩破坏模拟分析

1）煤层顶板破断角度分析

在工作面推进前，先对直罗组下段的一段粗粒砂岩层进行压裂处理，而后进入开采阶段。经分析可得：

（1）随着 2 号煤层工作面不断开采，2 号煤层直接顶板随采随冒落，而顶部为泥岩层，强度相对较低，初次来压步距较小，当工作面推进至 47 步时，老顶板发生断裂，随后工作面进入周期来压阶段。

（2）当工作面推进至 72 步时，开挖区域覆岩层顶板由于受到其上部承压拱压力影响，垮落岩层尚未完全与其上部顶板接顶受力，而垮落岩层顶部岩层因开采跨度增加，顶板表现出明显的下沉现象（图 7.33 中深蓝色部分），煤层开采引起的基岩边界影响范围仍处于隔离层压裂区，基岩影响边界角达到 73.57°，岩层破断角为 56.95°。

（3）当工作面开采至 81 步时，顶板发生第 5 次周期来压，此时采煤面右上方基岩层接近首次隔离层压裂的右边界，而后暂停煤层开采，开展第二次隔离层压裂工艺，随后工作面继续开采，基岩影响边界角达到 75.69°，岩层破断角为 53.21°。

（4）当工作面推进至 96 步时，通过现场数据处理可知，工作面采面右上方基岩层影响范围接近隔离层第二次压裂右边界，开展第三次隔离层压裂工艺，随后开采面继续向前推进，基岩影响边界角达到 75.33°，岩层破断角为 50.39°。

（5）随着工作面不断向前推进，当推进至 101～102 步时，老顶发生第 8 次周期来压，采空区上部冒落矸石充分接顶，基岩影响边界角达到 74.77°，岩层破断角为 57.06°。

（6）工作面继续推进，顶板基岩层将进入充分开采阶段，煤层开采引起的基岩影响边界应处于隔离层压裂范围内，而开切眼左上方隔离层注浆需考虑采空区顶部冒落矸石的充分程度，周而复始直至工作面开采完毕。

表 7.12 中给出了第 4～16 次周期来压期间的基岩影响边界角和岩层破断角，通过表 7.12 可知，周期来压期间引起的基岩影响边界角平均值为 76.70°，岩层破断角达到 50.36°。

表 7.12　煤层顶板破断角度统计表

角度	周期来压/第 n 次													
	4	5	6	7	8	9	10	11	12	13	14	15	16	平均值
影响边界角/(°)	73.57	75.69	75.33	78.1	74.77	74.72	79.98	75.93	76.44	81.44	76.44	76.64	78.09	76.70
破断角/(°)	56.95	53.21	50.39	42.6	57.06	47.98	49.52	56.93	59.12	56.52	55.93	49.02	49.43	50.36

2）顶板导水裂隙带发育规律分析

通过模拟得到煤层开采顶板冒落带和导水裂隙带发育规律，导水裂隙带发育高度值和来压步距情况见表 7.13。从图 7.33 中可以看出，工作面向前推进不同距离时导水裂隙带发育情况的变化：

（1）隔离层在回采前，虽然采用压裂处理，但对覆岩层位移和变形影响较小，工作面从开切眼位置开始向前推进（模型中向右侧开采），2 号煤层直接顶板随采随冒，因直接顶板上部为泥岩层，强度较低，当工作面开采至 228.2mm 时，采面老顶发生离层垮落现象，老顶发生初次来压，来压步距为 228.2mm（相当于实际来压步距 31.9m），此时顶板垮落高度仅有 104.3mm，采空区上方岩层变形影响尚未波及隔离层底部。

（2）随着工作面向前推进，采空区顶板岩层断裂继续向上方发育，当工作面开采至 360.8mm 时，煤层顶板发生第 1 次周期来压，来压步距 132.6mm（实际来压步距 18.6m），顶板垮落高度范围达到 117.6mm，此时采空区顶板变形仍未影响到隔离层。

（3）随工作面继续向前推进，在离采空区底板 210.9mm 高度，顶板发生第 2 次垮落，此时来压步距为 71.9mm（实际来压步距 10.1m）。当工作面推进至 537.1mm 时，顶板发生第 3 次垮落，垮落高度达到 344.7mm，该高度已波及隔离层底部，但尚未完全导通。

（4）工作面推进到 592.9mm 时，顶板再次发生离层垮落，垮落高度达到 355.3mm，此时已压裂的隔离层处于导水裂隙带范围内，顶板发生第 4 次周期来压，来压步距为 55.8mm。

（5）当工作面推进至 726.5mm 时，煤层老顶发生断裂，随即采空区顶部岩层离层继续向上发育，发育高度为 504.4mm，此时煤层顶板岩层变形影响右边界，影响范围接近第 18 组隔离层，故此停止开采，对隔离层继续向右侧进行第 19～21 组压裂，而后继续向前开采，直至顶板变形影响范围接近第 20 组压裂的隔离层边界，再继续对隔离层压裂工艺处理。

（6）当工作面推进到 1031.6mm 时，此时隔离层已对 22～24 组进行了压裂工艺处理，从图 7.33 可以看出，采空区顶板岩层已达到充分开采，虽已具备对左侧隔离层进行注浆工艺施工条件，但仍需等工作面向前推进一段距离再进行隔离层注浆改造处理。此时顶板发生第 8 次周期来压，来压步距为 144.9mm，顶板导水裂隙带高度发育至 496.8mm，小于第 6 次和第 7 次的导水裂隙带高度（565.8mm），此后随着老顶以悬臂梁形式垮落，导水裂隙带发育高度将小于该值，故此顶板导水裂隙带发育的最大高度为 566.4mm。

（7）随着工作面继续向前开采，当开采至 1178.7mm 时发生第 10 次周期来压，煤层顶板变形影响范围接近 23 组压裂的隔离层，再次停止开采，对 23～24 组隔离层进行压裂处理，此时工作面来压步距为 88.3mm，导水裂隙带高度仅为 235.3mm。

（8）当工作面推进至 1338.9mm 时，开切眼上方的顶板基本上达到稳定，采空区压实，此时对已压裂的隔离层 1～12 组进行注浆处理，注浆完成后需等待浆液完全凝固且达到一定强度后再进行采面回采，此时顶板发生第 11 次周期来压，来压步距达到 160.2mm，导水裂隙高度为 367.6mm。

（9）当工作面推进至 1471.9mm 和 1645.2mm 位置，顶板分别发生第 12 次和第 14 次周期来压，来压步距分别为 133.0mm 和 116.6mm，导水裂隙带高度分别为 332.0mm 和 416.2mm，并对其煤层上部第 13～15 组（第 12 次来压）隔离层和第 16～17 组（第 14 次来压）隔离层进行注浆改造，同时对右侧隔离层进行压裂处理。

（10）当工作面推进至 1871.6mm，此时顶板已发生 16 次周期来压，来压步距达到 88.3mm，导水裂隙带高度为 225.6mm。

表 7.13　物理模拟参数变化统计表

参数	初次来压	周期来压/第 n 次																平均周期来压
		1	2	3	4	5	6	7	8	9	10	11	12	13	14	15	16	
模型来压步距/mm	228.2	132.6	71.9	104.4	55.8	133.6	71.9	88.3	144.9	58.8	88.3	160.2	133.0	56.7	116.6	41.4	88.3	96.7
实际来压步距/m	31.9	18.6	10.1	14.6	7.8	18.7	10.1	12.4	20.3	8.2	12.4	22.4	18.6	7.9	16.3	5.8	12.4	13.5
模拟导水裂隙带发育高度/mm	104.3	117.6	210.9	344.7	355.3	504.4	565.8	566.4	496.8	291.1	235.3	367.6	332.0	317.0	416.2	321.4	225.6	357.9

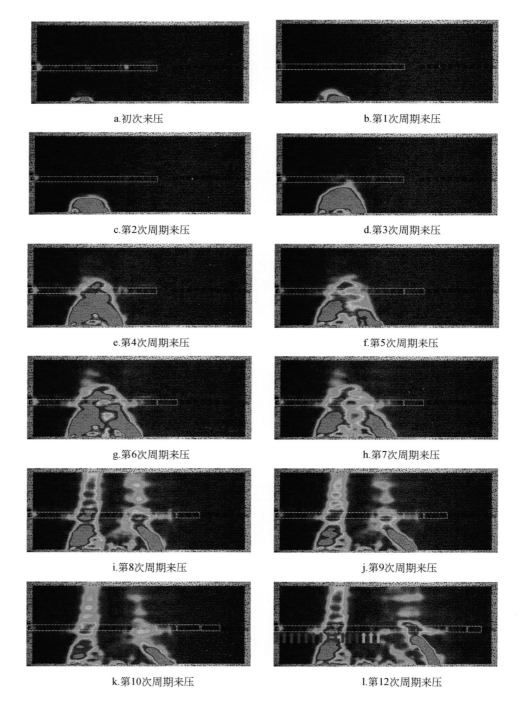

a.初次来压

b.第1次周期来压

c.第2次周期来压

d.第3次周期来压

e.第4次周期来压

f.第5次周期来压

g.第6次周期来压

h.第7次周期来压

i.第8次周期来压

j.第9次周期来压

k.第10次周期来压

l.第12次周期来压

m.第13次周期来压

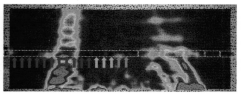
n.第14次周期来压

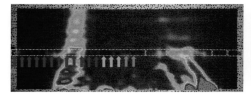
o.第15次周期来压

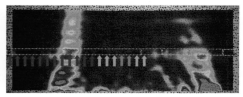
p.第16次周期来压

图 7.33　麦垛山煤层顶板导水裂隙带发育规律

整个工作面推进期间，对 1~19 组隔离层进行了四次注浆改造，并对隔离层进行了 6 次压裂工艺处理，周期来压平均步距为 96.7mm，相当于实际来压步距 13.5m，导水裂隙带最大发育高度位于第 6~7 次周期来压期间，达到 566.4mm。

3）顶板位移变化规律分析

图 7.34 给出了来压期间不同深度下煤层顶板位移变化规律曲线。从整个观测情况来看，无论是隔离层压裂还是隔离层注浆，因受到模型四周围岩限制，几乎无沉降变化。

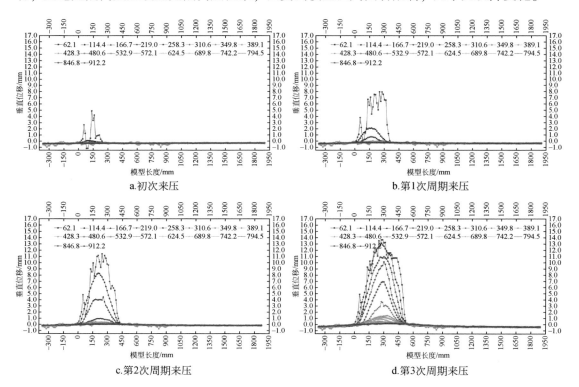

a.初次来压

b.第1次周期来压

c.第2次周期来压

d.第3次周期来压

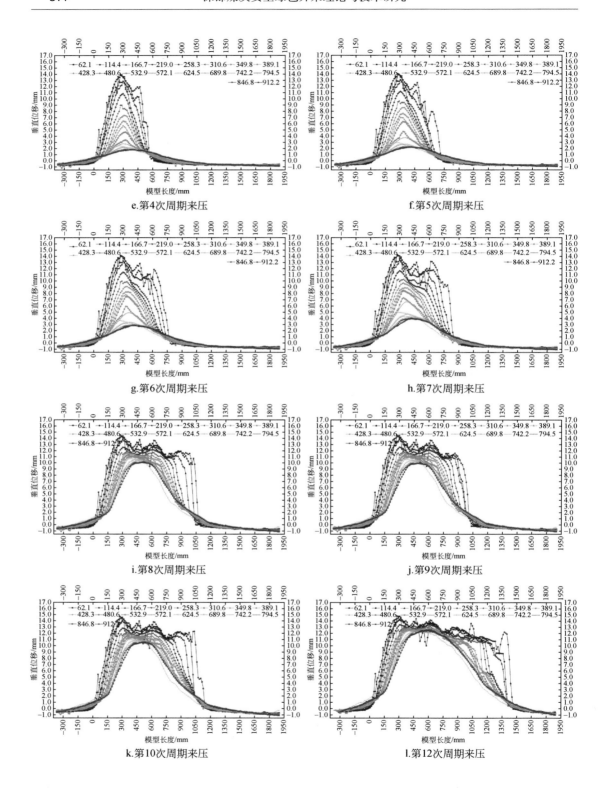

e.第4次周期来压

f.第5次周期来压

g.第6次周期来压

h.第7次周期来压

i.第8次周期来压

j.第9次周期来压

k.第10次周期来压

l.第12次周期来压

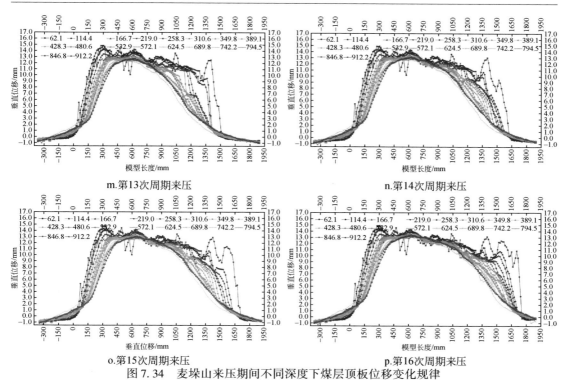

m.第13次周期来压　　　　　　　　　　　　n.第14次周期来压

o.第15次周期来压　　　　　　　　　　　　p.第16次周期来压

图 7.34　麦垛山来压期间不同深度下煤层顶板位移变化规律

当工作面推进至 228.2mm 时，直接顶随采随垮，顶板发生了初次来压，顶板波及延安组泥岩层（62.1mm）水平观测线沉降量为 4.9mm，其他观测线对岩层尚未波及，垂直方向的沉降量变化微小。

当工作面推进至 360.8mm，顶板发生第 1 次周期来压，此时延安组泥岩层观测线沉降量达 8.1mm，此时顶板垮落高度向上延伸至延安组粉砂岩，114.4mm 观测线沉降量 2.2mm，166.7mm 观测线沉降量不足 1mm。其他观测线对应的顶板岩层没有波及，观测线对应的数值几乎无变化。

随着工作面向前推进至 432.7mm 时，延安组泥岩层因受到其上部垮落岩层压力作用，62.1mm 水平观测线沉降量达 11.5mm，114.4mm 观测线沉降量为 8.4mm，166.7mm 观测线沉降量增加至 4.2mm，相比第 1 次周期来压均有增大。

当工作面推进到 537.1mm 时，顶板发生第 3 次周期来压，采空区冒落矸石高度继续向上延伸，采空区垮落的延安组泥岩层受到的上部岩层压力进一步加大，使得 62.1mm 水平观测线沉降量达到 13.8mm，114.4mm 观测线沉降量达 11.1mm，此时已波及直罗组粗粒砂岩内，但导水裂隙带发育高度尚未达到隔离层底部。

当工作面向前推进到 592.9mm 时，顶板再次发生垮落，表现为第 4 次周期来压，导水裂隙带高度继续向上发育至 355.3mm，已经穿过压裂隔离层，达到隔离层顶部的粗粒砂岩内，延安组泥岩层挤压沉降变形略有增大，62.1mm 水平观测线沉降量增加至 14mm，相比上一次周期来压仅增大了 0.2mm，这是泥岩层冒落压实程度逐渐接近密实所致。

当工作面向前开采到 886.7mm，此时顶板已发生第 7 次周期来压，靠近采空区底板的延安组泥岩层、粉砂岩层、中粒砂岩层的观测线均由最初的"下抛线"形态演化至"M"

形态，说明延安组上部岩层冒落矸石逐渐接顶、受力压实；而直罗组下部的粗粒砂岩及隔离层均受到开采扰动影响呈现弯曲下沉趋势，沉降呈现"下抛线"形态，62.1mm水平观测线沉降达14.4mm，模型最上部粗粒砂岩沉降变形约4mm。

当工作面开采至1031.6mm时，顶板再次发生垮落，来压步距为144.9mm，此时采空区冒落矸石完全充填采空区且接顶压实，62.1mm水平观测线沉降达到最大值14.7mm，其曲线形态表现为"波浪形"形态。导水裂隙带上部的弯曲下沉带岩层沉降约10mm，之后煤层开采基岩顶板垮落将进入充分开采阶段。

直到工作面开采结束，延安组煤层顶部泥岩层沉降最大值保持在14.7mm，此后周期来压期间的泥岩层沉降变形量保持在10～13mm，泥岩层观测曲线因煤层直接顶冒落矸石不均一性，而表现为"波浪形"形态；不同层位岩层越远离采空区底板其"波浪形"变形曲度越小，曲线越平滑。

2. 覆岩渗流量变化分析

1）覆岩渗流量观测设计

试验仿生开采环节主要分为超前顶板压裂和采后注浆构筑隔离层两部分，根据试验情况，超前顶板压裂一般超前工作面回采3个周期来压步距，工作面回采3～5个周期来压步距后，顶板相对稳定，开始注浆构筑隔离层，其中注浆构筑隔离层后覆岩渗流量变化情况主要通过流量监测线进行测量。流量监测线共布设了7条，其中，1号监测线距模型边界17cm，2号监测线距模型边界78cm，3号监测线距模型边界101cm，4号监测线距模型边界124cm，5号监测线距模型边界161.5cm，6号监测线距模型边界193cm，7号监测线距离模型边界224cm。流量监测线从隔离层顶部开始布设至煤层顶板直接顶底。

2）覆岩渗流变化趋势

（1）1号监测线变化趋势

1号监测线布设在第3组隔离层位置，该位置初设在煤层开采扰动基岩变形范围之外，主要用于监测开切眼上方岩层扰动边界对隔离层压裂和注浆的影响，从煤层开采至1次初次来压和16次周期来压过程来看，覆岩变形扰动尚未影响到1号隔离层监测区域，该区域水流量在第10次周期来压前几乎没有太大变化，基本上稳定在44～46ml/min。当工作面推进至距开切眼1178.7mm时，对1～12组隔离层进行注浆改造，从1号流量计监测曲线可以看出，隔离层由于充分注满浆液并快速凝固，水流量从45.2ml/min降低至0ml/min，注浆截流效果显著，注浆后管路中的水压力逐渐恢复至开采前状态。

（2）2号监测线变化趋势

2号监测线布设在第11组隔离层位置，该位置初设在煤层开采引起的导水裂隙带发育高度最大值附近，主要用于监测导水裂隙带随开采影响的变化规律，通过图7.35a～c可知，煤层从开切眼处开始回采至第一次周期来压（推进度360.8mm）期间，水流量保持在9.1～10.0ml/min区间，基本上不受煤层开采影响；当工作面继续向前推进至第2次周期来压（推进度432.7mm）时，图7.35呈现出深蓝色变化，该处已有明显的位移变化，该测线对应的岩层随着开采不断垮落，水流量略有增加至14.0ml/min，这是由开采所引起的岩层断裂、裂隙增多、裂缝增大、应力释放所致，但变化不太明显；随着开采继续推进到第5、6次周期来压时，图7.35e～h可明显看出位移场彩虹图发生变化，这是由开采引起岩层向上离层垮落所致，图 7.35e ~ h 的 von Mises 等效应变也反映出相同规律，尤其是第 8 次周期来压，导水裂隙带已贯通压裂的隔离层，2 号监测线上下裂隙相互导通，水流量增大至 44.4ml/min，现场实际可表现为粗粒砂岩含水层承压水得到释放，工作面涌水量增大，此时模型中工作面已推进至 1031.6mm；随后工作面继续开采至第 10 次周期来压，该阶段的 2 号水流量曲线从 44.4ml/min 逐渐降低至 12.7ml/min，表现为递减规律，所对应的位移场彩虹线亦不再随开采发生明显变化，说明该位置采空区上方垮落矸石被基岩顶板压实，水流量有所回落；在第 10 ~ 11 次周期来压期间，由于 2 号监测线不再受开采影响，第 11 组已压裂的隔离层与第 3 组隔离层先后注浆封堵改造，改造后的隔离层被浆液注满且快速凝固，水流被阻断在隔离层顶部，此后水流量为 0，注浆效果显现。

（3）3 号监测线流量变化趋势

3 号监测线的变化规律与 2 号监测线类似。在工作面开采前期，水流量并不随开采变化而变化，开采扰动影响范围尚未涉及该监测线，从图 7.35a ~ e 下部彩虹图可以看出，水流量在工作面第 4 次周期来压前基本稳定在 35 ~ 37ml/min；当煤层开采至 592.9mm 时，采煤面上方基岩层出现下部的老顶岩层断裂，引起该处水流量略有增大，但不明显，当工作面发生第 5 次周期来压，从图 7.35g 可见，von Mises 等效应变向上扩展，采煤顶部岩层裂隙增高，影响到 2 号监测线，水流路径缩短、阻力减少，水流量增大至 48.3ml/min；当工作面推进至 798.4mm 时，顶板发生第 6 次周期来压，此时 2 号监测线上下裂隙相互导通，水流量增大至 85.6ml/min。此后随着采面继续向前推进 1338.9mm，即第 11 次周期来压，水流量显现出递减趋势，这与煤层顶板垮落岩层逐渐闭合至压实关系密切，水流量受到裂缝宽度、导高发育高度等影响较为明显，工作面在第 11 次周期来压后暂停开采，对第 14 组已压裂的隔离层进行了封堵注浆改造，注浆硬化时间段，止水效果显著，水流量短时间内达到 0ml/min。

（4）4 号监测线流量变化趋势

4 号监测线布设在 17 号隔离层位置，该处监测线下部在直接顶处压实，主要研究该位置水流量随开采扰动变化影响情况，以及超前影响范围，故此在第六次周期来压之前，水流量均为 0ml/min，当工作面开采至 798.4 ~ 850mm 范围，4 号监测线水流量因直接顶应力超前采面得到释放，该处水流量在工作面推进至 886.7mm 位置突然增大到 46.9ml/min；随着工作面继续推进至 1031.6mm，从图 7.35j 可以看出，von Mises 等效应变已经连通了隔离层底部，致使压裂的隔离层中的承压水沿着贯通裂隙通道导通至开采作业面，水流量增大到 83.9ml/min；随着工作面向前开采至第 13 次周期来压，水流量降低至 21.5ml/min，此后进行注浆改造，水流量降低至 0ml/min，堵水效果显著。

（5）5 号、6 号监测线流量变化趋势

5 号、6 号监测线分别布设在第 22 组隔离层和第 26 组隔离层位置，其变化规律与 2 ~ 4 号监测线规律相似，5 号监测线水流量从第 11 次周期来压开始才出现增大，6 号监测线水流量从第 15 次周期来压开始递增；5 号、6 号监测线水流量最大值分别达到 97.8ml/min 和 51.6ml/min，而后因隔离层下部岩层尚未处于稳定状态，未进行注浆改造，水流量降低至 60.0ml/min 和 41.0ml/min。

（6）7 号监测线流量变化趋势

7 号监测线由于布设在停采线以外，受到煤层开采影响较小，水流量明显递增情况从第 14 次周期来压开始，当工作面开采至 1871.6mm，7 号监测线的水流量增大至 95.1ml/min，此后工作面达到模型开采边界，停采。

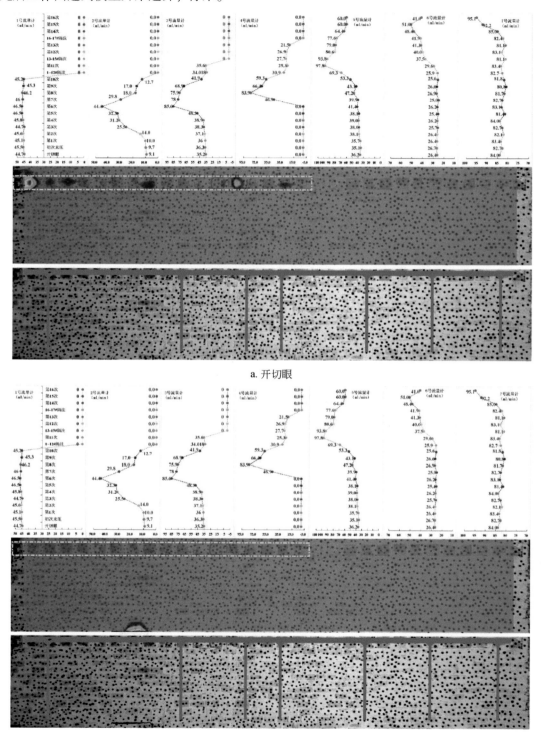

a. 开切眼

b. 初次来压

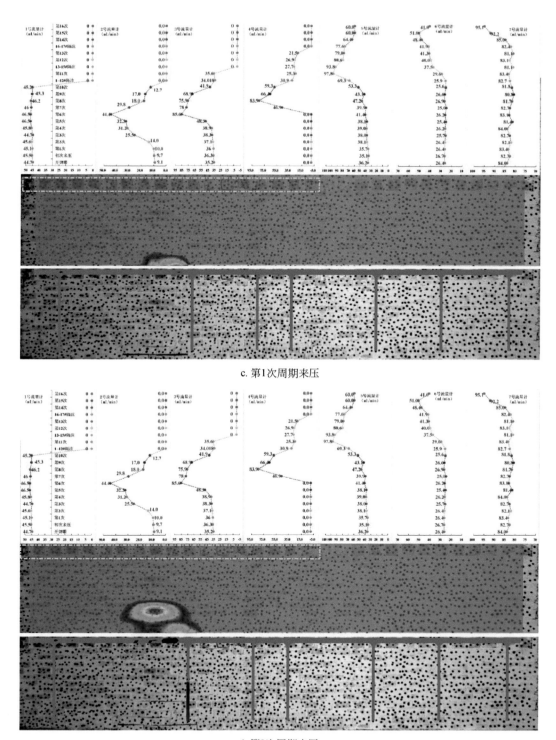

c. 第1次周期来压

d. 第2次周期来压

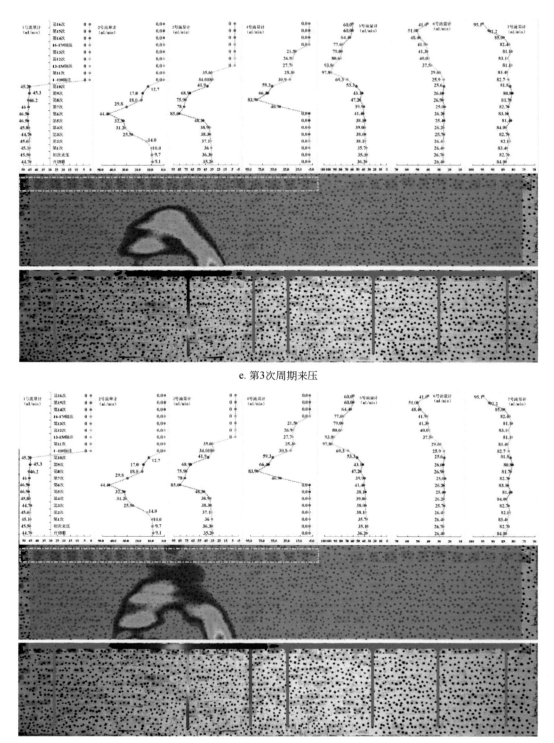

e. 第3次周期来压

f. 第4次周期来压

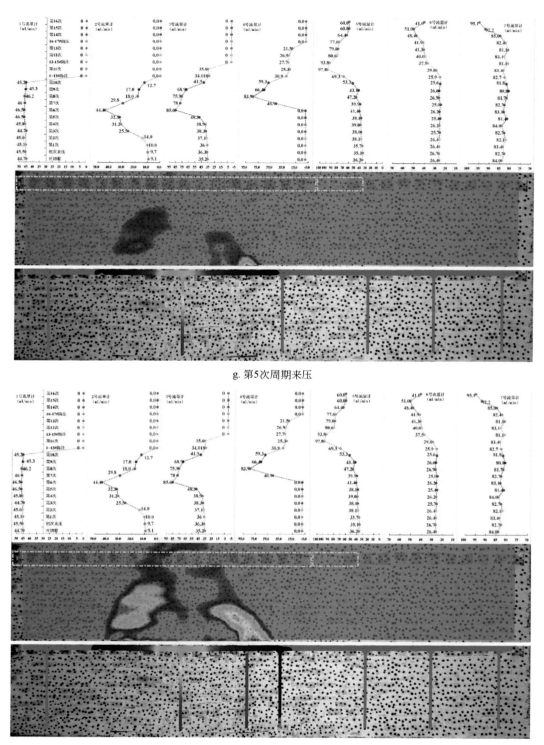

g. 第5次周期来压

h. 第6次周期来压

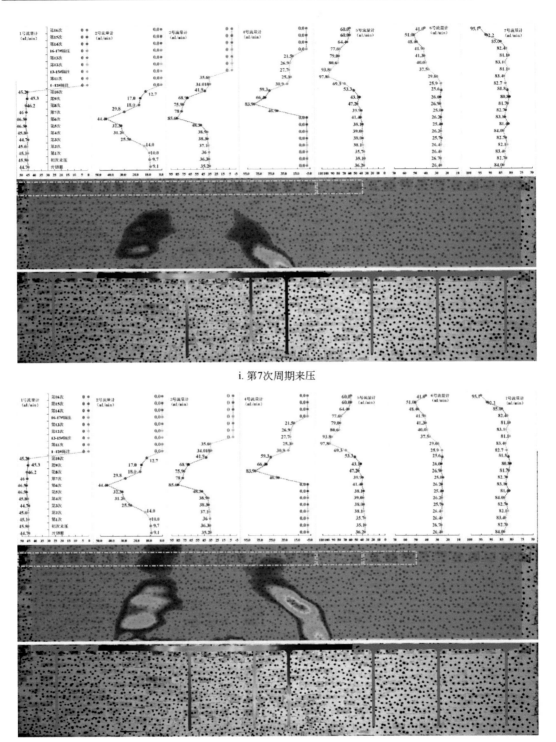

i. 第7次周期来压

j. 第8次周期来压

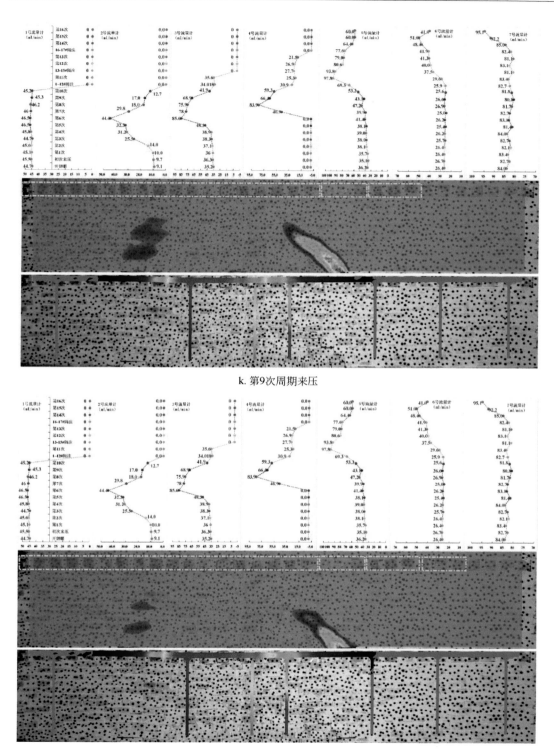

k. 第9次周期来压

l. 第10次周期来压

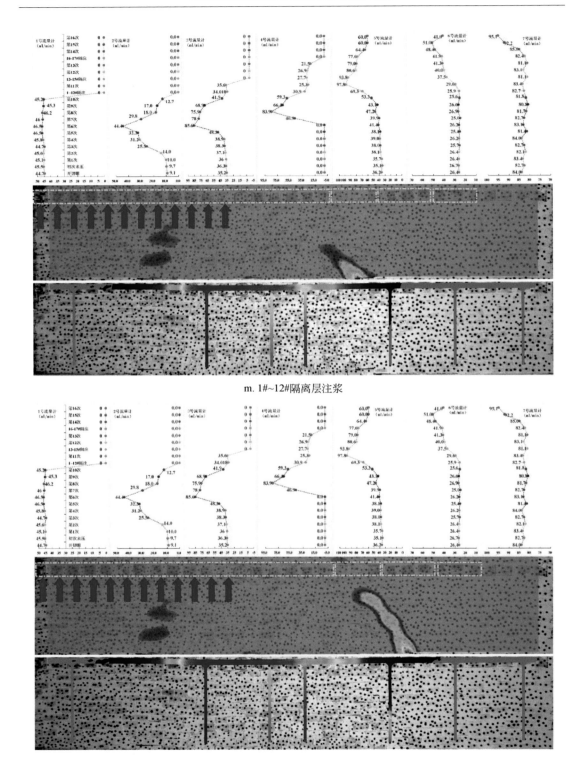

m. 1#~12#隔离层注浆

n. 第11次周期来压

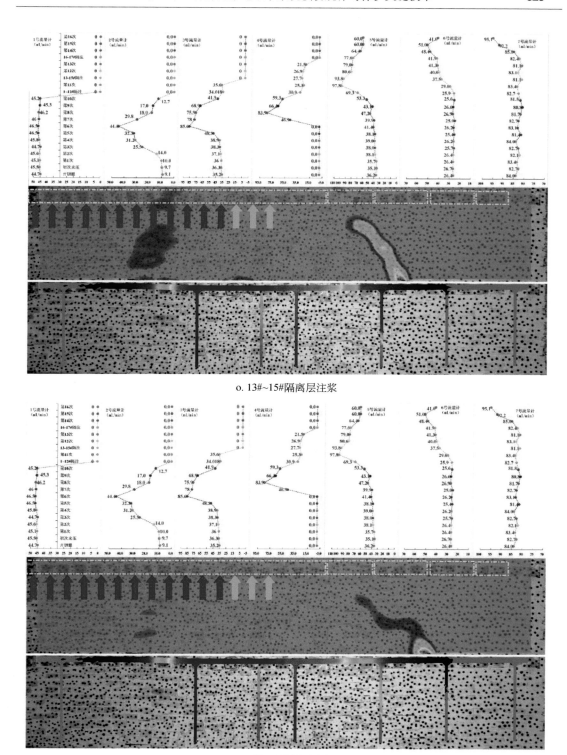

o. 13#~15#隔离层注浆

p. 第12次周期来压

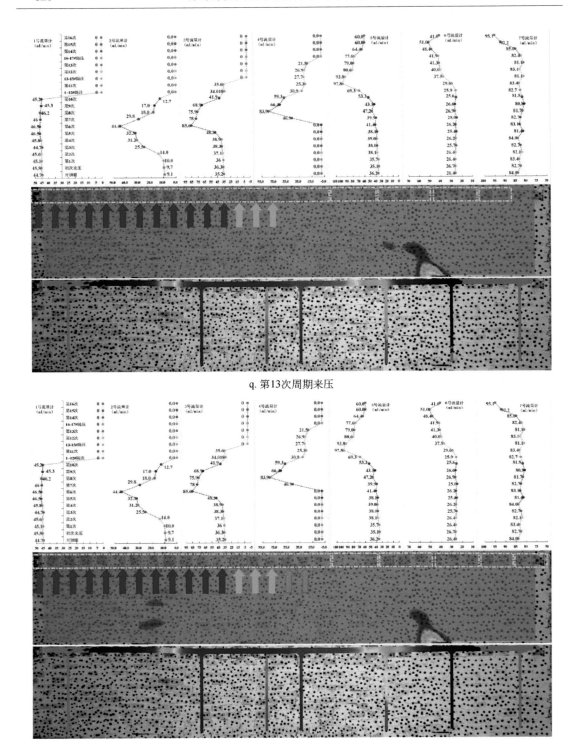

q. 第13次周期来压

r. 16#~17#隔离层注浆

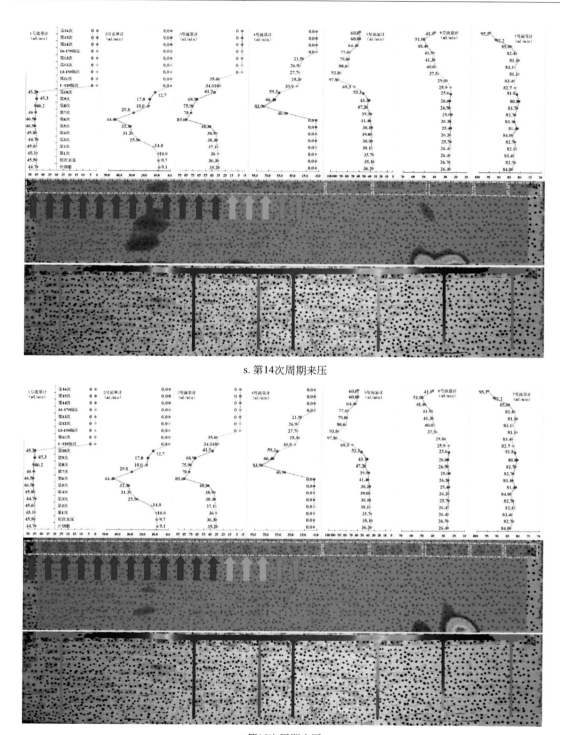

s. 第14次周期来压

t.第15次周期来压

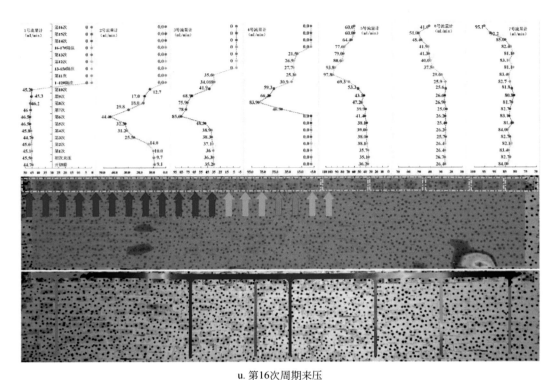

u. 第16次周期来压

图 7.35　仿生开采相似模拟试验顶板水流量演化规律曲线

第8章 中东部焦作矿区赵固井田高保低损开采研究

随着我国中东部煤炭资源逐步转向深部开采，中东部煤矿面临的矿山灾害威胁越来越严重，焦作矿区长期受顶板剧烈来压、底板突水、瓦斯突出等灾害影响，赵固井田作为焦作矿区深部矿井的典型代表，巷道围岩长期承受顶板下沉、两帮收敛变形、支护体失效等失稳破坏，其采动围岩的稳定性控制严重制约着矿井的安全绿色和高保低损开采。为此，根据深部采动围岩损伤破坏机理与控制关键技术，以焦作矿区赵固井田作为工程研究示范，应用深部采动围岩破坏形态与扩展效应及破坏控制原理，以煤柱预留尺寸、巷道布置调控及分段柔性支护技术为重点，开展深部高保低损开采模式及控制关键技术应用，分析评价深部煤层安全绿色开采的效果，从而提高对深部煤炭开采理论与方法的新认识，提供深部采动围岩稳定性控制的新技术途径，形成对深部煤炭开采的集成示范应用，并保障深部煤炭安全绿色高效开采的顺利实施。

8.1 研究区概述

8.1.1 区域位置

赵固井田位于新乡市辉县市境内，2005 年 6 月开始兴建，现辖两个矿区。赵固一矿总资源储量 3.73 亿 t，可采储量 1.77 亿 t，年设计生产能力 240 万 t，赵固二矿可采储量达 1.47 亿 t，年设计生产能力为 180 万 t，井田属于太行山山前平原，主要由坡积、洪积和冲积洪积扇裙组成，井田地势总体平坦，地面海拔在+75m。

赵固一矿和赵固二矿以 F_{17} 断层为分界线，赵固一矿位于 F_{17} 正断层北部，位于断层 F_{17} 下盘，赵固二矿位于 F_{17} 断层南部，位于断层 F_{17} 上盘。赵固一矿、二矿均采用立井开拓，主采煤层均为二$_1$煤，埋深均为 700m 左右，基本工程地质条件相近。

8.1.2 水文地质条件

焦作矿区是全国著名的大水矿区，而赵固井田作为焦作矿区的典型代表，且二$_1$煤层下方赋存多组含水层，主要包括以下层位。

奥陶系灰岩岩溶裂隙含水层：由中厚层状石灰岩、泥质灰岩组成，最大揭露厚度 68.30m，上距二$_1$煤 109.12～126.03m，该地层岩溶裂隙发育，连通性好，水压高，富水性强，正常情况不影响煤层开采，但在断裂沟通时将诱发底板突水。

太原组下部灰岩含水层：主要包含 L_2 与 L_3 灰岩，L_2 灰岩总体发育较好，厚度由东向西、由浅而深变厚，一般为 10.01~14.68m，上距二$_1$煤层约 75m，下距 O_2 灰岩 25m 左右，正常情况对二$_1$煤层没有影响。

太原组上部灰岩含水层：主要包含 L_7、L_8、L_9 三层灰岩，L_7 尖灭；L_8 灰岩含水层距二$_1$煤层底板 26~28.67m，厚度一般为 6.77~14.78m，岩溶裂隙发育，富水性比较强，连通性较强，但极不均一，不易疏排，水压达 3.24~6.84MPa，是对二$_1$煤层开采造成威胁的主要含水层段；L_9 灰岩厚度为 1.5~1.9m，赋水性较差，已疏干解除突水危险，但由于岩溶裂隙发育，不具备隔水性。

二$_1$煤层到 L_8 灰岩间主要为泥岩和砂质泥岩，隔水性较好，为天然的隔水层。二$_1$煤层底面至 L_8 灰岩顶面之间除去一层 L_9 灰岩为透水层外，其余岩层主要为泥岩、砂质泥岩。这两种岩石孔隙不发育，隔水性较好，是天然隔水层，是阻隔底板水充入采出空间的主要隔水层。

赵固井田煤层平均厚 6.2m，埋深约 700m，其中松散层厚达 567m，基岩厚 20~130m。二$_1$煤层底板含水层 L_8 灰岩，厚度一般为 8~11m，平均 8.75m，最厚 11.5m，灰岩裂隙较发育，连通性好，水压 6.0MPa 左右，中等富水，上距二$_1$煤层 24.1~39.9m，平均 31.9m，为二$_1$煤层底板主要充水含水层；工作面回采前已对 L_8 灰岩注浆改造使其变为弱含水层。底板 L_2 灰岩含水层厚 14.9m，水压约 6.8MPa，上距二$_1$煤层 89.3~104.4m，富水性较强，为二$_1$煤层间接充水含水层；奥陶系灰岩均厚 21.1m，水压约 8.1MPa，上距 L_2 灰岩一般 19m，距二$_1$煤层一般 118.3~142.6m，在断裂沟通时对矿井威胁大。

8.1.3　矿区地应力特征

结合赵固矿区实际的地质构造情况，已有学者在赵固煤矿井底车场及西回风巷道掘进迎头处采用空心包体应变解除法进行了地应力现场测试，测试结果如表 8.1~表 8.3 所示。

表 8.1　地应力分量结果表　　　　　　　　　（单位：MPa）

测点	σ_y	σ_x	σ_z	τ_{yz}	τ_{xy}	τ_{zx}
1	29.42	16.70	15.37	−0.11	−1.99	0.41
2	26.26	16.90	15.34	−6.09	−3.29	0.81

表 8.2　地应力分量的相互关系

测点	1	2
σ_y/σ_z	1.91	1.71
$(\sigma_x+\sigma_y)/\sigma_z$	1.50	1.41

表 8.3　地应力测试主应力结果分析

测点	最大主应力 σ_1			最小主应力 σ_3			中间主应力 σ_2		
	数值/MPa	方位/(°)	倾角/(°)	数值/MPa	方位/(°)	倾角/(°)	数值/MPa	方位/(°)	倾角/(°)
1	29.72	171.26	0.91	14.94	262.95	61.69	16.82	80.77	28.29
2	28.3	162.42	0.87	15.14	254.10	62.40	16.06	71.96	28.58
平均	16.44	166.84	0.89	15.04	258.53	62.05	16.44	76.37	28.94

　　由于赵固二矿与赵固一矿相互毗邻，同属一个煤田，区内岩层分布及地质构造基本相同，所以从表 8.3 的地应力测试结果可以推断：①赵固矿区原岩应力场类型是以水平应力为主导的构造应力场；②根据相关应力判断标准，赵固矿区应为高应力矿区；③由于赵固二矿埋深大于赵固一矿，所以赵固二矿原岩应力水平大于赵固一矿；④根据原岩应力场特征分类，赵固矿区地应力类型为 σ_{HV} 型。

8.1.4　开采技术条件

　　河南能源化工集团赵固一矿、二矿采用走向长壁倾斜分层开采近水平二$_1$煤层，顶分层采厚 3.5m，局部区域工作面采用走向长壁一次采全厚采煤法，全部垮落法处理顶板，回采巷道沿煤层顶板掘进，两巷宽均为 4.5m，倾斜长 180m 左右，采用 MG300/700-WD 型采煤机，配合 ZF8600/19/38 或 ZF1000/20/38 型液压支架及 SGZ800/800 型刮板输送机装配工作面。

　　赵固一矿西二盘区回采顺序依次为 12011、12041、12031 及 12051 工作面，工作面开采技术参数见表 8.4，L_8 灰岩含水层特征见表 8.5。其中 12041 及 12011 工作面回采时两侧均为实体煤，12031 及 12051 工作面回采时一侧为采空区，另一侧为实体煤。回采期间，西二盘区工作面均受不同程度的底板涌水影响，影响安全回采最严重的为 12041 工作面，其在初次剧烈来压期间底板突水，最大涌水量达 486m³/h；排水系统改造后，周期来压期间不断有新突水点出现，且工作面正常出水量仍约为 300m³/h。其余 3 个工作面在回采初期底板无突水，但回采后期均受底板突水威胁，12011 工作面后期出水量约 260m³/h，12031、12051 工作面分别为 65m³/h、180m³/h。

表 8.4　西二盘区工作面开采技术参数

工作面名称	走向长/m	倾斜长/m	倾角/(°)	埋深/m	采高/m	支架	
						型号	数量/架
12011	1700~1766	214.5	1~5.7	570~683	4.3	ZY13000/25/50	120
12041	778.4~810	182.8	4~10	662~702	3.5	ZF8600/19/38	117
12031	1174	195	1~5	592~672	3.5	ZF10000/20/38	134
12051	1369.4	180	2~5	578~680	3.5	ZF10000/20/38	122

表 8.5　西二盘区工作面 L_8 灰岩含水层特征表

工作面名称	厚度/m	水压/Pa	突水系数/（MPa/m）	隔水层厚度/m	最大涌水量/（m³/h）
12011	8.7	5.8	0.223	26.0	260
12041	9.0	6.0	0.209	28.7	486
12031	9.0	5.8	0.215	28.0	65
12051	9.0	5.0	0.185	28.0	180

8.2　深部开采围岩特性及灾害特征

8.2.1　二₁煤层围岩岩石力学测试

$\qquad$为了准确掌握赵固井田大埋深高应力采动围岩组合情况及岩石的力学性质，对围岩岩石物理力学参数进行了测试。根据中华人民共和国煤炭行业标准《煤和岩石物理力学性质测定方法》（GB/T 2356—2009）的规定，在赵固二矿−770m 水平二₁煤层顶底板取岩心，分别进行单轴压缩、常规三轴压缩、巴西劈裂等岩石力学试验，测定了二₁煤层顶底板岩石的抗压强度、抗拉强度、弹性模量、变形模量、普氏系数、泊松比等参数，部分岩样、试件及实验过程如图 8.1 所示，岩石力学试验测试结果见表 8.6。

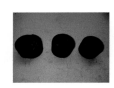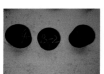

图 8.1　部分岩样、试件及实验图

表 8.6　实验获取的煤岩力学参数表

层位	岩石名称	抗拉强度/MPa	抗压强度/MPa	弹性模量/GPa	变形模量/GPa	泊松比
顶板岩层	大占砂岩	9.46~11.7 10.58	71.6~99.4 85.52	17.6~49.7 33.67	11.7~23.4 17.55	0.24~0.35 0.28
	泥岩	1.76~3.34 2.35	32.5~47.7 40.2	7.7~11.6 9.6	3.2~4.0 3.6	0.21~0.31 0.26
煤层	二₁煤	0.12~1.23 0.58	15.7~25.4 20.6	2.2~3.2 2.7	1.2~2.0 1.6	0.2~0.3 0.25
底板岩层	泥岩	1.3~1.6 1.48	70.6~78.4 74.5	11.6~13.8 12.7	6.7~8.5 7.6	0.25~0.27 0.26
	砂质泥岩	2.4~2.8 2.6	30.6~60.2 44.4	9.9~12.6 11.9	4.9~6.5 5.8	0.29~0.33 0.31
	灰岩	7.1~9.8 8.71	128.3~135 131.7	20.8~39 29.9	20.1~29.7 24.9	0.31~0.35 0.33

$\qquad$由表 8.6 知，赵固二矿−770m 水平二₁煤层底板中灰岩的抗压强度、弹性模量、变形

模量明显大于泥岩和砂质泥岩。灰岩抗拉强度为 8.1 ~ 9.8MPa，抗压强度为 128.3 ~ 135MPa，弹性模量为 20.8 ~ 39.0GPa，变形模量为 20.1 ~ 29.7GPa，泊松比为 0.31 ~ 0.35，表明底板灰岩岩石完整性较高，属于比较坚硬岩石类。底板中的砂质泥岩和泥岩物理力学性质差距较小，其抗拉强度为 1.3 ~ 2.8MPa，抗压强度为 30.6 ~ 78.4MPa，弹性模量为 9.9 ~ 13.8GPa，变形模量为 4.9 ~ 8.5GPa，泊松比为 0.25 ~ 0.33，表明底板砂质泥岩和泥岩属于中等坚硬岩石类。二$_1$煤层顶板中直接顶为泥岩，其抗拉强度为 1.76 ~ 3.34MPa，抗压强度为 32.5 ~ 48.7MPa，弹性模量为 8.7 ~ 11.6 GPa，变形模量为 3.2 ~ 4.0 GPa，泊松比为 0.21 ~ 0.31；顶板上方赋存一层大占砂岩，其抗拉强度为 9.46 ~ 11.7 MPa，抗压强度为 71.6 ~ 99.4MPa，弹性模量为 18.6 ~ 49.7GPa，变形模量为 11.7 ~ 23.4GPa，泊松比为 0.24 ~ 0.35，属于坚硬岩层。

根据岩石力学试验，二$_1$煤层底板中灰岩相对于其他岩层具有较强的抵抗破坏能力，为完整型和强度较高的坚硬岩层，而底板岩层中的泥岩及砂质泥岩岩性较弱，在高应力环境下容易破坏，抵抗变形能力较差。

8.2.2　采动煤层瓦斯特性及灾害特征

随矿井向深部逐渐延伸，煤层瓦斯含量逐渐增加，赵固二矿 11060 工作面以深区域被鉴定为煤与瓦斯突出区域。由于赵固二矿为单一厚煤层开采矿井，缺乏开采保护层的条件，且顶抽巷打孔困难、抽采效率低，故采用施工底板瓦斯抽放巷的方式对 11060 工作面以深区域进行了区域瓦斯治理，向下延伸的Ⅰ盘区开拓巷道不得不从煤层大巷转为底板岩石巷道，在Ⅰ盘区煤层下方开拓了西胶带运输巷和底板瓦斯措施巷两条平行永久大巷。同时，为了能够有效地消除工作面煤层中的瓦斯突出危险，实施了以解危Ⅰ盘区煤层大巷瓦斯突出危险而开掘的胶带运输巷、底板措施巷和以解危工作面瓦斯突出而开掘的 11060 工作面底抽巷，如图 8.2 所示。

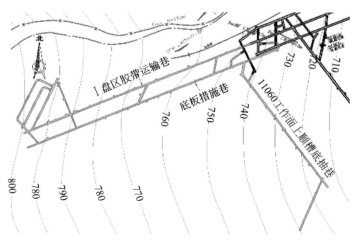

图 8.2　赵固二矿底抽巷布置

三条底板巷道掘进层位相同，功能相似，采用相同的支护设计如图 8.3 所示：

（1）巷道初始断面为直墙半圆拱，一次支护形式为初喷 50mm+锚网索支护，二次支护采用 12#工钢棚+复喷 160mm 联合支护。

（2）巷道掘进宽度 5220mm，高度 4160mm，面积 18.72m²。一次支护后巷宽 4920mm，巷高 4010mm，面积 18.07m²；二次支护后巷宽 4280mm，巷高 3650mm，面积 13.39m²；直墙高度均为 1500mm。

（3）锚杆规格：Φ20mm×L2400mm 左旋螺纹钢；间排距 800mm×800mm，起拱线下锚杆间排距为 700mm×800mm，锚固长度不小于 1200mm。锚索规格：Φ21.6mm×L6250mm 钢绞线，间排距 1600mm×800mm，锚固长度不小于 2400mm。

（4）工钢棚间距为中对中 600mm，底拱下铺设金属网，喷砼厚度 160mm，铺砼厚度 150mm，强度为 C25。

（5）金属网片规格：Φ6mm 钢筋，网幅尺寸 900mm×1700mm。其中顶板①～②区段铺设双层网，网幅内以 400mm 的间距将两层网片连接在一起，使两层网为一个整体。

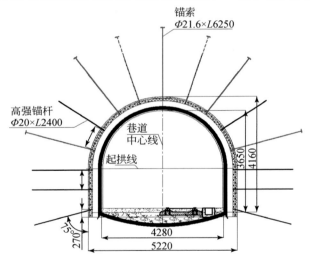

a. 底板措施巷支护断面图(单位：mm)

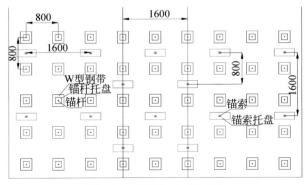

b. 起拱线以上顶板支护平面图(单位：mm)

图 8.3　底板措施巷支护设计图

8.2.3　深部采动巷道非均匀变形破坏特征

赵固二矿 11030 工作面采用走向长壁一次采全厚采煤法，其东北侧正在回采的 11050 工作面采用相同采煤方法，其西南侧已回采结束的 11011 工作面采用倾斜分层走向长壁综合机械化采煤法。11030 工作面被其西南侧已回采结束的 11011 工作面和东北侧正在回采的 11050 工作面限定为一条宽为 215m 的楔形条带。11030 运输巷采用沿空掘巷，与 11011 采空区留设 8m 窄煤柱，巷道沿煤层顶板掘进，11030 工作面运输巷布置平面示意图如图 8.4 所示。

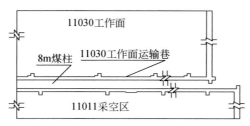

图 8.4　11030 工作面运输巷布置平面图

由于 11030 工作面运输巷护巷煤柱窄，加上受高地应力影响，掘进期间巷道顶板下沉明显，煤柱帮一侧顶板下沉量巨大；巷道底鼓严重，煤壁帮一侧底板底鼓尤为明显；同时，巷道两帮明显鼓出，煤柱帮鼓出现象极为严重，造成巷道断面收缩剧烈，巷道整体表现出明显的非均匀特征。巷道围岩变形量大，造成锚索破断等支护体失效。巷道在掘进过程中，由于断面收缩严重，不得不多次停止掘进作业，对已掘巷道进行扩帮和卧底等翻修作业，以保证巷道的安全和正常使用，严重影响巷道的正常掘进和 11030 工作面的回采准备工作。

为了研究深部窄煤柱巷道非均匀变形特征，在 11030 窄煤柱巷道布置两个测站观测了掘进期间的围岩变形。测站紧跟掘进工作面布置，两测站间距 100m，在每个测站的顶底板各布置 3 个测点，煤壁帮和煤柱帮各布置 1 个测点对巷道全断面进行表面位移监测，如图 8.5 所示。

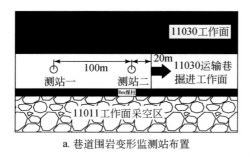
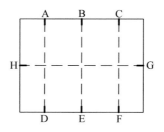

a. 巷道围岩变形监测站布置　　　　　　　b. 围岩表面位移测点布置

图 8.5　巷道围岩变形监测方案示意图

统计绘制了测站一在掘进期间的巷道全断面围岩变形曲线如图 8.6 所示。掘进期间，巷道煤柱侧顶板、顶板中部和煤壁侧顶板的变形量均逐渐增大，煤柱侧顶板变形量先急剧增加，在 14d 左右增速放缓，在 67d 时变形量突然加大随后接近线性趋势增长，煤壁侧和顶板中部的变形量先呈近似线性增长随后在 67d 时变形量突然加大，随后继续近似呈线性增长；其中煤柱侧顶板的变形量大于煤壁侧和顶板中部的变形量，约为煤壁侧和顶板中部变形量的 2 倍，最大达到 927mm。由图 8.6b 知，巷道掘进期间，巷道煤柱侧底板、底板中部和煤壁侧底板的变形量均逐渐增大，前 67d 呈近似线性增长，随后变形量突然加大，变形增速加大，在 105d 后变形量增速开始降低，随后接近呈线性增长；其中煤壁侧底板的变形量大于底板中部和煤柱侧的变形量，最大达到 1780mm。根据图 8.6c，掘进期间，巷道煤壁帮的变形量逐渐增大，前 65d 近似呈线性增长，随后变形量突然增大，变形开始急剧增长，约在 110d 时变形量增速放缓，最后变形量达到 420mm。由图 8.6d 可知，掘进期间，巷道煤柱帮的变形量逐渐增大，前 15d 变形量急剧增大，随后增速放缓呈近似线性增长，约在 68d 时变形量突然增大，随后保持近似线性增长，最后变形量达到 886mm。

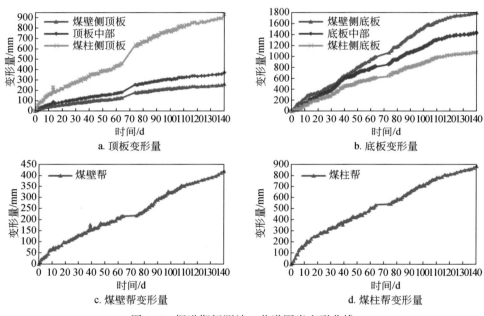

图 8.6　掘进期间测站一巷道围岩变形曲线

　　测站二在掘进期间的巷道全断面围岩变形曲线如图 8.7 所示。根据图 8.7a，掘进期间，巷道煤柱侧顶板、顶板中部和煤壁侧顶板的变形量均逐渐增大，煤柱侧顶板变形量先急剧增加，在 14d 时变形量突然增大，变形量开始急剧增长，约 40d 时增速降低，75d 时变形量突然变大，随后保持近似线性增长。顶板中部和煤壁侧顶板的变形量先急剧增加，在 14d 和 25d 时变形量突然增加，随后增速降低，在 84d 时变形量再次突然增大，随后近似呈线性增长。其中煤柱侧顶板的变形量约为煤壁侧和顶板中部变形量的 2 倍，达875mm。由图 8.7b 知，掘进期间，巷道煤柱侧底板、底板中部和煤壁侧底板的变形量均逐渐增大，前 67d 呈近似线性增长，随后变形量突然加大，变形增速加大，在 130d 后变形量增速开始降低，随后接近呈线性增长。其中煤壁侧的变形量大于底板中部和煤柱侧的变形量，最大达 1891mm。由 8.7c 知，掘进期间，巷道煤壁帮的变形量逐渐增大，前 65d 近似呈线性增长，随后变形量突然增大，变形开始急剧增长，并保持近似线性增长的趋势，最后变形量达 443mm。由图 8.7d 知，观测期间，巷道煤柱帮的变形量逐渐增大，前 17d 变形量急剧增大，随后变形量突然加大但增速降低，约在 68d 时变形量突然增大，随后保持近似线性增长，最后变形量达 823mm。

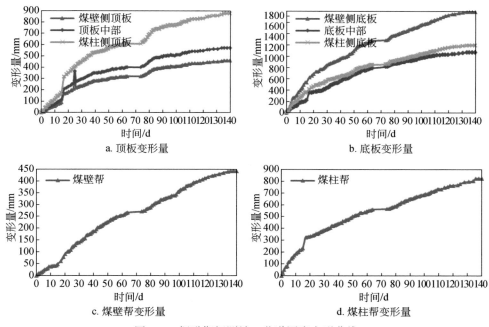

图 8.7　掘进期间测站二巷道围岩变形曲线

结合巷道围岩变形测量结果绘制了掘进期间的巷道变形轮廓如图 8.8 所示。

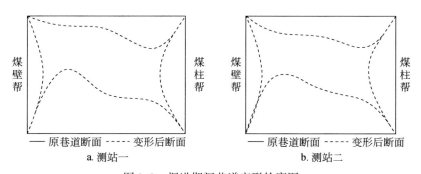

图 8.8　掘进期间巷道变形轮廓图

结合前述知，巷道掘进期间，窄煤柱巷道围岩呈现出基本一致的非均匀大变形特征：煤柱侧顶板变形量最大，顶板中部变形量次之，而煤壁侧顶板变形量相对较小；煤壁侧底板变形量最大，底板中部变形量次之，而煤柱侧底板相对较小；同时，煤柱帮的变形量明显大于煤壁帮的变形量。

8.2.4　深部采场围岩动力灾害特征

　　赵固一矿 12041 工作面推进 62m 后初次来压，两端头底板突水，最大出水量达 486m³/h；排水系统改造后，工作面非来压期间无新增出水点，但每次周期来压均伴有新出水点。受频繁剧烈来压影响，工作面推进速度由突水前的 5.4m/d 降低至 1.2m/d，开采效率降低 78.8%，大量机电设备损坏、工人劳动强度增加，严重影响矿井安全生产。现场实测总结了 12041 工作面的矿压显现特征见图 8.9、图 8.10 及表 8.7。

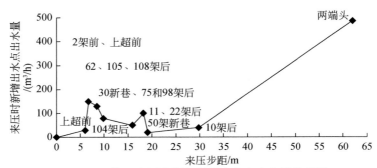

图 8.9　工作面来压步距与新增出水点出水量关系图

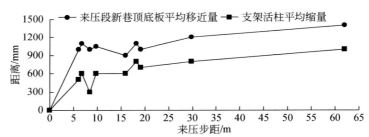

图 8.10　来压步距与顶底板移近量及支架活柱缩量关系图

表 8.7　12041 工作面矿压显现特征表

次序	来压日期	剧烈来压位置及特点
1	5 月 3 日	1-5 架压死支架，上端头顶底板移近量约 1.4m，底鼓量大，上巷超前巷帮收敛量大
2	5 月 7 日	上端头及超前 10m 剧烈来压，底鼓量 1.0m 以上，上巷两帮收敛严重
3	5 月 13 日	1-20 架普遍剧烈来压，平均底鼓 1.0m
4	5 月 18 日	支架安全阀开启，呈喷雾状，且响声频繁，1-35 架压死，1-70 架活柱下缩量 500mm 以上，上端头底鼓严重，机头顶推至顶板，架后窜矸严重
5	5 月 23 日	1-50 架安全阀开启，机头及超前 10m 底鼓，人工落机头 500mm 后又鼓起 500mm，1-30 架矿压显现明显，支架平均活柱下缩量 300mm
6	6 月 2 日	1-40 架矿压显现严重，支架卸压阀全部开启
7	6 月 10 日	大面积来压，支架高度低，煤机无法通过 40-60 架，工作面整体底鼓
8	6 月 18 日	1-8 架、35-110 架来压，103-110 架煤机无法通过，105 架压死，104、105 架错差 1.4m，115-116 架伸缩梁压电机，支架柱芯均在 600mm 以下
9	7 月 1 日	来压位置由机头向工作面下帮扩展，支架平均活柱下缩量 800mm，8-14 架压死，1-20 架、23-30 架底鼓严重约 1.4m，并将机头顶推至顶板上

由图 8.9、图 8.10 及表 8.7 可知：12041 工作面来压分大小周期，小周期 4~7d，来压步距 6~8m；大周期 10~12d，来压步距 16~19m；随来压步距增大，工作面来压段新巷顶底板移近量、支架活柱缩量及新增出水点出水量均呈增加趋势，且顶底板移近量最大达 1.4m，初次来压步距及出水量最大。且来压时，在工作面内能听到基本顶失稳冲击的剧烈响声，尤其是 40 架至上端头及超前 10m 内来压最为剧烈及频繁。同时，随采场推进基本顶来压时底板出水呈动态变化，其基本顶来压作用地段底板出水点呈非均匀分布，反映了基本顶来压对底板具有强烈的动载扰动作用，从而导致底板应力非均匀分布及底板岩体呈非均匀破坏。

8.3　深部高保低损开采模式及控制关键技术

深部开采时剧烈的初次来压及周期来压将形成强烈的动载扰动作用，并极易导致底板突水，且根据以往突水案例来压地段底板出水点呈非均匀分布，故深部开采的动载扰动作用极易导致底板损伤破裂深度增加并诱发底板突水。基于此，深部开采应重点分析由于煤层埋深增加而造成静水压力状态主导的高地应力加卸载诱发动载扰动或强卸荷效应形成的强扰动作用，从而为深部煤矿高效安全绿色开采提供理论依据。

8.3.1　深部高保低损开采围岩损伤破坏模式

受开采扰动影响，采场围岩体区域应力场不断变化，采场超前煤岩体将经历增高至峰值，将形成加载损伤破坏模式；而随采场循环推进，经历应力增高后围岩体卸荷形成卸荷损伤破坏模式，若采动围岩体内含巷道等硐室则与巷道围岩塑性破坏叠加形成非对称破坏模式。

1. 深部采动底板加载损伤破坏模式

以赵固一矿 12041 工作面为例分析基本顶岩梁破断失稳的动载作用；煤层开采后，随采场推进，基本顶岩梁跨距增大，基本顶变形断裂，在基本顶失稳垮断前首先离层下沉；随基本顶跨距增加，基本顶岩梁上的载荷不断增加，基本顶结构将逐渐由弹性状态进入弹塑性状态，基本顶跨距继续增加至岩梁达到塑性极限状态时将导致基本顶失稳破断形成剧烈的顶板来压，并对煤壁端部及采空区底板造成强烈的动载扰动破坏作用，从而形成突水威胁。

根据压力拱理论，基本顶岩梁失稳后扰动底板产生压力拱，前拱脚位于超前实体煤煤壁端部，后拱脚在采空区砌体梁结构的触矸区域；故基本顶岩梁失稳后扰动应力作用于煤壁端部和采空区触矸区域底板形成加载破坏行为，而在两者之间应力卸荷并不断扰动底板深部岩体形成卸荷破坏行为，并造成剧烈来压期间回采巷道或采场顶板急剧下沉、底鼓、突水等采动围岩破坏现象。结合基本顶岩梁结构失稳导致底板应力场变化，分析深部开采动载扰动下底板岩体裂隙的扩展机制如图 8.11 所示。

由图 8.11 可知，煤层开采前底板原生裂隙发育，随回采推进在动力扰动及支承压力作用下 σ_1 大于原岩应力 $\sigma_{0(0)}$ 并形成次生裂隙扩展区 acb；基本顶岩梁失稳破断后煤壁端部底板形成了高应力集中区，设由煤壁压剪作用导致底板产生次生裂隙的应力为 $\sigma_{1(c)}$，在

$h_{\max}$内任意点受开采扰动的应力峰值为σ_p，则当$\sigma_{1(c)} < \sigma_1 < \sigma_p$时，则形成煤壁端部效应区$acd$；当底板岩体在采场或采空区下方时，采场底板压力拱轴线内σ_1开始向临空面挤压卸荷至水平应力σ_3形成反向滑移区ace；在$h_{\max}$深度内自底板深部向浅部不断卸荷至零或拉应力$\sigma_{拉}$，并最终导致裂隙张开贯通形成突水通道发育区aef；当基本顶岩梁失稳破断时，采空区梁端触矸点附近则形成了影响范围较小的触矸效应区fgh；已卸荷稳定的采空区后方底板岩体在覆岩重新压实作用下应力开始逐渐增加，形成了裂隙张开贯通过渡区。

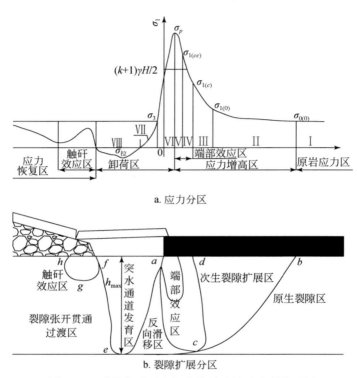

a. 应力分区

b. 裂隙扩展分区

图 8.11　动载扰动下底板岩体裂隙扩展破裂模型图

深部开采超前底板煤壁端部效应区岩体由于水平应力σ_3较高，裂隙弯折拉伸扩展受限；但在端部效应区受压应力作用及动载扰动强度影响下，作用于底板岩体的垂直应力σ_1大小不同将导致裂隙AB（图8.12）产生摩擦滑动、自相似扩展及失稳扩展变形并形成次生裂隙，其外部临界应力如式（8.1）。

$$\begin{cases} \sigma_{1(0)} = \dfrac{\tau_c + \mu\sigma_3\sin^2\theta + \sigma_3\sin\theta\cos\theta}{-\mu\cos^2\theta + \sin\theta\cos\theta} \\[4mm] \sigma_{1(c)} = \dfrac{\left[\dfrac{2K_{\mathrm{IIC}}}{\sqrt{\pi c}} + 2\tau_c + (\sin2\theta + \mu - \mu\cos2\theta)\sigma_3\right]}{\sin2\theta - \mu - \mu\cos2\theta} \\[6mm] \sigma_{1(cc)} = \dfrac{\left[\dfrac{2K_{\mathrm{IICC}}}{\sqrt{\pi c_b}} + 2\tau_c + (\sin2\theta_0 + \mu - \mu\cos2\theta_0)\sigma_3\right]}{\sin2\theta_0 - \mu - \mu\cos2\theta_0} \end{cases} \quad (8.1)$$

式中，μ 为摩擦系数；τ_c 为内聚力，Pa；θ 为裂隙方位角，（°）；θ_0 为裂隙失稳扩展的方位角，（°）；K_{IIc} 为弱面的 II 型断裂韧性，MPa/m$^{1/2}$；K_{IICC} 为岩石的 II 型断裂韧变，m。

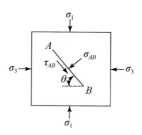

图 8.12　端部效应区加载作用下裂隙扩展模型

当 $\sigma_1 < \sigma_{1(0)}$ 时，底板岩体处于弹性阶段不发生滑动变形；当 $\sigma_{1(0)} < \sigma_1 < \sigma_{1(c)}$ 时，原生裂隙发生摩擦滑动变形；$\sigma_{1(c)} < \sigma_1 < \sigma_{1(cc)}$ 时，裂隙产生自相似扩展；$\sigma_{1(cc)} < \sigma_1$ 时，裂隙失稳扩展，部分裂隙卸载变形并造成底板岩体局部损伤劣化。当动载扰动强度导致 σ_1 峰值超过底板煤岩体裂隙扩展的极限强度时，煤岩体破坏，在压应力作用下裂隙将以压缩闭合变形为主，失稳扩展裂隙部分闭合，而应力向深部转移。

触研效应区内岩体为经历采动破坏后的底板浅部岩体，其在失稳破断的基本顶岩梁梁端加载作用下应力虽然升高，但其为二次加载破坏，更多表现为失稳扩展变形，其 $\sigma_{1(cc)}$ 值更小，更利于触研效应区裂隙的进一步变形扩展。因此，煤壁的端部效应对底板深部岩体的裂隙扩展起主导作用，触研效应区仅加剧了底板浅部的裂隙失稳扩展，其对底板深部裂隙贯通的作用远小于端部效应区；后续分析将以端部效应区为主分析底板岩体裂隙的卸荷扩展。

根据前述，随动载扰动强度增大，采场超前底板内 σ_1 增大，而 σ_3 减小；进一步可知动载扰动强度越大将越利于裂隙压缩变形失稳扩展，并导致底板裂隙的变形扩展和损伤劣化；当端部效应区 σ_1 峰值超过煤岩体裂隙扩展的极限强度时以压缩闭合变形为主。

2. 深部采动底板卸荷损伤破坏模式

深部开采岩体卸荷量 ξ 与损伤因子 D 对底板扰动及裂隙扩展破裂具有显著影响，故可基于底板岩体的卸荷损伤程度建立裂隙扩展破裂模型，以分析不同卸荷损伤程度时底板裂隙的扩展破裂程度，为评估底板突水扰动的危险性提供依据。

为分析开采后卸荷量对岩体损伤劣化的影响并评价深部采场卸荷岩体质量，可建立卸荷量与损伤因子 D 的关系。首先，根据有效应力概念和应变等价原理，可确定 D 如式（8.2）。

$$D = 1 - \frac{E}{E_0} \tag{8.2}$$

式中，E、E_0 为卸荷时、卸荷起点的变形模量。

胡政等（2014）应用三轴试验研究拟合得到了卸荷过程中卸荷量与变形模量的关系式如下：

$$E = E_0(1 - a\xi^b) \tag{8.3}$$

式中，a、b 为拟合参数，可根据试验拟合得到。

联合式（8.2）及式（8.3）可得

$$D = a\xi^b \tag{8.4}$$

故随 ξ 增加，D 呈指数式增长，采深越大，卸荷对底板损伤影响越大，岩体损伤劣化程度越严重。

底板岩体卸荷至拉应力时仅在底板浅部，且现场拉应力范围内裂隙岩体破坏最严重，而底板突水取决于底板深部岩体卸荷导致裂隙扩展的能力，暂不分析岩体卸荷至拉应力时的裂隙失稳扩展，仅分析卸荷至 0 时裂隙的失稳扩展能力。

开采后，采场底板应力先增高后卸荷，卸荷作用相当于在增高后的应力场中施加一个反向的拉应力，或由于卸荷导致岩体差异变形而形成了垂直于卸荷面的拉应力 T，如图 8.13 所示。设卸荷后的 σ_1 和 σ_3 分别减小 $\Delta\sigma_1$ 和 $\Delta\sigma_3$，卸荷量分别为 ξ_1 和 ξ_3，裂隙面与 σ_3 的夹角为 α，卸荷后垂直应力和水平应力分别为 $\sigma_1-\Delta\sigma_1$、$\sigma_3-\Delta\sigma_3$，卸荷后作用在裂隙面 AB 上的法向应力 σ_{AB} 和剪应力 τ_{AB} 如式 (8.5)。

$$\begin{cases} \sigma_{AB} = (\sigma_1 - \Delta\sigma_1)\cos^2\alpha + (\sigma_3 - \Delta\sigma_3)\sin^2\alpha \\ \tau_{AB} = \dfrac{(\sigma_1 - \Delta\sigma_1) - (\sigma_3 - \Delta\sigma_3)}{2}\sin2\alpha \end{cases} \tag{8.5}$$

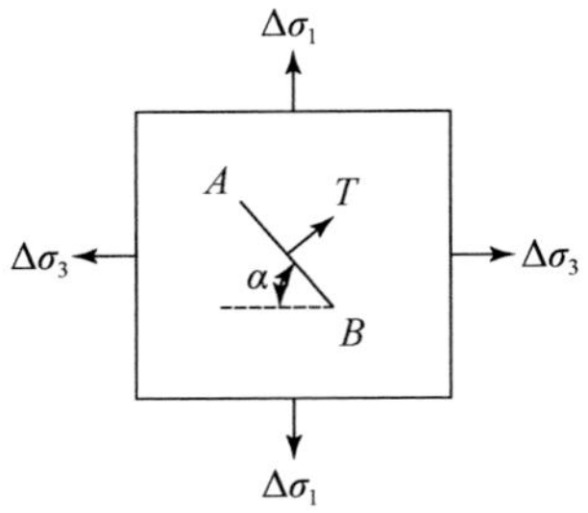

图 8.13　突水通道发育区底板裂隙岩体卸荷损伤破裂模型

当卸荷导致的差异变形在裂隙面法向方向引起的 T 大于 σ_{AB} 时，裂隙面将失稳扩展，即

$$T > \sigma_{AB} \tag{8.6}$$

卸荷拉应力 T 为 $\Delta\sigma_1$ 和 $\Delta\sigma_3$ 作用于裂隙面 AB 上的法向应力，计算方法与 σ_{AB} 相同，但方向相反；而 $\Delta\sigma_1=\xi_1\sigma_1$，$\Delta\sigma_3=\xi_3\sigma_3$，联合式 (8.5) 及式 (8.6) 可得裂隙卸荷的扩展破裂条件

$$\xi_1\cos^2\alpha > \frac{1}{2}\cdot\frac{\sigma_3}{\sigma_1}(1 - 2\xi_3)\sin^2\alpha + \frac{1}{2}\cos^2\alpha \tag{8.7}$$

结合式 (8.3) 可得裂隙卸荷扩展与 D 的关系式 (8.8)：

$$\left(\frac{D_1}{a_1}\right)^{\frac{1}{b_1}}\cos^2\alpha > \frac{1}{2}\cdot\frac{\sigma_3}{\sigma_1}\left[1 - 2\left(\frac{D_3}{a_3}\right)^{\frac{1}{b_3}}\right]\sin^2\alpha + \frac{1}{2}\cos^2\alpha \tag{8.8}$$

式中，D_1、D_3 分别为 σ_1 和 σ_3 卸荷时的损伤因子；a_1、b_1 与 a_3、b_3 分别为 σ_1 和 σ_3 卸荷时的试验拟合参数。

可知当卸荷量 ξ 或损伤因子 D 及裂隙倾角 α 满足式 (8.7) 或式 (8.8) 底板裂隙必然扩展破裂，而 ξ、D 的大小与底板裂隙岩体距采场底板的深度密切相关，故基于岩体卸荷损伤分析底板突水扰动的危险性，可为深部安全开采提供指导。

由式（8.7）及式（8.8）知，在底板原生裂隙发育倾角 α 一定情况下，σ_3/σ_1 值、ξ 和 D 的变化对裂隙扩展贯通具有决定作用。而根据前述，底板深部逐渐增大并渐近于 1，故在底板卸荷损伤范围内 $0<\sigma_3/\sigma_1<1$，在卸荷损伤范围边缘 $\sigma_3/\sigma_1=1$ 岩体未卸荷并构成了卸荷损伤的最大扰动深度。为直观反映 ξ_1、ξ_3 及 α 三者关系，分别取 $\alpha=30°$、$\sigma_3/\sigma_1=1$，绘制了裂隙扩展破裂卸荷量关系图 8.14。

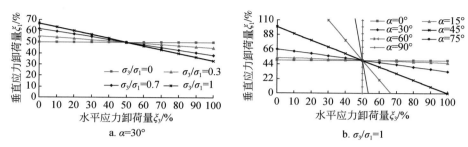

图 8.14　裂隙扩展破裂卸荷量关系

由图 8.14 知，α 一定时，随 σ_3/σ_1 值增大，裂隙扩展破裂所需 ξ 增加；随 ξ_3 增加，裂隙扩展破裂所需 ξ_1 减小。随 α 增大，裂隙扩展所需卸荷量增大，而煤系地层小角度层理裂隙发育将利于裂隙扩展。ξ_3 越大越有利于岩体裂隙扩展破坏；σ_3/σ_1 值越小越有利于裂隙扩展破裂，越易造成底板裂隙扩展贯通；而深部采场 σ_3 增加在一定程度上可抑制裂隙扩展，且 σ_3 越高，裂隙扩展所需的卸荷量越大。当岩体卸荷量满足卸荷扩展破裂条件时裂隙将失稳贯通，以此可判定底板岩体卸荷渗透区能否形成突水通道。当 $\alpha=0°$（或 $\alpha=90°$）时，需 $\xi_1>1/2$（或 $\xi_3>1/2$）才能满足裂隙扩展破裂；而 $\xi_1>1/2$ 时只需较小的 ξ_3 岩体裂隙便可失稳扩展。

深部开采时现场可根据钻孔取心、应力和位移观测及工程经验确定 ξ、D 来确定底板卸荷破裂的最大扰动深度；当底板卸荷破裂深度与承压水应力渗透区接壤或重叠时，在底板高承压水压力作用下底板卸荷岩体的卸荷量满足渗透系数发生突变时必将进一步卸荷扩展贯通而引起底板突水。

3. 深部采动巷道围岩非对称破坏模式

为进一步分析深部采动巷道围岩的损伤破坏模式，以赵固二矿底抽巷的突水危险性为背景分析底板非对称破坏导水通道的形成，从而为深部高保低损开采围岩控制提供依据。

1）底抽巷突水危险性分析

由于赵固二矿 11060 工作面底抽巷布置在待采工作面下方，为尽量减小工作面与底抽巷突水危险，须保证采动底板有足够的隔水层厚度抵抗含水层的水头压力。在采动影响下，底抽巷围岩必然产生一定程度的破坏减小原有底板的隔水层厚度，底板安全隔水层厚度可表示为

$$H_{安} = (h_1 - h_3) - (h_2 - h_3) = h_1 - h_2 \tag{8.9}$$

式中，$H_{安}$ 为安全隔水层厚度，m；h_1 为底板未破坏岩层厚度，m；h_2 为底抽巷围岩破坏厚度，m；h_3 为透水层的厚度，m，其中，$h_3 \leqslant h_2$。

分析底抽巷围岩扰动对隔水层厚度的影响如图 8.15 所示。

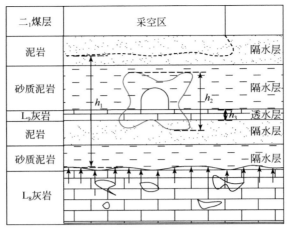

图 8.15　底抽巷围岩扰动对隔水层厚度的影响

由于 L_9 灰岩厚度较小，赋水性较差，已疏干解除突水危险，故只作为透水层进行考虑，而底板安全隔水层厚度为底板未破坏岩层的厚度与底抽巷围岩破坏厚度的差值，决定 h_1、h_2 大小的是底板隔水层与透水层厚度、承压水导升带高度、采空区底板破坏深度和底抽巷围岩破坏厚度。而底板隔水层、透水层厚度与承压水导升带高度在相应地质条件下已经确定，采空区底板破坏深度与工作面开采方式密切相关，其对底板安全隔水层厚度的影响相对固定，而底抽巷围岩在不同的应力环境下所产生的破坏范围不同，其对底板安全隔水层厚度大小起关键作用，即底抽巷围岩的破坏范围决定底板突水危险性。

对于底抽巷来说，可通过斯列萨列夫推导公式来计算巷道的极限安全隔水层厚度：

$$t_安 = \frac{L(\sqrt{\gamma^2 L^2 + 8K_p H} - \gamma L)}{4K_p} \tag{8.10}$$

式中，$t_安$ 为极限安全隔水层厚度，m；L 为巷道宽度，m；γ 为底板隔水层密度，MN/m^3；K_p 为底板隔水层抗拉强度，MPa；H 为作用在巷道底板的实际水压，MPa。

结合赵固二矿底抽巷实际，取 $\gamma = 2.5$ MN/m^3，$L = 5$m，$H = 3.92$MPa，$K_p = 2.04$MPa，得 $t_安 = 1.43$m。底抽巷底板下方隔水层需要至少保证 1.43m 的安全隔水层厚度，才能抵抗底板水压，防止巷道底板突水事故的发生，而底抽巷在不同的应力条件下底板围岩必然会不同地产生破坏，若底板安全隔水层厚度不能满足极限安全隔水层厚度要求，则说明此时巷道底板不安全，发生突水危险的可能性大，且从安全角度考虑，安全隔水层厚度越大，巷道突水危险性越小，因此底抽巷底板围岩的破坏范围就直接决定了巷道底板的突水危险性大小。

综上所述，影响采场底板突水危险性的主要为煤层底板中的安全隔水层厚度，安全隔水层厚度越大，煤层底板突水的危险性越小，由于底抽巷在煤层下方掘进，在原岩应力和采动应力影响下，巷道围岩会产生一定的破坏范围，使得底抽巷附近范围的隔水岩层产生破坏，影响其隔水性，底抽巷围岩破坏范围越大，对煤层底板隔水层的影响也就越大，相应的安全隔水层厚度减小，增加突水危险性。而影响底抽巷底板突水危险性的是巷道底板中的安全隔水层厚度，且根据斯列萨列夫推导公式，巷道底板下方需要一定厚度的安全隔水层来抵抗水压，故底抽巷围岩产生的底板破坏范围会直接影响其底板安全隔水层的厚度，底抽巷底板围岩破坏范围越大，底抽巷底板安全隔水层厚度越小，突水危险性也就越大。

由于底抽巷在不同的应力条件下必然会使围岩产生不同程度的破坏，因此，只有在充分研究不同的原岩应力和采动应力影响下的底抽巷围岩破坏特征，才能获得由底抽巷围岩破坏导致的突水事故发生机理，从而避免底抽巷处于类似的应力条件，以减小底抽巷围岩破坏范围，增加隔水层厚度，减小突水危险。

根据赵固二矿底抽巷的地质条件，通过 FLAC3D 数值模拟来分析底抽巷在不同应力环境下的围岩塑性区扩展特征，建立长×宽×高 = 500m×1m×50m 的模型，底抽巷位于模型中部，为宽×高 = 5.0m×4.0m 的直墙半圆拱形，模型中层位布置及其岩石力学参数如表 8.6 所示，模型采用莫尔-库仑本构模型，固定 x、y 轴边界水平位移与 z 轴下边界垂直位移，在 L_8 灰岩范围内施加孔隙水压 $p_p = 4$MPa 来模拟含水层水压，上边界施加补偿载荷 18.75MPa，固定初始应力 $s_{zz} = 18.75$MPa，通过改变 S_{xx} 与 S_{yy} 的大小来模拟在不同应力比值 η 条件下底抽巷的围岩破坏，图 8.16 为不同应力比值时底抽巷围岩塑性区分布图。

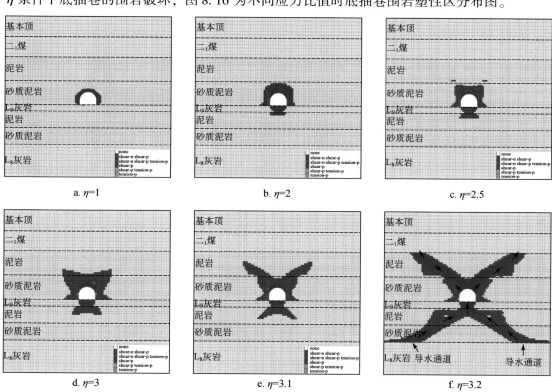

图 8.16　底抽巷"蝶形突水"数值模拟结果

none. 无破坏单元；shear-n shear-p. 过去现在均发生剪切破坏单元；shear-n shear-p tension-p. 过去发生剪切和拉伸破坏，现在正在剪切破坏单元；shear-p. 过去发生过剪切破坏单元；shear-p tension-p. 过去发生过剪切破坏和拉伸破坏单元；tension-p. 过去发生过拉伸破坏单元

根据图 8.16，当 $\eta = 1$ 时，巷道围岩塑性区较为均匀地分布在巷道顶板及两帮中，由于底板岩性较硬其塑性破坏范围较小；当 $\eta = 2$ 时，巷道围岩塑性区范围出现了较为明显的扩大，且在顶板和两帮中的塑性区轮廓近似为椭圆形，底板中的塑性区范围也有明显的

增加，但仍相对较小；当 $\eta = 2.5$ 时，围岩塑性区尺寸继续增大，且在顶板的肩角和底板的底角方向出现了塑性区的"蝶形"非均匀扩展特征，但在底板中由于岩性较强未达成蝶条件，故底板中的围岩塑性区并未出现非均匀扩展特征；当 $\eta = 3$ 时，顶板及两帮的"蝶形"塑性区范围出现了较为明显的增大且其开始向两边 45° 方向进行扩展，底板中的塑性区在基本底中的泥岩层中也开始出现"蝶形"非均匀分布，且蝶叶的方向为斜下方 45°；对应力条件微小改变，当 η 增大到 3.1 时，巷道顶板塑性区范围增加更为明显，底板塑性区也出现了明显的"蝶形"分布；当 η 继续增大到 3.2 时，塑性区范围却出现了极为明显的恶性扩展，此时巷道的顶板围岩塑性区直接连接顶板煤层，巷道底板围岩塑性区也与下方 L_8 灰岩相连通，底抽巷围岩产生的塑性区会形成导水通道，使得 L_8 灰岩水可通过底抽巷围岩的塑性区到达底抽巷和煤层底板当中。

因此底抽巷围岩在较小的双向应力比值环境下其塑性破坏范围相对较小，当塑性区开始呈现"蝶形"形态后，随双向应力比值增大，塑性破坏范围开始明显增大，且当双向应力比值较大时，应力条件微小改变将会造成巷道围岩塑性区的恶性扩张，当巷道围岩塑性破坏范围大至能够沟通底板含水层时，底板水将顺着破坏岩体产生的通道涌入底抽巷，此时底抽巷塑性破坏岩体中的裂隙将成为导水通道，为煤层底板和巷道突水提供必要条件。

2）底抽巷"蝶形突水"模式

结合前述分析知，底抽巷围岩在应力场作用下将产生一定程度的破坏，其发生在隔水层中便会影响煤层和巷道底板的安全隔水层厚度，而当巷道围岩处于较大的双向非等压应力场时，巷道围岩会出现"蝶形"破坏，而"蝶形"破坏对于应力具有高度敏感性，较小的应力改变都会导致"蝶形"塑性区的剧烈扩展，当底抽巷围岩出现较大的"蝶形"破坏时，极易使底抽巷围岩破坏范围沟通下方 L_8 含水层，从而形成承压水涌入底抽巷和煤层底板的导水通道，导致突水事故的发生。为分析底板破坏的非对称模式，绘制了底抽巷蝶形突水示意图如图 8.17 所示。

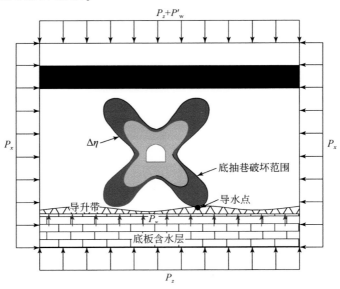

图 8.17　底抽巷"蝶形突水"示意图

根据图 8.17，在较大的双向应力比值环境下，底抽巷围岩破坏特征呈现出"蝶形"时，较小的应力改变 $\Delta\eta$ 就会使得巷道围岩塑性区出现恶性扩展，当塑性破坏范围与下方含水构造连通时，底板水便经由底抽巷围岩塑性破坏与含水构造导通的导水点进入破坏岩体内，最终涌入采出空间内，造成突水事故。因此，塑性区呈现"蝶形"特征时将出现塑性区的不均匀恶性扩展，并形成突水的必要导水通道，发生"蝶形突水"的必要条件是围岩应力场中存在较大双向应力比值环境。

8.3.2　深部高保低损开采围岩控制关键技术

1. 深部岩体注浆加固控制技术

受煤系地层层理、裂隙发育影响，开采的强扰动作用极易诱导裂隙失稳扩展及贯通。结合深部高保低损开采围岩损伤破坏模式，基于底板岩体的裂隙分布及含水层和隔水层状况，应用穿层钻孔和定向钻孔注浆加固改造技术，以改善围岩体质量，控制裂隙贯通程度，可有效降低采动围岩的突水扰动危险性。

1）穿层钻孔注浆加固技术

为原生导水裂隙及岩溶裂隙充填、闭合，提高底板岩体强度，同时切断底板 L_2 灰岩和奥陶系灰岩含水层与开采扰动破裂带的水力联系，赵固一矿所有顶分层开采工作面均采用穿层钻孔常规钻进方式对底板含水层进行注浆加固。钻孔设计平剖面如图 8.18 所示。

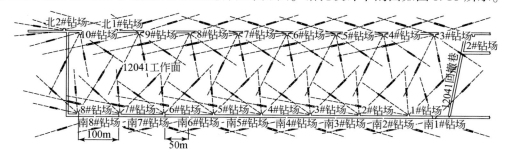

a. 平面图

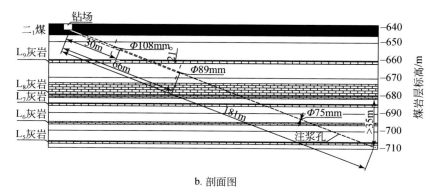

b. 剖面图

图 8.18　采场底板注浆加固穿层钻孔布置示意图

　　工作面上下两巷每间隔 100m 布置钻场，上下两巷钻场交错布置，错距 50m；同时，在上下两巷外侧布置钻场，与内侧钻场错距 50m。注浆孔布置以与底板主裂隙或裂隙发育方向正交或斜交，邻近钻孔终孔间水平距离控制在 40m 以内，终孔距 L_8 灰岩底面垂距 35m 以上，邻近钻孔间揭露 L_8 灰岩的水平距离控制在 20m 以内，钻孔倾角在 20° ~ 40°，并尽量多揭露 L_8 灰岩。且综合考虑平面和立体布孔，力争上下两巷间及邻近钻孔间注浆区域交叉重叠以保证注浆改造无盲区。同时，加大断层区、隔水层厚度薄区、裂隙发育区及富水性、导水性强区域的钻孔密度，并增加检查孔以确保注浆加固效果。

　　根据以上原则实施注浆加固后，赵固一矿多数工作面在动载扰动强度弱时均能保证安全回采，解决了多数工作面的安全回采问题。但西二盘区工作面及东翼 11111 工作面开采期间在初次来压或周期来压等动载扰动强烈期均不同程度受到了底板突水威胁，根据现场应用直流电法探测 11111 工作面及 12041 工作面出水点附近的视电阻率结果，如图 8.19 所示。

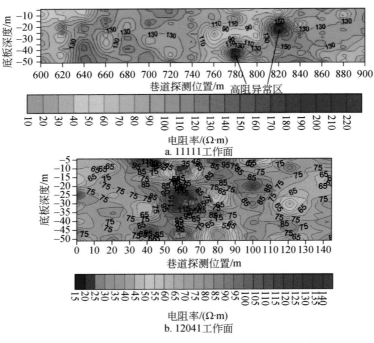

图 8.19　工作面轨道巷出水点位置直流电法探测结果

　　由图 8.19 可知，11111 工作面底板深部存在两处宽约 20m 的高阻异常区，表明该位置岩体裂隙发育但未充水，裂隙发育与底板含水层沟通将导致底板突水。12041 工作面则存在明显的三处低阻异常区和两处高阻异常区，低阻异常区主要在底板浅部，宽度 15m 左右，表明底板浅部充水裂隙发育；而在底板深部的高阻异常区宽度约 20m，裂隙发育明显。因此，采用穿层钻孔常规钻进方式易存在盲区或由于加固程度不高导致底板在强动载扰动及强卸荷作用下破裂深度增加或裂隙扩展范围增大，进而导致底板突水。

　　穿层钻孔具有有效孔段短，可靠性差，不能确保有效加固岩体裂隙及岩溶空洞等缺点，因此，后期注浆加固时将终孔压力由 10.5 ~ 13.0MPa 提高至 12.5 ~ 15.0MPa，注浆深度增加至约85m，并确保钻孔注浆量和充足的浆液凝固时间以提高注浆质量和岩体强度，对水泥浆液注浆效果差的地段改用纯黏土浆加固。在西北翼16021工作面采用地质雷达探测后发现在强动载扰动期间底板裂隙发育深度虽然提高，但在可控范围，且回采期间底板未出现突水现象。

2）定向钻孔注浆加固技术

作为穿层钻孔常规钻进底板注浆加固的有益补充，千米定向钻进技术对高水压含水层注浆加固近年得到不断探索和应用。定向钻孔可实现底板超长距离注浆改造，可准确定位裂隙发育带及地质异常区，减少钻场布置，降低材料成本，并提高钻探效率和底板注浆效果。

为探测 L_8 灰岩下砂岩层的富水区段和导水通道（断层、裂隙带、陷落柱），封堵导水裂隙和地质异常区，提高隔水层有效厚度并补强其阻水性能，阻隔 L_8 灰岩下伏含水层高压水导升至开采扰动破裂带，分别在11151顶分层工作面及11112下分层工作面应用了定向钻孔超前加固底板裂隙岩体技术。

在11151工作面上巷与东翼回风大巷交叉点以西约75m处向底板 L_8 灰岩下的砂岩层内打设水平定向钻孔，距 L_8 垂距3~9m，定向钻孔沿工作面走向布置，水平段钻孔间距50~60m，先开中间钻孔并向两侧分别布孔确保水平段孔间距在注浆加固半径内；开孔方位角在120°~170°，根据钻场与工作面停采线确定开孔倾角向底板以下18°~20°，当钻孔接近目标层位时进行造斜钻进，钻进至目标层位后稳斜段根据工作面地层起伏及走向长度确定终孔深度，11151工作面注浆剖面示意图（以2号钻孔为例）如图8.20所示，钻孔具体参数见表8.8。

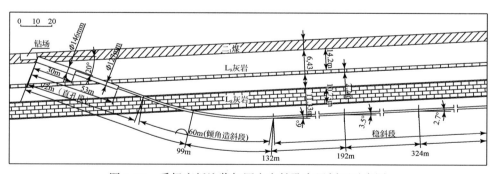

图8.20　采场底板注浆加固定向钻孔布置剖面示意图

开孔方位139.3°，开孔倾角-20°，一级管 Φ146mm 共30m，二级管 Φ127mm 共53mm（以实钻为准），钻孔孔深>400m。进入 L_8 灰岩后开始定向钻时，方位控制规律为：0~132m方位保持在139.3°，132~164m按1°/3m向右调整，162mm后方位控制在149.3°。倾角控制规律为：0~72m倾角控制在20°，72~99m按照0.5°/3m向上造斜，99~132m按2°/3m向上造斜，132~192m倾角稳定为6°，192~324m倾角稳定为3.5°，325m后倾角稳定为2.7°

表8.8　定向钻进钻孔参数表

钻孔编号	开孔方位/(°)	开孔倾角/(°)	分段孔深			终孔深度/m
			直孔段/m	造斜段/m	稳斜段/m	
1	144	-20	62	69	>269	>400

钻孔编号	开孔方位/(°)	开孔倾角/(°)	分段孔深			终孔深度/m
			直孔段/m	造斜段/m	稳斜段/m	
2	139.3	−20	72	60	>268	>400
3	159.3	−20	78	57	>265	>400
4	174.3	−20	84	69	>247	>400
5	120	−18	52	69	>279	>400

在 11151 工作面共施工钻孔 6 个,最大钻孔深度为 610.5m,其中水平孔最长约 135m,单孔最大注浆量达到了 14889.30m³;在 11112 工作面共施工 7 个定向钻孔,单孔最大钻孔深度 660m,单孔最大注浆量 2984.43m³,施工时依次按表 8.9 中先后顺序打设定向钻孔,其具体出水数据及注浆量统计见表 8.9。

表 8.9 定向钻孔出水及注浆量统计表

工作面名称	孔号	出水次数/次	最大出水量/(m³/h)	注浆次数/次	注浆量/m³
11151	1	9	35	5	14889.30
	5	6	10	4	1633.20
	4	5	8.4	4	921.29
	2	3	10	3	646.77
	5 补	0	0	1	58.94
	3	1	1	4	125.63
11112	1	2	30	2	718.92
		2	5	2	2265.51
	2-1	1	1	1	576.97
		2	15	2	398.64
	2	1	4	1	346.31
		0	0	0	656.64
	3	1	1	1	538.44
		1	3	1	1418.50
	4	1	11	1	1119.97
		3	2	3	960.50
	5	0	0	0	1523.04
		1	5	1	0
	4-1	2	6	2	650.12

由表 8.9 可知,首先施工的加固钻孔出水量及注浆量大,而在前期加固后施工的加固钻孔出水量及注浆量均显著减少,可见定向钻孔注浆加固底板起到了加固作用。同时,上述钻孔加固完成后,为验证底板注浆加固效果,施工了 13 个注浆效果检查孔,涌水量 0.2 ~ 3.0m³/h,平均 1.6m³/h,加固效果明显。

根据图 8.19，顶分层 11111 工作面轨道巷出水点存在 5 处视电阻率异常区，下分层 11112 工作面采用定向钻孔加固后，掘进和回采期间底板未出现突水和底鼓现象，这也证明底板定向钻孔配合穿层钻孔底板的注浆加固效果显著。

同时，也可依据前述深部开采强动载扰动和强卸荷作用的底板破裂深度特征，预估工作面底板破裂深度，在隔水层安全厚度及破裂深度范围内选择合适层位布置注浆加固定向钻孔，从而对工作面底板实现超前治理，隔断底板隐伏地质异常区的导水通道，以实现深部煤矿高承压水上高效安全绿色开采。

2. 深部窄煤柱巷道稳定性控制技术

1）深部窄煤柱巷道稳定性控制机理

围岩塑性区破坏深度与围岩变形存在正相关性，深部窄煤柱巷道由于护巷煤柱尺寸小，巷道围岩主应力出现应力集中，形成成蝶的高偏应力环境，导致深部窄煤柱巷道围岩会形成蝶形塑性区。同时，当煤柱尺寸较小时，围岩主应力方向发生较大的偏转，继而使窄煤柱巷道围岩蝶形塑性区的四个蝶叶分别在巷道煤柱侧顶板岩层、煤柱帮煤体、煤壁侧底板岩层及煤壁帮煤体内。因此，深部窄煤柱巷道围岩形成蝶形塑性区后，形成蝶叶塑性区的围岩往往会出现大变形。

以赵固二矿 11030 工作面运输巷为例，该巷道由于 8m 煤柱尺寸，巷道围岩形成了蝶形塑性区，蝶形塑性区的 4 个蝶叶分别位于巷道煤柱侧顶板岩层、煤柱帮煤体、煤壁侧底板岩层及煤壁帮煤体内，巷道出现蝶叶位置的围岩最大变形量分别为 928mm、1780mm、420mm 和 886mm，均出现了大变形，其顶板变形量分布如图 8.21 所示。

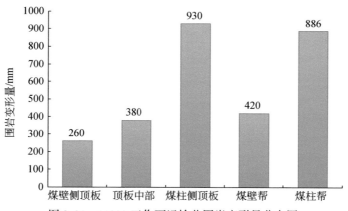

图 8.21　11030 工作面运输巷围岩变形量分布图

由图 8.21 可以看出，煤壁侧顶板塑性区破坏深度最小约为 1.25m，顶板下沉量也最小，约为 260mm，顶板中部塑性区破坏深度次之，约为 3m，顶板下沉量为 380mm，而煤柱侧顶板塑性区破坏深度最大，约为 5m，其顶板下沉量最大可达 930mm，顶板出现蝶叶位置的围岩顶板下沉量最大；当巷道顶板岩层形成蝶形塑性区后，将导致围岩出现大变形，其顶板下沉量往往在 250mm 以上，而对于起主要悬吊作用的常规锚索来说，其延伸率一般为 3%，以现场支护常用长度 8m 的锚索为例，其极限延伸量不会超过 240mm，因此当围岩形成蝶形塑性区而出现大变形后，顶板锚索往往会因延伸率不足而无法适应围岩的大变形，出现杆体破断等支护失效，导致顶板出现悬空，进而引发顶板冒顶。

此外，窄煤柱巷道围岩蝶形塑性区的2个蝶叶位于巷道两帮煤体中，煤柱帮塑性区破坏深度约为2.25m，煤壁帮塑性区破坏深度约为1.15m，导致煤柱帮围岩的变形量相比于煤壁帮围岩的变形量，煤壁帮围岩的变形量约为420mm，煤柱帮围岩的变形量可达886m，两帮围岩同样出现了大变形。因此在使用锚杆支护时，虽然锚杆具有较高的延伸率，但受制于锚杆长度，锚杆同样无法适应两帮围岩的大变形，同样出现支护失效，从而加剧了两帮煤岩体向深部破坏，导致顶板实际跨度增加，使巷道顶板的稳定性继续恶化。

因此，对于深部窄煤柱巷道而言，巷道围岩蝶形塑性区的蝶叶会位于巷道围岩的不同位置，使巷道围岩不仅出现非均匀变形特征，同时会使巷道围岩出现大变形，最终导致巷道顶板下沉严重，锚索无法适应围岩大变形而发生失稳。

2）深部窄煤柱巷道稳定性控制对策

深部窄煤柱巷道由于受窄煤柱的影响，其巷道围岩会形成高偏应力环境，巷道围岩形成蝶形塑性区，同时窄煤柱会使围岩的主应力方向发生较大的偏转，而使蝶形塑性区的4个蝶叶位于巷道不同位置的围岩内。而深部巷道围岩蝶形塑性区的形成必然会导致顶板出现非线性大变形和膨胀的变形压力。同时由于深部巷道围岩蝶形塑性区的"低阻不变"性，现有工程技术所能够提供的支护阻力并不能明显降低围岩的塑性区范围，进而起到减小围岩变形的作用，当现有锚杆索在无法承受蝶形塑性区的巨大膨胀压力和岩层大变形时，便会出现支护体破断等支护失效的现象，导致顶板出现悬空，进而发生恶性失稳破坏事故。

因此，深部巷道围岩的稳定性控制应该从改善围岩应力状态和适应围岩大变形两方面进行，主要对策包括以下两个方面：

（1）改善巷道围岩应力环境，避免围岩出现蝶形塑性区

根据深部巷道蝶形塑性区理论和深部巷道围岩蝶形塑性区的"低阻不变"性可知，深部巷道围岩形成蝶形塑性区并引起围岩大变形，主要是由于深部巷道受到原始地应力场和巨大的采动应力场叠加影响后，在巷道围岩形成了有利于蝶形塑性区形成的高偏应力环境。深部巷道自身原始的高地应力环境，导致其无法改变原有的原岩应力场，因此改善深部巷道围岩应力环境应该从如何使巷道减少其至避免受到采动影响，并人为主动对巷道围岩应力进行卸压等方面出发。

改善巷道围岩应力环境的实质为通过人工调控的方法减小巷道围岩应力集中程度或避免巷道围岩出现应力集中。一方面可通过合理规划采矿工程活动，如优化煤层开采顺序、合理布置巷道位置、优化煤柱尺寸等方法将巷道布置在应力较低的卸压区域，避免巷道围岩出现应力集中。另一方面可通过人为的主动卸压工程，如打钻孔、松动爆破、切缝、开槽、掘导巷等技术措施是巷道主动进行卸压，将巷道围岩集中应力向深部转移。

（2）提高支护体延伸能力，适应围岩大变形特征

深部巷道围岩蝶形塑性区往往会引起围岩的大变形，导致巷道顶板的下沉量往往都非常大且伴随着巨大的膨胀压力，而现有的锚索其延伸率只有3%左右，根本无法适应围岩的大变形。而锚杆虽然延伸率较高，但其锚固深度和承载能力均无法满足此类巷道的支护要求。因此，对于此类巷道稳定性控制，应该使支护体能够主动适应围岩的大变形，并且

提出针对此类巷道以冒顶控制为目的的支护设计方法，防止顶板发生冒顶。

为了使支护体能够主动适应围岩的大变形，需要研发并使用具有高延伸率的支护材料，提高支护体的延伸变形量，使其在承受围岩大变形时不至于发生破断，能够持续给顶板提供支护阻力。同时，由于蝶形塑性区的"低阻不变"性，现有工程支护技术能够提供的支护阻力无法对蝶形塑性区产生明显影响，因此进行支护设计时，应将支护重点从"控制围岩变形"转到"控制围岩稳定性"上来，使支护体适应塑性区岩体的大变形，提高蝶叶塑性区内岩体自稳能力，防止冒顶等围岩失稳事故发生。

3. 深部巷道柔性冒顶控制技术

根据深部窄煤柱巷道稳定性控制对策可知，深部窄煤柱巷道控制的核心是要求支护体能够适应蝶形塑性区围岩引起的大变形，防止支护体因延伸率不足而出现支护失效；同时要求支护体在具备大延伸能力的同时，能够提供持续的支护阻力，将塑性区内破裂围岩悬吊于深部稳定岩层中，防止顶板冒顶事故的发生。可接长锚杆作为一种具有高延伸率的支护体，不仅能够适应围岩的大变形，同时可以向产生塑性破坏的岩体持续提供较高的支护阻力，可以作为深部巷道围岩蝶形塑性区冒顶控制的一种有效支护技术。

在目前的深部巷道支护中，往往采用一个断面呈均匀对称布置锚杆（索），而深部巷道由于受巷道围岩高偏应力环境影响，巷道围岩塑性区呈蝶形非对称分布形态，加上围岩蝶形塑性区蝶叶尺寸较大，会引起围岩大变形，如果锚索无法适应围岩的大变形，引发锚索破断进而导致顶板发生冒顶事故。因此，对于深部巷道冒顶控制的关键是对具有高冒顶隐患的蝶叶位置岩层重点支护，进行巷道冒顶控制。

以深部窄煤柱巷道围岩蝶形塑性区形态为基础，设计可接长锚杆与普通锚杆的协同搭配形式，如图 8.22 所示。由于蝶形塑性区的其中一个蝶叶塑性区位于巷道煤柱侧顶板岩层内，造成此位置顶板下沉量变大，因此在此位置顶板使用可接长锚杆代替常规锚索，将蝶叶塑性区内的岩层悬吊于深部稳定岩层之中，并给予顶板蝶叶塑性区内岩层持续的支护阻力，对于塑性区深度不大的顶板位置，使用普通的短锚杆控制破碎深度较小的岩层。

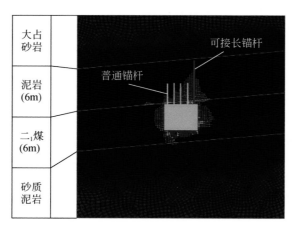

图 8.22　基于蝶形塑性区形态的柔性冒顶控制技术示意图

在对顶板蝶叶塑性区岩层进行可接长锚杆支护参数设计时，可将蝶叶塑性区岩层的冒落形态近似认为是普氏冒落拱，因此锚杆的长度需按以下关系进行设计：

$$\begin{cases} l = l_1 + l_2 + l_3, \ l_2 \geq H \\ ab \leq \dfrac{G}{\gamma H} \end{cases} \tag{8.11}$$

式中，H 为顶板蝶叶塑性区最大破坏深度，m；l_1 为可接长锚杆外露长度，m；l_2 为可接长锚杆有效长度，m，大于顶板蝶叶塑性区最大破坏深度；l_3 为锚杆锚固长度，m，应由拉拔试验确定；G 为锚杆悬吊的岩石载荷，考虑到一定的支护安全性，取悬吊载荷为顶板蝶叶塑性区内岩层的总重量，Pa；γ 为悬吊岩层的容重，kg/m³；a 为可接长锚杆间距，m；b 为可接长锚杆排距，m。

通过应用以蝶形塑性区分布形态为基础的可接长锚杆-普通锚杆协同冒顶控制技术，能够充分发挥可接长锚杆和普通锚杆的支护性能，利用可接长锚杆代替常规锚索控制顶板塑性区破坏深度大的岩层，普通锚杆控制顶板塑性区破坏深度小的岩层，可以适应围岩大变形，在变形的过程中不破断失效，提高顶板发生塑性破坏岩层的稳定性，防止顶板发生冒顶事故。

8.4　深部安全绿色开采效果

为研究验证深部采动巷道围岩破坏机理的合理性，现场应用柔性支护及巷道布置调控等巷道围岩控制关键技术，同时，采用地质雷达探测及微震监测等手段分析采动围岩的稳定性，从而分析评价深部安全绿色开采效果，为深部煤矿绿色安全开采理论的顺利实施提供保障。

8.4.1　深部巷道柔性支护效果

基于深部窄煤柱巷道非均匀变形破坏机理和冒顶控制技术，在赵固二矿 11030 工作面运输巷进行了柔性冒顶控制技术现场工程试验，设计了顶板使用可接长锚杆配合普通螺纹钢锚杆支护，两帮采用刚性长螺纹锚杆支护的巷道支护方案，并在试验段巷道进行深基点位移监测和表面位移监测，试验结果表明基于蝶形塑性区形态的可接长锚杆控制技术可以适应深部窄煤柱巷道围岩控制的要求。

1. 试验巷道概况

试验巷道选择布置在 11030 运输巷，巷道布置为留 8m 窄煤柱沿空掘巷。由于在 11030 运输巷 800m 左右存在断层，为检验可接长锚杆支护在不同地质条件下的使用情况，在 11030 运输巷 180～280m 和 680～780m，分别使用原支护方案和可接长锚杆支护方案，试验巷道具体位置如图 8.23 所示。

2. 支护方案设计

由于赵固二矿 11030 工作面运输巷两帮变形量较大、围岩破碎严重，变形持续时间长，巷道掘进一段时间后，必须进行扩帮进而保证巷道的正常使用。而刚性长螺纹锚杆的

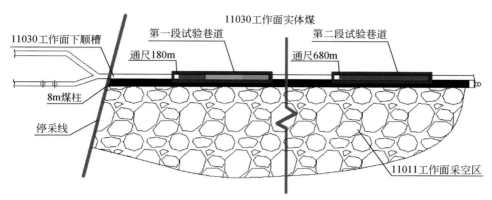

图 8.23　试验巷道位置示意图

锚尾可在扩帮时进行更换，待巷道扩帮完成后，重新安装锚尾即可，解决了扩帮后煤帮重新打锚杆的难题，充分利用原有支护，减少了巷道扩帮支护费用，又提高了施工的速度。

巷道帮部支护采用刚性长螺纹锚杆，即专用连接头将刚性长螺纹锚尾与锚杆杆体连成一体的树脂锚杆，这种锚杆的螺纹部分刚性大，变形小，很好地解决了扩帮后锚杆螺母无法继续拧紧，需要重新补打新锚杆的难题。

同时，根据前述基于蝶形塑性区形态的可接长锚杆冒顶控制技术，结合 11030 运输巷非均匀变形特征和生产地质条件，对该巷道进行了可接长锚杆冒顶控制支护设计。11030 运输巷顶板采用可接长锚杆与螺纹钢锚杆协调支护，考虑到巷道围岩变形量大，断面收缩严重的情况，巷道两帮采用刚性长螺纹锚杆支护，便于后期对巷道进行扩帮。具体支护参数如图 8.24 所示。

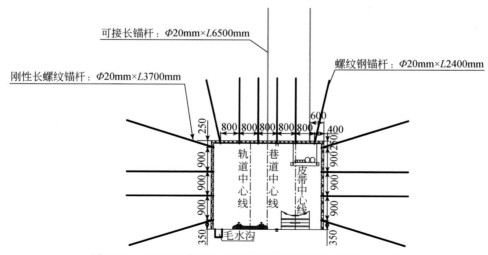

图 8.24　11030 工作面运输巷支护参数断面图（单位：mm）

（1）支护方式。可接长锚杆+普通螺纹钢锚杆+刚性长螺纹锚杆+锚网+W 钢带+钢筋梯。

（2）锚杆规格。普通螺纹钢锚杆规格 $\Phi20mm\times L2400mm$；可接长锚杆规格 $\Phi20mm\times L6500mm$；刚性长螺纹锚杆规格 $\Phi20mm\times L3700mm$。顶板普通螺纹钢锚杆间排距 800mm×900mm；顶板可接长锚杆间距 900mm；帮部刚性长螺纹锚杆间排距 900mm×900mm。顶板锚杆托盘为 $\delta10mm\times150mm\times150mm$ 托盘与钢筋梯配合使用，所有钢筋梯搭接为一个整体，搭接长度为 160mm。钢筋梯长度为 4160mm，配合 2860mm 使用；帮部锚杆托盘为 W 型钢带、$\delta10mm\times150mm\times150mm$ 托盘配合使用。

（3）金属网片用 $\Phi5.6mm$ 钢筋焊接，金属网片网幅 1000mm×1900mm 网片搭接 100mm，每格用 14#铅丝绑扎。

（4）在巷道帮部布置刚性长螺纹锚杆见图 8.25a，待巷道帮部产生一定变形后，进行扩帮（图 8.25b），剪掉刚性长螺纹锚杆部分锚尾（图 8.25c），然后继续拧紧锚杆螺母，使锚杆螺帽扭矩力不小于 150N·m（图 8.25d）。

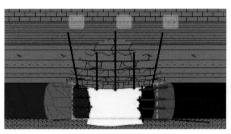
a. 初始状态

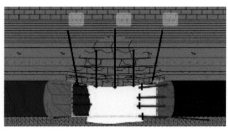
b. 扩帮

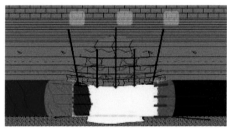
c. 剪去部分锚尾

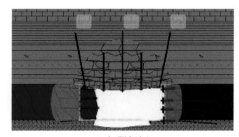
d. 加强扭矩

图 8.25　刚性长螺纹锚杆帮支护原理图

3. 巷道矿压监测

为了监测基于蝶形塑性区形态的可接长锚杆冒顶控制技术对 11030 工作面巷道的支护效果，在 11030 运输巷进行了巷道顶板深基点位移和巷道表面位移矿压监测。

深基点巷道位移观测采用电子式深基点位移计（图 8.26），可对 4 个基点深度范围内不同深度岩层的位移情况进行实时监测，了解顶板岩层移动规律，进行冒顶监测与预报，并为支护设计提供基础数据。

根据 11030 工作面运输巷煤帮变形破坏剧烈程度，设计两帮采用 1.0m、1.8m、3.0m、4.0m 四基点式，顶板采用 1.0m、3.0m、5.0m、8.0m 四基点式。本试验巷道深基点位移观测选取在赵固二矿 11030 运输巷中距巷道开口 188m 处、203m 处、260m 处和 270m 处布置 4 个测站对巷道顶板中部岩层及两帮中部围岩位移情况进行监测，并对其支护体的破断

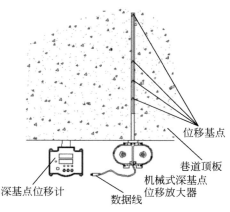

图 8.26　多基点数显深基点位移计

情况进行监测，测站布置如图 8.27 所示。

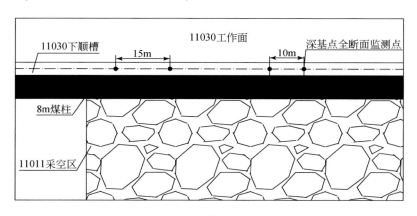

图 8.27　深基点位移观测站位置图

各测站巷道全断面深基点位移曲线如图 8.28 所示。

由图 8.28a 可知，在监测的前 25d，顶板下沉速度较快，30d 以后下沉速度逐渐放缓，趋于不变。8m 基点位移量大致为 200mm，5m 基点位移量为 170mm，1m 和 3m 基点位移量分别为 60mm 和 140mm，监测表明顶板深度为 1~3m 的岩层位移量较大，约占变形量的 50%。

根据图 8.28b，监测的前 20~25d，煤壁帮的移近速度较大，各基点均发生了较大的位移，25d 后渐渐趋于稳定。煤壁帮 1m 左右位置的围岩位移量为 50mm，1.8m 基点位移量约 70mm，3m 基点位移量约为 90mm，4m 基点位移量达到了 100mm。

由图 8.28c 可知，监测的前 18~20d，煤柱帮各基点位移速度大，各基点位移量分别为 50mm、80mm、180mm 和 230mm 左右。此后围岩移近速度逐渐放缓，其中 1m 基点位移量为 80mm，1.8m 基点位移量为 100mm，3m 基点位移量为 200mm，4m 基点位移量为 280mm。

根据图 8.28d，监测的前 30d，顶板各深度岩层下沉速度非常快，顶板各深度的岩层均产生了较大的下沉量，30d 以后顶板各基点下沉速度越来越小，最终趋于稳定。8m 基点位移量为 190mm，5m 基点位移量为 160m，3m 基点位移量为 130mm，1m 基点位移量为 60mm，1～3m 范围内离层，约占变形量的 40%。

由图 8.28e 知，监测的前 20d，顶板各基点下沉速度快，其下沉位移量也较大，20d 后下沉速度逐渐放缓，最后顶板趋于稳定。8m 基点位移量为 200mm，5m 基点位移量为 160m，3m 基点位移量为 140mm，1m 基点位移量为 70mm，1～3m 深度范围内的岩层发生了明显的离层现象。

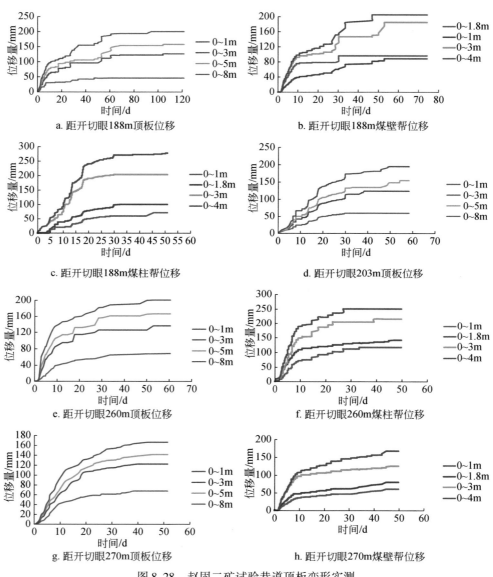

图 8.28 赵固二矿试验巷道顶板变形实测

由图 8.28f 可知，监测的前 20d，煤柱帮各深度围岩的移近速度较大，发生了较大的位移量，20d 后移近速度逐渐减小直至稳定。在整个监测期间内，1m 基点位移量为 110mm，1.8m 基点位移量为 140mm，3m 基点位移量为 210mm，4m 基点位移量为 260mm。煤柱帮深度为 1.8~3m 的基点位移量最大。

根据图 8.28g，监测的前 25d 内，顶板的下沉速度最快，顶板发生了明显的下沉，其中 8m 基点位移量为 120mm，5m 基点位移量为 100mm。30d 后顶板下沉速度明显放缓直至趋于稳定，1m、3m、5m、8m 基点位移量分别为 60mm、120mm、140mm、180mm，顶板深度 1~3m 的岩层发生了明显的离层现象。

根据图 8.28h，监测的前 10d，煤壁帮围岩的移近速度较快，20d 后移近速度明显减小并趋于稳定。其中 1m 基点位移量为 40mm，1.8m 基点位移量为 50mm，3m 基点位移量为 100mm，4m 基点位移量为 120mm。此后监测期间，煤壁帮围岩位移量基本不再增加，4m 基点缓慢增大到约 170mm。

巷道表面相对位移监测采用十字布点法，在两帮和顶底板的中点处布置固定的测点。测量时将顶底和两帮线绳拉紧，测得相对移近量。在赵固二矿 11030 运输巷每个试验段布置 4 个表面位移测站，共布置 8 个测站观测巷道表面位移，监测结果如图 8.29 所示。

根据图 8.29a，设置在距巷道开口 205m 处的 1 号测站，在监测的前 10d，两帮的移近速度较大，移近量约为 210mm，第 16~28d 两帮移近速度明显减小，两帮移近量趋于稳定，在 97d 时，两帮移近量达到 400mm；顶底移近速度在前 10d 最大，累计移近量为 70mm 左右，在第 11~31d 时间段内移近速度逐渐放缓并趋于稳定，在第 80d 顶底逐渐稳定，移近量约为 185mm。

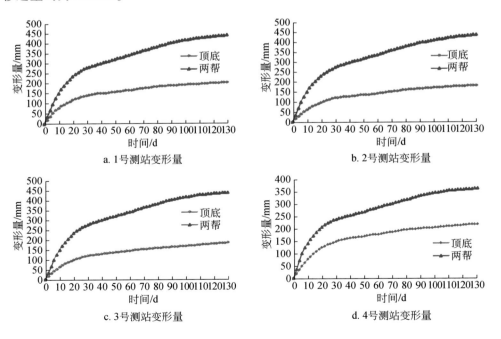

a. 1 号测站变形量　　　　　　　　　　　b. 2 号测站变形量

c. 3 号测站变形量　　　　　　　　　　　d. 4 号测站变形量

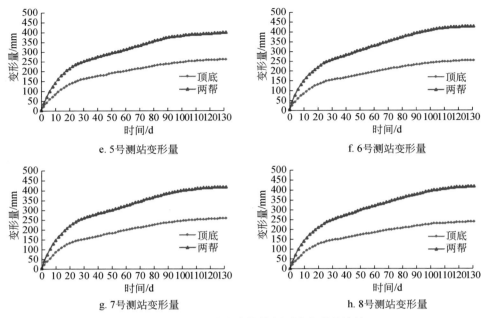

图 8.29　赵固二矿试验巷道各测站变形量统计

　　由图 8.29b 可以看出，设置在距巷道开口 225m 处的 2 号测站，在监测前 13d 内，两帮移近速度较大，移近量为 200mm 左右，在第 13～24d 内两帮移近速度显著减小，逐渐趋于平缓，在监测第 100d 移近量达到最大，为 410mm；顶底板在监测的前 10d 内移近量迅速达 70mm 左右，在第 11～28d 顶底板移近量增长缓慢，在第 75d 时顶底板移近量稳定在 150mm 左右。

　　根据图 8.29c，设置在距巷道开口 245m 处的 3 号测站，在监测的前 10d，两帮移近速度最大，移近量约为 180mm，在监测的第 11～26d 内两帮移近速度明显减小，两帮移近量缓慢增加，在监测的第 104d 两帮移近量达到最大，约为 420mm；在监测前 10d 内，顶板移近量增长迅速，移近量达到 60mm，在监测的第 11～27d 的时间内顶底板移近速度放缓，在第 80d 顶底板移近量达到最大值 160mm 左右。

　　由图 8.29d 知，设置在距巷道开口 265m 处的 4 号测站，在监测的前 8d 内，两帮移近速度最大，两帮共移近了 120mm 左右，在监测的第 9～22d，移近量增加趋势相对放缓，移近量缓慢增加，在监测的第 110d 两帮移近量趋于稳定达 350mm；在监测前 16d，顶底板移近量迅速达 110mm 左右，在监测的第 17～32d 内顶底板移近量增长缓慢，在监测的第 80d 趋于稳定，移近量保持在 190mm 左右。

　　根据图 8.29e，设置在距巷道开口 690m 处的 5 号测站，在监测前 8d 内，两帮移近速度较大，累计移近量为 120mm 上下，在此后的 8～30d 变形速度明显放缓，两帮移近量增长放缓，监测第 80d 时两帮移近量达到最大值 360mm；在监测的前 12d 内顶底板移近量快速增加了 96mm，在监测的 13～30d 顶底板移近量同样增长速度放缓，在监测的第 80d 顶底板移近量趋于稳定，在 230mm 左右。

由图 8.29f 可看出，设置在距巷道开口 710m 处的 6 号测站，在监测的前 8d 时间内，两帮移近速度最大，两帮移近量为 130mm 左右，在此后的第 9 ~ 29d 两帮移近速度逐渐放缓，两帮移近量最终稳定在 375mm 左右；在监测的前 14d 内，顶底板移近量很快增加至 105mm，监测的第 15 ~ 30d 内顶底板移近量较之前缓慢增长，最后在监测的第 80d 开始趋于稳定，最终移近量约为 220mm。

由图 8.29g 可知，设置在距巷道开口 730m 处的 7 号测站，在监测的前 8d 内，两帮以较快的速度产生了移近量，约为 130mm，在监测的第 8 ~ 30d 内，两帮移近速度明显放缓，在第 80d 两帮移近量开始趋于稳定，最终移近量为 370mm 上下；顶板在监测的前 14d 内，顶底板移近速度较快，累计产生移近量 110mm，在此后的第 15 ~ 28d 内顶底板移近速度明显降低，从监测的第 80d 开始顶底板移近量基本不再增加，约为 230mm。

根据图 8.29h 可知，设置在距巷道开口 750m 处的 8 号测站，巷道两帮在监测的前 8d 内迅速移近了约 125mm，在此后的 8 ~ 30d 内两帮移近速度逐渐减小，从监测的第 80d 开始两帮移近量基本不再增加，保持在 370mm 左右；顶底板在监测的前 12d 内顶底板移近速度相对较快，移近量约为 95mm，在监测的第 12 ~ 31d 内，顶底板移近量增长逐渐放缓，增长至第 80d 时，顶底板移近量保持在 210mm 左右。

4. 支护效果分析

通过对使用可接长锚杆和刚性长螺纹锚杆支护的 11030 工作面运输巷矿压监测结果进行分析，并与该巷道原有支护效果对比，可以看出：

（1）可接长锚杆支护段顶板在 30d 后均会趋于稳定，在顶板持续变形过程中，锚索可能会因延伸量不足而被拉断，可接长锚杆的大延伸量可以满足巷道的持续变形，两帮使用 3.7m 刚性长螺纹锚杆可以有效控制巷道变形并缩短变形稳定时间。

（2）11030 运输巷通尺 680 ~ 780m 复杂地质条件试验段，该段在 130d 的观测期内顶底板相对最大下沉量在 230mm 左右，在通尺 180 ~ 280m 试验段，130d 的观测期内顶底板相对最大下沉量在 190mm 左右，说明可接长锚杆在复杂地质条件试验段依然可以很好地适应顶板较大的下沉量，防止顶板冒顶。

（3）虽然在地质条件相对较好和地质条件相对恶劣的情况下，顶板采用可接长锚杆-锚杆支护协调变形支护顶板下沉量依然较大，但基于回采期间窄煤柱回采巷道变形量将继续增大，使用延伸率大的可接长锚杆能保证巷道安全减小巷道冒顶风险。对于两帮支护来说，采用 3.7m 刚性长螺纹锚杆不仅可以适应两帮大变形，而且解决了扩帮后普通螺纹钢锚杆螺母无法继续拧紧，需要重新补打新锚杆的难题，大幅度减少巷道翻修工程量。

8.4.2　深部底抽巷支护效果

为检验底抽巷优化支护方案的支护效果，在 11060 工作面上顺槽底抽巷中选取通尺 335 ~ 365m 的一段巷道进行支护试验，具体位置如图 8.30 所示。

1. 深基点位移监测

根据围岩变形破坏剧烈程度和现场条件，两帮采用 2m 和 5m 双基点式离层仪，顶板

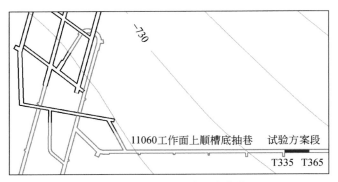

图 8.30　底抽巷优化支护方案位置

观测 2m、4m、6m 三个基点。观测位置选取在赵固二矿 11060 上顺槽底抽巷中通尺 335m、345m、355m 处进行全断面监测，测站布置如图 8.31 所示，Ⅰ断面处两帮及顶板监测结果如图 8.32 所示。

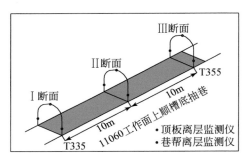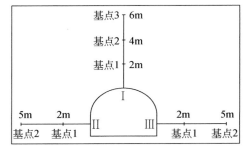

图 8.31　试验方案深基点布置示意图

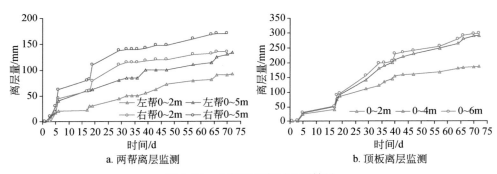

图 8.32　Ⅰ断面处离层监测结果

根据图 8.32a，在巷道掘进后的 5d 内巷道两帮围岩变形速度最快，5d 后巷道右帮离层量开始显著大于左帮离层量，在第 5~20d 巷道两帮变形速率趋于稳定，左帮中 0~2m 离层量只占 0~5m 离层量的一半左右，表明此时左帮 2m 以深区域开始出现破坏，巷道右帮 0~2m 离层占 0~5m 离层量的 70%~80%，表明此时右帮 2m 以深区域的破坏速率要小于左帮。在 17~19d 巷道两帮变形量均有一段小幅急剧增大，至监测结束，两帮离层量稳定缓慢增加，最终趋于稳定。整体看，Ⅰ断面处左帮离层量明显小于右帮，最终离层大部分集中在 0～2m 范围内，占总离层量的 70%～80%，监测结束时，左帮最大离层量为134mm，右帮最大离层量为170mm，说明Ⅰ断面处两帮处离层大部分分布于 0～2m 范围内，但也有部分发生在 2～5m 的范围。

根据图 8.32b，巷道掘进结束后 5d 内，顶板变形速率最快，顶板下沉变形，迅速离层，在 5～17d 顶板离层量增加较少，第 17～19d 巷道顶板离层量小幅急剧增加，在 20d以前，顶板离层以 0～2m 为主，20d 后不同深度离层开始出现较为明显的差异，0～2m 离层量缓慢持续增加，0～4m 和 0～6m 离层量在 20～64d 增加速率较大，64d 后离层增加速率开始明显变小，最终顶板离层趋于稳定。监测结束时，顶板最大离层量为298mm，0～2m 离层量占总离层量的 62%，2～4m 离层量占总离层量的 97%，故Ⅰ断面顶板离层主要分布在 0～4m 范围内。

监测获得Ⅱ断面的离层状况如图 8.33 所示，左帮在掘进后 6d 内帮部变形速度较慢，随后两帮处于持续稳定变形状态，其中左帮第 5d 后不同深度离层量开始出现较为明显的差距，最终左帮最大离层量为290mm，0～2m 离层量为200mm，占总离层量的 69%，Ⅱ断面处左帮处离层深度大于2m。右帮在整个监测周期内以 0～2m 离层为主，最终最大离层量为255mm，0～2m 离层量为240mm，占总离层量的 94%，表明Ⅱ断面处右帮处离层主要发生在 0～2m 范围内。

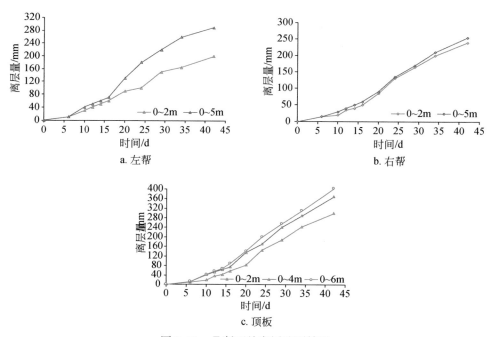

图 8.33　Ⅱ断面处离层监测结果

根据图 8.33c，在巷道掘进结束后 6d 内顶板变形速率较慢，第 6d 后不同深度的离层量开始出现较为明显的差异，且离层量在监测周期内始终处于持续稳定的增长状态，最终顶板最大离层量为402mm，0～2m 离层量为300mm，占离层量的 74%，0～4m 离层量为

370mm，占总离层量的92%，故Ⅱ断面处顶板离层主要分布在0～4m范围内。

监测获得了Ⅲ断面的离层状况，如图8.34所示。根据图8.34，在巷道掘进后的7d内，巷道两帮变形速率最快，在7～18d内，两帮离层量处于缓慢增长状态，变形速率放缓，在18～22d，两帮变形速率及离层量小幅增加，在第22d至监测结束，两帮均处于持续稳定变形状态。最终Ⅲ断面左帮最大离层量为158mm，0～2m离层量为115mm，占总离层量的73%；右帮最大离层量为160mm，0～2m离层量为130mm，占总离层量的81%。故Ⅲ断面两帮的离层量基本相同且离层破坏主要分布在0～2m范围，左帮2～5m的离层量要大于右帮2～5m的离层量。

与帮部离层规律相同，在巷道掘进后的7d内，巷道顶板变形速率最快，且顶板不同深度的离层量开始出现差距，在第7～15d内，顶板离层量缓慢增加，在15～18d，顶板变形速率小幅增加，顶板离层量也小幅急剧增加，在18～26d围岩变形速率开始放缓，在26～30d内顶板变形速率出现第三次小幅增加，至监测结束，顶板离层量都处于持续稳定增加状态，最终Ⅲ断面顶帮最大离层量为360mm，0～2m离层量为263mm，占离层量的73%，0～4m离层量为340mm，占总离层量的92%，故Ⅲ断面处顶板离层主要分布在0～4m范围。

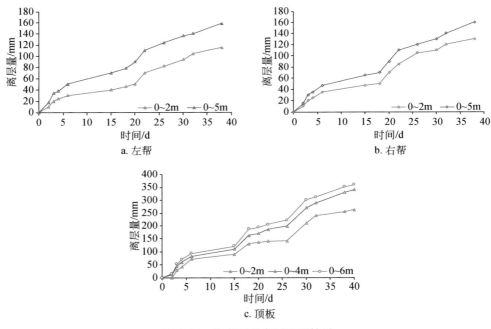

图8.34　Ⅲ断面处离层监测结果

通过三个断面的深基点位移监测数据，可得到以下结论：

（1）在巷道掘进后的初期围岩变形速率最大，且随时间推移巷道围岩变形速率会出现阶段性的增加与减小，最终变形速率趋于减小。

（2）巷道两帮最终离层量小于顶板的最终离层量，三个断面帮部平均离层量为194mm，顶板平均离层量为354mm，右帮离层主要集中在0～2m区域，而左帮在2m以深区域的离层破坏大于右帮，顶板离层主要分布在 0~4m 范围。

（3）使用长锚杆支护后顶板平均离层量较使用原支护方案时有所减小。

2. 巷道表面位移观测

为能更加准确地对比优化支护方案与原有支护方案的支护效果，在优化实验段和相邻的原有支护段中取 5 个断面进行巷道表面位移观测，观测采用十字布点法，断面布置位置如图 8.35 所示，不同断面的监测结果如图 8.36 所示。

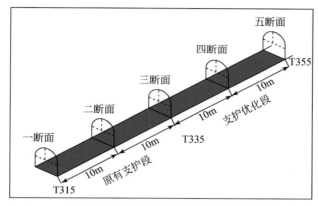

图 8.35　底抽巷表面位移观测布置图

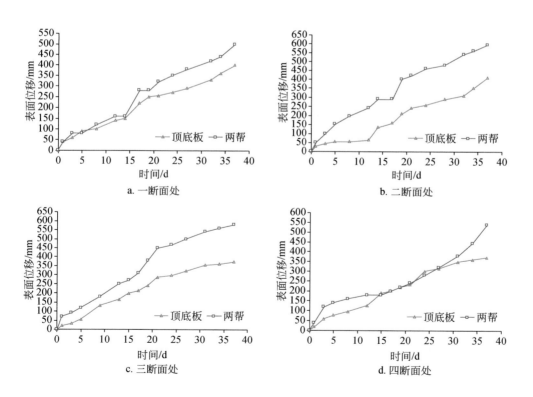

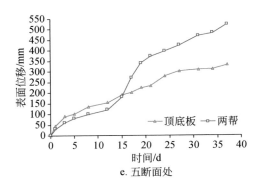

图 8.36　不同断面位置的巷道表面位移监测结果

根据图 8.36a，巷道掘进后初期，巷道两帮和顶底板开始迅速收敛移近，且顶底板移近量与两帮收敛量基本相同，在巷道掘进 15d 后，两帮收敛量开始大于顶底板移近量，之后两帮收敛速度开始明显大于顶底板移近速度，两帮板平均收敛速率为 13.5mm/d，最终位移量为 501mm，顶底板平均移近速率为 10.8mm/d，最终位移量为 400mm。结合现场发现，由于底板岩性较强，在巷道开掘后基本不发生变形，故顶底板移近量基本等于顶板下沉量；而由于两帮为岩性较弱的砂质泥岩，帮部平均破坏程度差别小，故两帮收敛量为两帮表面位移之和。

根据图 8.36b，巷道掘进后，两帮移近量始终处于持续稳定增长状态，而顶底板移近量在巷道掘进后初期增加速度较慢，在掘进完成 12d 后，顶底板移近量开始突然增加，且直到监测结束时仍保持较高的移近速率，最终两帮位移量为 596mm，平均收敛速率为 16.1mm/d，顶底板位移量为 410mm，平均移近速率为 11.1mm/d。

由图 8.36c 知，此处已开始使用优化后的支护方案，顶底板移近量在巷道掘进后初期呈现出近似线性的增长，在掘进后 21d，顶底板移近速率出现明显下降，最终顶底板位移量为 373mm，平均移近速率为 10.1mm/d，而两帮移近量在整个监测周期内都保持较高的收敛速率，最终两帮位移量为 590mm，平均收敛速率为 15.7mm/d。

由图 8.36d 知，顶底板移近量在巷道掘进后初期移近速率较快，后期逐渐收敛，最终顶底板位移量为 371mm，平均移近速率为 10mm/d，而两帮移近量在巷道掘进后 5d 收敛速度较快，在 5~17d 两帮移近速率放缓，但 15d 至监测结束，两帮收敛速率呈逐渐增加趋势，最终两帮位移量为 540mm，前 15d 平均收敛速率为 12mm/d，在第 15d 后平均收敛速率为 16.4mm/d。

由图 8.36e 知，顶底板移近量在巷道掘进后 5d 内增长较快，后期移近量开始缓慢线性增长，最终顶底板位移量为 331mm，平均移近速率为 8.9mm/d，而两帮收敛量在巷道掘进后的 12d 内收敛，但 12d 后收敛速率开始明显增加，到 21d 后收敛速率又呈近线性增长，最终两帮位移量为 522mm，平均收敛速率为 14.1mm/d。

通过 5 个断面的表面位移监测数据，可得到如下结论：

（1）由于巷道底板岩性坚硬，掘进后破坏很少，故顶底板移近量基本等于顶板表面变形量，巷道两帮由于岩性较弱，平均破坏程度相差不大，因此两帮收敛量为两帮表面位移之和。

（2）在原支护方案下巷道顶底板移近量大于使用长锚杆优化后的顶底板移近量，而两帮收敛量在两种支护方案下没有明显区别。

（3）原支护方案顶底板移近量随时间推移始终处于持续稳定变形中，在使用长锚杆支护后顶底板移近速率呈现逐渐收敛趋势，故可说明使用长锚杆后能够较为明显地控制围岩变形。

8.4.3　基于地质雷达探测的深部采动底板损伤控制效果分析

深部开采动载扰动强度不同，裂隙岩体损伤破坏及裂隙发育程度不同。为掌握深部开采动载扰动及卸荷作用下的底板裂隙扩展状况，以验证分析深部采动围岩裂隙扩展及破坏机制，在赵固一矿 16021 工作面轨道运输巷（上侧为实体煤）应用中国矿业大学（北京）研制的 50MHz 频率 ZTR12-2 型地质雷达（图 8.37）探测了来压前后底板裂隙的扩展演化规律。

图 8.37　ZTR12-2 矿用防爆地质雷达

1）探测方案

回采前、初次来压后及周期来压后，在 16021 工作面轨道运输巷自切眼至以外 80m 段观测，分别实测未受开采影响、受动载扰动及卸荷影响的底板裂隙扩展特征。

2）探测原理及信号处理

地质雷达通过向底板发送脉冲式电磁波，在岩体传播时遇到电性差异的裂隙、空洞时发生反射，形成不同波形的频率由接收天线接收。当雷达移动时，以纵坐标（双程走时）和横坐标（距离）确定目标体的深度所决定的"时距"波形道轨迹图，并根据振幅自小至大用 256 色阶显示彩色剖面，再将反射数据以像素点显示底板裂隙发育，最大探深达50m。同时，对接收信号数据采用零线设定、背景去噪、滤波、小波变换及增益等程序进行后期处理，以消除现场探测时的杂波和信号干扰影响。

3）探测结果

16021 工作面于 2017 年 5 月 22 日 16 点开始回采，6 月 5 日轨道运输巷推进 36.3m 时初次来压显现强烈，6 月 10 日周期来压显现不明显，步距 16.5m，应用地质雷达实测其底板裂隙发育如图 8.38 所示。

由图 8.38 知，动载扰动强度不同，底板破坏深度和裂隙发育程度不同，底板卸荷破坏深度较端头效应区加载破坏深约 1m；且突水通道发育区与端部效应区之间呈现了不同程度的裂隙密集度减弱现象，主要受支承压力降低至水平应力影响导致裂隙反向滑移并导

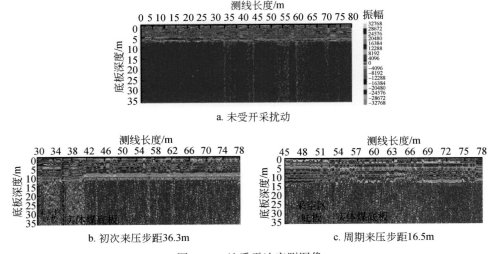

b. 初次来压步距36.3m　　　　　c. 周期来压步距16.5m

图8.38　地质雷达实测图像

致部分裂隙闭合而形成。同时,底板浅部岩层振幅变化大并出现错断,波形杂乱,破坏严重;底板深部岩层波形杂乱,振幅小,裂隙密集,裂隙含水率大,突水通道区较端头效应区裂隙更为发育。未受开采扰动时,底板破坏深度约7m,而初次来压时达11m,破坏深度加深4m,增加约58.1%;同时,由于16021工作面初次来压超前影响距离约50m,在其范围内的后一周期来压破坏深度增加至约13m。初次来压时突水通道发育区30~36m段及端部效应区36~42m段较周期来压时的45~53m、53~56m段底板裂隙发育更为明显,范围更大。故动载扰动强度越大,应力集中程度越大,卸荷起点越高,端部效应区及突水通道发育区裂隙失稳扩展程度越严重。

同时,地质雷达系统自带有含水谱分析系统,其根据含水介质频率域的频谱特征从谱线轮廓形状和频带宽度等参数分析计算介质的含水性,并通过经验公式(8.12)计算出不同介质元素对应谱域能量的比值得到裂隙含水率 ω。

$$\omega = (F_w/F_d)\times100\% \tag{8.12}$$

式中, F_w 为水的峰谱面域,m^3;F_d 为岩层峰谱面域,m^3。

由于频谱受底板裂隙及空气影响并不能完全反映底板裂隙的真实含水率,故仅分析裂隙含水率的相对性,以反映不同状况下底板裂隙发育和含水性程度,导出了含水率数据并绘制了不同动载扰动强度下裂隙含水率分布特征,如图8.39所示。

由图8.39对比知,深部开采底板15m以浅裂隙含水量大,裂隙发育密集,且动载扰动强度越大,底板裂隙含水量越大;而向底板深部随应力集中及卸荷程度减弱,裂隙含水量减小。初次来压距采场底板15m时,由于底板裂隙的摩擦滑动、自相似扩展作用,在应力增高区80~65m段降低,而在失稳扩展变形作用下,在65~46m段裂隙含水量增加;端部效应区46~36m段由于动载扰动强度过大底板煤岩体在压应力作用下失稳扩展裂隙部分压缩闭合,含水率降低;突水通道发育区36~30m段卸荷作用导致裂隙继续失稳扩展进而导致图8.42b中裂隙含水率迅速增加;而周期来压时由于来压显现不明显,动载扰动强

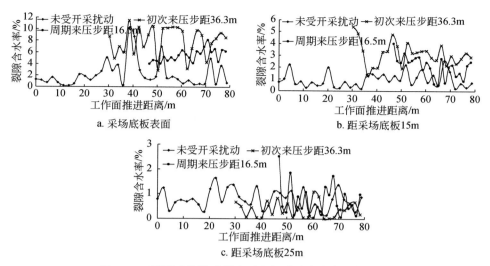

图 8.39　不同动载扰动强度下底板裂隙含水率分布特征

度弱，在端部效应区裂隙以失稳扩展为主，压缩变形量小，故其裂隙含水量在 75~46m 段逐渐增加，无明显的降低段，与动载扰动下底板裂隙扩展机制一致。

综上所述，动载扰动强度决定了底板裂隙的失稳扩展及渗透作用机制，卸荷对裂隙扩展及含水量的增加作用程度最强，在高承压水压力作用下突水通道发育区渗透率骤然突变易诱发底板突水事故，为深部采场完整型底板突水或卸荷滞后突水的主要成因。

8.4.4　基于微震监测的深部采动底板损伤控制效果分析

深部煤层开采后，基本顶破断失稳将对采场及煤层底板造成动载扰动，导致底板岩层破裂并形成突水威胁。以赵固一矿在 12011 工作面回采期间采用 BMS 微震监测系统监测的微震事件数据为基础参数，重新分析研究监测数据得出顶板动载扰动作用下底板岩体的破裂特征及破裂行为，从而为深部煤矿绿色安全开采提供现场实测依据。

1. 微震监测原理及监测方案

BMS 微震监测系统结构及工作原理如图 8.40 所示，其在采动围岩内布置多组检波器实时采集数据，应用震动定位原理，根据顶底板岩层破裂时震动波传至检波器时差及震源与检波器间距离确定岩层破裂位置并在三维空间显示，如图 8.41 所示。

2. 微震监测结果分析

监测期间，工作面自距切眼 94.2m 处向外共推进了约 250.8m，回采速度平均 5.7m/d。统计了顶板剧烈来压等明显动载扰动期间的微震事件分布规律，如图 8.42~图 8.45 所示，图中圆球表示微震事件发生位置，圆球色谱灰度代表微震能量 EJ 的等级。顶板粉红色虚线、底板紫色虚线为根据所监测微震能级事件绘制的动载扰动期间煤岩破裂线。

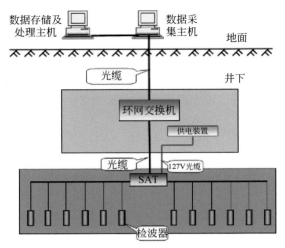

图 8.40　BMS 微震监测系统结构及工作原理

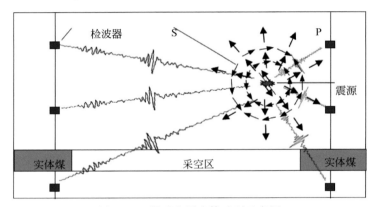

图 8.41　微震监测岩体破裂示意图

根据图 8.42~图 8.45，动载扰动期间，采空区顶底板及超前实体煤顶底板均出现了不同能级的微震事件，即顶板的动载扰动必然伴随底板煤岩的破裂，且顶板微震事件的能级不同将形成不同能级的底板微震事件，即扰动强度不同底板煤岩破裂特征不同。沿工作

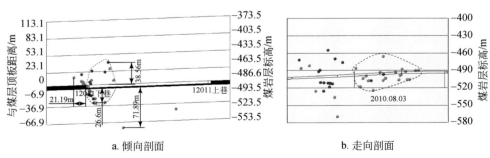

a. 倾向剖面　　　　　　　　　　　b. 走向剖面

图 8.42　工作面推进 148.2m 微震事件分布

· 代表 EJ<10^3J，· 代表 10^3J<EJ<$5×10^3$J，· 代表 $5×10^3$J<EJ<10^4J，· 代表能量在 10^4J<EJ<10^5J，

· 代表 10^5J<EJ<10^6J。图 8.43~图 8.45 图例同图 8.42

面倾向，微震事件主要分布于回采巷道两侧；而走向方向主要分布于工作面煤壁两侧。同时，根据微震事件分布绘制的煤岩破裂线均呈压力拱轴线形式分布，采空区顶板断裂扰动的同时也引起底板煤岩体的卸荷破裂。

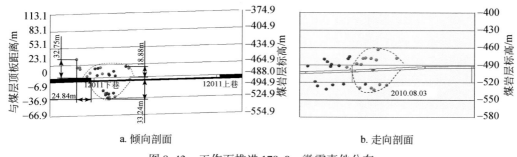

图 8.43　工作面推进 179.9m 微震事件分布

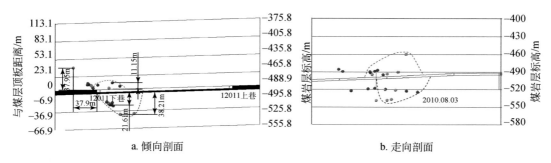

图 8.44　工作面推进 194.0m 微震事件分布

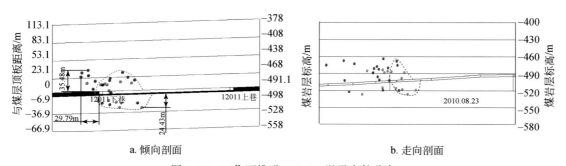

图 8.45　工作面推进 265.2m 微震事件分布

工作面推进 148.2m 时，共监测到 50 个微震事件，采空区顶板的最大破断高度为 38.56m，底板最大破裂深度为 26.6m；受超前压应力影响，超前底板最大破裂深度达 71.89m；监测的最大能量为 25954.16J，最小为 1948.04J。推进至 179.9m 时，共监测到 30 个微震事件，采空区顶底板的最大破裂深度分别为 18.88m、33.24m；微震事件最大能量为 18531.42J，最小为 1451.26J。推进 194.0m 时，共监测到 23 个微震事件，采空区顶底板最大破裂深度分别为 11.15m、38.21m；最大能量达 33400.29J，最小为 1188.71J。工作面推进 265.2m 时，共监测到 31 个微震事件，采空区顶底板的最大破裂深度分别约

33m、24.43m；最大能量为16602.68J，最小仅668.33J。推进不同距离的微震事件表明，采空区顶底板的微震事件一定程度上反映了采空区顶底板煤岩的破裂程度，微震事件在采空区底板的分布数量明显高于超前实体煤底板，高能级微震事件多分布于采空区顶底板，事件能级越高对顶板破裂的影响越大，顶板高能级动载扰动将造成底板煤岩破裂深度的增加。

为分析微震事件的数量和能级特征，统计绘制了随工作面推进顶底板微震事件分布的数量特征。随工作面推进，工作面顶底板微震事件能量 $EJ<5\times10^3J$ 的低能级事件分布较多，而 $EJ>5\times10^3J$ 的高能级事件分布较少。顶、底板微震事件分布总数未呈必然的相关关系，但动载扰动期间主要表现为顶底板强烈卸荷形成的高能级事件诱发了底板破裂，其顶板高能级微震事件总数与底板微震事件总数基本呈正相关关系，如图 8.46c 所示；故顶板高能级微震事件对底板的破裂程度起决定作用，底板煤岩损伤破裂程度与顶板动载扰动强度密切相关。

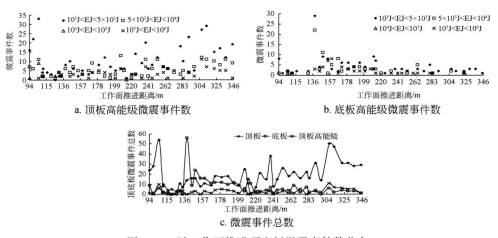

图 8.46　随工作面推进顶底板微震事件数分布

3. 基于微震事件的顶底板破裂特征

计算所有微震事件与工作面的相对位置，并将所有微震事件固定至沿工作面走向的剖面，以实现工作面位置不变，微震事件在采场前后分布的形式，清晰表明微震事件在顶底板的分布状况，如图 8.47 所示。

由图 8.47 知，工作面超前实体煤侧顶底板以 $EJ<5\times10^3J$ 的低能级微震事件分布为主，而采空区侧以 $EJ>5\times10^3J$ 的高能级微震事件为主，采空区顶底板形成了以压力拱轴线形式为主的卸荷优势破裂带。在工作面超前 0~42m 范围内顶底板内形成了采动影响明显的超前支承压力优势破裂带，超前影响范围最大达 125m。而在采空区侧，卸荷最大影响范围距工作面煤壁约 90m，底板破裂程度最严重区域距煤壁距离在 40m 范围以内，顶板断裂动载扰动形成的顶板压力拱优势破裂带与动载扰动引起的底板压力拱卸荷优势破裂带相对应，基本顶岩梁断裂的煤壁端顶底板微震事件数量明显高于采空区触矸区域；由于采出空间的作用，顶板断裂形成的动载扰动高能级事件在触矸区域附近分布较多，而煤壁端则以

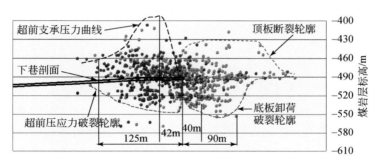

图 8.47　沿走向固定工作面微震事件分布剖面图

低能级微震破裂事件为主，且基本顶岩梁破断的触矸区域底板在矸石垫层和底板浅部破坏带缓冲作用下基本无微震事件分布。

同时，统计绘制了基于微震事件的顶底板岩层破裂深度特征，如图 8.48 所示。

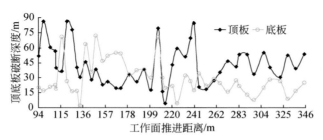

图 8.48　基于微震事件的顶底板岩层破裂深度特征

根据图 8.48，顶板微震事件分布的最大高度为 86.28m，位于采空区基本顶岩梁的近煤壁端，这与西二盘区 12011 工作面基本顶及其随动岩层位置一致；而底板微震事件分布的最大深度为 71.89m，位于超前压力作用下的实体煤侧底板，但卸荷导致的微震优势破裂带最大深度为 54.99m。由此可知，超前压应力作用导致的实体煤底板压破裂深度可大于卸荷破裂深度，即超前扰动影响深度可大于卸荷破裂深度。工作面正常开采期间，底板破裂深度约 25m，而剧烈动载扰动期间底板最大卸荷破裂深度达 54.99m，比正常增加约 30m，增加约 1.2 倍，且大于底板隔水层厚度。而观测期间底板实际出水量约 1m^3/h，这主要是由于采空区底板深部微震优势破裂带内裂隙未满足卸荷扩展条件，且由于卸荷形成的裂隙扩展区未贯通隔水层厚度或未与承压水导升带接壤，故微震破裂最大深度范围内未发生底板突水事故，而当由卸荷导致的裂隙扩展区贯通隔水层厚度或与承压水导升带接壤时将诱发底板突水事故。

基于深部采动巷道围岩破坏机理及高保低损破坏模式，现场应用柔性支护及巷道布置调控等巷道围岩控制关键技术，结合地质雷达探测及微震监测等手段分析了采动围岩的稳定性，分析评价了深部煤矿安全绿色开采的效果，为深部煤矿绿色安全开采理论的顺利实施提供了坚强保障。

第9章 宁东矿区麦垛山煤矿 "高保低损" 开采研究

我国西部煤矿矿区多处于生态环境脆弱区，且大部分矿区水资源短缺，煤炭规模开采引发的生态环境破坏和地下水资源量下降，严重制约了区域可持续发展。地下水资源是西部矿区生态环境赖以维持的关键，在西部矿区大规模进入深部开采前，针对西部矿区深部煤-水协调开采保护难题，将生产技术、安全开采与水资源保护相结合，吸取浅部资源开采水资源损失、生态环境破坏的经验与教训，形成适用于西部生态环境的深部煤炭开采安全绿色解决方案。深部"高保低损"安全绿色开采模式就是针对深部开采环境与生态影响特点设计的安全绿色开采解决方案，突出了源头减损与过程控制，优化组合先进、经济和适用技术，通过"降高、减水、快治、少排"等途径，提高西部煤矿矿区深部煤炭安全绿色开采水平。

本章以西部宁东矿区麦垛山煤矿为研究示范点，在仿生开采关键技术的保护水资源效果研究基础上，针对研究区安全绿色开采难点问题——地下水系统保护，通过地下水系统研究和长期的观测进一步研究地下水系统的特征和失水模式，建立研究区开采地下水数学模型，利用仿生开采情景模拟，深化研究地下水资源保护效果，为西部深部煤炭安全绿色开采"高保低损"模式提供关键技术支撑，旨在降低煤炭深部规模开采对生态损伤的程度和对地下水系统的保水效率。

9.1 研究区概况

麦垛山煤矿位于宁夏银川市南50km，见图9.1。麦垛山井田属半沙漠低丘陵地形，全

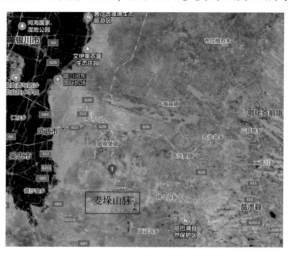

图9.1 麦垛山煤矿位置示意图

区地势为西北高，东南低，海拔为+1345.00 ~ +1552.00m，平均海拔为+1400.00m。地表为沙丘掩盖，多系风成新月形和垄状流动沙丘。西北部黄土被侵蚀切割之后形成堰、梁、峁地形，冲沟发育；东南部相对较平缓。

9.1.1　矿区地质与构造

1. 井田地层

据钻孔揭露的基岩地层有上三叠统上田组、中侏罗统延安组和直罗组、上侏罗统安定组。各地层由老至新简述如下：

1）上三叠统上田组（T_3s）

T_3s 仅在井田的西北及北部的少量钻孔见到，最大揭露厚度59.52m，邻区揭露最大厚度217.40m，邻区资料最大沉积厚度756m。其由一套河湖相杂色碎屑岩沉积组成，为中侏罗统延安组（J_2y）含煤建造沉积的基底。岩性以黄绿色、灰绿色的厚层状中、粗粒砂岩为主，夹灰色、灰绿色的粉砂岩、泥岩薄层及含铝土质的泥岩。

2）中侏罗统延安组（J_2y）

J_2y 属内陆湖泊三角洲沉积，为井田的含煤地层。钻孔揭露厚度平均358.25m。岩性由灰色、灰白色的中、粗粒长石石英砂岩、细粒砂岩，深灰色、灰黑色的粉砂岩、泥岩及煤等组成。底部的一套灰白色，有时略带黄色具红斑的粗粒砂岩、含砾粗砂岩（宝塔山砂岩）与下伏上三叠统上田组（T_3s）呈假整合接触。

井田内延安组含煤地层平均总厚358.25m，含煤层30层，平均总厚27.44m，含煤系数为7.66%。其中，编号煤层22层，自上而下编号为1、2、3-1、3-2、3下、4-1、4-2、4-3、5-1、5-2、6、7、8、9、10、12、16、17、18-1、18-2及18、18下煤。全区可采煤层2层、大部可采煤层13层、局部可采煤层5层、不可采煤层2层。可采煤层平均总厚31.41m，可采含煤系数8.77%（表9.1）。

表 9.1　麦垛山含煤地层含煤系数统计表

含煤组段	地层厚度/m	煤层厚度/m	含煤系数/%	可采厚度/m	可采含煤系数/%	含编号煤层
第五段	88.46	7.68	8.68	8.64	9.77	1、2、3-1、3-2 及 3 下
第四段	80.65	3.62	4.49	4.12	5.11	4-1、4-2 及 4-3、5-1 及 5-2
第三段	75.59	6.80	9.00	7.98	10.56	6、7、8、9、10
第二段	33.30	1.04	3.12	1.28	3.84	12
第一段	80.25	8.30	10.34	9.39	11.70	16、17、18-1、18-2 及 18、18 下
延安组	358.25	27.44	7.66	31.41	8.77	22 层

3）中侏罗统直罗组（J_2z）

干旱、半干旱气候条件下的河流-湖泊相沉积。钻孔揭露厚度336.43 ~ 495m，平均431.16m。其岩性上部主要为灰绿色、蓝灰色、灰褐色带紫斑的细粒砂岩、褐色粉砂岩、泥岩，夹粗、中粒砂岩。中下部以厚数十米至百米左右的厚层状的灰白色、黄褐或红色含砾粗粒石英长石砂岩"七里镇砂岩"与其下含煤地层假整合。

4）上侏罗统安定组（J_3a）

干燥气候条件下沉积的河流、湖泊相的红色沉积物，俗称为"红层"。在井田北、西部的少数钻孔见到，揭露最大厚度为565.09m，邻区（红柳井田）本组最大厚度为423.74m，在本井田有增厚之势。底部普遍有一层褐红色粗粒砂岩与下伏直罗组呈假整合接触。

5）古近系渐新统清水营组（E_3q）

E_3q厚12.07～115m，平均85.50m。其岩性主要由淡红色亚黏土及黏土组成，偶尔有浅绿色或蓝灰色薄层泥岩，局部为砾石层或砂层。不整合于下伏各地层之上。

6）第四系（Q）

Q在井田内广泛分布，为冲、洪积的黄沙土，底部常见变质岩、灰岩等组成的卵砾石或钙化结核。顶部为现代沉积的风成沙丘或黄土层。覆盖在各地层之上，厚1.20～32.80m，平均厚6.13m。

2. 构造

麦垛山井田总体构造形态为背斜-向斜相伴的褶曲构造；构造线总体走向为NNW向，断裂、褶曲构造较发育。地震解释成果和钻孔揭露显示，井田内主体构造为于家梁-周家沟背斜和长梁山向斜；大的断裂有杨家窑正断层、麦垛山正断层、于家梁逆断层、F_9逆断层、F_{10}逆断层，共发育断层25条（图9.2）。

1）断层

井田内断裂、褶皱相伴生，构造线总体方向为北北西向。断裂构造有北北西向和北东东向两组，前者以逆断层为主，后者以正断层为主。基于地震解释成果和钻探揭露地质资料的地质研究表明，井田内共发育断层25条。按断层性质划分为两类：逆断层21条，正断层4条。按断层走向划分为两组：北北西—北西向断层20条，北东—近东西向斜交断层5条。按断层落差大小划分为四级：落差大于等于100m的断层8条，落差在50～100m的断层3条，落差在20～50m的断层7条，落差在5～20m的断层7条（图9.2）。

2）褶曲

（1）于家梁-周家沟背斜。于家梁-周家沟背斜位于井田西部，贯穿井田南北，轴向北北西，呈S形展布，北端被麦垛山正断层切割后延伸至东庙勘探区，南段受断层影响，两翼倾角增大，并延展至区外。受于家梁断层和东部断层的挤压切割影响，北段背斜轴部宽缓，地层倾角在8°～15°，背斜西翼受于家梁断层影响，地层倾角较大，多在30°～45°，局部可达60°，背斜东翼与长梁山向斜相接，地层倾角多在20°～35°；南段受F_9、F_{10}影响，背斜轴部逐渐隆起，西翼向南倾角逐渐增大，多在20°～45°，东翼基本为一单斜，地层倾角约30°，波幅0～840m，2、3-1、3-2煤层被剥蚀。于家梁-周家沟背斜走向北北西，呈S形展布，区内延伸长度约15km，由地震和钻探共同控制，控制可靠，为查明构造。

（2）长梁山向斜。长梁山向斜位于本区东部，轴向北北西，呈S形展布，北端被麦垛山正断层和杨家窑正断层切割后延伸至东庙勘探区，南端被杜窑沟逆断层切割并延伸至区外红柳井田。其北部两翼对称，地层倾角20°～35°，褶曲波幅70～840m，2煤层的标高为1250m左右；其南部东翼被杜窑沟逆断层切割成不完整的向斜，西翼为一向东倾的单斜构

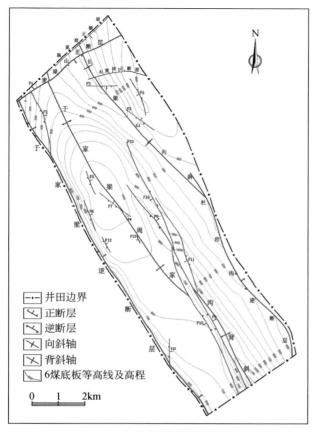

图 9.2　麦垛山井田构造纲要图

造，地层倾角为 20°~46°。另外，在长梁山向斜东翼的 807 孔附近，有一小的隆起，为长梁山向斜东翼上的次级构造。

9.1.2　矿区水文地质

1. 含水层

井田含水层按岩性组合特征及地下水水力性质、埋藏条件等，由上而下划分为以下五个主要含水层（图 9.3）。

1）第四系孔隙潜水含水层

第四系孔隙潜水含水层全井田分布，地层厚 1.2~32.83m，平均厚 5.54m，其中厚度较大地点为北部 401 孔一带，厚约 17m，南部 3006~3007 孔一带，厚约 32m；地下水主要赋存于风积-冲积层。含水层地下水补给以大气降水为主，排泄以蒸发消耗为主，部分以人工开采或沿地层裂隙及风化破碎带补给基岩含水层。按地下水赋存条件，可分为风积沙潜水层、风积-冲洪积潜水层。

（1）粉土、风积沙潜水。粉土、风积沙潜水广布于井田，构成基岩覆盖层；层厚一般

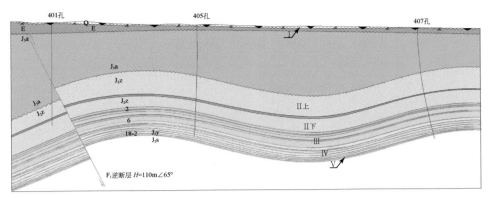

图 9.3　麦垛山井田水文地质剖面图

为 3.0 ~ 5.0m，多位于侵蚀基准面以上。岩性以粉、细砂为主，局部含少量砂砾石；成分以石英、长石为主，分选性好，渗透性强，不含水或微弱含水；地下水位多随地形起伏而异，水位、水量随季节变化，地下水接受大气降水补给。

（2）风积–冲积潜水。风积–冲积潜水分布于冲沟及井田勘探 19 线以南大部分地区，岩性以中、细砂和粉土为主，含少量砂砾石；26 线以北含水层厚小于 5.0m，以南大于 5.0m，其中 2006 ~ 2007 号孔一带可达 32.83m；地下水水位及富水性受冲沟影响较为明显。北部卜家庙子沟、周家沟内，水井位于沟谷冲积层，地下水水位埋深相对较浅，水量较小，雨季蓄水，干旱时水井大多干枯。井深一般 5.0 ~ 12.0m，井内水深 0.1 ~ 1.5m；19 线以南，周家沟、张家沟地表水渗入地下，随着第四系含水层厚度增加，以南自北而南富水性逐渐增强，部分地区古近系裂隙–孔隙发育时涌水量增大。张寿窑一带，地下水水位埋深相对较浅，水量较大，井深 7.4 ~ 8.33m，井内水深 1.10 ~ 2.43m，出水量约 1.5m³/d。

2）侏罗系碎屑岩裂隙孔隙承压水含水层（Ⅱ–Ⅴ）

影响麦垛山井田开采的主要含水层，包括中侏罗统安定–直罗组含水层、中侏罗统延安组含水层。根据含水层分布及水文地质特征分析，垂向上，对井田影响较大的含水层为直罗组下段砂岩含水层（Ⅱ）、2 ~ 6 煤间砂岩含水层（Ⅲ）及 6 ~ 18 煤砂岩含水层（Ⅳ），18 煤以下砂岩含水层（Ⅴ）结构较致密，对煤层开采影响较小。平面上 17 线以南含水层富水性相对较强，对煤层开采影响较大。

（1）中侏罗统直罗组裂隙孔隙含水层（Ⅱ）。该含水层全井田发育，广泛分布，层厚 102.71 ~ 761.1m，平均厚度 231.11m，水头高度 +1302.9 ~ +1356.3m。该层底部砂岩较稳定，以粗粒砂岩为主，多为 2 煤直接顶板，弱富水性，是本井田的主要含水层。根据地层沉积旋回、岩性特征及水文地质特征，直罗组底部粗粒砂岩为主要标志层，将含水层划分为上段及下段"七里镇"砂岩含水层。

上段：包括底部砂岩含水层隔水顶板以上各含水层，井田广泛分布。岩性以灰绿色、灰黄色的细、中砂岩为主，泥质胶结，颗粒支撑，厚 0 ~ 563.75m，平均厚度 102.97m，含水层厚度较大，与分布较稳定的古近系黏土层直接接触，古近系黏土层的隔水作用，使得该段含水层与第四系含水层联系较差。

下段：影响井田首采区的主要直接充水含水层之一，分布于整个井田，含水层厚60.21~317.70 m，平均厚度138.70m。岩性主要为灰绿色、蓝灰色、灰褐色夹紫斑的中、粗粒砂岩，夹少量的粉砂岩和泥岩，局部含砾。

（2）2~6 煤间砂岩裂隙孔隙承压含水层（Ⅲ）。该含水层岩性由灰色、灰白色、深灰色不同粒级的砂岩组成，泥岩和煤层呈互层状夹于含水层之中，层位较稳定，含水层厚度21.85~187.32m，平均厚度74.03 m，水头高度1310.0~1412.6m，该含水层可划分为上段（2~4 煤间）、下段（4~6 煤间）含水层。本含水层富水性弱含水层。

上段：全井田分布，由三角洲平原相和河流冲积平原相组成，每个旋回均具正粒序特征，岩性以灰色、灰白色粉-细粒砂岩为主，夹有砂泥岩互层，岩性较致密，钙、泥质胶结、坚硬、颗粒支撑。含水层厚度 5.4~119.69 m，平均厚度40.49m，含水层砂体分布9~14线之间相对较厚，18线以南相对较薄。在原始状态下，垂向上煤泥岩隔水层与砂岩含水层水力联系极弱，地下水呈层状以承压水分布；平面上除局部地段存在水头压力较高的承压水外，大部分地区含水层水文地质条件简单，富水性弱。随着顶部2~3 煤开采后顶板冒落，该含水层与上部直罗组底部砂岩含水层地下水可能产生较为密切的水力联系，水文地质条件将发生较大变化，导致矿井涌水量增加。

下段：全井田分布，砂岩多集中于旋回的中-下部，岩性以灰色、深灰色的中、粗砂岩为主，局部地段如16线以南岩性泥质含量较高，夹灰黑色泥岩、粉细砂岩，构成6 煤老顶，为6 煤直接充水含水层。Ⅲ含水层上、下段含水层富水性比较而言，煤层未开采时，表现为下段含水层渗透性、富水性强于上段，随着2~3 煤开采，含水层之间水力联系增强，上段含水层富水性将有所增强。

（3）6~18 煤间砂岩裂隙孔隙承压含水层（Ⅳ）。该含水层厚度为18.06~137.51m，平均厚65.25m，分选性中等，渗透性较差、富水性属弱-极弱，分布规律中间厚，向南北两侧逐渐变薄。该含水层可划分为上段（6~12 煤间）、下段（12~18 煤间）含水层。

上段由灰色、浅灰色、灰白色的中砂岩、细粒砂岩组成，黑色泥岩、碳泥岩、煤夹于其中，岩性致密、坚硬，层厚 6.56~67.03m，平均厚29.80m，地下水水位水头高度为1307.22~1312.87m。其中 10 煤、12 煤上部岩性泥质含量较低，厚度较大，富水性相对较强；下段岩性以灰-灰黑色粉砂岩、细粒砂岩为主，夹薄层泥和煤层，砂岩与粉砂岩、泥岩呈互层状，层厚10.05~72.05 m，平均厚37.0m。垂向上，富水性较强层位在 18 煤上下含水层；平面上，以 23 线2304-1 号孔富水性最强，标准单位涌水量为 0.1132L/(s·m)，属富水性中等偏弱，北部1404-1 孔与南部 2805-1 孔富水性相对较差，但南部大于北部。

（4）18 煤以下至底部分界线砂岩含水层组（Ⅴ）。该含水组主要为河流体系的冲积平原相，向上渐变为堤泛沉积，整体呈现下粗上细的沉积特点。岩性特征表现为下部以灰白色砂岩为主，夹粉砂、泥岩，具大、中槽状、板状交错层理；含水层厚度受钻孔揭露地层深度影响，北部厚度一般小于20m，南部首采区以东、25 线以南，大于20m；据钻孔统计资料，含水层砂岩厚 5.02~95.9m，平均厚度27.27m。该含水组属极弱富水性含水层，对煤层及井巷施工影响较小。

2. 隔水层

隔水层以低阻、高密度的粉砂岩、泥岩为主。本区侏罗系为陆相地层，岩性、岩相变化较大，垂向上具明显的沉积旋回特征，岩性多为中细砂岩与粉砂岩、泥岩互层，特别是含煤地层各旋回上部多由泥岩、粉砂岩或砂泥岩互层组成，结构致密，和煤层本身形成良好的隔水层。据统计，较为稳定的隔水层有直罗组底部砂岩含水层顶板的粉砂岩、泥岩为主的隔水层，各主要煤层及其顶底板泥岩、粉砂岩组成的隔水层。现将主要隔水层分述于下。

1）古近系砂质黏土岩隔水层

该隔水层是第四系与Ⅱ含水层之间的隔水介质，全井田分布，厚度较稳定，隔水层层厚 4.65~115.0m，平均厚度 61.48m，埋藏深度约 5m，局部出露地表。该隔水层的隔水性质、分布范围、厚度大小，对于直罗组砂岩含水层水文地质条件影响较大。井田古近系砂质黏土岩属黏塑性岩石，力学强度低，受力后发生变形，当应力超过弹性极限后，发生破裂，破裂方式以黏性剪断为主，产生隐蔽裂隙和闭合裂隙，即使发育张裂隙，但裂隙中往往充填了自身破碎的泥质碎屑物。因此，其导水性与含水性很弱，且阻隔了第四系与Ⅱ含水层之间水力联系，构成井田含水层顶部隔水边界。

2）直罗组底部砂岩含水层顶板隔水层

隔水层是Ⅱ含水层上段与下段含水层之间的隔水介质，在全井田分布，该隔水层埋藏深度 120~300m，自南而北埋深逐渐增加。岩性以粉砂岩、泥岩为主，夹有少量薄层细粒砂岩，层厚 3.8~156.69m，平均厚度 36.31m。

井田范围内直罗组底部砂岩含水层顶板隔水层普遍存在，阻隔了直罗组砂岩上段与下段含水层之间的水力联系，使得直罗组砂岩下段含水层为主采 2 煤层直接充水含水层，而直罗组砂岩上段含水层为间接充水含水层。在不同深度具隔水性能的粉砂岩、泥岩存在，使得含水层垂向上水力联系极弱，水循环极为缓慢，地下水水力流场以层流为主。

总之，Ⅱ含水层下段（直罗组底部砂岩）含水层顶板隔水层是较为稳定的隔水层，对于阻隔Ⅱ含水层上段及第四系含水层与基岩含水层之间的水力联系，有较好的隔水效果，特别是井田南部含水层埋藏较深的地区，但对于东、西部边界断层破碎带，地层稳定性较差，岩性变化较大，隔水层性能变化较大，使得直罗组砂岩含水层上下段之间有一定的水力联系，且导致Ⅱ含水层下段水文地质条件发生变化。

3）Ⅲ含水层各段顶板隔水层

2~6 煤之间隔水层包括 2 煤、3 煤组本身及顶底板砂泥岩互层隔水层。岩性主要为煤、灰黑色泥岩、粉砂岩互层，局部夹碳泥岩、中细砂岩薄层，结构致密。其中上段 2 煤、3 煤组本身及顶底板砂泥岩互层隔水层；层厚 0.46~81.72m，平均厚度 21.85m。隔水层分布稳定，仅 26 线以南较厚；原始状态下煤层未开采时，上下含水层之间联系程度低，随 2 煤开采，2 煤顶板冒落，形成了广泛分布的采空区，裂隙、孔隙增大，隔水性能变差，使得含水层之间联系密切，Ⅲ含水层上段富水性将有所增加。在 2~6 煤之间，地层沉积为多旋回沉积，旋回初期，岩性较粗，多为含水层，旋回后期，岩性以砂岩与泥、粉砂岩互层较多，从而导致了Ⅲ含水层上、下段之间联系程度差，对矿床开采影响以采空区老窑积水为主，随着采空区形成及地下水的疏干，其冒落沉降带影响程度对上段有一定的影响，下段影响有限。

4）Ⅳ含水层各段顶板隔水层

该隔水层主要为 6 煤本身及顶底板、10 煤本身及顶底板，其中 6～10 煤之间隔水层岩性为灰黑色泥岩、粉砂岩互层，局部夹碳泥岩、细砂岩薄层。6 煤本身及顶底板隔水层厚 0.83～93.85m，平均厚度 17.51m。特别是上部隔水层结构致密，厚度较大，全区广泛分布，层位稳定，使得该隔水层隔水性能相对较好。隔水层分布表现为大部分地区厚度小于 10m，沿走向线呈串珠状。

5）Ⅴ含水层顶板隔水层

该隔水层主要为含煤地层延安组第一段上部冲积平原泥炭沼泽相沉积，主要为 18 煤及各煤分层本身和顶底板，岩性以细粒砂岩、粉砂岩、泥岩互层，隔水层厚 3.13～52.97m，平均厚度 19.25m。井田内分布较稳定，隔水性能相对较好。Ⅴ含水层属极微弱含水层，该隔水层的存在，使得Ⅴ含水层与其他含水层之间联系程度较低，因此，Ⅴ含水层地下水对井田煤层开采影响不大。

9.1.3　区域生态概况

研究区地形总体呈现东高西低，南北高中部低的低缓丘陵地貌，最高标高点位于井田东北部山丘地带，为+1446.0m，最低标高点位于梅花井村附近，为+1322.0m，并且向井田外小井子、甜水坑由东向西方向地势逐渐变低。井田内大部分地区为沙丘掩盖，多系风成垄状及新月形流动沙丘，间有被植被固定、半固定沙丘，地形低缓平坦，井田范围内地面最大相对高差 124m（图 9.4）。

　　　　a. 地表植被　　　　　　　　　　b. 风积沙化地貌

图 9.4　麦垛山井田地表环境图

研究区内无常年地表径流，仅在梅花井村西南约 0.75km 处，有南北长约 1km、东西宽约 0.5km，面积约 0.5km² 的低洼地带，标高+1322m 左右，平时干枯无水，雨季有积水，一般可保持 1 个月左右，水质苦涩，不能饮用。

1. 地貌特征

研究区土壤类型为风沙土，研究区的风沙土包括三个亚类，即流动风沙土、半固定风沙土和固定风沙土。植被覆盖和养分含量依次增加。

由于人为活动，研究区内还形成一定面积的耕作固定风沙土，其养分含量介于半固定风沙土和固定风沙土之间。风沙土是在风成砂性母质上发育的土壤，风沙土剖面无明显的腐殖质层和淋溶淀积层，一般由薄而淡的腐殖质层和深厚的母质层组成。该区总的地貌为半沙漠低丘陵，地貌单元可分为风沙滩地地貌、盐碱化滩地地貌和黄土丘陵地貌。

风沙滩地区：主要分布于矿区的中北部，地表多被薄沙覆盖，植被茂密，植被主要有干草、苦豆子、老瓜头、猫头刺、沙蒿等。多为固定沙，局部半固定沙，有少量随季风流动的垄状及新月状沙丘。

盐碱化滩地：主要分布在矿区东南部，海子井至灵武盐场一带地势低洼的地方，雨季时可形成季节性浅湖，积水干涸后形成灰白色具盐渍壳的盐碱化滩地。

黄土丘陵地貌：主要分布在矿区西南部，地形起伏较大，在黄土剥蚀区，则形成奇特的"堡状"地貌。

风沙土是在风成砂性母质上发育的土壤，风沙土剖面无明显的腐殖质层和淋溶淀积层，一般由薄而淡的腐殖质层和深厚的母质层组成。以旱生植物种类为特征，其中红砂、短花针茅、猫头刺等是本区最具代表性的植物。

2. 开采影响区

风沙土是在风成砂性母质上发育的土壤，风沙土剖面无明显的腐殖质层和淋溶淀积层，一般由薄而淡的腐殖质层和深厚的母质层组成。以旱生植物种类为特征，其中红砂、短花针茅、猫头刺等是本区最具有代表性的植物。

9.1.4　开采工艺概况

麦垛山煤矿为宁东能源化工基地开发建设的主要供煤矿井，煤炭可采储量11.4亿t，矿井设计生产规模为8.00Mt/a，服务年限为102年。采用综合机械化一次采全高的采煤工艺，走向长壁后退式采煤方法，全部垮落法管理煤层顶板。现阶段主要开采煤层为2号和6号，煤层厚度分别为2.88m和2.63m。麦垛山煤矿开采产生的矿井水采用外排形式进行处理，如图9.5所示。

图9.5　麦垛山煤矿矿井水外排图

9.2　麦垛山地下水系统研究

地下水系统研究主要采用钻孔放水试验数据和水化学数据。其中，井下放水试验具有直观地了解采区含水层具体水文地质条件的特点，大流量放水试验能够充分暴露采区水文地质条件，能够形成大范围、大降深激发流场，从而有助于建立完整的水文地质概念模型。放水试验以井流模型为基础，是建立采区地下水流数学模型的必要手段。

9.2.1　主要含水层水文地质特征

1. 放水试验方法设计

通过开展井下放水试验，利用多种方法获取直罗组下段砂岩含水层的水文地质参数（水位、渗透系数和单位涌水量等）、放水试验中含水层水量和水压随时间的变化规律和地下水降落漏斗的变化趋势，同时获取 1~2 煤间延安组含水层的水文地质参数（水位、水压、渗透系数和单位涌水量等）。11 采区 2 煤放水试验钻孔参数如表 9.2 所示。

表 9.2　11 采区 2 煤放水试验钻孔参数表

位置	钻孔	孔深/m	仰角/(°)	方位角/(°)	孔口管长度/m	备注
2 煤辅运巷	FS0	157	45	297	21	单孔放水
	FS1-1	157	45	297	21	初始多孔放水试验
	FS1-2	157	45	117	21	
	FS2-1	157	45	297	21	叠加多孔放水试验
	FS2-2	157	45	57	21	
	G1	113	45	297	21	观测孔
	G2	113	45	297	21	
2 煤回风巷	G3	113	45	297	21	
2 煤辅运巷	G4	113	45	147	21	
2 煤带式输送机巷	G5	113	45	297	21	
机动孔	JD1	157			21	根据现场情况而定
	JD2	157			21	
总计		1664			252	

放水试验的放水孔全部布置在 2 煤辅运巷中，而观测孔主要布置在 2 煤辅运巷、2 煤带式输送机巷和 2 煤回风巷中。其中 2 煤辅运巷布置了 8 个钻孔，包括 5 个放水孔，3 个观测孔；2 煤带式输送机巷布置了 1 个观测孔；2 煤回风巷布置了 1 个观测孔，各放水钻孔和观测孔的具体参数见表 9.3。

2. 1~2 煤间延安组含水层水文地质参数

1~2 煤间延安组含水层共进行了 3 次放水试验，其中 FS0 和 G1 钻孔单孔放水试验主要为计算 1~2 煤间延安组含水层渗透系数。

1~2 煤间延安组含水层单孔放水试验（FS0 钻孔）过程中 FS0 钻孔放水水量和 G1、G2 钻孔水位变化情况如图 9.6 所示。由图可知，G1 观测孔水位降深与 FS0 钻孔放水量变化趋势一致，随着 FS0 钻孔放水量变大，G1 观测孔水位降低，水位降深增大。FS0 钻孔放水量变小，G1 观测孔水位随之升高，水位降深减小。FS0 钻孔放水流量对 G2 观测孔水位影响不大。

表 9.3　钻孔施工次序及终孔层位一览表

次序	放水试验	放水孔	终孔层位	观测孔	观测孔终孔层位
1	1~2 煤间含水层单孔放水试验	FS0	1~2 煤间含水层顶板	G1 和 G2	1~2 煤间含水层顶板
				G3~G5	直罗组下段含水层顶板
2	1~2 煤间含水层多孔放水试验	FS1-1	1~2 煤间含水层顶板		
3	直罗组下段含水层单孔放水试验	FS0	直罗组下段含水层顶板	G1 和 G2	直罗组下段含水层顶板
4	直罗组下段含水层多孔初始放水试验	FS1-1 和 FS1-2	直罗组下段含水层顶板		
5	直罗组下段含水层多孔叠加放水试验	FS2-1 和 FS2-2	直罗组下段含水层顶板		

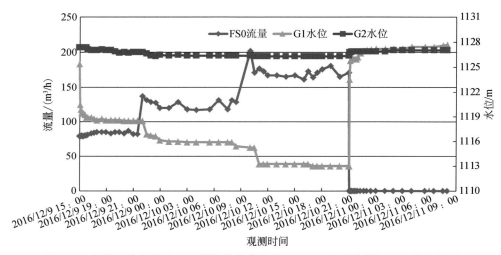

图 9.6　麦垛山放水试验 FS0 钻孔放水水量和 G1、G2 钻孔水位历时变化曲线图

FS0、G1 和 G2 钻孔揭露了 1~2 煤间延安组含水层，可视为承压水含水层多孔完整井，渗透系数计算公式选用裴布依公式计算：

$$K = \frac{0.366Q}{M(S_1 - S_2)}\lg\frac{r_2}{r_1} \tag{9.1}$$

式中，K 为渗透系数，m/d；Q 为放水孔水量，m³/d；M 为含水层厚度，m，取 19.29m；S_1 为距离较近观测孔水位降深，m；S_2 为距离较远观测孔水位降深，m；r_1 为距离较近观测孔与放水孔距离，m，取 50m；r_2 为距离较远观测孔与放水孔距离，m，取 100m。

根据式（9.1），利用 FS0 钻孔三阶段定流量放水观测数据，计算了 1~2 煤间延安组含水层的渗透系数，计算结果见表 9.4。

表9.4 FS0钻孔单孔放水试验及渗透系数计算一览表

放水阶段	放水孔水量/(m³/h)	观测孔水位降深/m		渗透系数/(m/d)	影响半径/m
	FS0钻孔	G1钻孔	G2钻孔		
1	80	6.9	0.6	1.741	106.91
2	130	3.3	0.4	1.937	107.89
3	180	2.2	0.1	2.184	106.91

由1~2煤间延安组含水层单孔放水试验（G1钻孔）过程中G1钻孔放水水量和FS0、FS1-1钻孔水位变化情况（图9.7）可知，12月11日9:00~18:00，G1钻孔放水量稳定，FS0、FS1-1钻孔水位变化不大；12月11日18:00~19:30，随着G1钻孔放水量瞬间增大，FS0钻孔水位由1106m直线上升至1124m，FS1-1钻孔水位由1124m上升至1127m；12月11日19:30~12日1:30，随着G1钻孔放水量趋于稳定，FS0、FS1-1钻孔水位变化不大。

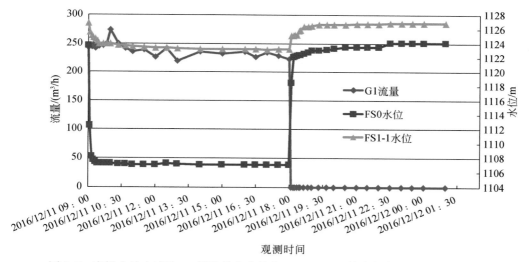

图9.7 麦垛山放水试验G1钻孔放水水量和FS0、FS1-1钻孔水位历时变化曲线图

FS0、FS1-1和G1钻孔揭露了1~2煤间延安组含水层，可视为承压水含水层多孔完整井，渗透系数计算公式选用裘布依公式［式（9.1）］计算，$K=2.511$m/d。1~2煤间延安组含水层单孔放水试验（G1钻孔）过程中G1钻孔放水水量和FS0、FS1-1钻孔水位变化情况见表9.5。

表9.5 G1钻孔单孔放水试验及渗透系数计算一览表

放水阶段	放水孔水量/(m³/h)	观测孔水位降深/m		渗透系数/(m/d)	影响半径/m
	G1钻孔	FS0钻孔	FS1-1钻孔		
1	240	16.7	3.6	2.511	109.90

影响半径计算采用多孔放水试验带两个观测孔的承压含水层裘布依公式：

$$lgR = \frac{S_1 lgr_2 - S_2 lgr_1}{S_1 - S_2} \qquad (9.2)$$

式中，R 为影响半径，m；S_1 为距离较近观测孔水位降深，m；S_2 为距离较远观测孔水位降深，m；r_1 为距离较近观测孔与放水孔距离，m，取 50m；r_2 为距离较远观测孔与放水孔距离，m，取 100m。

由式（9.2），利用 FS0 钻孔三阶段定流量放水观测数据和 G1 一次定流量放水观测数据，可计算 1~2 煤间延安组含水层放水试验的影响半径（表 9.4 和表 9.5）。

3. 直罗组含水层水文地质参数

直罗组含水层共进行了 2 次放水试验，其中 FS0 钻孔单孔放水试验计算直罗组含水层渗透系数。1~2 煤间延安组含水层单孔放水试验过程中 FS0 钻孔放水水量和 G1、G2、G4、G5、FS1-1 和 JD1 钻孔水位变化情况见图 9.8，G3、FS2-1、FS2-2 和 JD2 钻孔由于水位对 FS0 钻孔放水响应不明显，因此不参与计算。

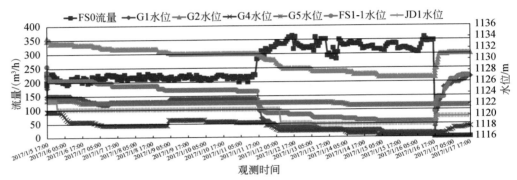

图 9.8　麦垛山放水试验 FS0 孔放水水量和各观测孔水位历时变化曲线图

由于各钻孔开孔位置距离直罗组下段含水层顶板 111m，而 FS0 单孔放水试验前其余各钻孔水压在 0.94~1.08MPa，说明放水试验区域内的直罗组下段含水层已经成为潜水含水层，FS0、G1、G2、G4、G5、FS1-1、JD1 钻孔揭露了直罗组下段含水层，可视为潜水含水层多孔完整井，渗透系数计算公式选用裴布依公式［式（9.3）］计算，其中含水层厚度为 75.81m，渗透系数为 3.673~6.297m/d，平均值为 4.958m/d，直罗组下段含水层渗透系数计算成果见表 9.6：

$$K = \frac{0.732Q}{(2H - S_1 - S_2)(S_1 - S_2)} lg \frac{r_2}{r_1} \qquad (9.3)$$

式中，K 为渗透系数，m/d；Q 为放水孔水量，m³/d；H 为含水层厚度，m，取 75.81m；S_1 为距离较近观测孔水位降深，m；S_2 为距离较远观测孔水位降深，m；r_1 为距离较近观测孔与放水孔距离，m；r_2 为距离较远观测孔与放水孔距离，m。

影响半径计算采用两种方法，分别是多孔放水试验带两个观测孔的潜水含水层裴布依公式［式（9.4）］和图解法，计算结果见表 9.6。

表 9.6　FS0 钻孔单孔放水试验及渗透系数计算一览表

FS0 钻孔放水量 /(m³/h)	观测孔水位降深/m						渗透系数 /(m/d)	影响半径/m	
	G1	G2	G4	G5	FS1-1	JD1		公式法	图解法
216	4.5		2.0				6.297	627.50	643.55
326	10.7		4.3				3.944	546.03	673.84
216	4.5			0.5			6.174	597.25	643.55
326	10.7			1.5			4.261	661.81	673.84
216			2.0	0.5			5.975	591.81	643.55
326			4.3	1.5			4.940	703.79	673.84
216		2.8			4.5		4.656	324.54	643.55
326		7.0			10.5		3.673	445.86	673.84
216					4.5	1.5	5.230	408.66	643.55
326					10.5	4.2	3.997	540.98	673.84
216		2.8				1.5	5.965	451.83	643.55
326		7.0				4.2	4.385	595.78	673.84

$$\lg R = \frac{S_1(2H - S_1)\lg r_2 - S_2(2H - S_2)\lg r_1}{(S_1 - S_2)(2H - S_1 - S_2)} \tag{9.4}$$

式中，R 为影响半径，m；H 为潜水含水层厚度，m；S_1 为距离较近观测孔水位降深，m；S_2 为距离较远观测孔水位降深，m；r_1 为距离较近观测孔与放水孔距离，m；r_2 为距离较远观测孔与放水孔距离，m。

根据裴布依公式计算当 FS0 放水量为 216m³/h 时，影响半径 $R = 324.54 \sim 627.50$m，平均值为 500.26m；当 FS0 放水量为 326m³/h 时，影响半径 $R = 445.86 \sim 703.79$m，平均值为 582.38m。根据图解法获得当 FS0 放水量为 216m³/h 时，影响半径 $R = 643.55$m；当 FS0 放水量为 326m³/h 时，影响半径 $R = 673.84$m。

由于井下放水试验与抽水试验不同，抽水试验可以对抽水孔进行水位观测，而进行放水试验时不能对放水孔进行水位观测，因此，可以通过 FS0 单孔放水试验观测孔水位及与 FS0 距离相关关系推算出 FS0 放水孔的水位降深。

由图 9.9 中可以看出，当 FS0 放水孔的放水水量为 216m³/h 时，FS0 钻孔内的水位降深约为 10.3m，单位涌水量 $q = 20.97$m³/(h·m) $= 5.83$L/(s·m)；当 FS0 放水孔的放水水量为 326m³/h 时，FS0 钻孔内的水位降深约为 24.2m，单位涌水量 $q = 13.47$m³/(h·m) $= 3.74$L/(s·m)。直罗组下段含水层富水性为强–极强富水性。

9.2.2　地下水补、径、排关系

放水试验过程中对直罗组砂岩含水层的地下水物理性质和化学成分进行了系统的测定

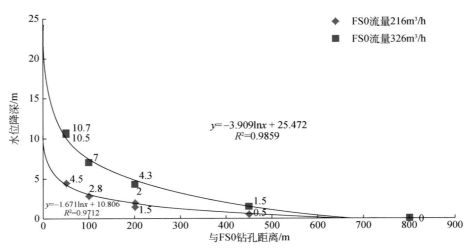

图 9.9　麦垛山放水试验 FS0 单孔放水试验观测孔水位及与 FS0 距离趋势预测图

和分析，旨在利用地下水水化学组分研究分析麦垛山井田直罗组砂岩地下水的补给条件、径流情况。

1. 地下水化学特征

水质分析项目为 Ca^{2+}、Mg^{2+}、K^+、Na^+、Fe^{2+}、Fe^{3+}、NH_4^+、Cl^-、HCO_3^-、SO_4^{2-}、CO_3^{2-}、NO_3^-、NO_2^-、硬度、总矿化度、pH、可溶性 CO_2，为以后进行对比分析和水源判断提供参考，水样为 40 个。

在 1~2 煤间延安组放水试验和直罗组下段含水层放水试验过程中，分别对部分放水孔、观测孔、井下出水点和 2 煤大巷探放水钻孔取水样进行全分析，水源包括 1~2 煤间延安组含水层、直罗组下段含水层和两个含水层的混合水。

从图 9.10 中可以看出，无论是 1~2 煤间延安组含水层、直罗组下段含水层还是两个含水层的混合水，其水化学成分均较为相似，不同时段内所取水样在水化学成分上较一致，说明 1~2 煤间延安组含水层和直罗组下段含水层水力联系紧密，短时间内所有井下放水孔和出水点的地下水均来自同一水源。

2. 地下水补、径、排关系

井田地下水补给来源主要为含水层之间的越流补给，其次为大气降水。松散层潜水主要接受大气降水的补给。井田地质勘探线 20 线以北，大气降水一部分呈偏流汇入沟谷径流，另一部分渗入第四系含水层沿沟谷排泄；20 线以南，以大气降水的补给为主，次为少量沙漠凝结水补给。潜水面起伏与现代地形起伏基本一致，径流方向主要受地形控制，由高至低自北而南流动，局部受地形影响流向略有改变。潜水多以渗流形式径流排泄于沟谷或地形低洼地区，通过蒸发作用排泄。部分沿断层破碎带补给下伏基岩含水层。

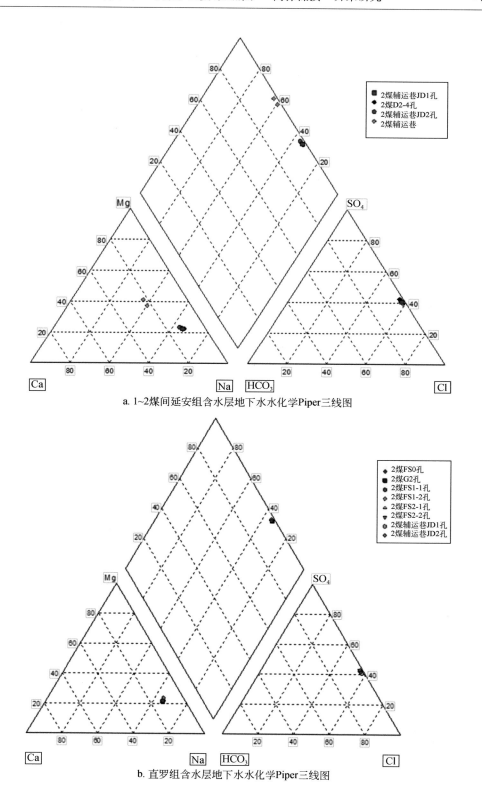

a. 1~2煤间延安组含水层地下水水化学Piper三线图

b. 直罗组含水层地下水水化学Piper三线图

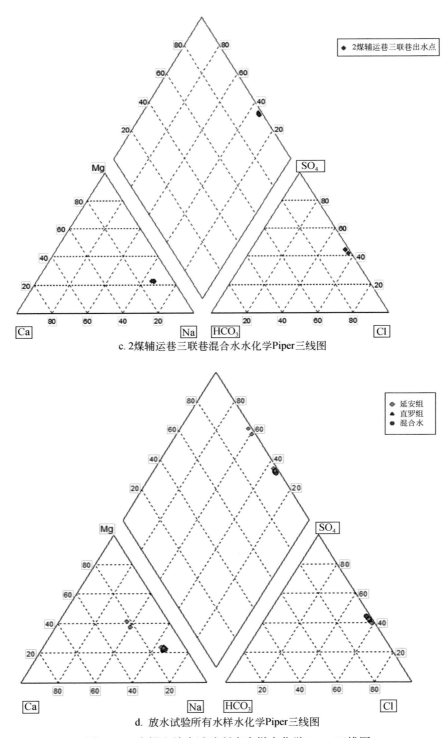

c. 2煤辅运巷三联巷混合水水化学Piper三线图

d. 放水试验所有水样水化学Piper三线图

图 9.10　麦垛山放水试验所有水样水化学 Piper 三线图

通过矿井涌水量调查，矿坑涌水量与大气降水的数量、性质及延续时间无关，说明基岩承压水含水层主要通过含水层之间越流及断层破碎带补给，极少量大气降水补给；直罗组砂岩含水层接受松散层潜水间接补给。侏罗系含煤地层各含水层由于埋藏深，上覆有较厚的隔水层，主要为直罗组底部砂岩含水层顶板隔水层和古近系砂质黏土岩隔水层，同时含水层砂岩与泥岩、粉砂岩等隔水岩层呈互层状，径流方向受褶皱构造的影响，基本沿背斜轴部岩层倾向岩层层面运移。基岩含水层径流条件较差，地下水有利于储存，不利于排泄，储水空间相对封闭，承压水补给微弱，水力坡度小，径流极为缓慢，各含水层在横向上具不连续性，垂向上具分段性。含水层深部由于水的交替能力差，径流极为缓慢，加之地层的非均一性，因而含水层地下水矿化度较高，水量小，富水性微弱。

图 9.11 是 1～2 煤间延安组含水层放水试验过程中，直罗组下段含水层水位变化情况。从图 9.11 中可以看出：

（1）当 FS0 和 G1 放水孔对 1～2 煤间延安组含水层进行放水时，直罗组下段含水层水位随之下降，说明两个含水层之间存在密切的水力联系。

（2）在 3 次 1～2 煤间延安组含水层放水过程中，放水钻孔水量较稳定，在观测时间内无衰减趋势，说明 1～2 煤间延安组含水层受直罗组下段含水层补给。

（3）直罗组下段含水层水位下降幅度随着 1～2 煤间延安组含水层放水孔水量增大而增大，其响应时间随放水孔水量增大而缩短，表明 1～2 煤间延安组含水层与直罗组下段含水层水力联系密切。

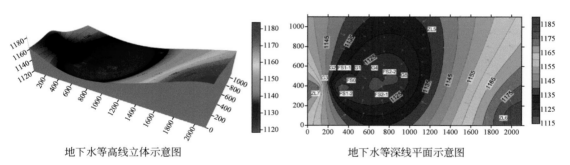

地下水等高线立体示意图　　　　　　　　地下水等深线平面示意图

a. 原始流场(无放水时）

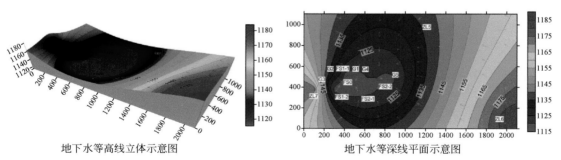

地下水等高线立体示意图　　　　　　　　地下水等深线平面示意图

b. FS0孔放水时(80m³/h)

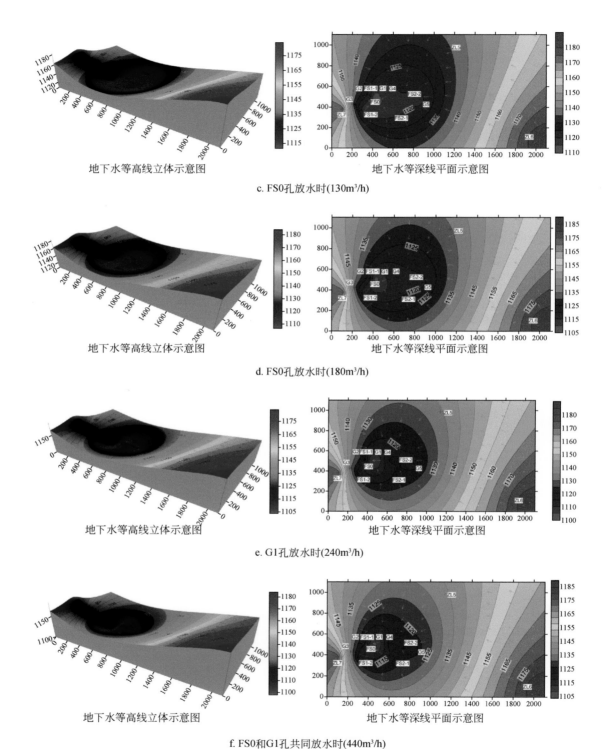

地下水等高线立体示意图　　　　　地下水等深线平面示意图

c. FS0孔放水时(130m³/h)

地下水等高线立体示意图　　　　　地下水等深线平面示意图

d. FS0孔放水时(180m³/h)

地下水等高线立体示意图　　　　　地下水等深线平面示意图

e. G1孔放水时(240m³/h)

地下水等高线立体示意图　　　　　地下水等深线平面示意图

f. FS0和G1孔共同放水时(440m³/h)

图 9.11　麦垛山直罗组下段含水层流场变化图（单位：m）

9.3 深部仿生开采地下水保护情景模拟效果分析

麦垛山煤矿2煤开采主要充水含水层为上覆直罗组巨厚粗砂岩含水层，从区域角度来看，麦垛山井田处于鸳鸯湖矿区汇水区，含水层接受周边矿区含水层的侧向补给。井田整体表现为北高南低，地表水从北向南部低洼处汇集，而地下水总体呈由北向南径流趋势，含水层水主要通过采矿排水方式排泄。

11采区是麦垛山煤矿首采区，从平面来看，采区西侧边界为于家梁逆断层，东侧边界为F₉、F₁₀、F₁₁、F₁₇逆断层组，基本切断了采区内部与东西两侧地层的水力联系，采区北侧与南侧为井田自然边界（图9.12a）；从剖面来看，2煤顶板与直罗组下段含水层之间的隔水层厚度较薄，局部被剥蚀，煤层与直罗组下段含水层直接接触，加上直罗组下段含水层厚度大、富水性强、胶结性差（图9.12b），造成了2煤巷道掘进及工作面回采，均受到了此含水层的严重威胁。

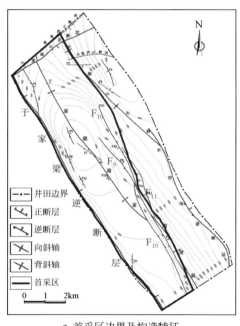
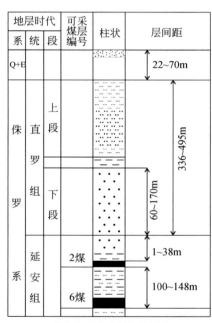

a. 首采区边界及构造特征　　　　b. 2煤与上覆含水层组位置关系

图9.12　麦垛山11首采区水文地质特征

为定量分析2煤开采引起的地下水流系统动态特征，对2煤开采上覆含隔水层系统进行概化，依次建立研究区地下水系统概念模型、数学模型以及数值模型，并利用FEFLOW软件对其求解，利用区内已有的监测孔水位数据对模型进行率定与验证，得到率定后的含水层参数、模拟期水均衡项以及流场信息。结合区内用水情况、地下水开采现状，设置现状条件下2煤工作面开采方案，利用率定后的模型对研究区地下水水位和流场进行情景模拟、预测。

1）含水层系统结构概化

研究区地处鄂尔多斯西缘，构造较为发育，区内中生代地层受构造运动抬升，上部白垩系、侏罗系安定组基本被完全剥蚀，新生代地层直接覆盖在直罗组地层上。垂向上，直罗组以上地层结构从上至下表现为表层被黄土或风积沙覆盖，较为松散，具有较好的储水性以及垂向渗透性，下伏古近系–新近系至直罗组上部层段多个黏土层、红土层、泥岩、粉砂岩互层分布，具有较好的相对隔水性，一定程度上阻隔了上部第四系含水层与下伏直罗组含水层直接的水力联系。直罗组沉积早期，主要为低弯度辫状河沉积，沉积碎屑颗粒较粗，以粗砂、中砂为主，富水性较强，构成含水、导水性较强的直罗组下段含水层；沉积晚期，主要表现为曲流河、三角洲沉积，沉积物以中砂、细砂为主，具有一定的含水、导水性；直罗组上、下段之间通过一定厚度的粉砂岩–泥岩互层地层隔开。

受沉积过程影响，含水层系统在区内表现出逐步过渡的非均质性，水平方向各向异性不明显，垂向上存在一定的差别。天然状态下，含水层之间水力联系微弱，采矿活动形成顶板导水裂隙带，加强了各层间的水力联系。

综合对区域构造、水文地质条件、岩层渗透性以及水流特征等因素的分析，在遵循上述概化原则的基础上，根据实际需要将研究区含水层介质概化为非均质、各向异性（水平两个方向为同性），整个含水层系统概化为五层结构：含水层从上而下依次为潜水含水层、古近系–新近系相对隔水层、直罗组上段承压含水层、直罗组上下段相对隔水层、直罗组下段承压含水层。

2）地下水水流系统特征

地下水以平面流动为主，局部地下水流系统由于受到煤层采动顶板涌水影响，在一定范围内存在水平方向和垂直方向的水流运动。为了客观地反映含水层系统实际地下水运动规律，将水流系统概化为三维非稳定流模拟问题。

3）边界条件的概化

模拟区构造相对发育，采区边界多由断裂带控制（图 9.13）。受中生代前后多次构造运动影响，西侧落差大于 500m 的于家梁逆断层构成了阻水屏障，使区内与外部地层形成两个互相独立的地下水系统单元，据此，模型西部以于家梁逆断层为界，处理为隔水边界。盆地东部边界中–南部落差均在 100m 以上的 F_9、F_{10}、F_{11} 逆断层组作为研究区东部隔水边界。研究区北部属风沙丘陵区，没有明显的自然边界，北部边界可处理为给定水头边界。研究区南部边界以南为煤矿排水形成的人造湖，构成了模型南侧给定水头边界。上述边界划定基本沿着地质体自然边界，符合概念模型建模思想，本次模拟范围如图 9.13所示。

模型垂向边界包括含水层系统的顶部和底部边界。研究区地层基底开阔，底部主要通过直罗组下段含水层底部与延安组地层发生水力联系；第四系气–土界面处理为模型顶部边界，地下水含水层系统主要通过该界面与外界发生水量交换，包括降水入渗、潜水蒸发以及灌溉回渗等。

9.3.1　深部开采地下水系统数学模型

根据前述已建立的麦垛山 11 采区水文地质概念模型，地下水流动为三维非稳定流，

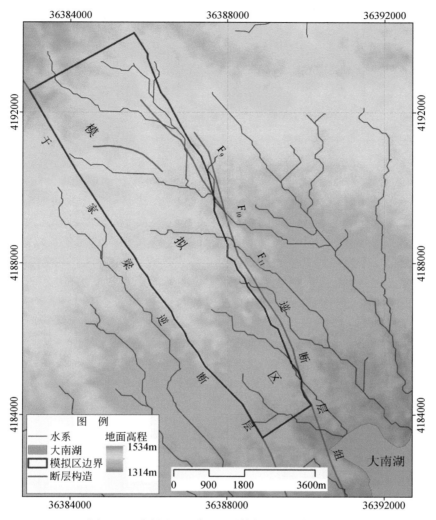

图 9.13　麦垛山 11 采区地形特征及边界划分结果

依据地下水渗流连续性方程和达西定律，可用下列偏微分方程和定解条件组成的数学模型对研究区地下水运动进行描述。

$$
\begin{cases}
\dfrac{\partial}{\partial x}\left(k_{xx}h\dfrac{\partial H}{\partial x}\right) + \dfrac{\partial}{\partial y}\left(k_{yy}h\dfrac{\partial H}{\partial y}\right) + \dfrac{\partial}{\partial z}\left(k_{zz}h\dfrac{\partial H}{\partial z}\right) + w_1 = \mu\dfrac{\partial H}{\partial t},\ (x,\ y,\ z) \in \Omega_1,\ t \geqslant 0 \\[2mm]
\dfrac{\partial}{\partial x}\left(k_{xx}h\dfrac{\partial H}{\partial x}\right) + \dfrac{\partial}{\partial y}\left(k_{yy}h\dfrac{\partial H}{\partial y}\right) + \dfrac{\partial}{\partial z}\left(k_{zz}h\dfrac{\partial H}{\partial z}\right) + w_2 = S\dfrac{\partial H}{\partial t},\ (x,\ y,\ z) \in \Omega_2,\ t \geqslant 0 \\[2mm]
H(x,\ y,\ z,\ 0) = H_0(x,\ y,\ z),\ (x,\ y,\ z) \in \Omega \\[2mm]
H(x,\ y,\ z,\ t) = H_1(x,\ y,\ z),\ (x,\ y,\ z) \in S_1,\ t \geqslant 0 \\[2mm]
-K_n\dfrac{\partial H}{\partial n}\bigg|_{s_2} = q(x,\ y,\ z,\ t),\ (x,\ y,\ z) \in S_2,\ t \geqslant 0
\end{cases}
\tag{9.5}
$$

式中，两个非稳定流运动方程分别表示的是潜水层和承压水层运动方程；Ω_1、Ω_2 分别为潜水和承压水渗流区域；w_1、w_2分别为潜水和承压水层单位时间和面积上的源汇项代数和，m/d；h 为各含水层厚度；k_{xx}、k_{yy}、k_{zz}分别为各含水层沿主轴方向上的渗透系数，m/d，其中 $k_{xx}=k_{yy}$；μ 为潜水含水层重力给水度；S 为自由水面以下承压含水层贮水率，m^{-1}；S_1、S_2分别为第一、第二类边界，即水头边界和流量边界；H_0、H_1分别为初始水头和第一类边界水头；$q(x,y,z,t)$ 为第二类边界条件的单位面积流量，$m^3/(d \cdot m^2)$，流入为正，流出为负；K_n 为含水层沿界面外法线方向的渗透系数，m/d。

1. 地下水系统数值模型

1）区域剖分

利用 ArcGIS 对软件模拟所需数据进行特征量选取和数字化前期处理，并将所需数据导入 FEFLOW 软件，进行超级网格单元设计，然后对模拟区进行有限个三角形单元格的剖分。按照水文地质概念模型概化结果，模拟区含水层系统在垂直方向整体可概化为由 6 片、5 层结构组成的物理模型。模型 6 个高程等值面，由区内 45 个勘探钻孔柱状图数据插值生成（表 9.7，图 9.14）。据此，利用 FEFLOW 软件，基于克里金插值算法，在对黑河流经地区进行局部加密的基础上，将研究区在平面上剖分成由 7850 个节点构成的 5064 个三角形单元格（图 9.15a），相应地在空间上则是由 6 个节点为基础的三棱体组成的地质体（图 9.15b）。

2）定解条件的处理

前述数学模型刻画了区内地下水流特征，其中的偏微分方程描述的是有补给、排泄的非均质各向异性潜水和承压水的非稳定运动规律，代表着一大类地下水运动特征。因此，为求得与研究区地下水渗流问题相应的特解就要求为模型本身添加约束条件，包括方程参数值、渗流区范围和形状、区域定解条件。

表 9.7　三维建模依据的 45 个钻孔 7 层高程

编号	经度方向/m	纬度方向/m	Slice 1/m	Slice 2/m	Slice 3/m	Slice 4/m	Slice 5/m	Slice 6/m	Slice 7/m
1006	85783.2	13711.37	1467.60	1386.10	1301.15	1105.73	917.63	833.02	819.90
1005	84957.13	13164.14	1473.62	1431.72	1277.67	1194.40	1152.63	1116.70	1106.56
1003	84169.27	12708.03	1481.48	1450.43	1365.48	1316.49	1283.66	1166.05	1151.87
1002	83830.16	12405.42	1489.68	1452.38	1369.63	1355.96	1229.80	1129.19	1105.62
1102	84067.34	12034.59	1481.38	1473.38	1393.09	1297.12	1262.17	1150.15	1132.89
1104	84827.89	12543.62	1465.08	1458.28	1337.41	1282.44	1276.93	1194.97	1179.09
1105	85257.56	12818.27	1471.39	1466.59	1425.19	1363.06	1222.37	1137.71	1124.06
1203	84692.11	11917.66	1464.56	1462.06	1359.39	1321.77	1271.14	1204.98	1188.19
1205	85492.48	12434.66	1460.28	1454.93	1432.86	1361.81	1240.66	1149.75	1134.26
1302	84533.78	11274.44	1472.42	1461.12	1397.96	1353.80	1257.80	1186.71	1168.95
1304	85308.99	11783.8	1451.93	1426.78	1422.66	1372.87	1295.95	1211.00	1194.17
1405	85981.8	11653.38	1438.33	1413.73	1412.08	1380.78	1216.30	1121.69	1103.68
1403	85192.5	11142.63	1462.83	1453.83	1391.31	1365.79	1325.97	1208.19	1190.45

续表

编号	经度方向/m	纬度方向/m	Slice 1/m	Slice 2/m	Slice 3/m	Slice 4/m	Slice 5/m	Slice 6/m	Slice 7/m
1401	84416.23	10671.97	1450.25	1402.25	1386.26	1350.51	1259.86	1199.22	1180.60
1502	85054.4	10437.66	1439.57	1431.51	1345.65	1310.16	1274.09	1201.61	1181.77
1504	85848.53	10965.51	1448.27	1441.52	1421.92	1386.27	1289.87	1204.97	1182.50
1605	86518.84	10793.74	1430.89	1427.39	1331.93	1281.44	1155.10	1072.77	1041.37
1603	85728.82	10271.27	1437.23	1431.37	1391.43	1375.40	1240.21	1161.51	1135.44
1601	84949.58	9747.4	1452.79	1402.59	1370.15	1336.28	1294.04	1186.76	1129.30
1702	85598.04	9577.56	1451.88	1444.58	1333.62	1299.22	1204.77	1141.50	1111.55
1704	86367.36	10090.38	1427.90	1377.90	1284.14	1220.63	1213.64	1175.71	1135.52
1805	87054.12	9935.38	1412.09	1394.04	1288.15	1222.30	1171.54	1052.62	1018.82
1803	86283.99	9417.54	1439.34	1435.89	1387.89	1308.12	1170.48	1093.97	1061.26
1801	85491.49	8863.43	1428.06	1420.86	1396.27	1317.07	1158.05	1044.38	1008.47
1902	86145.35	8709.79	1423.05	1416.85	1316.56	1273.98	1170.49	1085.41	1051.02
1904	86924.03	9246.14	1428.99	1425.54	1256.48	1231.36	1180.89	1076.22	1044.77
2003	86807.87	8548.39	1418.67	1415.27	1219.92	1203.68	1162.07	1056.15	1024.94
2105	87820.5	8726.82	1404.81	1400.61	1223.41	1164.50	1111.45	1027.16	1018.20
2104	87423.16	8462.48	1415.39	1411.89	1314.34	1262.85	1179.67	1043.61	1035.17
2102	86638.63	7917.22	1428.44	1421.24	1295.38	1214.90	1148.32	1023.13	1015.22
2201	86540.81	7346.76	1442.43	1438.63	1361.56	1273.13	1263.76	1052.52	1042.52
2203	87244.44	7822.78	1410.35	1406.50	1213.75	1163.21	1125.88	1002.92	992.20
2304	87866.48	7745.09	1405.47	1398.37	1187.80	1147.00	1104.65	999.91	992.57
2302	87086.67	7209.16	1410.92	1407.47	1318.02	1272.45	1119.18	981.29	968.80
2401	86987.89	6639.09	1417.51	1414.01	1167.84	1101.95	1031.93	932.63	931.67
2403	87706.11	7106.47	1400.84	1393.96	1217.63	1168.20	1076.27	976.99	955.76
2504	88333.99	7076.34	1399.63	1397.63	1251.11	1199.18	1096.93	968.50	961.48
2502	87518.13	6515.83	1401.39	1397.47	1282.28	1253.76	1058.96	937.57	917.23
2601	87327.64	5910.75	1407.48	1395.48	1221.37	1186.97	1011.13	852.13	830.80
2603	88131.26	6447.93	1389.60	1384.80	1131.88	1088.97	1056.20	928.27	914.57
2704	88758.51	6300.97	1382.42	1370.96	1222.67	1151.58	1041.94	952.04	916.66
2702	87986.46	5769.21	1396.79	1391.19	1316.79	1277.67	1004.77	885.90	876.60
2801	87915.94	5137.21	1386.91	1383.61	1093.19	1035.12	1005.82	872.79	858.54
2803	88634.44	5624.68	1377.85	1368.02	1131.33	1049.95	1016.88	893.08	879.86
3003	89142.2	4809.93	1367.94	1363.79	1272.47	1207.11	995.24	863.64	850.08

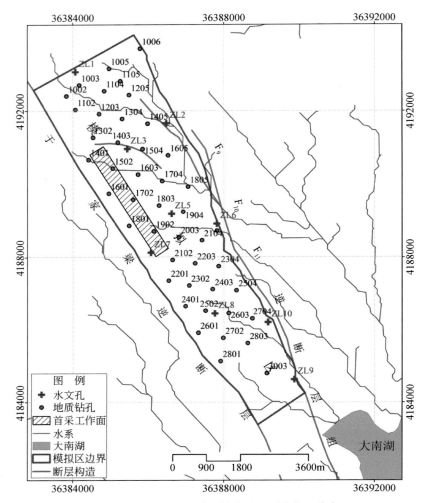

图 9.14　麦垛山 11 采区钻孔及观测井位置分布

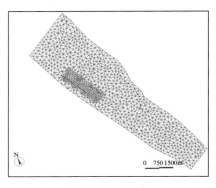

a. 平面三角形网格剖分

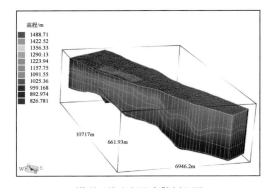

b. 模型三维高程及离散剖分图

图 9.15　麦垛山 11 采区模型剖分示意图

（1）初始流场

研究区初始流场由观测井初始时间水位插值得到。区内有资料的长期观测井共 12
个，全部为直罗组含水层观测井，观测时段 2017 年 1 月~2018 年 4 月（表 9.8）。选用
补勘观测水位值，基于克里金插值算法，利用 FEFLOW 软件形成直罗组含水层初始流场
（图 9.16）。

表 9.8　观测井基本信息

观测孔	经度		纬度		初始水头/m
ZL1	36384069.63	112°40′57″	4193076.01	37°51′43″	1301.59
ZL2	36386475.98	112°42′36″	4191659.57	37°50′58″	1303.81
ZL4	36384630.63	112°41′22″	4189777.4	37°49′57″	1321.64
ZL5	36386612.44	112°42′43″	4189191.7	37°49′38″	1304.33
ZL6	36387814.54	112°43′33″	4188920.03	37°49′30″	1304.16
ZL7	36386068.71	112°42′22″	4188121.85	37°49′04″	1304.1

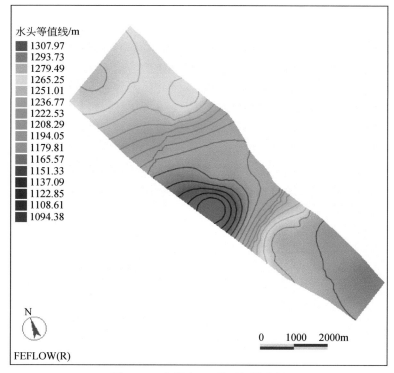

图 9.16　麦垛山 11 采区初始流场

（2）边界条件

根据上述边界条件概化结果，研究区含水层系统南部与大南湖接壤，模型南部边界处
理为定水头边界，水头值 1310m；研究区北部及东北部局部地段与外界存在一定的水力联

系，通过水头插值，可得到边界连续的时序系列水头值，该部分边界处理为给定水头边界；西部边界及东部大部分边界通过大落差的逆断层隔断了模型内外水力联系，因此，该部分边界处理为定流量边界，流量为0m³/d。研究区地下水系统边界条件 FEFLOW 划分结果如图9.17所示。

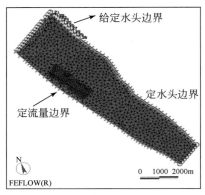
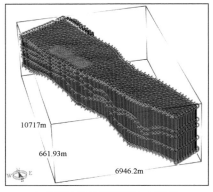

a. Slice1-5边界条件赋值(平面)　　　　　b. 模型边界条件赋值(由上至下)

图9.17　麦垛山11采区地下水系统边界条件 FEFLOW 划分结果

（3）源汇项计算与处理

由于研究区属于戈壁滩区，区内地下水补给项主要考虑有效降水入渗，区内年降水量220mm，对于采煤造成的地下水动态影响极小；研究区不存在泉水排泄等对地下水系统影响较大的外排渠道，排泄项主要考虑潜水蒸发，地下水埋深超过5m，基本不存在有效蒸发。综合来看，模型计算基本不考虑降水补给和水量蒸发损失。

从模型计算过程来看，选定的模型率定期与预测期源汇项条件并不一致，模型率定期主要的排泄项包括2煤回风大巷突水点涌水、2煤辅运巷探放水钻孔涌水、110207工作面带式巷顶出水点涌水、G1+FS1-1+FS0钻场涌水、G4+F2-1钻场涌水、FY1钻场涌水（图9.18）。综合来看，研究区地下水流模型主要考虑与周围含水层系统以及大南湖水体之间的补排关系。

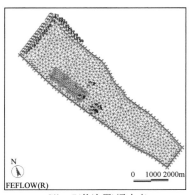

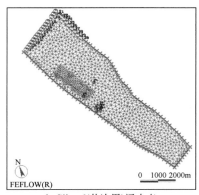

a. Slice 7(井边界)涌水点　　　　　　　b. Slice 6(井边界)涌水点

图9.18　麦垛山11采区地下水系统源汇项赋值时序涌水量赋值

（4）初始水文地质参数的确定

水文地质参数是表征含水介质储水、释水能力以及地下水渗流速度的指标。基于研究区补勘期间 12 个钻孔测定的水文地质参数，以及不同岩性所对应的经验值（表 9.9 ~ 表 9.11）求得该点参数初始值（图 9.19），并利用离散点的参数值运用 Akima 法形成整个模拟区的初始值，参数的最终值由模型率定后确定。

表 9.9　不同岩性给水度经验值

岩性	给水度	岩性	给水度
黏土	0.02 ~ 0.035	细砂	0.08 ~ 0.11
亚黏土	0.03 ~ 0.045	中细砂	0.085 ~ 0.12
亚砂土	0.035 ~ 0.06	中砂	0.09 ~ 0.13
黄土	0.025 ~ 0.05	中粗砂	0.10 ~ 0.15
黄土状亚黏土	0.02 ~ 0.05	粗砂	0.11 ~ 0.15
黄土状亚砂土	0.03 ~ 0.06	黏土胶结砂岩	0.02 ~ 0.03
粉砂	0.06 ~ 0.08	裂隙灰岩	0.08 ~ 0.10
粉细砂	0.07 ~ 0.10	砂卵砾石	0.13 ~ 0.20

表 9.10　不同岩性渗透系数经验值

岩性	渗透系数/(m/d)	岩性	渗透系数/(m/d)
黏土	0.001 ~ 0.054	细砂	5 ~ 15
亚黏土	0.02 ~ 0.5	中砂	10 ~ 25
亚砂土	0.2 ~ 1.0	粗砂	20 ~ 50
粉砂	1 ~ 5	砂砾石	50 ~ 150
粉细砂	3 ~ 8	卵砾石	80 ~ 300

表 9.11　不同土层岩性比释水系数经验值

土层岩性	比释水系数	土层岩性	比释水系数
塑性黏土	$1.9 \times 10^{-3} \sim 2.4 \times 10^{-4}$	密实砂层	$1.9 \times 10^{-5} \sim 1.3 \times 10^{-6}$
固结黏土	$2.4 \times 10^{-4} \sim 1.2 \times 10^{-4}$	密实砂砾	$9.4 \times 10^{-6} \sim 4.6 \times 10^{-6}$
稍硬黏土	$1.2 \times 10^{-4} \sim 8.5 \times 10^{-4}$	裂隙岩层	$1.9 \times 10^{-6} \sim 3.0 \times 10^{-7}$
松散砂层	$9.4 \times 10^{-5} \sim 4.6 \times 10^{-5}$	固结岩层	3.0×10^{-7} 以下

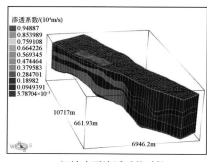

a. 初始水平渗透系数赋值

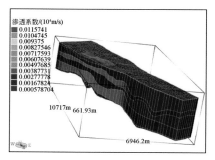

b. 初始垂向渗透系数赋值

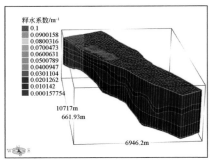
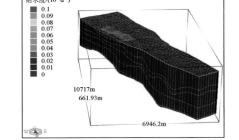

c. 初始承压含水层释水系数赋值　　　　　d. 初始潜水含水层给水度赋值

图 9.19　麦垛山 11 采区地下水系统初始水文地质参数源汇项赋值

根据钻孔柱状所提供的某点岩性和厚度数据，依据表 9.9 ~ 表 9.11 经验值，利用式 (9.5) ~ 式 (9.8) 分别计算相应钻孔位置给水度、渗透系数和释水系数的值。

$$\mu = \frac{\sum_{i=1}^{n} \frac{\mu_i}{\eta_i} h_i}{\sum_{i=1}^{n} h_i} \tag{9.6}$$

$$K_p = \frac{\sum_{i=1}^{n} K_i h_i}{\sum_{i=1}^{n} h_i} \tag{9.7}$$

$$K_v = \frac{\sum_{i=1}^{n} h_i}{\sum_{i=1}^{n} \frac{h_i}{K_i}} \tag{9.8}$$

$$\bar{\mu}_e = m_i \mu_{ei} \tag{9.9}$$

式中，μ 为潜水层某点平均给水度；μ_i 为某岩性给水度经验值；η_i 为某岩性孔隙度；h_i 为某岩层厚度，m；K_p 和 K_v 分别为含水层水平和垂直方向等效渗透系数，m/d；K_i 为某岩性渗透系数经验值，m/d；$\bar{\mu}_i$ 为某点承压水层弹性释水系数；$\bar{\mu}_{ei}$ 为某点承压水层某岩性含水层的比释水系数，m^{-1}；m_i 为承压水层某岩层厚度，m。

2. 数值模型率定

地下水数值模型是对客观地质体的概化，考虑到研究区勘探精度有限，很难获取详尽的水文地质资料，因此为了得到较为精确的模型，模型率定过程显得极为重要，地下水数值模拟过程需要调试的内容主要是含水层参数。整个调参过程主要是利用已有的地下水动态观测数据对模型内部参数进行率定，从而提高模型对所研究地质体仿真程度的一个阶段，同时也是反求含水层参数的过程。参数调试过程会造成模型解的不确定性，为了避免这种情况，整个调参时监测井点处模拟水位变化特征要与实测水位动态变化一致、模拟流场与实测流场趋势应该基本保持一致、通量面板中的均衡项在模拟期内要与研究区实际情况相符。

按照上述参数调试原则，将实测监测井水位导入软件水头记录表中，对模型进行反复校正，最终得到了率定后的含水层参数（图9.20）、水位拟合过程（图9.21）、模拟期均衡项（图9.22）及模拟期末流场（图9.23）。

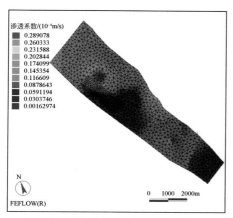

a. 模型率定后直罗组含水层水平渗透系数

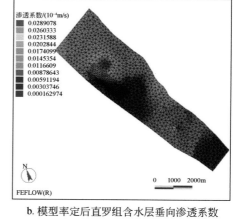

b. 模型率定后直罗组含水层垂向渗透系数

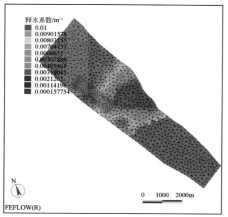

c. 模型率定后直罗组含水层释水系数

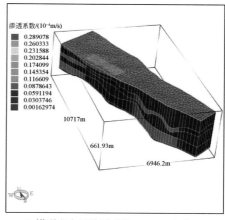

d. 模型率定后渗透系数(K_{xx}、K_{yy}方向)

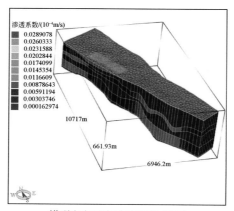

e. 模型率定后渗透系数(K_{zz}方向)

图9.20　麦垛山11采区地下水系统率定后水文地质参数分布云图

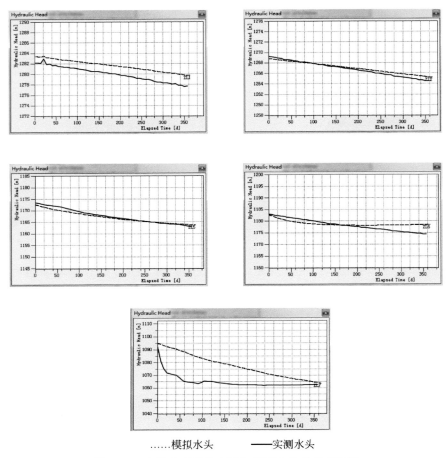

......模拟水头　　　——实测水头

图 9.21　麦垛山观测井实测与模拟水位动态对比图

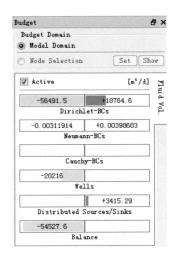

图 9.22　FEFLOW 模型率定期末通量面板

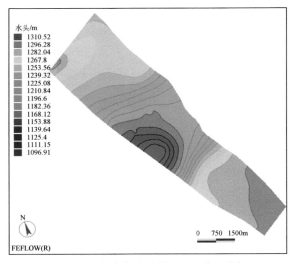

图 9.23　率定期末麦垛山 11 采区流场

率定得到的直罗组含水层水平渗透系数（K_{xx}、K_{yy}方向）为 0.02~4.75m/d，垂向渗透系数为 0.002~0.5m/d，释水系数<0.01。率定得到的水文地质参数是符合研究区实际情况的。

拟合曲线显示各监测井模拟与实测水位变化趋势基本一致。对各井点各月实测与模拟水位值统计结果显示，差值范围在±0.5m、±（0.5~1.0）m、±（1~2）m 和±（2~3）m 的点分别占到43%、42%、7%和8%，总体来看，误差小于1m的数据点占85%，表明模拟效果良好。

模型率定期末，通量面板显示的井流量为流出 842m³/h，模型总体表现为负均衡，率定期流出 54527m³/d，这与观测孔总体表现出的下降趋势一致。

9.3.2　深部开采扰动时地下水变化预测分析

根据麦垛山煤矿接续，2 煤首采面 110207 工作面原计划 2018 年 1 月试采，由于接续调整，工作面回采计划不清。且由于 2018 年井下涌水量实测数据的缺乏，工作面开采地下水动态过程初始流场无法确定。据此，我们仍按原工作面接续计划进行涌水量计算，即预测期初始流场选择 2017 年 12 月底率定期结束形成的流场。

另外，工作面开采形成的超大井，将会引起上覆含水层水集中排泄，由于距离较近，原有钻孔涌水量将会大幅下降，钻孔涌水量将远小于采空区涌水量。因此，预测期原有涌水点水量不再计算。首采面开采导水裂隙带沟通直罗组下段含水层，但未波及直罗组下段含水层顶界，因此，设置首采面上覆隔水层顶底两个面水头始终为 1000m（图 9.24）。根据率定得到的渗透系数，设置北侧边界为定水头边界，水头设置为模拟期末近似水头值 1150m。设置工作面开采时间为 1 年，即模拟期时长为 365 天。

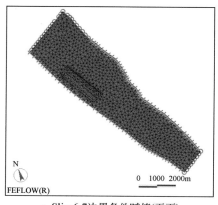
a. Slice6-7边界条件赋值(平面)

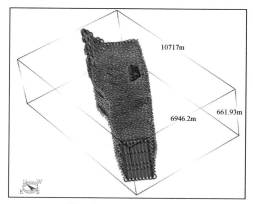
b. 模型边界条件赋值(由下至上)

图 9.24　预测期模型北侧边界及采空区定水头赋值

根据上述假设条件，利用率定得到的含水层/隔水层结构和水文地质参数。运行 FEFLOW 模型输出 110207 工作面采空区地下水流场图 9.25（slice 6，即直罗组下段含水层底板）。可以看出，直罗组下段含水层流场在工作面采空区形成了地下水漏斗（图 9.25）。

从地下水流向也可以看出，地下水呈现集中流向采空区的状态（图9.25）。

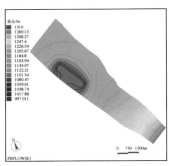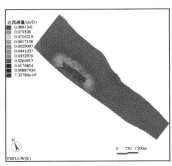

a. 模型通量面板数据　　　　b. 研究区流场　　　　c. 研究区地下水流向

图 9.25　预测期末模型通量面板数据

FEFLOW 模型通量面板数据指示建立的预测期水文地质模型表现出显著负均衡，其中第一类边界地下水排泄量为 1969m³/h，从补排条件看，这部分排泄量全部为通过采空区大井的工作面涌水量（图9.25）。

9.3.3　深部仿生开采控制时保水效果模拟分析

下面针对无人工建造隔水层和人工建造隔水层在直罗组上下段间、导水裂隙带顶部和冒落带顶部等四种工况，进行数值模拟计算分析。

1）无人工建造隔水层（工况一）

经过数值模拟计算，矿井涌水量为 1969m³/h。详见 9.3.2 节。

2）高位隔水层（直罗组上下段间）建造效果分析（工况二）

根据"高保低损"隔水层建造理论，直罗组上下段间隔水层具有一定的导水性，通过工程手段降低其导水性，能够起到扰动原始地下水动态过程，减少工作面采空区涌水量的目的。模型率定过程得到的该隔水层水平渗透系数为 0.08m/d，垂向渗透系数为 8.0×10^{-4}m/d，释水系数为 2×10^{-7}。通过工程手段干预，可使隔水层水文地质参数缩减至原来的 1/100。据此，将计算得到的人工干预后隔水层水文地质参数在原预测模型中进行重新赋值，运行FEFLOW 软件，得到改造后涌水量预测结果（图9.26a，b）。

从流场上来看，地下水同样表现出向采空区大井的集中流动。通量面板数据指示采空区涌水量由改造前的 1969m³/h 降为 1868m³/h（图9.26a）。

根据地下水向采空区运动形式，可将采空区涌水量概化为侧向和垂向补给两部分，其中人工隔离层建造后，侧向补给量可根据动态补给量采用大井法进行计算。

研究区首采工作面可视作一大的集水井，利用大井法计算时，矿井涌水量采用承压转无压公式，大井水位降深至含水层底板，其值与水头高度（含水层底板起，静水位止）H 一致，其公式为

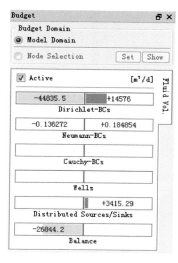

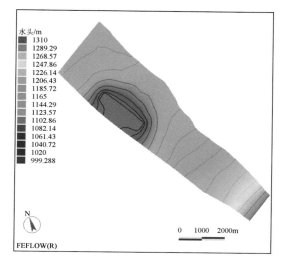

a. 模型通量面板数据　　　　　　　　　　b. 研究区流场

图 9.26　高位隔水层（直罗组上下段间）预测期末模型数据流场

$$\begin{cases} Q = 1.366K \dfrac{(2H-M)M - h^2}{\lg R_0 - \lg r_0} \dfrac{1}{24} \\ r_0 = \eta \dfrac{B_0 + b}{4} \end{cases} \tag{9.10}$$

式中，Q 为工作面侧向动态补给量，m^3/d；B_0 为工作面走向长度，m，取 3173m；b 为工作面区宽度，m，取 300m；η 为矿坑形状影响系数，取值见表 9.12；K 为渗透系数，m/d，取率定后的侧向渗透系数，取平均值 0.15m/d；M 为含水层厚度，m，取 150m；H 为平均水头高度，m，取 200m；R 为影响半径，m，$R = 10S\sqrt{K}$；r_0 为引用半径，m；R_0 为引用影响半径，m，$R_0 = R + r_0$。

表 9.12　计算引用半径参数 H 取值范围表

工作面边长比	0	0.2	0.4	0.6	0.8	1.0
η	1.0	1.12	1.14	1.16	1.18	1.18

根据上述参数，利用大井法对首采工作面开采动态补给量进行计算，见表 9.13。

表 9.13　首采工作面采后稳定涌水量预测计算成果表

阶段	回采范围长度/m	动态补给量/（m^3/h）
整个工作面	3173	1204.9

根据计算结果，人工隔离层以下采空区侧向补给量 1204.9m^3/h，据此可以推算，工况二人工隔离层建造之后，垂向补给量等于采空区涌水量减去侧向补给量，得到通过人工隔离层进入采空区水量为 663.1m^3/h。

3）导水裂隙带顶部隔水层建造效果分析（工况三）

从工况二模拟结果来看，改造直罗组上下段间隔水层并不能起到有效"保水"的作用。作为对比，通过设置 2 煤开采导水裂隙带上覆 5m 范围为人工隔水层，进行该工况下 110207 工作面开采涌水量预测。参照工况二人工建造隔水层水文地质特征，设置其水平渗透系数为 8.0×10^{-4} m/d，垂向渗透系数为 8.0×10^{-6} m/d，释水系数为 2×10^{-9}。据此，在原地质模型基础上增加人工隔水层（图 9.27a），并将人工隔水层水文地质参数进行重新赋值，运行 FEFLOW 软件，得到该工况下涌水量预测结果（图 9.27b，c）。

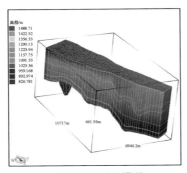 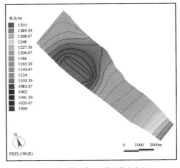 

a. 三维水文地质模型   b. 预测期末研究区流场   c. 预测期末模型通量面板数据

图 9.27 工况三（导水裂隙带顶部隔水层）预测期末模型

从流场上来看，地下水同样表现出向采空区大井的集中流动。通量面板数据指示采空区涌水量由工况一（1969m³/h）、工况二（1868m³/h）降至 1304m³/h（图 9.27c）。

参照工况二，采用大井法计算工况三人工隔离层以下含水层补给采空区侧向涌水量为 628.1m³/h，通过人工隔离层的垂向补给量为 675.9m³/h。

4）导水裂隙带底部隔水层建造效果分析（工况四）

从工况三结果分析来看，通过在导水裂隙带顶部设置人工隔水层能够起到有效"保水"的作用，下面我们再通过设置 2 煤开采冒落带上覆 5m 范围为人工隔水层，进行该工况下 110207 工作面开采涌水量预测。参照工况三人工建造隔水层水文地质特征，设置其水平渗透系数为 8.0×10^{-4} m/d，垂向渗透系数为 8.0×10^{-6} m/d，释水系数为 2×10^{-9}。据此，在原地质模型基础上增加人工隔水层（图 9.28a），并将人工隔水层水文地质参数进行重新赋值，运行 FEFLOW 软件，得到该工况下涌水量预测结果（图 9.28b，c）。

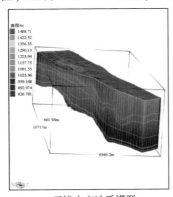 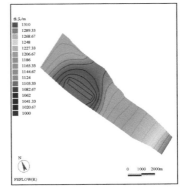 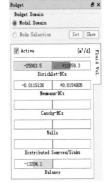

a. 三维水文地质模型   b. 预测期末研究区流场   c. 预测期末模型通量面板数据

图 9.28 工况四（导水裂隙带底部隔水层）预测期末模型

从流场上来看，与工况二、工况三一致，地下水同样表现出向采空区大井的集中流动。通量面板数据指示采空区涌水量由工况一（1969m³/h）、工况二（1868m³/h）、工况三（1304m³/h）降至1044m³/h（图9.28c）。

参照工况二、工况三，采用大井法计算工况四人工隔离层以下含水层补给采空区侧向涌水量为310.3m³/h，通过人工隔离层的垂向补给量为733.7m³/h。

9.3.4　深部仿生开采地下水系统保护效果比较分析

在以上四种工况涌水量数值计算结果和大井法侧向和垂向补给量计算结果基础上，进行人工隔水层保水效果及相应位置选择的讨论。

通过对比（表9.14），人工隔水层建造均能够不同程度地起到地下水保水作用，但总体来看，人工隔离层建造位置越靠下，隔水效果越显著。其中工况四与天然状态相比，人工隔水层建造后，工作面总涌水量减少925m³/h，阻水率47.0%，理论上来讲，涌水量的减少全部来源于垂向越流补给。因此，总体来看，工况四人工隔水层建造后，阻隔了74.9%的上覆含水层水进入采空区。

表9.14　四种工况条件110207工作面开采涌水量及组成

工况	人工隔离层位置	工作面涌水量				
		总涌水量/(m³/h)	侧向补给量/(m³/h)	占比/%	垂向补给量/(m³/h)	占比/%
工况一	无	1969				
工况二	直罗组上下段间	1868	1204.9	64.50	663.1	35.50
工况三	导水裂隙带顶部	1304	628.1	48.17	675.9	51.83
工况四	冒落带顶部	1044	310.3	29.72	733.7	70.28

基于钻孔柱状及勘探数据，构建了麦垛山煤矿2煤首采工作面110207工作面水文地质概念模型和数学模型，利用FEFLOW软件构建了数值模型，并基于水文长观孔进行了模型率定，得到了能够真实刻画研究区地下水系统的水文地质参数，通过改变直罗组隔水层水文地质参数，表征了四种人工隔水层建造方案能够达到的保水效果，并进行了原始、直罗组上下段间隔水层改造、2煤导水裂隙带上部人工隔水层再造以及2煤冒落带上部人工隔水层再造四种工况涌水量预测，通过结果对比，工况四实施的隔水层人工建造方法阻隔了47.0%的地下水进入采空区，且减少量全部来源于通过人工隔水层的垂向补给，垂向阻水率为74.9%。

参 考 文 献

蔡美峰，何满潮，刘东燕，2002. 岩石力学与工程［M］. 北京：科学出版社.

曹文贵，赵明华，刘成学，2004. 基于 Weibull 分布的岩石损伤软化模型及其修正方法研究［J］. 岩石力学与工程学报，（19）：3226-3231.

柴军瑞，2001. 大坝工程渗流力学［M］. 拉萨：西藏人民出版社.

陈海栋，2013. 保护层开采过程中卸载煤体损伤及渗透性演化特征研究［D］. 徐州：中国矿业大学.

陈剑文，杨春和，高小平，等，2005. 盐岩温度与应力耦合损伤研究［J］. 岩石力学与工程学报，24（11）：1986-1991.

陈四利，2003. 化学腐蚀下岩石细观损伤破裂机理及其本构模型［D］. 沈阳：东北大学.

陈益峰，胡冉，周创兵，等，2013. 热-水-力耦合作用下结晶岩渗透特性演化模型［J］. 岩石力学与工程学报，32（11）：2185-2195.

陈宗基，1983. 膨胀岩与隧硐稳定［J］. 岩石力学与工程学报，（1）：1-10.

陈宗基，1987. 岩爆的工程实录、理论与控制［J］. 岩石力学与工程学报，（1）：9-26.

陈宗基，康文法，1991. 岩石的封闭应力，蠕变和扩容及本构方程［J］. 岩石力学与工程学报，10（4）：299-312.

陈宗基，石泽全，于智海，等，1989. 用 8000KN 多功能三轴仪测量脆性岩石的扩容、蠕变及松弛［J］. 岩石力学与工程学报，8（2）：97-118.

程建龙，陆兆华，2005. 海州露天煤矿区土壤质量性状演变的研究［J］. 环境与可持续发展，（3）：31-33.

邓喀中，周鸣，谭志祥，等，1998. 采动岩体破裂规律的试验研究［J］. 中国矿业大学学报，（3）：261-264.

狄军贞，刘建军，殷志祥，2007. 低渗透煤层气-水流固耦合数学模型及数值模拟［J］. 岩土力学，28：231-235.

丁继辉，麻玉鹏，赵国景，等，1999. 煤与瓦斯突出的固-流耦合失稳理论及数值分析［J］. 工程力学，4（16）：47-53.

董方庭，宋宏伟，郭志宏，等，1994. 巷道围岩松动圈支护理论［J］. 煤炭学报，（1）：21-32.

窦林名，何学秋，2004. 煤岩冲击破坏模型及声电前兆判据研究［J］. 中国矿业大学学报，（5）：504-508.

樊克恭，蒋金泉，2007. 弱结构巷道围岩变形破坏与非均称控制机理［J］. 中国矿业大学学报，（1）：54-59.

方祖烈，1999. 拉压域特征及主次承载区的维护理论［C］//中国岩石力学与工程学会. 世纪之交软岩工程技术现状与展望. 北京：煤炭工业出版社.

费鸿禄，徐小荷，1998. 岩爆的动力失稳［M］. 上海：东方出版中心.

冯启言，杨天鸿，于庆磊，等，2006. 基于渗流-损伤耦合分析的煤层底板突水过程的数值模拟［J］. 安全与环境学报，6（3）：1-4.

冯子军，万志军，赵阳升，等，2010. 高温三轴应力下无烟煤、气煤煤体渗透特性的试验研究［J］. 岩石力学与工程学报，29（4）：689-696.

傅雪海，李大华，秦勇，等，2002. 煤基质收缩对渗透率影响的实验研究［J］. 中国矿业大学学报，31（2）：129-132.

郜进海，2005. 薄层状巨厚复合顶板回采巷道锚杆锚索支护理论及应用研究［D］. 太原：太原理工大学.

勾攀峰，辛亚军，张和，等，2012. 深井巷道顶板锚固体破坏特征及稳定性分析［J］. 中国矿业大学学报，41（5）：712-718.

韩光，孙志文，董蕴珩，2005. 煤与瓦斯突出固气耦合方法研究 [J]. 辽宁工程技术大学学报，24（S1）：20-22.

韩瑞庚，1987. 地下工程新奥法 [M]. 北京：科学出版社.

何金军，魏江生，贺晓，等，2007. 采煤塌陷对黄土丘陵区土壤物理特性的影响 [J]. 煤炭科学技术，35（12）：92-96.

何满潮，钱七虎，1996. 深部岩体力学基础 [M]. 徐州：中国矿业大学出版社.

贺永年，韩立军，邵鹏，等，2006. 深部巷道稳定的若干岩石力学问题 [J]. 中国矿业大学学报，（3）：288-295.

贺玉龙，杨立中，2005. 温度和有效应力对砂岩渗透率的影响机理研究 [J]. 岩石力学与工程学报，24（14）：2420-2427.

胡国忠，许家林，王宏图，等，2011. 低渗透煤与瓦斯的固-气动态耦合模型及数值模拟 [J]. 中国矿业大学学报，40（1）：1-6.

胡昕，洪宝宁，孟云梅，2007. 考虑含水率影响的红砂岩损伤统计模型 [J]. 中国矿业大学学报，（5）：609-613.

胡耀青，赵阳升，杨栋，2007. 采场变形破坏的三维固流耦合模拟实验研究 [J]. 辽宁工程技术大学学报（自然科学版），26（4）：520-523.

胡政，刘佑荣，武尚，等，2014. 高地应力区砂岩在卸荷条件下的变形参数劣化试验研究 [J]. 岩土力学，35（S1）：78-84.

黄炳香，刘长友，许家林，2009. 采场小断层对导水裂隙高度的影响 [J]. 煤炭学报，（10）：1316-1321.

黄铭洪，骆永明，2003. 矿区土地修复与生态恢复 [J]. 土壤学报，40（2）：161-169.

黄庆享，2010. 浅埋煤层覆岩隔水性与保水开采分类 [J]. 岩石力学与工程学报，29（S2）：3622-3627.

黄庆享，高召宁，2001. 巷道冲击地压的损伤断裂力学模型 [J]. 煤炭学报，26（2）：156-159.

黄涛，2002. 裂隙岩体渗流-应力-温度耦合作用研究 [J]. 岩石力学与工程学报，21（1）：77-82.

纪万斌，1999. 我国采煤塌陷生态环境的恢复及开发利用 [J]. 中国地质灾害与防治学报，9（3）：38-39.

姜岩，1997. 采动覆岩离层及其分布规律 [J]. 山东科技大学学报：自然科学版，（1）：19-22.

蒋斌松，张强，贺永年，等，2007. 深部圆形巷道破裂围岩的弹塑性分析 [J]. 岩石力学与工程学报，（5）：982-986.

焦振华，陶广美，王浩，等，2017. 晋城矿区下保护层开采覆岩运移及裂隙演化规律研究 [J]. 采矿与安全工程学报，（1）：85-90.

靳钟铭，赵阳升，贺军，等，1991. 含瓦斯煤层力学特性的实验研究 [J]. 岩石力学与工程学报，10（3）：271-280.

井兰如，冯夏庭，2006. 放射性废物地质处置中主要岩石力学问题 [J]. 岩石力学与工程学报，25（5）：833-841.

康红普，1994. 水对岩石的损伤 [J]. 水文地质工程地质，（3）：39-41.

康红普，王金华，2007. 煤巷锚杆支护成套技术 [M]. 北京：煤炭工业出版社.

寇绍全，丁雁生，陈力，等，1993. 周围应力与孔隙流体对突出煤力学性质的影响 [J]. 中国科学（A辑），（3）：263-270.

黎良杰，殷有泉，1998. 评价矿井突水危险性的关键层方法 [J]. 力学与实践，20（3）：34-36.

黎良杰，钱鸣高，殷有泉，1997. 采场底板突水相似材料模拟研究 [J]. 煤田地质与勘探，25（1）：33-36.

李白英, 1999. 预防矿井底板突水的 "下三带" 理论及其发展与应用 [J]. 山东科技大学学报 (自然科学版), (4): 11-18.

李白英, 沈光寒, 荆自刚, 等, 1988. 预防采掘工作面底板突水的理论与实践 [J]. 煤矿安全, 5: 47-48.

李定龙, 1995. 徐州张集煤矿区地下水化学特征的初步研究 [J]. 中国煤田地质, 7 (3): 49-54.

李桂臣, 2008. 软弱夹层顶板巷道围岩稳定与安全控制研究 [D]. 徐州: 中国矿业大学.

李宏艳, 2008. 采动应力场与瓦斯渗流场耦合理论研究现状及趋势 [J]. 煤矿开采, (3): 9-12.

李惠娣, 杨琦, 聂振龙, 等, 2002. 土壤结构变化对包气带土壤水分参数的影响及环境效应 [J]. 水土保持学报, 16 (6): 100-102.

李连崇, 唐春安, 杨天鸿, 等, 2008. 岩石破裂过程 THMD 耦合数值模型研究 [J]. 计算力学学报, 25 (6): 764-769.

李树刚, 钱鸣高, 石平五, 2001. 煤样全应力应变中的渗透系数-应变方程 [J]. 煤田地质与勘探, 29 (1): 22-24.

李涛, 王苏健, 韩磊, 等, 2017. 生态脆弱矿区松散含水层下采煤保护土层合理厚度 [J]. 煤炭学报, 42 (1): 98-105.

李廷芥, 王耀辉, 张梅英, 等, 2000. 岩石裂纹的分形特性及岩爆机理研究 [J]. 岩石力学与工程学报, 19 (1): 6-10.

李祥春, 聂百胜, 何学秋, 等, 2011. 瓦斯吸附对煤体的影响分析 [J]. 煤炭学报, 36 (12): 2035-2038.

李翔, 2012. 隧道工程稳定可靠度计算分析方法研究 [D]. 长沙: 湖南大学.

李小双, 尹光志, 赵洪宝, 等, 2010. 含瓦斯突出煤三轴压缩下力学性质试验研究 [J]. 岩石力学与工程学报, 29 (S1): 3350-3358.

李新元, 2000. "围岩-煤体" 系统失稳破坏及冲击地压预测的探讨 [J]. 中国矿业大学学报, (6): 633-636.

李铀, 袁亮, 刘冠学, 等, 2014. 深部开采圆形巷道围岩破损区与支护压力的确定 [J]. 岩土力学, 35 (1): 226-231.

李玉, 黄梅, 张连城, 等, 1994. 冲击地压防治中的分数维 [J]. 岩土力学, (4): 34-38.

李治平, 蔡美峰, 李铁, 孙学会, 2002. 矿山地震能量极值分布的研究与其应用 [J]. 矿冶工程, (3): 41-44.

梁冰, 王泳嘉, 1996. 煤层瓦斯渗流与煤体变形的耦合数学模型及数值解法 [J]. 岩石力学与工程学报, 15 (2): 135-142.

梁冰, 章梦涛, 1995. 煤和瓦斯突出的固流耦合失稳理论 [J]. 煤炭学报, 5 (20): 492-496.

梁冰, 章梦涛, 潘一山, 等, 1995. 瓦斯对煤的力学性质及力学响应影响的试验研究 [J]. 岩土工程学报, 17 (5): 12-18.

林柏泉, 李树刚, 2014. 矿井瓦斯防治与利用 [M]. 徐州: 中国矿业大学出版社.

刘天泉, 1995. 矿山岩体采动影响与控制工程学及其应用 [J]. 煤炭学报, 20 (1): 1-5.

刘星光, 2013. 含瓦斯煤变形破坏特征及渗透行为研究 [D]. 徐州: 中国矿业大学.

刘正和, 2012. 回采巷道顶板切缝减小护巷煤柱宽度的技术基础研究 [D]. 太原: 太原理工大学.

刘志军, 胡耀青, 2004. 带压开采底板破坏规律的三维数值模拟研究 [J]. 太原理工大学学报, 35 (4): 400-403.

卢兴利, 2010. 深部巷道破裂岩体块系介质模型及工程应用研究 [D]. 北京: 中国科学院研究生院.

卢兴利, 刘泉声, 苏培芳, 2013. 考虑扩容碎胀特性的岩石本构模型研究与验证 [J]. 岩石力学与工程学报，32（9）：1886-1893.

鲁祖德，2010. 裂隙岩石水-岩作用力学特性试验研究与理论分析［D］. 北京：中国科学院研究生院.

陆士良，付国彬，汤雷，1999. 采动巷道岩体变形与锚杆锚固力变化［J］. 中国矿业大学学报，（3）：1-3.

吕有厂，秦虎，2012. 含瓦斯煤岩卸围压力学特性及能量耗散分析［J］. 煤炭学报，37（9）：1505-1510.

孟磊，2013. 含瓦斯煤体损伤破坏特征及瓦斯运移规律研究［D］. 北京：中国矿业大学（北京）.

缪协兴，浦海，白海波，2008. 隔水关键层原理及其在保水采煤中的应用研究［J］. 中国矿业大学学报，37（1）：1-4.

倪宏革，罗国煜，2000. 煤矿水害的优势面机理研究［J］. 煤炭学报，25（5）：518-521.

聂振龙，张光辉，李金河，1998. 采矿塌陷作用对地表生态环境的影响——以神木大柳塔矿区为研究区［J］. 勘察科学技术，（4）：15-20.

潘阳，赵光明，孟祥瑞，2011. 非均匀应力场下巷道围岩弹塑性分析［J］. 煤炭学报，36（S1）：53-57.

潘一山，章梦涛，1992. 用突变理论分析冲击地压发生的物理过程［J］. 阜新矿业学院学报，（1）：12-18.

齐庆新，史元伟，刘天泉，1997. 冲击地压黏滑失稳机理的实验研究［J］. 煤炭学报，（2）：144-148.

钱鸣高，许家林，1998. 覆岩采动裂隙分布的"O"形圈特征研究［J］. 煤炭学报，23（5）：466-469.

钱鸣高，缪协兴，许家林，1996. 岩层控制中的关键层理论［M］. 徐州：中国矿业大学出版社.

全占军，程宏，于云江，等，2006. 煤矿井田区地表沉陷对植被景观的影响——以山西省晋城市东大煤矿为例［J］. 植物生态学报，30（3）：414-420.

桑祖南，周永胜，何昌荣，等，2001. 辉长岩脆-塑性转化及其影响因素的高温高压实验研究［J］. 地质力学学报，7（2）：130.

邵改群，2001. 山西煤矿开采对地下水资源影响评价［J］. 中国煤炭地质，13（1）：41-43.

师本强. 2011. 陕北浅埋煤层砂土基型矿区保水开采方法研究［J］. 采矿与安全工程学报，28（4）：548-552.

石必明，俞启香，2005. 远距离保护层开采煤岩移动变形特性的试验研究［J］. 煤炭科学技术，（2）：39-41.

石必明，俞启香，周世宁，2004. 保护层开采远距离煤岩破裂变形数值模拟［J］. 中国矿业大学学报，33（3）：259-263.

斯列萨列夫，1983. 水体下安全采煤的条件［R］. 冶金矿山设计院.

宋玉芳，周启星，许华夏，等，2002. 土壤重金属污染对蚯蚓的急性毒性效应研究［J］. 应用生态学报，13（2）：187-190.

苏南丁，杜宇，岳海明，2016. 采动裂隙场梯形台分布特征数值模拟研究［J］. 中州煤炭，（11）：87-90，95.

孙钧，张德兴，张玉生，1981. 深层隧洞围岩的粘弹——粘塑性有限元分析［J］. 同济大学学报，（1）：18-25.

孙培德，1987. 煤层瓦斯流场流动规律的研究［J］. 煤炭学报，12（4）：74-82.

孙培德，2002a. Sun 模型及其应用：煤层气越流固气耦合模型及可视化模拟［M］. 杭州：浙江大学出版社.

孙培德，2002b. 煤层气越流固气耦合数学模型的 SIP 分析［J］. 煤炭学报，27（5）：494-498.

孙倩，李树忱，冯现大，等，2011. 基于应变能密度理论的岩石破裂数值模拟方法研究［J］. 岩土力学，32（5）：1575-1582.

孙维吉，2011. 煤渗透和吸附变形规律实验研究［D］. 阜新：辽宁工程技术大学.

孙鑫，林传兵，林柏泉，2008. 深部大倾角综放工作面上覆煤岩裂隙演化规律研究 [J]. 煤矿安全，(4)：21-24.

唐春安，马天辉，李连崇，等，2007. 高放废料地质处置中多场耦合作用下的岩石破裂问题 [J]. 岩石力学与工程学报，26 (S2)：3932-3938.

唐巨鹏，杨森林，王亚林，等，2014. 地应力和瓦斯压力作用下深部煤与瓦斯突出试验 [J]. 岩土力学，(10)：2769-2774.

唐世斌，唐春安，李连崇，等，2009. 脆性材料热–力耦合模型及热破裂数值分析方法 [J]. 计算力学学报，26 (2)：172-179.

唐书恒，朱宝存，颜志丰，2011. 地应力对煤层气井水力压裂裂缝发育的影响 [J]. 煤炭学报，36 (1)：65-69.

汪海波，高强，宗琦，等，2019. 冲击载荷作用下硬煤的动态力学特性研究 [J]. 采矿与安全工程学报，32 (2)：344-350.

汪有刚，刘建军，杨景贺，等，2001. 煤层瓦斯流固耦合渗流的数值模拟 [J]. 煤炭学报，3 (18)：285-289.

王斌，李夕兵，马海鹏，等，2010. 基于自稳时变结构的岩爆动力源分析 [J]. 岩土工程学报，(1)：12-17.

王成绪，王红梅，2004. 煤矿防治水理论与实践的思考 [J]. 煤田地质与勘探，32 (增刊)：100-103.

王登科，魏建平，尹光志，2012. 复杂应力路径下含瓦斯煤渗透性变化规律研究 [J]. 岩石力学与工程学报，31 (2)：303-310.

王恩志，1993a. 剖面二维裂隙网络渗流计算方法 [J]. 水文地质工程地质，20 (4)：27-29.

王恩志，1993b. 岩体裂隙的网络分析与渗流模型 [J]. 岩石力学与工程学报，12 (3)：214-221.

王洪亮，李维均，陈永杰，2002. 神木大柳塔地区煤矿开采对地下水的影响 [J]. 陕西地质，20 (2)：89-96.

王锦山，刘建军，刘明远，等，2004. 煤层瓦斯流固耦合渗流的二维数值模拟 [J]. 河北科技师范学院学报，3 (18)：19-23.

王经明，1999a. 承压水沿煤层底板递进导升突水机理的模拟与观测 [J]. 岩土工程学报，21 (5)：546-549.

王经明，1999b. 承压水沿煤层底板递进导升突水机理的物理法研究 [J]. 煤田地质与勘探，27 (6)：40-43.

王路军，李守国，高坤，等，2008. 关于煤与瓦斯突出的数值模拟 [J]. 煤矿安全，10：4-6.

王卫军，冯涛，2005. 加固两帮控制深井巷道底鼓的机理研究 [J]. 岩石力学与工程学报，(5)：808-811.

王卫军，侯朝炯，2003. 回采巷道煤柱与底板稳定性分析 [J]. 岩土力学，(1)：75-78.

王悦，夏玉成，杜荣军. 2014. 陕北某井田保水采煤最大采高探讨 [J]. 采矿与安全工程学报，31 (4)：558-563.

王作宇，刘鸿泉，1993. 承压水上采煤 [M]. 北京：煤炭工业出版社.

魏秉亮，1996. 神府矿区突水溃砂地质灾害研究 [J]. 中国煤炭地质，8 (2)：28-30.

魏秉亮，范立民，2000. 影响榆神矿区大保当井田保水采煤的地质因素及区划 [J]. 陕西煤炭，(4)：15-17.

魏建平，陈永超，温志辉. 2008. 构造煤瓦斯解吸规律研究 [J]. 煤矿安全，(8)：1-3.

魏建平，秦恒洁，王登科，2014a. 基于水分影响的加–卸载围压条件下含瓦斯煤渗流特性研究 [J]. 采矿与安全工程学报，31 (6)：987-994.

魏建平，位乐，王登科，2014b. 含水率对含瓦斯煤的渗流特性影响试验研究 [J]. 煤炭学报，39（1）：97-103.

魏江生，贺晓，胡春元，等，2006. 干旱半干旱地区采煤塌陷对沙质土壤水分特性的影响 [J]. 干旱区资源与环境，20（5）：86-90.

仵彦卿，张倬元，1995. 岩体水力学导论 [M]. 成都：西南交通大学出版社.

武强，董东林，傅耀军，等，2002. 煤矿开采诱发的水环境问题研究 [J]. 中国矿业大学学报，31（1）：19-22.

武强，王龙，魏学勇，等，2003. 榆神府矿区大柳塔井田煤层群采地面沉陷可视化数值模拟 [J]. 水文地质工程地质，（6）：37-39.

武强，安永会，刘文岗，等，2005. 神府东胜矿区水土环境问题及其调控技术 [J]. 煤田地质与勘探，33（3）：54-58.

肖鹏，李树刚，林海飞，等，2014. 基于物理相似模拟实验的覆岩采动裂隙演化规律研究 [J]. 中国安全生产科学技术，（4）：18-23.

谢和平，Pariseau W G，1993. 岩爆的分形特征和机理 [J]. 岩石力学与工程学报，（1）：28-37.

谢和平，高峰，周宏伟，2013. 煤与瓦斯共采中煤层增透率理论与模型研究 [J]. 煤炭学报，38（7）：1101-1108.

谢卫红，高峰，李顺才，2010. 加载历史对岩石热开裂破坏的影响 [J]. 辽宁工程技术大学学报，29（4）：593-596.

徐涛，郝天轩，唐春安，等，2005a. 含瓦斯煤岩突出过程数值模拟 [J]. 中国安全科学学报，15（1）：107-110.

徐涛，唐春安，宋力，等，2005b. 含瓦斯煤岩破裂过程流固耦合数值模拟 [J]. 岩石力学与工程学报，24（10）：1667-1673.

徐卫亚，韦立德，2002. 岩石损伤统计本构模型的研究 [J]. 岩石力学与工程学报，（6）：787-791.

徐小丽，2008. 温度载荷作用下花岗岩力学性质演化及其微观机制研究 [D]. 徐州：中国矿业大学.

徐曾和，徐小荷，1995. 坚硬顶板下煤柱岩爆的尖点突变理论分析 [J]. 煤炭学报，（5）：485-491.

徐智敏，2011. 深部开采底板破坏及高承压突水模式、前兆与防治 [D]. 徐州：中国矿业大学.

许江，彭守建，尹光志，等，2010. 含瓦斯煤热流固耦合三轴伺服渗流装置的研制及应用 [J]. 岩石力学与工程学报，29（5）：907-914.

许江，张丹丹，彭守建，等，2011. 三轴应力条件下温度对原煤渗流特性影响的实验研究 [J]. 岩石力学与工程学报，30（9）：1848-1854.

许江，周婷，李波波，等，2012a. 三轴应力条件下煤层气储层渗流滞后效应试验研究 [J]. 岩石力学与工程学报，31（9）：1854-1861.

许江，袁梅，李波波，等，2012b. 煤的变质程度、孔隙特征与渗透率关系的试验研究 [J]. 岩石力学与工程学报，31（4）：681-686.

许锡昌，刘泉声，2000. 高温下花岗岩基本力学性质初步研究 [J]. 岩土工程，22（3）：332.

许学汉，王杰，1991. 煤矿突水预报研究 [M]. 北京：地质出版社.

薛东杰，2013. 不同开采条件下采动煤岩体瓦斯增透机理研究 [D]. 北京：中国矿业大学（北京）.

严红，何富连，徐腾飞，2012. 深井大断面煤巷双锚索桁架控制系统的研究与实践 [J]. 岩石力学与工程学报，31（11）：2248-2257.

杨天鸿，徐涛，刘建新，等，2005. 应力-损伤-渗流耦合模型及在深部煤层瓦斯卸压实践中的应用 [J]. 岩石力学与工程学报，24（16）：2900-2905.

杨天鸿，陈仕阔，朱万成，等，2010. 煤层瓦斯卸压抽放动态过程的气-固耦合模型研究 [J]. 岩土力学, 31（7）：2247-2252.

杨选民, 丁长印, 2000. 神府东胜矿区生态环境问题及对策 [J]. 能源环境保护, 14（1）：69-72.

姚宇平, 周世宁, 1988. 含瓦斯煤层的力学性质 [J]. 中国矿业学院学报, 17（1）：1-7.

尹光志, 李贺, 鲜学福, 等, 1994. 煤岩体失稳的突变理论模型 [J]. 重庆大学学报, 17（1）：23-28.

尹光志, 王登科, 张东明, 等, 2009. 两种含瓦斯煤样变形特性与抗压强度的试验分析 [J]. 岩石力学与工程学报, 28（2）：410-417.

尹光志, 李广治, 赵洪宝, 等, 2010. 煤岩全应力–应变过程中瓦斯流动特性试验研究 [J]. 岩石力学与工程学报, 29（1）：170-175.

尹光志, 蒋长宝, 许江, 等, 2011a. 含瓦斯煤热流固耦合渗流实验研究 [J]. 煤炭学报, 36（9）：1495-1500.

尹光志, 蒋长宝, 许江, 等, 2011b. 煤层气储层含水率对煤层气渗流影响的试验研究 [J]. 岩石力学与工程学报, （S2）：3401-3406.

游强, 游猛, 2011. 岩石统计损伤本构模型及对比分析 [J]. 兰州理工大学学报, （3）：119-123.

于青春, 武雄, 大西有三, 2006. 非连续裂隙网络管状渗流模型及其校正 [J]. 岩石力学与工程学报, 25（7）：1469-1474.

于庆磊, 郑超, 杨天鸿, 等, 2012. 基于细观结构表征的岩石破裂热–力耦合模型及应用 [J]. 岩石力学与工程学报, 31（1）：42-51.

于学馥, 1960. 轴变论 [M]. 北京：冶金工业出版社.

于永江, 张华, 张春会, 等, 2013. 温度及应力对成型煤样渗透性的影响 [J]. 煤炭学报, 38（6）：936-941.

于振海, 刘天泉, 1985. 矿山岩体力学 [M]. 北京：煤炭工业出版社.

余楚新, 鲜学福, 谭学术, 1989. 煤层瓦斯流动理论及渗流控制方程的研究 [J]. 重庆大学学报, 12（5）：1-10.

袁亮, 林柏泉, 杨威, 2015. 我国煤矿水力化技术瓦斯治理研究进展及发展方向 [J]. 煤炭科学技术, （1）：45-49.

袁文伯, 陈进, 1986. 软化岩层中巷道的塑性区与破碎区分析 [J]. 煤炭学报, （3）：77-86.

张发旺, 侯新伟, 韩占涛, 等, 2003. 采煤塌陷对土壤质量的影响效应及保护技术 [J]. 地理与地理信息科学, 19（3）：67-70.

张华磊, 王连国, 秦昊, 2012. 回采巷道片帮机制及控制技术研究 [J]. 岩土力学, 33（5）：1462-1466.

张金才, 刘天泉, 1990. 论煤层底板采动裂隙带的深度及分布特征 [J]. 煤炭学报, 15（2）：46-55.

张农, 王晓卿, 阚甲广, 等, 2013. 巷道围岩挤压位移模型及位移量化分析方法 [J]. 中国矿业大学学报, 42（6）：899-904.

张通, 袁亮, 赵毅鑫, 郝宪. 2015. 薄基岩厚松散层深部采场裂隙带几何特征及矿压分布的工作面效应 [J]. 煤炭学报, 40（10）：2260-2268.

张先敏, 同登科, 2008. 考虑基质收缩影响的煤层气流动模型及应用 [J]. 中国科学（E 辑）, 38（5）：790-796.

张小波, 赵光明, 孟祥瑞, 2013. 考虑峰后应变软化与扩容的圆形巷道围岩弹塑性 D-P 准则解 [J]. 采矿与安全工程学报, 30（6）：903-910.

张晓春, 缪协兴, 翟明华, 等, 1997. 三河尖煤矿冲击矿压发生机制分析 [J]. 岩石力学与工程学报, 17（5）：508-513.

张玉军, 2006. 不连续面对饱和–非饱和介质热–水–应力耦合影响的二维有限元分析 [J]. 岩石力学与工程学报, 25 (12): 2579-2583.

张玉军, 2009. 遍有节理岩体的双重孔隙介质热-水-应力耦合模型及其有限元分析 [J]. 岩石力学与工程学报, 28 (5): 947-955.

张玉军, 张维庆, 2010. 裂隙开度的压力溶解对双重孔隙介质热-水-应力耦合影响的有限元分析 [J]. 岩土力学, 31 (4): 1269-1275.

张玉军, 张维庆, 2011. 裂隙贯通率对双重孔隙介质热-水-应力耦合现象影响的有限元分析 [J]. 岩石力学与工程学报, 32 (12): 3743-3750.

张玉祥, 陆士良, 1997. 矿井动力现象的突变机理及控制研究 [J]. 岩土力学, 18 (1): 88-92.

章梦涛, 徐曾和, 潘一山, 等, 1991. 冲击地压和突出的统一失稳理论 [J]. 煤炭学报, (4): 48-53.

赵保太, 林柏泉, 林传兵, 2007. 三软不稳定煤层覆岩裂隙演化规律实验 [J]. 采矿与安全工程学报, 24 (2): 199-202.

赵德深, 朱广轶, 刘文生, 等, 2002. 覆岩离层分布时空规律的实验研究 [J]. 辽宁工程技术大学学报 (自然科学版), 21 (1): 4-7.

赵德深, 徐涛, 刘文生, 等, 2005. 水平及缓倾斜煤层开采条件下离层值的计算 [J]. 岩石力学与工程学报, 24 (2): 5767-5772.

赵红鹤, 高富强, 杨小林, 2015. 基于不同分布的分段式岩石损伤本构模型 [J]. 矿业研究与开发, (4): 64-67.

赵洪宝, 尹光志, 李小双, 2009. 突出煤渗透特性与应力耦合试验研究 [J]. 岩石力学与工程学报, 28 (S2): 3357-3362.

赵同谦, 郭晓明, 徐华山, 2007. 采煤沉陷区耕地土壤肥力特征及其空间异质性 [J]. 河南理工大学学报 (自然科学版), 26 (5): 588-592.

赵延林, 曹平, 赵阳升, 等, 2007. 双重介质温度场-渗流场-应力场耦合模型及三维数值研究 [J]. 岩石力学与工程学报, 26 (增刊2): 4024-4031.

赵阳升, 秦惠增, 1994. 煤层瓦斯流动的固-气耦合数学模型及数值解法的研究 [J]. 固体力学学报, 15 (1): 49-57.

赵义, 1984. 构造应力与井巷工程稳定性 [J]. 北京: 煤炭工业出版社.

郑哲敏, 周恒, 张涵信, 等, 1996. 21世纪初的力学发展趋势 [J]. 力学与实践, 18 (1): 1-8.

钟佐燊, 汤鸣皋, 1999. 淄博煤矿矿坑排水对地表水体的污染及对地下水水质影响的研究 [J]. 地学前缘, 6 (B5): 238-244.

周军平, 鲜学福, 姜永东, 等, 2011. 基于热力学方法的煤岩吸附变形模型 [J]. 煤炭学报, 36 (3): 468-472.

周世宁, 何学秋, 1990. 煤和瓦斯突出机理的流变假说 [J]. 中国矿业大学学报, 19 (2): 1-8.

朱万成, 魏晨慧, 田军, 等, 2009. 岩石损伤过程中的热-流-力耦合模型及其应用初探 [J]. 岩土力学, 30 (12): 3851-3857.

邹喜正, 1993. 关于煤矿巷道矿压显现的极限深度 [J]. 矿山压力与顶板管理, (2): 9-14.

左建平, 周宏伟, 谢和平, 等, 2008. 温度和应力祸合作用下砂岩破坏的细观试验研究 [J]. 岩土力学, 290: 1477-1482.

Bieniawski Z T, 1967. Mechanism of brittle fracture of rocks. Part I, II and III [J]. International Journal of Rock Mechanics and Mining Sciences and Geomechanics Abstracts, 4 (4): 395-430.

Biot M A, 1941. General theory of three-dimensional consolidation [J]. Journal of Applied Physics, 12: 155-164.

Buczko U, Gerke H H, 2005. Estimating spatial distributions of hydraulic parameters for a two-scale structured heterogeneous lignitic mine soil [J]. Journal of Hydrology (Amsterdam), 312 (1-4): 109-124.

Buss E, 1995. Gravimetric measurement of binary gas adsorption equilibria of methane—carbon dioxide mixtures on activated carbon [J]. Gas Separation and Purification, 9 (3): 189-197.

Cook N G W, 1965. The failure of rock [J]. International Journal of Rock Mechanics and Mining Sciences and Geomechanics Abstracts, 2 (4): 389-403.

Dyskin A V, 1993. Model of rockburst caused by crack growing near free surface [C] //Rockbursts and Seismicity in Mines. Rotterdam: Balkema: 169-174.

Ghosh A, Daemen J J K, 1993. Fractal characteristics of rock discontinuities [J]. Engineering Geology, 34 (1-2): 1-9.

Goetze G, 1972. The mechanism of creep in olivine [J]. Philosophical Transactions of the Royal Society A Mathematical Physical and Engineering Sciences, 288: 99-199.

Hasenfus G J, Johnson K L, Su D W H, 1988. A hydrogeomechanical study of overburden aquifer response to longwall mining [C] //Proceedings of 7th International Conference on Ground Control in Mining, Morgantown, WV.

Hoek E, Bray J W, 1981. Rock Slope Engineering [M]. London: The Institution of Mining and Metallurgg.

Hudson J A, Crouch S L, Fairhurst C, 1972. Soft, stiff and servo-controlled testing machines: a review with reference to rock failure [J]. Engineering Geology, 6 (3): 155-189.

Ju Y W, Huang C, Sun Y, et al., 2018a. Nanogeology in China: a review [J]. China Geology, 1 (2): 286-303.

Ju Y W, Sun Y, Tan J Q, et al., 2018b. The composition, pore structure characterization and deformation mechanism of coal-bearing shales from tectonically altered coalfields in eastern China [J]. Fuel, 234: 626-642.

Karman T, 1911. Festigkeitsversuche unter all seitigem Druck [J]. Zeitd Ver Deutscher Ing, 55: 1749-1757.

Kwasniewski M, 1989. Laws of brittle failure and of B-D transition in sandstone [M] //Maury V, Fourmaintrax D. Rock at Great Depth. Rotterdam: A. A. Balkema, 45-58.

Latham J P, Xiang J S, Belayneh M, et al., 2013. Modelling stress-dependent permeability in fractured rock including effects of propagating and bending fractures [J]. International Journal of Rock Mechanics and Mining Sciences, 57: 100-112.

Li L C, Tang C A, Wang S Y, et al, 2013. A coupled thermo-hydrologic-mechanical damage model and associated application in a stability analysis on a rock pillar [J]. Tunnelling and Underground Space Technology, 34: 38-53.

Li X, Cao W G, Su Y H, 2012. A statistical damage constitutive model for softening behavior of rocks [J]. Engineering Geology, 143-144: 1-17.

Li Z H, Gong Y J, Wu D, et al., 2001. A negative deviation from Porod's law in SAXS of organo-MSU-X [J]. Microporous and Mesoporous Materials, 46: 75-80.

Liu X F, Song D Z, He X Q, et al., 2018. Effect of microstructure on methane adsorption characteristics of soft and hard coal [J]. Journal of China University Mining and Technology, 47 (1): 155-161.

Morrow C, Lockner D, Moore D, et al., 1981. Permeability of granite in a temperature gradient [J]. Journal of Geophysical Research, 86 (B4): 3002-3008.

Muirwood A M, 1972. Tunnels for roads and motorways [J]. Journal of Engineering Geology and Hydrogeology, (2): 111-126.

National Research Council, 1996. Rock fractures and fluid flow: contemporary understanding and applications [M]. Washington: National Academy Press.

Nie B S, Liu X F, 2016. Sorption charateristics of methane among various rank coals: impact of moisture [J]. Adsorption, 22 (3): 315-325.

Niu Q H, Pan J N, Jin Y, et al., 2019. Fractal study of adsorption-pores in pulverized coals with various metamorphism degrees using N_2 adsorption, X-ray scattering and image analysis methods [J]. Journal of Petroleum Science and Engineering, 176: 584-593.

Oda M, Takemura T, Aoki T, 2002. Damage growth and permeability change in triaxial compression tests of Inada granite [J]. Mechanics of Materials, 34 (6): 313-331.

Palchik V, 2002. Influence of physical characteristics of weak rock mass on height of caved zone over abandoned subsurface coal mines [J]. Environmental Geology, 42 (1): 92-101.

Pan Z J, Connell L, 2012. Modelling permeability for coal reservoirs: a review of analytical models and testing data [J]. International Journal of Coal Geology, 92: 1-44.

Paterson M S, 1958. Experimental deformation and faulting in Wombeyan marble [J]. Geological Society of America Bulletin, 69 (4): 465-476.

Petukhov I M, Linkov A M, 1983a. The Theory of Rockbursts and Outbursts [M]. Moscow: Nedra.

Petukhov I M, Linkov A M, 1983b. Theoretical principles and fundamentals of rock burst prediction and control [C] //5th ISRM Congress, 10-15April, Melbourne: 113-120.

Rutqvist J, Barr D, Datta R, et al., 2005. Coupled thermal-hydrological-mechanical analyses of the Yucca Mountain Drift Scale Test-Comparison of field measurements to predictions of four different numerical models [J]. International Journal of Rock Mechanics and Mining Sciences, 42 (5): 680-697.

Spurgeon D J, Hopkin S P, 1999. Tolerance to zinc in populations of the Earthworm Lumbricus rubellus from uncontaminated and metal- contaminated ecosystems [J]. Archives of Environmental Contamination and Toxicology, 37 (3): 332-337.

Swanson D A, Savci G, Danziger G, 1999. Predicting the soil-water characteristics of mine soils [C] //Tailings and Mine Waste Colorado, USA, 1999. Rotterdam: A. A. Balkema.

Talu O, 1998. Needs, status, techniques and problems with binary gas adsorption experiments [J]. Advances in Colloid and Interface Science, 76: 227-269.

Terzaghi K, 1943. Theoretical Soil Mechanics [M]. New York: Wiley and Sons.

Thirumalain K, Demon S G, 1970. Effect of reduced pressure on thermal expansion behavior of rocks and its significance to thermal fragmentation [J]. Journal of Applied Physics, 41: 5147.

Vardoulakis I, 1984. Rock bursting as a surface instability phenomenon [J]. International Journal of Rock Mechanics and Mining Science and Geomechanics Abstracts, 21 (3): 137-144.

Verruijt A, 1969. Elastic storage of aquifers [M] //De Wiest R J M. Flow through Porous Media. New York: Academic Press: 331-376.

Wang K, Zang J, Wang G D, et al., 2014. Anisotropic permeability evolution of coal with effective stress variation and gas sorption: model development and analysis [J]. International Journal of Coal Geology, 130: 53-65.

Wawersik W R, Fairhurst C, 1970. A study of brittle rock fracture in laboratory compression experiments [J]. International Journal of Rock Mechanics and Mining Sciences and Geomechanics Abstracts, 7 (5): 561-575.

Weishauptová Z, Medek J, Ková L, 2004. Bond forms of methane in porous system of coal II [J]. Fuel, 83 (13): 1759-1764.

Whittaker B N, Singh R N, Neate C J, 1979. Effect of longwall mining on ground permeability and subsurface drainage [J]. Proceedings of the First International Mine Drainage Symposium, 7: 161-183.

Witherspoon P A, Wilson C R, 1974. Steady state flow in rigid networks of fracture [J]. Water Resources Research, (2): 328-335.

Wittke W, Louis C, 1966. Zur Berechnung des Einflusses der Bergwasserströmung auf die Standsicherheit von Böschungen und Bauwerken in zerklüftetern Fels [C]. Proceedings of the 1st Congress ISRM, Lisbon.

Xu J, Peng S, Yin G, et al., 2010. Development and application of triaxial servo-controlled seepage equipment for thermo-fluid-solid coupling of coal containing methane [J]. Chinese Journal of Rock Mechanics and Engineering, 36 (2): 112-117.

Yao Q L, Li X H, Zhou J, et al., 2015. Experimental study of strength characteristics of coal specimens after water intrusion [J]. Arabian Journal of Geosciences, 8 (9): 6779-6789.

Zhang H B, Liu J S, Elsworth D, 2008. How sorption-induced matrix deformation affects gas flow in coal seams: a new FE model [J]. International Journal of Rock Mechanics and Mining Sciences, 45 (8): 1226-1236.

Zhang Y L, Jing X X, Jing K G, et al., 2015. Study on the pore structure and oxygen-containing functional groups devoting to the hydrophilic force of dewatered lignite [J]. Applied Surface Science, 324: 90-98.

Zhao Y S, Hu Y Q, Zhao B H, et al., 2004. Nonlinear coupled mathematical model for solid deformation and gas seepage in fractured media [J]. Transport in Porous Media, 55 (2): 119-136.